Das Wasser,

seine

Verwendung, Reinigung und Beurtheilung

mit besonderer Berücksichtigung

der

gewerblichen Abwässer.

Von

Dr. Ferdinand Fischer.

Zweite umgearbeitete Auflage.

Mit in den Text gedruckten Abbildungen.

Springer-Verlag
Berlin Heidelberg GmbH
1891

ISBN 978-3-662-38828-0 ISBN 978-3-662-39746-6 (eBook)
DOI 10.1007/978-3-662-39746-6

Softcover reprint of the hardcover 2nd edition 1891

Vorwort.

Am 5. October 1889 hielt Verf. im Hannoverschen Bezirksverein der deutschen Gesellschaft für angewandte Chemie einen Vortrag über Abwasser[1]). Es wurde in Folge dessen ein Ausschuss für die Weiterbearbeitung dieser, für die Industrie so wichtigen Frage gewählt, welcher durch Abgeordnete des Vereins für Rübenzuckerindustrie verstärkt wurde. Bei den Berathungen desselben stellte sich heraus, dass es an einer übersichtlichen Zusammenstellung der so überaus zahlreichen Angaben, Analysen u. s. w. fehlt. Es wurde daher Verf. mit einer solchen Zusammenstellung beauftragt, da er sich schon lange mit dieser Frage beschäftigt hat[2]).

Da es überhaupt kein chemisch-reines Wasser in der Natur gibt, so war es erforderlich, um den Begriff technisch-rein festzustellen, die Anforderungen zu berücksichtigen, welche die verschiedenen Verwendungszwecke an ein Wasser stellen. Verf. legte hierfür die kleine Gelegenheitsschrift[3]) zu Grunde, als deren wesentlich erweiterte neue Auflage die vorliegende Arbeit somit angesehen werden kann (der analytische Theil wird später erscheinen).

Verf. hielt es für nöthig, wiederholt darauf hinzuweisen, dass manches Gutachten ohne die erforderliche Umsicht abgegeben ist, dass besonders bei der Probenahme zuweilen geradezu leichtfertig vorgegangen wird. Besonders Abwasseranalysen sind oft werthlos,

---

[1]) Zft. f. angewandte Chemie 1889, 595.

[2]) Vgl. Ferd. Fischer: Verwerthung der städtischen und Industrie-Abfallstoffe (Leipzig 1875).

[3]) Ferd. Fischer: Das Trinkwasser, seine Beschaffenheit, Untersuchung und Reinigung (Hannover 1873). Die kleine Schrift ist längst vergriffen.

weil die Proben erst nach fortgeschrittener Zersetzung untersucht wurden. Die Ansprüche der Ärzte bez. Bakteriologen mussten vielfach beschränkt werden; besonders bei Industrieabwasser hat doch die „Keimzählung“ gar keine Bedeutung.

Wenn künftig bei Untersuchung und Beurtheilung von Wasser etwas vorsichtiger zu Werke gegangen wird, so ist der Zweck dieser Arbeit erfüllt. Verf. selbst wird für jede etwaige Berichtigung oder Belehrung dankbar sein.

Hannover, September 1891.

Der Verfasser.

Inhalt.

1. Das Wasser in der Natur.

Vorkommen. Das Wasser kommt wesentlich als Regen-, Quell-, Fluss- und Meerwasser vor. Kühlen sich nach Sonnenuntergang die auf der Erdoberfläche befindlichen Gegenstände unter den Thaupunkt ab, so schlägt sich ein Theil des in der Luft befindlichen gasförmigen Wassers in Form von kleinen Tröpfchen als Thau nieder, der bei Temperaturen unter 0^0 zu Reif erstarrt. Wird eine grössere Luftmenge unter ihren Thaupunkt abgekühlt, so scheidet sich die entsprechende Wassermenge ebenfalls in kleinen Tröpfchen ab, es entstehen Nebel, Wolken. Diese Tröpfchen senken sich langsam nieder, werden, falls die unteren Luftschichten wärmer und daher noch nicht mit Wasser gesättigt sind, wieder dampfförmig, fallen aber als Regen — gefroren als Schnee und Hagel — auf die Erde nieder, wenn der Feuchtigkeitsgehalt auch der tieferen Luftschichten sich dem Thaupunkt nähert.

Die Menge dieses jährlich niedergeschlagenen Meteorwassers ist im Allgemeinen am grössten in den Tropen und in der Nähe des Meeres, am geringsten im Norden. So beträgt die mittlere Höhe dieser Niederschläge (Regenhöhe) in:

Madrid	25 cm	Genua	118 cm
Wien	45	Clausthal (Harz)	143
Petersburg	46	Bergen (Norwegen)	225
Berlin	57	Tolmezzo (Alpen)	244
Hannover	58	Stye-Pass (Cumbrisches Geb.)	481
Rom	78		

Deutschland hat eine mittlere Regenhöhe von 67 cm; davon fallen im Sommer (Juni bis August) 24 cm, im Herbst 16, im Frühling 15 und im Winter nur 12 cm.

Waldige Höhen haben meist viel mehr Niederschläge als die Ebene[1]). Nach Fautrat[2]) sollen besonders Nadelholzwaldungen die Regenmenge vergrössern.

---

[1]) Vgl. G. v. Möllendorf: Die Regenverhältnisse Deutschlands (Görlitz 1862); Zeitschr. d. Ges. f. Erdkunde in Berlin 1878, No. 47; J. van Rebber: Die Regenverhältnisse Deutschlands (München 1877).

[2]) C. r. 89, 1051.

Von diesen Durchschnittszahlen weicht die Regenmenge einzelner Jahre oft ganz bedeutend ab; so beträgt die Regenhöhe Frankfurts als Durchschnitt von 30 Jahren 60 cm, 1864 betrug dieselbe jedoch nur 36 cm, 1867 dagegen 144 cm[3]).

Von diesem Meteorwasser wird etwa die Hälfte (weniger im Winter, mehr im Sommer) durch Verdunstung der Atmosphäre wieder unmittelbar zugeführt, das übrige dringt zum grössten Theil in den Boden zur nächsten undurchlässigen Schicht, auf der es dem Gesetz der Schwere folgend weiter fliesst, bis es schliesslich durch Brunnen künstlich gehoben oder als Quelle zu Tage tritt, um mit dem oberflächlich abfliessenden Meteorwasser in Bächen und Flüssen dem Meere zugeführt zu werden.

Die Wassermenge der Flüsse muss dementsprechend bedeutend schwanken. Nach den vorliegenden Messungen und Schätzungen beträgt die secundliche Wassermenge:

Donau, eisernes Thor, im Mittel	8500 cbm		
Elbe bei Hainerten	290	bis	1200 cbm
— Spree bei Berlin	13		43
— Saale	36		111
— Bode	$2^3/_4$		über 50
Memel bei Kallwenn	180		6000
Oder bei Breslau	32		138
- - Glogau	81		2300
- - Hohenwutzen	3500		4300
Rhein bei Emmerich	1500		9000
— Neckar bei Mannheim	33		5200
— Main	70		3000
Weichsel bei Montauer Spitze	270		8200
— Weichselarm, Montauer Spitze	250		5000
— Nogat	20		3200
Weser bei Hoya	90		1600

Nach P. Graeve[4]) liefert 1. der Rhein bei Koblenz für 100 Quadratkilom. Gebiet 1,070 cbm Wasser in der Secunde; 2. die Weser bei Minden 0,826 cbm; 3. die Elbe bei Torgau 0,579; 4. die Elbe bei Barby 0,554; 5. die Oder bei Steinau 0,460; 6. die Oder unterhalb der Warthe-Mündung 0,413; 7. die Warthe nahe der Mündung 0,344; 8. die Weichsel bei Montauer Spitze 0,538; 9. die Memel

[3]) In Breslau fielen am 6. Aug. 1858 sogar 11,5 cm Regen, in Colberg am 7. Sept. 1880 innerhalb 6 Stunden 10,2 cm Regen, in Königsberg am 16. Juni 1864 in $^3/_4$ Stunden 5,5 cm Regen, am St. Gotthard in 3 Tagen vom 5. bis 7. Oct. 1880 zusammen 25,4 cm Regen. Die Praxis möge insbesondere bei gewerblichen und industriellen Anlagen in Deutschland ihren die Niederschläge berücksichtigenden Rechnungen ein Tagesmaximum in Höhe von mindestens 10 cm, ein Stundenmaximum von mindestens 5 cm zu Grunde legen. (Petermann's Geographische Mittheilungen, 27, 201.)

[4]) Civiling. 1879, 591.

bei Tilsit 0,600 cbm. Der Procentsatz der thatsächlichen Abflussmenge von der Regenmenge ist 1. = 38,5 Proc.; 2. = 37 Proc.; 3. = 30 Proc.; 4. = 28,5 Proc.; 5. = 27,2 Proc.; 6. = 21,4 Proc.; 7. = 21 Proc.; 8. = 29 Proc. und 9. = 32,5 Proc.

Zusammensetzung des in der Natur vorkommenden Wassers. Reines Wasser kann bei dem grossen Lösungsvermögen desselben in der Natur nicht vorkommen, vielmehr enthält dieses stets grössere oder geringere Mengen derjenigen Stoffe, mit denen es in Berührung gekommen ist.

Meteorwasser enthält stets die Bestandtheile der Atmosphäre[5]) in den ihren Löslichkeitsverhältnissen entsprechenden Mengen, sowie die Verunreinigungen der Atmosphäre. 1 *l* Regenwasser enthielt nach Reichardt (Arch. Pharm. 206, 193) im Januar bei 4° aufgesammelt 32,4 cc, im Juni bei 15° gesammelt 24,9 cc Gase folgender Zusammensetzung:

	Januar	Juni
Sauerstoff	31,8 Proc.	27,0 Proc.
Stickstoff	61,5	64,2
Kohlensäure	6,7	8,8

Bei Gewittern enthält Regnach zuweilen Wasserstoffsuperoxyd. Organische Stoffe wurden bereits 1750 von Marggraf nachgewiesen, dann von Ehrenberg u. A.[6]). Die englische Flusscommission[7]) fand im Liter Regenwasser

Organischen Kohlenstoff	0,27 bis	3,72 mg
- Stickstoff	0,03	0,66
Ammoniak	0,11	0,80
Stickstoff als Nitrate	0,03	0,40

Ammoniak im Regenwasser wurde bereits von Liebig (1826) nachgewiesen. Barral[8]) fand bei Untersuchung des auf dem Observatorium zu Paris in Platingefässen gesammelten Regenwassers ausser

---

[5]) 1 *l* Wasser löst nach Bunsen bei 760 mm und folgenden Temperaturen:

	bei 0°	10°	20°
Sauerstoff	41	33	28 cc
Stickstoff	20	16	14
Kohlensäure	1797	1185	901

Vgl. R. Bunsen: Gasometrische Methoden (Braunschweig, Fr. Vieweg); Fischer's Jahresb. 1889, 511.

[6]) Ludwig: Die natürlichen Wässer (Erlangen 1862).

[7]) Rivers Poll. Comm. VI. Rep.; Ferd. Fischer: Chemische Technologie des Wassers (Braunschweig 1878) S. 76.

[8]) Jahrb. d. Chem. 1852, 751; 1853, 707.

stickstoffhaltiger organischer Substanz, etwas Eisenoxyd, geringen Mengen Magnesia (2,12 mg im Durchschnitt) im Liter:

Gesammelt		Ammoniak	Salpetersäure (N_2O_5)	Gesammtstickstoff	Chlor	Kalk
1851	Juli	3,77	6,01	4,67	3,88	9,02
	August	4,42	20,20	9,44	2,89	8,68
	September	3,04	36,33	11,95	2,39	7,16
	October	1,08	5,82	4,46	1,84	2,43
	November	2,50	9,99	4,64	2,64	4,26
	December	6,85	36,21	15,01	0	7,36
1852	Januar	2,53	7,64	3,90	1,61	—
	Februar	9,65	11,77	11,13	4,62	—
	März	1,47	6,86	2,92	2,11	—
	April	3,53	3,57	3,63	2,18	—
	Mai	1,14	5,57	2,54	1,15	—
	Juni	1,84	1,84	2,01	1,37	—

Bineau[9]) fand im Liter des auf der Sternwarte in Lyon im Januar und Februar 1852 gesammelten Regenwassers 28 bis 31 mg Ammoniak; Schneewasser enthielt nur 7 mg. 1853 gesammeltes Regenwasser enthielt im Winter 16,3, Frühling 12,1, Sommer 3,1, Herbst 4,0, im Mittel 6,8 mg Ammoniak.

Filhol[10]) fand im Liter Regenwasser, welches in der Nähe von Toulouse aufgefangen war, im Januar 1855 0,6, Februar 0,82, März 0,83, April 0,44, Mai 0,55, Juni 0,7 mg Ammoniak; in der Stadt Toulouse gesammeltes Regenwasser enthielt dagegen im Februar 6,6 mg Ammoniak.

Boussingault[11]) bestimmte den Ammoniakgehalt des Regenwassers in Paris im Durchschnitt zu 3 mg; Regenwasser am Liebfrauenberg in den Vogesen gesammelt enthielt dagegen nur 0,79 mg Ammoniak. Wasser von frisch gefallenem Schnee enthielt im Liter 1,78 mg Ammoniak, dagegen 10,34 mg, nachdem derselbe 36 Stunden auf Gartenerde gelegen hatte. Dass Schnee aus dem Boden Ammoniak aufnimmt, wird auch von Vogel[12]) und Müller (Zeitschr. f. angew. Chem. 1888, 240) bestätigt.

Der Ammoniakgehalt des Regenwassers wird um so geringer, je später das Wasser nach Beginn des Regens aufgefangen ist, und je mehr Regen fällt. So wurden von Boussingault in 5 Portionen 9,55 *l* aufgefangen; dieselben enthielten im Liter:

9) Ann. chim. ph. 1854, 428.
10) Jahrb. d. Chem. 1855, 829.
11) C. r. 46, 1175.
12) Münch. Sitzb. 1872, 124.

Aufgefangen	Ammoniak
1,0 *l*	6,59 mg
1,0	3,07
2,0	1,40
2,0	0,39
3,55	0,36

im Mittel 1,52 mg Ammoniak.

Regenwasser enthielt nach A. Muntz und V. Marcano[13]) in Caracas, Venezuela 0,2 bis 16,3 mg, im Mittel 2,23 mg Salpetersäure, so dass bei 1 m Regenhöhe 1 ha Boden 5,8 k Stickstoff zugeführt werden.

A. Levy[14]) hat den Ammoniakgehalt der atmosphärischen Luft und der Meteorwässer in Montsouris bestimmt. 100 cbm Luft enthielten 0 bis 8,7 mg Ammoniak, 1 *l* Regenwasser 0 bis 4,8 mg, Nebel selbst 65,6 mg Ammoniak. Die Menge des in dem auf 1 qm gefallenen Regen enthaltenen Ammoniaks betrug im November 1876 36,8, im December 86,6, im Januar 1877 79,7 mg[15]).

Im Liter Gletschereiswasser vom Montblanc fand Horsford 10 mg Ammoniak. Boussingault[16]) fand:

	Salpetersäure	Ammoniak
Spitze des St. Bernhard, im Regenwasser	0,30 mg	1,10 mg
- - - - im Schneewasser	0,05	Sp.
Im Wasser aus dem See in der Nähe des Hospizes vom St. Bernhard	0	0,11
Im Schnee von Velan (3760 m)	0	0,10
Mer de glace (Mont Blanc, 1350 m)	0,26	0,13
Gornergletscher (2400 m)	0	0
Aletschgletscher (2200 m)	Sp.	Sp.
Kaltenwassergletscher (3565 m)	0	0
Palügletscher (3000 m)	0	0

Hagel, Thau, Nebel und Reif enthalten ebenfalls oft erhebliche Mengen Ammoniak und Salpetersäure.

---

13) C. r. 108, 1062.

14) C. r. 84, 273; 91, 94.

15) Auffallend hohe Gehalte der atmosphärischen Niederschläge an Ammoniak und Salpetersäure beobachtete J. Stoklasa. Im Januar 1883 enthielt der Schnee in 100000 Th. 1,326 Th. Ammoniak und 0,132 Th. Salpetersäure. Diese Menge ist im März und April geringer. Im Mai war die Menge der Salpetersäure geringer, im Juni fand er im Regen 0,236 Th. Ammoniak und 0,754 Th. Salpetersäure, welche Mengen bis zum November auf gleicher Höhe blieben, als am Himmel die bekannten auffälligen Dämmerungserscheinungen auftraten. Nach einer solchen enthielt der Regen 0,857 Th. Ammoniak und 19,975 Th. Salpetersäure. — Nach einem starken Gewitter in der Umgegend von Kolin wurden 25,377 Th. Salpetersäure und 9,525 Th. Ammoniak in 100000 Th. Schnee gefunden, nach dem Verf. mehr, als man von 1850 bis jetzt in Mitteleuropa beobachtet hat. (Fischer's Jahresb. 1887, 1119.)

16) C. r. 95, 1121.

Das von dem Regen aus der Atmosphäre aufgenommene Ammoniak stammt von den auf der Erde stattfindenden Fäulnissprocessen stickstoffhaltiger organischer Stoffe, theilweise auch wohl aus Rauchgasen. Regenwasser, entfernt von Wohnungen aufgefangen, kann demnach völlig frei sein von diesem Zersetzungsproducte. In grösseren Orten, namentlich in Städten mit einem durch menschliche und thierische Abfallstoffe inficirten Untergrund, mit Düngergruben und sonstigen Fäulnissherden wird das Meteorwasser dagegen stets verunreinigt sein, selbst wenn es in reinen Gefässen aufgefangen wurde. Das von den Dächern gesammelte oder in Cysternen aufbewahrte Regenwasser kann natürlich noch weniger Anspruch auf Reinheit machen.

Salpetrige Säure wurde von Schönbein regelmässig im Regenwasser aufgefunden; zuverlässige quantitative Bestimmungen liegen noch nicht vor.

Salpetersäure wurde im Regenwasser zuerst von Marggraf nachgewiesen. Boussingault fand im Regenwasser stets Salpetersäure; 1 *l* von 90 Regen, welche am Liebfrauenberge in den Vogesen in bewaldeter Gegend fielen, enthielt im Durchschnitt 0,2 mg, in einzelnen Fällen aber selbst 6,2 mg Salpetersäure (N_2O_5). In Paris enthielt 1 *l* Regenwasser 0,4 bis 2,1 mg, 1 *l* Schneewasser 0,3 bis 4,0 mg Salpetersäure; in einem von Hagel begleiteten Regen fand er 55 mg Salpetersäure. Barral (S. 4) fand in Lyon wesentlich grössere Mengen, die englische Commission (S. 4) dagegen nur 0,07 mg Stickstoff, entsprechend 0,27 Salpetersäure.

Nach Bobierre enthielt 1 *l* des in Nantes in 47 m und in 7 m Höhe aufgefangenen Regenwassers Milligr.

1863	Ammoniak		Salpetersäure		Chlornatrium	
	47 m	7 m	47 m	7 m	47 m	7 m
Januar	5,23	6,70	5,79	3,20	14,1	8,4
Februar	4,61	5,90	—	—	15,1	10,0
März	1,88	8,62	7,12	5,98	16,1	11,9
April	1,84	6,68	2,31	1,81	7,3	9,2
Mai	0,75	4,64	3,50	2,00	5,0	9,4
Juni	2,22	3,97	13,22	10,24	15,0	17,4
Juli	0,27	2,70	—	—	—	—
August	0,26	2,11	15,52	16,00	14,8	19,3
September	1,43	5,51	10,00	5,72	11,2	14,8
October	1,69	4,29	4,99	3,20	12,0	9,0
November	0,59	4,48	6,28	5,57	22,8	26,1
December	3,18	15,67	4,89	3,10	21,6	16,3

Das 7 m hoch aufgefangene Regenwasser war demnach wesentlich reicher an Ammoniak als das in 47 m Höhe gesammelte; das Ammoniak steigt demnach wesentlich vom Boden auf. Der Salpetersäuregehalt ist im Sommer grösser als im Winter, die Ammoniakmengen sind dagegen im Sommer geringer.

Auch die Salpetersäure des Regenwassers ist wesentlich Zersetzungs- bez. Oxydationsproduct organischer Stoffe, ein Theil wird wohl durch elektrische Entladungen gebildet.

Chlornatrium findet sich sehr oft im Regenwasser. Dalton fand in Manchester bis 133 mg, die englische Commission in Landsend sogar bis 950 mg Chlornatrium im Liter.

In Gegenden, welche Steinkohlen als Brennstoff verwenden, ist die Atmosphäre durch Russ, theerige Stoffe und Schwefligsäure verunreinigt[17]), welche allmählich in Schwefelsäure übergeht. Smith fand im Liter Regenwasser aus der Nähe einiger chemischen Fabriken 70 mg Schwefelsäure; Regenwasser in Liverpool enthielt 35 mg, in Newcastle am Tyne 430, in Manchester 50 mg Schwefelsäure, grösstentheils im freien Zustande. Nach Sendtner enthielt in München frisch gefallener Schnee in 1 k z. B. 7 mg Gesammtschwefelsäure, am folgenden Tage 17,6 mg, nach 10 Tagen 62,2 und nach 16 Tagen bereits 91,8 mg. Der Schnee nimmt also sehr rasch die in der Stadtluft vorhandene Schwefelsäure bez. Schwefligsäure auf; letztere geht bald in Schwefelsäure über. Frischer Schnee enthielt z. B. 3,1 mg SO_3 und 3,4 mg SO_2, zwei Tage alter Schnee 29,4 mg SO_3 und 1,6 mg SO_2. Dieser stark schwefelsäurehaltige Schnee ist für im Freien stehende Marmordenkmäler u. dgl. sehr verhängnissvoll.

Kosmischer Staub wurde von Tissandier[18]) im Schnee zu Paris gefunden. Rother Schnee und rother Regen, welche mehrfach in der Schweiz beobachtet sind, enthält nach Ehrenberg[19]) Passatstaub. Sogenannter Schwefelregen enthält Blüthenstaub.

Quell- und Brunnenwasser. Das mit diesen Stoffen beladene Meteorwasser dringt, soweit es nicht verdunstet oder oberflächlich abfliesst, in den Boden und tritt nach einiger Zeit als Quell wieder zu Tage oder wird durch Brunnenanlagen künstlich gehoben. Je nach der Beschaffenheit und Menge der Verunreinigungen, welche das einsickernde Regenwasser bereits enthält und nach den Bestandtheilen der durchflossenen Bodenschichten wird daher Quell- und Brunnenwasser grössere oder geringere Mengen fremder Stoffe gelöst enthalten. Der Sauerstoff des eindringenden Meteorwassers nebst dem noch zutretenden atmosphärischen Sauerstoff wird zur Oxydation der orga-

---

17) Jahrb. d. Chem. 1851, 649; 1858, 107; A. Smith: Air and Rain.

18) C. r. 80, 58; 82, 388.

19) Jahrb. d. Chem. 1851, 882.

nischen Stoffe des Bodens verwendet; auch Eisen- und Manganoxydulverbindungen halten Sauerstoff zurück. Quell- und Brunnenwasser enthält dem entsprechend meist nur wenig oder keinen Sauerstoff.

Das Wasser des 548 m tiefen artesischen Brunnens von Grenelle, 4 m unterhalb seiner Mündung geschöpft, ist nach Girardin[20]) frei von Sauerstoff; auch das Wasser von vier 60 bis 140 m tiefen Brunnen in St. Denis und eines 11 m tiefen artesischen Brunnens bei Gonesse enthielt keine Spur von Sauerstoff. Sobald das Wasser aber mit der atmosphärischen Luft in Berührung kommt, nimmt es sofort erhebliche Mengen desselben auf; die bisher in den Wässern aufgefundenen Sauerstoffmengen werden hiernach oft viel geringer sein, als angegeben ist.

Man unterscheidet in den Wässern meist gebundene Kohlensäure als diejenige, welche mit den vorhandenen Metallen einfache Carbonate, von der halbgebundenen, welche mit den Carbonaten Bicarbonate bildet und beim Kochen ausgetrieben wird, im Gegensatz zur freien Kohlensäure, welche im Wasser nur gelöst ist. In einigen Quellen, namentlich vulkanischer Gegenden (Eifel, Laacher See, Selters u. s. w.) findet sich die Kohlensäure in solchen Mengen, dass das Wasser derselben sein mehrfaches Volum gelöst enthält[21]).

Die gewöhnlichen Brunnen- und Quellwässer verdanken ihre Kohlensäure theils der Atmosphäre, zum grössten Theil aber den im Boden stattfindenden Fäulniss- und Verwesungsprocessen. Sie unterstützt die Zersetzung der Gesteine und bildet Bicarbonate von Calcium und Magnesium, weniger oft von Eisen, Natrium u. s. w., so dass gewöhnliche Quellwässer nur einen verhältnissmässig geringen Theil der Kohlensäure im freien Zustande enthalten. Brunnenwässer enthalten meist keine freie Kohlensäure, wohl aber oft, wenn sie einem verunreinigten Boden entstammen, bedeutende Mengen von Calcium- und Magnesiumbicarbonat, haben somit eine grosse veränderliche Härte.

Über die Zusammensetzung englischer Quell- und Brunnenwässer hat die Flusscommission umfassende Versuche ausgeführt[22]), auf welche verwiesen wird.

Als Beispiel eines reinen Quellwassers Deutschlands ist das der neuen Wasserleitung für Frankfurt a. M. bemerkenswerth, welches aus dem Basalt des Vogelsberges und dem Buntsandstein des Spessart täglich über 18 000 cbm Wasser durch eine 70 bis 75 km lange Lei-

[20]) C. r. 78, 1704.

[21]) Nach M. Ballo ist diese Kohlensäure nicht als Anhydrit, CO_2, sondern als wirkliche Säure, H_2CO_3 im Wasser gelöst. (Fischer's Jahresb. 1883, 1017.)

[22]) Rivers Pollut. Comm. VI. Report; Ferd. Fischer: Chemische Technologie des Wassers (Braunschweig 1878) S. 89.

tung aus eisernen Röhren in den 54,7 m über den Nullpunkt des Mainbrückenpegels gelegenen Frankfurter Hochbehälter führt. Die Quellen des Vogelsberges (zu Fischborn) zerfallen in drei Gruppen; die erste, die Quellen an der Aue, besteht aus 139 grösseren oder kleineren Quellen; die zweite besteht aus vier Quellen (Aderborn, Born am Wehr, Lohfinkborn, Aderweiherquelle), die dritte aus zwei Quellen (Quelle am alten Seeweiher und Wehnerborn genannt). Nach den Analysen von G. Kerner (in dessen Bericht vom April 1874) enthält 1 *l* Wasser mg:

Bestandtheile	Vogelsberger Quellen			Reservoir am Aspenheimer Kopf (Oct. 1873)	Hochreservoir bei Frankfurt (März 1874)
	Erste Gruppe	Zweite Gruppe	Dritte Gruppe		
Chlornatrium	3,0	3,4	3,6	3,4	3,1
Schwefelsaures Calcium	4,0	4,1	4,8	4,3	4,3
Kohlensaures Natrium	6,6	8,1	7,6	8,0	7,8
Kohlensaures Calcium	33,0	31,2	33,1	31,2	31,0
Kohlensaures Magnesium	32,0	32,3	31,7	33,2	31,5
Kieselsäure	30,1	27,7	29,8	29,0	27,8
Mineralbestandtheile	108,4	106,6	110,4	109,1	105,5
Huminkörper	4,9	unwägbar	unwägbar	2,8	1,6

Aus dem Spessart (Cassel- und Bibergrund) werden der Leitung 10 Quellen zugeführt. Die festen Bestandtheile der einzelnen Quellen schwanken zwischen 17,5 und 24,2 mg im Liter. Speciell betragen die festen Bestandtheile der bedeutendsten bis jetzt gefassten Spessartquelle, des Breitenruhborns, im Liter:

Chlornatrium	3,7 mg
Schwefelsaures Calcium	2,0
Kohlensaures Natrium	2,3
Kohlensaures Calcium	1,5
Kohlensaures Magnesium	0,1
Kieselsäure	7,0
Spuren von Salpetersäure, Eisen, Thonerde und organische Substanzen	3,5

Demnach beträgt die durchschnittliche Härte des Vogelsberger Wassers = 4,1, jene des Spessartwassers = 0,17°.

Als harte Wässer mögen noch die von Reichardt untersuchte Quelle aus dem Muschelkalk im Mühlthale, etwa 2 km von Jena, sowie dasselbe Wasser beim Ausflusse in der Stadt (hölzerne Leitungsröhren) und die Quelle aus dem Gyps bei Rudolstadt folgen; 1 *l* enthält mg

	Quellwasser im Mühlthal.		Dasselbe in Jena.		Gypsquelle.
Untersucht am	29 Juni 1872	1. Febr. 1873	29. Juni 1872	1. Febr. 1873	
Temperatur	10,4	10,3	14,0	5,7	—
Chlor	5,2	8,0	5,4	8,8	16,1

[Fortsetzung S. 12.]

Brunnen

Orte		Chlor	Schwefelsäure (SO_3)	Salpetersäure (N_2O_5)	Salpetrigsäure (N_2O_3)	Ammoniak	Organisches
Barmen	h.	260	—	550	—	stark	150
	n.	10	—	8	—	0	0
Basel	h.	90	78	400	—	—	—
	n.	5	2	2	—	—	—
Bern	h.	128	80	652	0,4	2,0	s. stark
	n.	9	17	19	Spur	0,1	Spur
Berlin	h.	342	485	358	—	—	717
	n.	4	41	6	—	—	88
Bonn	h.	235	122	334	stark	stark	49
	n.	14	30	Spur	0	0	5
Braunschweig	h.	760	—	640	viel	viel	986
	n.	19	—	36	0	0	32
Breslau	h.	596	552	530	10	57	726
	n.	4	10	0	0	0	27
Budapest	h.	777	—	1312	218	130	880
Carlsruhe	h.	147	70	214	Spur	0	—
	n.	11	30	10	—	0	—
Coblenz	h.	165	173	229	—	—	1268
	n.	15	13	Spur	—	—	27
Darmstadt	h.	239	177	380	sehr stark	sehr stark	105
	n.	9	0	10	sehr schwach	sehr schwach	7
Dorpat	h.	600	255	816	—	26,0	—
	n.	6	8	1	—	0,2	—
Fürth	h.	456	141	463	—	1,3	184
	n.	24	19	11	—	0,6	11
Hamburg	h.	433	389	387	Spur	0	243
	n.	21	25	0	0	0	0
Hannover	h.	838	991	476	sehr stark	104,4	4198
	n.	36	37	7	0	0	Spur
Iglau	h.	671	260	1273	6	25	603
	n.	21	48	4	0	0	6
Königsberg	h.	340	118	114	11,4	5,0	190
	n.	11	9	3	0	0,1	30
Linden	h.	310	364	220	stark	sehr stark	112
	n.	42	80	52	Spur	Spur	22
Lauterberg a. H.	h.	286	—	63	sehr stark	sehr stark	458
	n.	10	—	3	0	0	24
Magdeburg	h.	886	450	1130	stark	0,2	356
	n.	192	253	113	—	0,1	stark
Münster	h.	322	312	268	stark	19	390
	n.	76	61	14	0	0	79
Otterndorf	h.	426	491	247	Spur	47,4	300
	n.	72	29	Spur	0	0	40
Tropau	h.	270	157	241	2,8	Spur	355
	n.	37	27	11	0,2	0	45

wässer.

Kalk (Ca O)	Magnesia	Bemerkungen
—	—	Bulk, Ztschr. d. Niederrhein. Vereins f. öff. Ges. 1873, 199; 1876, 45.
—	—	51 Analysen.
247	45	Goppelsröder, Verhandlungen d. naturf. Ges. in Basel 1872.
46	3	22 Brunnen.
342	37	Aeby, Journ. f. prakt. Chemie 5, 212.
122	19	11 Brunnen.
612	154	Reich, Die Salpetersäure in Brunnenwässern.
141	13	25 Brunnen.
—	—	Finkelnburg, Ztschr. d. Niederrhein. Vereins f. öff. Ges. 1873, 25.
—	—	48 Brunnen.
—	—	Frühling u. Schulz, Braunschw. Anz. 1882.
—	—	570 Brunnen.
462	126	Hulva, Ergänzh. z. Centr. f. allg. Gesundh. 1884.
34	Spur	
—	—	J. Fodor, Boden u. Wasser S. 288.
283	48	Weltzien-Birnbaum, Brunnenwässer der Stadt Carlsruhe.
90	13	9 Brunnen.
—	—	Zwick, Ztschr. d. Niederrhein. Vereins f. öff. Ges. 1874, 204.
—	—	56 Brunnen.
351	88	Schulze, Vorarbeiten für die Wasserversorgung Darmstadts.
37	0	36 Brunnen.
316	508	Schmidt, Die Wasserversorgung Dorpats.
115	37	167 Brunnen.
282	140	Langhans, Viertelj. f. öff. Ges. 1871, 21.
104	33	6 Brunnen.
559	45	Wiebel, Fluss- und Bodenwässer Hamburgs.
33	4	10 Brunnen.
906	172	F. Fischer, Trinkwasser; Dingl. pol. Journ. 215, 517 u. unveröffentl.
107	10	Untersuchungen. 112 Brunnen.
434	275	Lenz, Ztschr. Oesterr. Apoth. V. 1879 No. 12.
18	1	44 Analysen.
313	47	Beer, Archiv der Pharmacie 209, 318.
26	13	6 Brunnen.
480	78	F. Fischer, Trinkwasser.
160	6	10 Brunnen.
—	—	F. Fischer, Dingl. 226, 302.
—	—	77 Brunnen.
647	39	Aeby, Jour. für prakt. Chemie 5, 213; Gäde, Zeitschrift für
240	28	Epidemiol. 1874, 221.
—	473	König,
—	120	37 Brunnen.
663	120	Pellens, Die Wässer Otterndorfs (1876).
190	17	17 Brunnen.
338	129	Demel, Brunnenwässer der Stadt Tropau (Tropau 1881).
102	26	15 Brunnen.

Untersucht am	Quellwasser im Mühlthal. 29. Juni 1872	1. Febr. 1873	Dasselbe in Jena. 29. Juni 1872	1. Febr. 1873	Gypsquelle.
Schwefelsäure	14,4	26,8	15,8	23,3	1108,0
Salpetersäure	1,1	5,4	1,6	5,4	Spur
Organische Stoffe	5,4	1,8	8,9	10,5	Spur
Kalk	135,0	140,0	140,0	134,4	766
Magnesia	35,3	23,4	29,5	23,4	123
Härte	18,4	17.3	18,1	16,7	92,8°

Besonders wichtig ist der Gehalt des Wassers an den Zersetzungsproducten organischer Stoffe pflanzlichen und thierischen Ursprungs. Quellsäure und Quellsatzsäure wurden zuerst von Berzelius[23]) im Wasser der Porlaquelle, welche in einer sumpfigen Gegend Ostgothlands entspringt, aufgefunden. Das Wasser enthielt im Liter 53 mg dieser Stoffe. Das fortwährend aufsprudelnde (porlar) Gas bestand aus 6 Th. Stickstoff und 1 Th. Kohlensäure. Nach Senft[24]) entstehen bei der Zersetzung von Pflanzensubstanzen stets humussaure Alkalien, namentlich humussaures Ammoniak. Bei vollem Luftzutritt bilden sich erst die ulminsauren Salze, dann als Oxydationsproduct derselben, die huminsauren Verbindungen; beide oxydiren sich schliesslich zu Carbonaten. Bei mangelndem Luftzutritt entstehen die geïnsauren Verbindungen, zu denen das quell- und torfsaure Ammoniak gehört. Alle diese humus- und geïnsauren Verbindungen wirken auf Mineralien lösend und zersetzend ein, namentlich vermag das quellsaure Ammoniak einzelne Verbindungen unverändert zu lösen und nach der Oxydation zu kohlensaurem Ammoniak auch unverändert wieder abzuscheiden. Gerbstoffhaltige Torfbrühe, z. B. von Haide,

Wasser a. Dorpat	I.	II.	III.	IV.
Kohlensäure (CO_2)	240,7	269,0	741,3	871,3
Schwefelsäure (SO_3)	7,9	9,9	80,4	255,5
Chlor	8,0	4,7	320,6	600,9
Salpetersäure (N_2O_5)	3,3	7,9	707,5	816,2
Phosphorsäure (P_2O_5)	0,6	0,6	14,2	28,7
Kieselsäure (SiO_2)	8,0	9,6	31,1	35,4
Kali (K_2O)	5,6	5,1	293,9	289,1
Natron (Na_2O)	5,8	4,4	231,9	447,6
Ammoniak (NH_3)	0,5	0,4	0,8	22,3
Kalk (CaO)	106,1	124,9	373,4	316,5
Magnesia (MgO)	36,6	38,1	282,1	508,5
Eisenoxydul (FeO)	0,5	0,4	0,2	2,4

I. ist ein Bohrloch von 94 Fuss Tiefe, II. ein solches von 42 Fuss; beide sind offenbar frei von Stadtlauge. III. ist ein Pumpbrunnen von 11 Fuss, IV. desgleichen von 10 Fuss.

---

[23]) Jahrb. 1834, 181.

[24]) Naturforsch.-Vers. 1876.

wirkt lösend und gleichzeitig desoxydirend. Auch Ameisensäure, Essigsäure, Propionsäure u. dgl. sind in einigen Wässern nachgewiesen.

Das Brunnenwasser der Städte und Dörfer ist durchweg durch die Stoffwechselproducte der Menschen und Thiere verunreinigt. Die Zusammenstellung S. 10 u. 11 zeigt z. B. die den veröffentlichten Analysen entnommenen Höchst- (h) und Niedrigstwerthe (n).

Schmidt[25]) untersuchte 167 Brunnenwässer der Stadt Dorpat; die beiden besten (I, II) und schlechtesten (III, IV) enthielten (mg im Liter). (S. 12.)

Recht nett ist auch der Pfarrbrunnen in Mommenheim[26]):

Kalk	310 mg	Salpetrigsäure . .	5 mg
Magnesia . . .	368	Salpetersäure . .	539
Natron	444	Ammoniak . . .	s. stark
Kali	985	Organisch . . .	159
Chlor	956	Gesammt . . .	4334
Schwefelsäure . .	218		

Diese Verunreinigungen sind wesentlich auf die Zersetzungsproducte menschlicher bez. thierischer Abfallstoffe zurückzuführen. Dringen diese Stoffe (S. 56) in den Boden, so zerfallen sie bei mittlerer Temperatur und unter dem Einfluss niederer Organismen rasch in noch wenig gekannte Zwischenproducte und bei Zutritt von atmosphärischem Sauerstoff in Kohlensäure, Ammoniak, dann Salpetrigsäure und Salpetersäure.

Die Phosphate, die Kalisalze, die stickstoffhaltigen organischen Stoffe und das Ammoniak werden von dem Boden anfangs zurückgehalten, die Chloride, Nitrate und Sulfate gelangen dagegen in die Quellen und Brunnen. Wenn demnach einem nicht mit Pflanzen bestandenen Boden stickstoffhaltige organische Stoffe zugeführt werden, so wird bei hinreichendem Luftzutritt der Stickstoff der organischen Substanz und das Ammoniak in Salpetrigsäure und diese in Salpetersäure übergeführt, welche von dem Bodenwasser aufgenommen und den Brunnen und Quellen zugeführt wird. Kann jedoch wegen mangelndem Luftzutritt keine hinreichende Oxydation der organischen Stoffe erfolgen, so werden, wenn die Absorptionskraft des Bodens erschöpft ist, von dem Wasser auch Ammoniak und die in Fäulniss begriffenen organischen Stoffe selbst aufgenommen. Ein Wasser, welches entfernt von bewohnten Orten dem Boden entquillt, kann daher völlig frei von diesen Zersetzungsproducten thierischer Stoffe sein (S. 9); andere enthalten nur Spuren, einige selbst mehrere Milligramm Salpetersäure, ohne dass eine Verunreinigung mit thierischen Abfällen nachweisbar wäre.

[25]) Arch. f. Naturk. Liv- Ehst-, u. Kurlands (Dorpat 1864).

[26]) Gewerbbl. Hess. 1889. 336.

Nach Vogel (S. 57) enthält 1 *l* Harn 6,73 g Chlor; dieses sickert mit den eindringenden Schmutzwässern unabsorbirt durch den Boden hindurch. Das Chlor gibt daher ein besonders schätzenswerthes Maass für die Grösse der Verunreinigung eines Wassers mit menschlichen Abgängen, nachdem man den dem betreffenden Boden entsprechenden Normalgehalt abgezogen hat. Das Dorpater Brunnenwasser IV hat demnach etwa 9 Proc., das schlechteste Hannoversche Brunnenwasser sogar 12 Proc. Harnbestandtheile aufgenommen.

Legt man die Werthe von Schmidt für die Bestandtheile des Harnes zu Grunde, so ergibt sich unter Berücksichtigung der Kalimengen der Holzasche und des Thierharnes, dass der Boden Dorpats mindestens die Hälfte der Kaliverbindungen aus den durchsickernden Schmutzwässern zurückhält, ferner etwa 90 Proc. der Phosphorsäure und 75 Proc. des Stickstoffes. Noch grösser ist das Missverhältniss zwischen Chlor- und Stickstoffverbindungen in den Hannoverschen Brunnenwässern. Nach den Versuchen von Reiset, Gilbert u. A. entweichen selbst bei Gegenwart von kohlensauren alkalischen Erden bei der Fäulniss stickstoffhaltiger organischer Stoffe bis 40 Proc. freier Stickstoff gasförmig. Es wurde ferner schon hervorgehoben (S. 6), dass der grosse Gehalt der Meteorwässer an Stickstoffverbindungen namentlich in Städten wesentlich auf das aus dem verunreinigten Boden aufsteigende Ammoniak u. s. w. zurückzuführen sei. Wenn sonach auch die Stickstoffverbindungen, namentlich das Ammoniak (bei stark verunreinigten Wässern auch wohl Schwefelammonium) und die Salpetrigsäure als Beweise der noch nicht abgeschlossenen Zersetzung, für den Nachweis einer Verunreinigung mit thierischen Stoffen sehr wichtig sind, so gibt doch die Menge derselben kein Maass der Verunreinigung.

In den Analysen der englischen Commission findet sich die Angabe der früheren Verunreinigung der Wässer mit thierischen Stoffen. Sie hat hierfür als Maassstab der Vergleichung die Durchschnittsmenge gebundenen Stickstoffs gewählt, den Londoner Canalwasser (Sewage) enthält, und zwar 100 mg im Liter. Englisches Regenwasser (S. 3) enthielt bereits 0,32 bis 0,42 mg gebundenen Stickstoff; zieht man diese Menge von dem Gesammtgehalte an Stickstoff, welchen ein Wasser enthält, ab, so bleibt in der Regel nur dann ein Rest, wenn, nach Ansicht der Commission, das Wasser durch thierische Stoffe verunreinigt wurde. Hat man die angeführte Zahl in Abzug gebracht, so bezeichnet der Rest den Stickstoff, welcher der Oxydation thierischer, in das Wasser gelangter Stoffe seinen Ursprung verdankt. So enthält z. B. ein Wasser, in welchem die Analyse 3,26 mg Stickstoff (in

Form von organischen Stoffen, Ammoniak, Nitriten und Nitraten) im Liter nachgewiesen hat, 3,26—0,32 = 2,94 mg Stickstoff thierischer Abstammung. Dieses ist aber die Menge des gebundenen Stickstoffs, welche in 29,4 g Londoner Canalwasser enthalten ist; die Commission sagt daher, ein solches Wasser zeige in 1000 Th. 29,4 Th. früherer thierischer Verunreinigung. (2940 Th. in 100 000 Th.)

Hier gilt also nur der Gesammtgehalt an Stickstoff als Maass der Verunreinigung. Dagegen ist zu bemerken, dass die stickstoffhaltigen organischen Substanzen nach ihrer völligen Oxydation, wenn der Stickstoff also als Salpetersäure vorhanden ist, voraussichtlich viel weniger bedenklich sind, als die noch in Fäulniss begriffenen Stoffe selbst. Berücksichtigt man ferner, dass die Zusammensetzung des Regenwassers wechselt, dass namentlich das Regenwasser in Städten viel mehr Stickstoffverbindungen enthält, als die englische Commission ihren Berechnungen zu Grunde legt, dass ein und dasselbe verunreinigte Wasser, wenn es mit Pflanzenwurzeln in Berührung gekommen ist, viel weniger Stickstoff enthalten wird, als wenn es durch unbebauten Boden hindurchgesickert ist, so wird man diesen Zahlen einen nur bedingten Werth beilegen dürfen.

Die pflanzlichen und thierischen Nahrungsmittel enthalten mehr Kali als Natron; der grössere Natrongehalt der verunreinigten Brunnenwässer erklärt sich durch den Chlornatriumgehalt des menschlichen Harnes, in Folge des Kochsalzzusatzes zu unseren Speisen, theils durch die Absorptionsfähigkeit des Bodens für Kaliverbindungen. Wo jedoch die Pflanzenfresser überwiegen, kann auch der Kaligehalt der Brunnenwässer grösser werden.

In Fleisch, Brod, Körner- und Hülsenfrüchten überwiegt die Magnesia, welche grösstentheils in den Harn übergeht, während der in Blattgemüsen, Heu und Stroh überwiegende Kalk sich namentlich in den festen Excrementen sammelt. Immerhin machen diese dem Brunnenwasser zugeführten Kalk- und Magnesiamengen nur einen verhältnissmässig geringen Theil aus. Durch die bei der Oxydation der organischen Stoffe im Boden gebildete Kohlensäure werden grosse Mengen von kohlensaurem Calcium und kohlensaurem Magnesium als Bicarbonate gelöst, durch die entstandene Salpetersäure desgleichen als Nitrate, so dass auch sehr oft die Härte eines Wassers im Verhältniss zur Grösse der Verunreinigung steht. Auch die Schwefelsäure der Brunnenwässer ist theilweise auf die genannten Verunreinigungen zurückzuführen, theilweise auf den Gypsgehalt des Bodens.

Die Tabelle (S. 16) zeigt die Zusammensetzung einer Anzahl Quellwässer, welche in Deutschland zur städtischen Wasserversorgung verwendet werden, die Tabelle S. 17 von Wasser aus künstlich er-

Quellwässer, welche zu städtischen Wasserversorgungen verwendet werden. (1 Liter enthält Milligr.)

Ort		Chlor	Schwefelsäure	Salpetersäure	Salpetrigsäure	Ammoniak	Organisch	Kalk	Magnesia	Härtegrade	Kali	Natron	Gesammtrückstand	Untersucht von
Aschersleben		—	—	Spur	—	—	21	147	39	20	—	—	620	Reichardt
Blankenburg		17	16	—	—	—	33	103	5	11	—	15	241	Frühling u. Schulz
Chemnitz		8	10	—	—	—	20	8	Spur	1	—	—	73	Wender
Erfurt		16	65	—	—	—	5	78	13	10	—	—	355	Reichardt
Gotha [27]	I	1	1	—	—	—	—	4	1	0,6	—	—	20	Reichardt
	II	2	2	—	—	—	—	3	1	0,4	—	—	24	
Goslar		2	5	—	—	—	0	2	Spur	0,4	4,0	—	23	Schuhmacher
Heilbronn		—	11	0	0	0	2	168	—	17	—	—	32	—
Klagenfurt		—	96	—	—	—	—	76	33	12	—	—	226	Mitteregger
Luzern		Spur	Spur	20	—	—	4	—	—	6	—	—	—	Stierlin
Offenbach [28]	I	—	—	Spur	fast	0	40	—	—	—	—	—	126	Petersen
	II	—	—	—	0	0	30	—	—	—	—	—	92	
Plauen		—	—	—	—	—	—	68	—	7	—	—	—	—
Regensburg		Spur	Spur	Spur	—	—	—	125	Spur	13	3,0	Spur	240	Braunschweiger
Salzburg [29]	I	—	3	—	—	—	45	52	34	11	1,3	4,2	222	Spängler
	II	—	0	Spur	—	—	4	40	3	4	0,1	1,0	86	
	III	—	21	15	—	—	95	98	28	14	—	—	381	
Ulm		Spur	1	Spur	—	—	4	125	—	13	—	—	237	Wacker
Wiesbaden		4	1	1	—	—	3	7	5	1	1,5	4,9	42	Fresenius
Winterthur		—	—	—	—	—	23	—	—	14	—	—	—	Sulzer
Würzburg		44	184	3	Spur	0,6	3	241	40	30	—	52,1	742	Ossan u. Wislicenus
Zittau		3	7	—	—	—	4	6	2	1	—	6,5	33	Stein

27) I Springquelle, II Carolusquelle. — 28) I Hainebach, II Wildhofbach. — 29) I Geisbergquelle, II Fürstenbergquelle, III Städtische Brunnhausquelle.

Quellwässer (sogen. Grundwässer), welche für städtische Wasserversorgung verwendet werden. (1 Liter enthält Milligr.)

Ort	Chlor	Schwefelsäure (SO_3)	Salpetersäure (N_2O_5)	Salpetrigsäure (N_2O_3)	Ammoniak	Organisch	Kalk (CaO)	Magnesia (MgO)	Härtegrade	Kali (K_2O)	Natron (Na_2O)	Gesammtrückstand	Untersucht von
Bamberg	—	—	0	0	0	—	—	—	—	—	—	3	Kerner
Bernburg	54	117	Spur	—	—	Spur	52	72	15	—	48	580	Wackenroder
Bochum	27	35	Spur	Spur	0	21	—	—	6	—	—	175	Hartenstein
Bonn	76	42	—	—	—	4	134	29	18	—	121	558	Wachendorff
Crefeld	17	41	Spur	0	0	25	27	7	3	Spur	12	155	Hoedt
Dortmund 1873	28	13	Spur	Spur	0	27	—	—	5	—	18	140	Hartenstein
Dresden	10	12	3	0	0	1	31	0	3	—	8	124	Schürmann
Düsseldorf[30]) I	—	27	—	—	—	6	76	—	8	—	—	154	Mohr
Düsseldorf II	14	38	10	0,6	3,2	6	41	38	9	—	16	—	
Düsseldorf III	20	27	11	0,5	3,3	1	33	50	10	—	21	—	Lutz
Essen	42	24	Spur	Spur	0	27	—	—	5	—	20	181	Hartenstein
Freiburg (Baden)	3	Spur	Spur	0	0	1	9	2	1	Spur	2	—	Babo u. Reichardt
Gelsenkirchen	32	51	Spur	Spur	0	21	—	—	7	—	—	205	Hartenstein
Grünberg	—	Spur	—	—	—	Spur	—	—	6	—	—	246	Hirsch
Halle a. S.	45	50	0	—	0	6	122	21	15	2	81	441	Siwert
Hannover[31])	43	65	2	0	0	18	146	13	16	9	26	440	F. Fischer
Karlsruhe[32]) I	46	32	18	—	—	33	—	—	19	—	—	538	Birnbaum und Weltzien
Karlsruhe II	7	30	16	—	—	—	—	—	13	—	—	261	
Leipzig	9	2	—	—	—	11	70	11	9	—	18	229	Kolbe
Mülheim a. Rh.	23	44	—	—	—	—	75	Spur	8	—	44	—	Grüneberg
Strassburg	8	11	9	Geringe Spur	Geringe Spur	2	97	26	13	—	—	258	Baumann
Westend-Berlin	12	7	—	—	—	60	169	4	17	—	11	—	Ziureck
Witten	27	17	Spur	Spur	0	28	—	—	5	—	—	131	Hartenstein

[30]) I Städtisches Wasserwerk, II Alter Brunnen, III Neuer Brunnen. — [31]) Dingl. 215, 517. — [32]) I Hochwasserleitung, II Rüppuner Wald.

schlossenen Quellen (sogenanntes Grundwasser). Zu bedauern ist hierbei, dass die Untersuchung sich bei den meisten auf nur wenige Stoffe beschränkt, dass bei einigen nicht einmal auf die wichtigen Stickstoffverbindungen Rücksicht genommen ist. Immerhin zeigt die Zusammenstellung, dass der Chlorgehalt zwischen 1 bis 50 mg wechselt; nur in Bernburg und Bonn wird diese Grenze überschritten. Die Schwefelsäure beträgt 1 bis 100 mg mit Ausnahme von Bernburg und Würzburg; die Salpetersäure schwankt zwischen 1 bis 20 mg, Ammoniak von 0 bis 3,3, organische Stoffe, mit zwei Ausnahmen, von 0 bis 40 mg. Der Kaligehalt ist entsprechend der grossen Absorptionskraft des Bodens hierfür nur gering, grösser die Natronmenge. Magnesia hält sich mit einer Ausnahme unter 50 mg, die Härte beträgt mit Ausnahme von Würzburg 1 bis 20°.

Die Untersuchung der im Frühjahre 1889 dem chemischen Laboratorium des Polytechnikums in Karlsruhe eingesandten Proben Leitungswasser deutscher Städte ergab nach Mittheilung von Bunte folgende Gehalte (mg im Liter; die Zahlen unter Organisch geben den Verbrauch an $KMnO_4$). (S. Tabelle S. 20 bis 23.)

Die Zusammensetzung eines Brunnenwassers schwankt je nach Wasserentnahme und Wasserzufluss, bez. Regenmenge und Jahreszeit oft sehr bedeutend. In dem Wasser eines Brunnens in Iglau fand z. B. L. Lenz[33]) an 4 verschiedenen Tagen:

	Abdampfrückstand	Salpetersäure	Salpetrigsäure	Chlor	Kalk	Magnesia	Ammoniak	Organisch
11. November 1877	190	47	—	28	27	1	—	12
9. December 1877	480	149	2	92	67	11	0,1	29
13. Januar 1878	430	5	1	85	44	25	25,0	500
10. Februar 1878	120	29	2	21	18	4	0,8	34

Ferner fand Mitteregger[34]) bei wiederholter Untersuchung dreier Brunnen im Laufe eines Jahres nebenstehende Gehalte (im Liter).

Aus den so von Mitteregger durchgeführten 80 Versuchsreihen geht hervor, dass im Allgemeinen die Zu- und Abnahme der Bestandtheile in diesen Brunnen ziemlich gleichzeitig stattfand; bestimmte Beziehungen sind aber nicht ersichtlich. Jedenfalls erscheinen angesichts solcher Schwankungen die noch immer so oft ausgeführten Analysen einer eingesandten Probe und die darauf — ohne Rück-

[33]) Zft. österr. Apoth.-Ver. 1879.

[34]) J. Mitteregger: Statistik des Klagenfurter Trinkwassers. (Klagenfurt 1878).

	Burggasse					Völkermarkt-Vorst.					Hauptsteueramt				
	Härtegrade	N_2O_5	N_2O_3	NH_3	Organisch	Härtegrade	N_2O_5	N_2O_3	NH_3	Organisch	Härtegrade	N_2O_5	N_2O_3	NH_3	Organisch
Frühjahr	30	80	0	0,03	39	28	85	0,03	0	38	22	0	0,03	0,01	33
	56	470	0,2	0,5	45	32	170	0,1	0	19	29	145	0,01	0,05	14
	24	144	0	0	25	22	80	0	0	26	23	30	0,01	0	20
	26	40	0,1	0	25	23	28	0	0	13	20	12	0,05	0	16
Sommer	24	35	0	0,2	19	28	0	0	0	57	24	0	0	0,05	15
	29	95	0	0	16	27	34	0	0	16	27	72	0	0	18
	21	20	0,03	0	16	24	30	0,1	0	24	20	24	0,03	0	16
Winter	22	7	0,01	0	6	22	12	0	0,02	11	20	22	0,01	0	9
	32	25	0	0	17	31	20	0	0	13	24	36	0	0	9
	22	28	0	0	5	20	20	0,1	0,01	5	20	18	0	0	16

sicht auf die örtlichen Verhältnisse — gegründeten Urtheile als mehr oder weniger werthlos. (Vgl. S. 36.)

Wie sehr unter Umständen ein Brunnenwasser durch Fabriken verunreinigt werden kann, zeigt z. B. die vom Verf. (Dingl. 211, 139) ausgeführte Untersuchung eines etwa 300 m von der Gasanstalt liegenden Brunnens, dessen Wasser in kurzer Zeit einen eigenthümlichen Geruch und sehr schlechten Geschmack angenommen hatte. 1 *l* dieses Wassers enthielt mg

Organische Stoffe	4198	Kalk	906
Chlor	440	Magnesia	136
Schwefelsäure	992	Gesammthärte	110°
Salpetersäure	2	Veränderliche Härte	15°
Salpetrigsäure	—	Giftige Metalle fehlten.	
Ammoniak	82		

Ausserdem enthielt es so viel Rhodan, als 300 mg Rhodanammonium entsprechen; das Wasser hatte also, in Folge eines undichten Gasometers, etwa 15 Proc. Gaswasser aufgenommen.

Das Wasser von Brunnen, in deren Nähe Wege mit zinkhaltigen Kiesabbränden ausgebessert waren, enthält nicht selten Zinkvitriol (vgl. Fabrikabwasser).

Es möge noch erwähnt werden, dass Quellen in der Nähe von Vulcanen zuweilen freie Schwefelsäure und Salzsäure enthalten; der Rio-Vinagre, welcher von dem 5100 m hohen Vulcan Puracé entspringt, enthält z. B. im Liter 1,1 g freie Schwefelsäure und 1,2 g Salzsäure und führt täglich etwa 47 000 k Schwefelsäure und die entsprechende Salzsäure fort; ein Quelle in Texas enthält sogar 5,3 g Schwefelsäure im Liter[35]). Andere Quellen enthalten etwas freie Schwefelsäure, Alu-

[35]) Dingl. 212, 219.

[Fortsetzung S. 24.]

Ort	Art des Wassers	Geologische Beschaffenheit des Quellengebietes	Abdampf-rückstand bei 110°	Glüh-verlust	Kalk Ca O	Chlor	Schwefel-säure	Salpeter-säure	Salpetrig-säure	Ammoniak	Organisch
Aachen	Grundwasser	Kohlenkalk	304	72	102	10,7	17	0	0	0	0,3
Altona	Flusswasser (filtrirt)	(Elbe)	324	98	76	65,7	56	0	0	Spur	14,6
Apolda	Quellwasser	Muschelkalk	512	128	122	17,7	11	6	0	0	2,1
Augsburg	Grundwasser	Sandiger Kies, Lechthal	256	48	109	Spur	gering	3	0	0	2,7
Bamberg	do.	Mainthal, Regnitzgebiet. Alluvial aus d. Keuper-sandstein	297	36	82	12,4	35	5	0	0	3,2
Barmen	do.	Ruhrthal	127	10	38	17,7	23	2	0	Spur	2,2
Berlin:											
Stralauer Thor	Flusswasser (filtrirt)	(Spree)	140	32	51	17,7	14	0	0	Spur	27,7
Station III	Seewasser	(Tegelersee)	196	50	68	16	gering	0	0	0	17,7
Bochum	Grundwasser	Ruhrthal	265	32	33	17,7	24	2	0	Spur	5,6
Bonn	do.	Diluvium des Rhein-thales	445	65	124	53,2	41	6	0	0	2,9
Braunschweig	Flusswasser (filtrirt)	(Oker)	314	76	94	44,4	59	2	0	0	8,6
Bremen	do.	(Weser)	362	80	82	46,1	64	0	0	0	8,8
Bremerhaven	Grundwasser	Geestrücken	264	68	89	31,9	Spur	4	0	Spur	8,6
Breslau	Flusswasser (filtrirt)	(Oder)	112	26	29	10,6	17	0	0	Spur	12,6
Cannstadt	Quellwasser	Neckarthal, Kies	544	122	179	31,9	97	3	0	0	1,9
Charlottenburg:		Die Brunnen sind von Sand- und Thonschichten überlagert									
Teufelssee	Grundwasser		224	25	86	33,7	Spur	0	0	Spur	8,0
Wannsee	do.		183	26	65	10,6	-	0	0	0	5,1
Chemnitz	Gemischt. Quell-, Grund- u. natürl. filtr. Flusswasser	Thonschiefer	92	20	14	17,7	-	6	0	0	5,1

Coblenz	Grundwasser	Rheinkies	236	34	82	12,4	29	0	0	Spur	2,9
Colmar i./E.	Flusswasser	Logelbach, Granit, Vogesen	46	10	10	Spur	Spur	0	0	-	5,5
Neue Leitung	Grundwasser	Rheinebene mit Wasserzufluss aus Vogesen und Jura	218	44	82	8,9	-	2	0	0	1,7
Danzig:											
Stadtleitung	Quellwasser	bei Prangenau Alluvial u.	334	56	123	8,9	34	0	0	0	6,7
Vorstadtleitung	do.	Diluvial bei Pelonken	458	82	159	10,6	99	3	0	Spur	5,3
Darmstadt	Grundwasser	Rheinthal	211	14	82	8,9	Spur	0	0	0	1,2
Dresden	do.	Elbethal, Kies mit Granituntergrund	134	32	27	8,9	-	0	0	0	6,7
Düsseldorf	do.	Rheinthal	234	60	78	16	33	3	0	0	0,4
Duisburg	do.	Kies- u. Sandbänke aus Ruhr- und Rheinkies	158	32	44	53,2	Spur	3	0	0	1,1
Eisenach	Quellwasser	—	376	50	124	10,6	109	0	0	0	2,9
Elberfeld	Grundwasser	Rheinthal	218	56	74	16	77	0	0	0	0,8
Essen	—	—	174	24	46	21,3	30	2	0	0	1,4
Frankfurt a./M.	Quell- u. Grundwasser gemischt	Quellwasser, Basalt und Sandstein. Grundwasser, Kies und Sand, Mainthal	68	20	5	Spur	0	0	0	0	0,8
Frankfurt a./O:											
Grundwasser	Grundwasser	Diluvialsand	297	58	88	15,9	35	0	Spur	Spur	11,8
Oderwasser	Flusswasser (filtrirt)	(Oder)	157	84	36	8,9	14	0	0	-	27,3
Freiburg i./B.	Grundwasser	Diluvium der Dreisam	68	24	6	Spur	9	0	0	0	1,1
Fürth	do.	Keuper	226	72	54	12,4	15	13	0	0	1,2
Giessen	Quellwasser	Basalt und Sand	240	34	44	12,4	10	10	0	0	0
Göttingen	do.	Muschelkalk	829	84	229	14,2	282	6	0	0	1,6
Greiz	do.	Thonschiefergebirge	126	28	40	10,6	Spur	10	0	0	2,4
Halberstadt	Grundwasser	Thal der Tintelene	395	36	127	24,8	73	13	0	0	2,9
Halle	do.	Thon und Kies im Saale- und Elsterthal	612	28	152	61,4	152	2	0	Spur	4,5

Ort	Art des Wassers	Geologische Beschaffenheit des Quellengebietes	Abdampfrückstand bei 110°	Glühverlust	Kalk Ca O	Chlor	Schwefelsäure	Salpetersäure	Salpetrigsäure	Ammoniak	Organisch
Hannover	Grundwasser	Kiesbett des Leinethals	570	102	198	76,3	113	2	0	0	1,7
Heidelberg . . .	Quellwasser	Bundsandstein	46	10	6	Spur	0	0	0	0	0,5
Heilbronn	do.	Muschelkalk	370	44	127	8,8	13	17	0	0	1,6
Homburg	do.	Quarzit, Thonschiefer	52	10	14	Spur	0	0	0	0	3,5
Iserlohn	do.	Lenneschiefer und Kalk	100	14	33	8,8	0	0	Spur	0	0,9
Karlsruhe	Grundwasser	Rheinthal	361	66	93	14,2	23	0	0	0	4,7
Kiel	do.	Kiesschichten im Korallensande	362	86	120	24,8	Spur	0	0	0	6,9
Königsberg . . .	Teichwasser	—	128	28	50	7,1	Spur	0	0	Spur	24,2
Leipzig	Grundwasser, Mischwasser	Mulde- und Pleissethal	155	35	42	12,4	25	3	0	0	2,4
Magdeburg . . .	Filtrirtes Flusswasser	(Elbe)	294	58	48	5,9	Spur	Spur	0	Spur	16,0
Mainz	Grundwasser	Tertiärgebirge des Mainzer Beckens, Corbiculaschicht	422	84	112	17,7	38	9	0	0	1,5
											3,0
Mannheim . . .	do.	Kies des Rheinthals	230	34	82	8,8	24	0	0	0	
München	Quellwasser	Quartärgebirge auf Süsswassermolasse	278	40	117	5,2	Spur	0	0	0	2,5
Neisse	Grundwasser	—	192	22	33	7,1	23	0	0	0	4,7
Nürnberg	Quellwasser	Keupersand an Ausläufer des Jura anlehnend	140	14	54	Spur	8	2	0	0	1,5
Oberhausen . . .	Flusswasser mit natürl. Filtration	Ruhr	330	80	67	67,5	84	5	0	Spur	4,1
Offenbach	Quellwasser	—	112	26	18	8,9	9	5	0	0	6,8
Offenburg	Grundwasser	Rheinthal	220	34	65	21,3	9	12	0	0	1,0

Plauen: Messbach L.	Quell- und Grundwasser	I. Devon in alluvial. Kiesschichten,	172	28	42	5,3	Spur	0	0	Spur	4,6
Syrau L.		II. Kulmschiefer und Sandstein	92	12	19	8,9	0	0	0	Spur	9,0
Plötzensee	Grundwasser	—	300	68	87	21,3	27	8	Spur	0	22,5
Posen	Flusswasser (filtrirt)	(Warthe)	190	46	67	7,1	9	0	0	0	28,5
Quedlinburg	Grundwasser	Kiesablagerungen der Bode	328	78	97	14,2	62	1	0	0	1,2
Ratibor	Flusswasser (filtrirt)	(Oder)	140	40	37	14,2	14	0	0	Spur	21,9
Regensburg	Quellwasser	Jurakalk	242	21	101	8,9	4	3	0	Spur	5,1
Remscheid	Grundwasser	Lenneschiefer, Ober-Devon, Thonschiefer, Grauwacke, Sandstein	42	8	8	5,3	Spur	0	0	0	4,3
Rudolstadt	do.	Kiesgeröll des Saalethales auf Sandstein	168	20	52	7,1	31	0	0	0	4,3
Siegburg	do.	Kiesschichten des Siegthales	80	23	10	8,9	Spur	0	0	0	2,1
Stade	do.	Kiesschichten	192	30	59	19,5	58	0	0	Spur	2,7
Steele	Flusswasser (filtrirt)	(Ruhr)	182	26	44	28,4	46	0	0	0	2,9
Stettin	do.	(Oder)	218	64	52	17,6	24	0	0	Spur	21,2
Stuttgart: Trinkwasser	Quellwasser	Keuper und Jura	426	52	155	10,7	34	15	0	0	1,6
Neckarwasser	Flusswasser(filtr.)	(Neckar)	314	58	124	8,9	44	5	Spur	0	5,7
Seewasser	Sammelteiche	Keuper und Jura	154	38	49	Spur	Spur	0	0	0	12,1
Wiesbaden	Quellwasser	Vor-Devon	82	14	33	7,1	4	0	0	0	1,6
Witten	Grundwasser	Ruhrthal	142	34	33	19,5	20	0	0	0	0,9
Würzburg: Zell	Quellwasser	Zellendolomit und Anhydrit	920	132	317	10,6	331	9	0	0	1,1
Stadt	do.	Zellendolomit und Anhydrit	782	182	227	16,0	211	10	0	0	1,1

miniumsulfat, Eisensulfat u. s. w., in Folge der Oxydation von Pyriten, ein Quellwasser von Selles la Source[36]) dagegen freien Ätzkalk.

Tagewasser. Auch über die Zusammensetzung des oberflächlich abfliessenden Regenwassers, welches sich in Teichen sammelt und mit dem Quellwasser zusammen in Bächen und Flüssen dem Meere wieder zufliesst, sind namentlich von der englischen Rivers Pollution Commission die umfassendsten Untersuchungen ausgeführt[37]). Auch auf diese sei verwiesen.

Die Tabelle S. 25 zeigt ältere Analysen deutscher Flusswässer.

Mainwasser, im Herbst 1886 geschöpft, enthielt nach E. Egger[38]) im Liter 13 mg schwimmende Stoffe, ferner gelöst:

Organisch (Glühverlust)	21,0 mg	Natron	26,2 mg
Kalk	80,0	Chlor	24,5
Magnesia	28,1	Schwefelsäure SO_3	54,3
Eisenoxydul	0,3	Salpetersäure N_2O_5	2,9
Thonerde-Phosphorsäure	2,9	Kohlensäure	63,0
Kali	5,1	Kieselsäure	12,1

Rheinwasser enthielt am 23. März 1886 bei Hochwasser in 1 *l* 249 mg schwebende und 246 mg gelöste Stoffe, am 1. Juni bei niedrigstem Wasserstand 12 mg schwebende und 203 mg gelöste Stoffe; letztere hatten folgende Zusammensetzung:

Organische Substanzen	16,8 mg	Chlor	7,3 mg
Kalk	71,1	Phosphorsäure	1,1
Magnesia	14,7	Schwefelsäure	24,4
Eisenoxydul	0,2	Salpetersäure	6,2
Thonerde	1,6	Kohlensäure	49,6
Kali	4,2	Kieselsäure	4,5
Natron	6,7		

10 *l* Rheinwasser enthielten im Durchschnitt 533 mg Schlamm; derselbe gab 102 mg Glühverlust, der Rest hatte folgende Zusammensetzung:

	Durch Salzsäure zersetzbar	Durch Salzsäure nicht zersetzbar		Durch Salzsäure zersetzbar	Durch Salzsäure nicht zersetzbar
Kieselsäure	55	182	Phosphorsäure	2	3
Kalk	39	2	Schwefelsäure	2	—
Magnesia	4	4	Kali	13	8
Eisenoxyd	19	5	Natron	1	5
Thonerde	26	40	Kohlensäure	23	—

Neckarwasser untersuchte A. Klinger (1888) in der Nähe der Gasfabrik Gaisburg (I), 200 Schritt unterhalb der Einmündung des Mühlkanales (II) und unterhalb der Gitterbrücke in Cannstadt (III). 1 *l* enthielt mg:

[36]) Dingl. 211, 139.

[37]) VI. Report, S. 33 bis 68; F. Fischer: Chemische Technologie des Wassers. S. 110.

[38]) Fischer's Jahrb. 1887, 1120; 1888, 558.

Flusswasser (1 *l* enthält mg).

	Chlor	Schwefelsäure (SO_3)	Salpetersäure (N_2O_5)	Ammoniak	Organisches	Kalk (CaO)	Magnesia (MgO)	Härte	Gesammt-rückstand	Bemerkungen
Elbe bei Magdeburg	58,4	81,3	3,3	0,5	—	117	25	15,2	333	Aeby, Journ. f. prakt. Chem. 5, 212.
Dieselbe bei Hamburg, 31. Aug. 1875	54,6	29,5	0	0	33,2	47,7	13,0	6,6	276	Wiebel, Flusswasser, S. 29.
Desgl. am 3. Dec. 1875	20,3	35,0	0,5	0	136,0	45,4	Spur	4,6	275	—
Leine bei Hannover, 23. Oct. 1874 .	109,3	148,4	8,9	Spur	57,6	155,7	37,8	20,9	675	F. Fischer, Dingl. 215, 520; Mitth.
Dieselbe oberhalb Hannover . . .	100,1	129,7	3,8	0	15,2	150,3	28,7	19,0	—	d. Gewerbever. f. Hannover
Desgl. unterh. Hannover, 30. Sept. 72	108,7	137,2	5,6	Spur	26,4	153,6	29,4	19,5	—	1873, 23.
Moldau	3,5	5,2	0,5	—	9,4	11,3	4,9	1,8	66	Stolba, Jahrb. d. Chemie 1873, 1233.
Oder	7	14	1,2	0,06	77	29	8	4,0	135	Poleck.
Rhein bei Cöln, 21. Oct. 1870 . . .	2,5	19,6	Spur	—	52,0	74,9	20,5	—	250	H. Vohl, Dingl. niedriger Wasser-
Desgl. am 8. Nov. 1870	9,9	9,3	Spur	—	64,0	35,8	4,3	—	160	199, 315 hoher stand.
Desgl. am 6. Januar 1871	3,7	30,0	Spur	—	3,6	89,4	24,3	—	245	Frostwetter.
Saale bei Jena, 30. Juli 1872 . . .	6,2	63,5	1,1	—	40,1	89,6	19,1	11,7	245	
Desgl. am 1. April 1873	9,2	6,9	2,0	—	9,3	18,0	3,6	2,3	125	Reichardt, Arch. d. Pharm. 204,
Desgl. am 3. Mai 1873	9,7	20,6	1,9	—	38,8	33,6	7,3	4,3	80	204.
Desgl. am 26. Mai 1873	10,7	32,6	2,2	—	21,9	36,4	10,8	5,2	150	
Weisser Main	7,1	17,3	1,8	—	—	40,0	9,0	—	141	
Rother Main	8,9	24,0	1,2	—	—	64,9	19,0	—	215	E. Späth, Mitth. a. d. pharm. Inst.
Vereinigter Main	7,1	19,0	1,8	—	—	47,5	13,4	—	160	Erlangen (München 1889) Heft 2.
Main bei Offenbach	10,8	51,6	—	—	—	76,4	26,7	—	235	

	Gefasst am: 13. März			24. April			29. Juni			20. August			29. September		
	I	II	III	I	II	III	I	II	III	I	II	III	I	II	III
Gelöste Stoffe . .	272	270	255	382	445	545	400	450	485	397	462	505	440	465	510
Schwebende Stoffe	373	375	380	—	—	—	—	—	—	—	—	—	65	125	115
Kalk	100	120	100	130	147	170	134	148	150	136	150	174	125	160	160
Magnesia . . .	18	19	19	30	29	40	29	29	30	15	17	19	34	39	39
Schwefelsäure . .	33	43	47	79	88	123	90	102	112	91	102	128	94	94	109
Salpetersäure . .	Sp.	Sp.	Sp.	2	2	2	3	3	3	4	4	4	4	4	4
Chlor.	13	17	15	16	29	27	14	26	26	14	26	28	18	21	21
Salpetrigsäure .	0	0	0	0	0	0	0	0	0	0	0	0	0	0	0
Ammoniak . . .	Sp.	Sp.	Sp.	5	6	8	Sp.	Sp.	Sp.	Sp.	Sp.	Sp.	Sp.	Sp.	Sp.
Organisch (als $KMnO_4$) . . .	17	18	25	8	17	19	12	10	10	9	9	9	25	23	23

Nilwasser enthält nach Müntz[39]) im Liter bis 2,5 g Schlamm folgender Zusammensetzung:

Kieselsäure	53,07	Calciumcarbonat. . . .	3,13
Thonerde	14,57	Phosphorsäure	0,19
Eisenoxyd	10,21	Organisch	2,84
Kali	6,67	Geb. Wasser	7,41
Magnesia	1,07		

Donauwasser oberhalb Wiens enthielt nach J. F. Wolfbauer[40]) im Liter mg:

Stoffe	Frühling	Sommer	Herbst	Winter
Suspendirt (Schlamm):				
Gesammtmenge	121,9	165,4	76,5	14,8
Glühverlust	7,9	7,2	2,1	0,3
Carbonate u. dergl.	51,0	76,6	35,5	7,2
Sand und Thon	63,0	81,6	38,9	7,3
Gelöst:				
Organische Substanzen	7,0	4,2	5,2	5,9
Kieselsäure	5,4	3,9	4,8	5,2
Eisenoxydul	0,4	0,5	0,2	0,2
Kalk.	60,8	54,3	64,3	71,0
Magnesia	17,6	12,8	17,5	19,9
Natron	4,9	2,8	3,6	4,0
Kali	1,7	1,6	2,4	2,0
Chlor	3,4	1,6	1,8	2,4
Schwefelsäure	11,8	10,6	12,3	15,4
Salpetersäure.	2,0	1,3	1,3	2,4
Kohlensäure, gebunden	62,1	52,4	65,2	70,0
	177,1	146,0	178,6	199,0

39) C. r. 108, 522; Z. ang. Ch. 1889, 233.

40) Monat. Chem. 1883, 417.

Ein Anschwellen des Stromes hat eine Zunahme suspendirter Stoffe, jedoch eine Abnahme an gelösten Substanzen zur Folge, während beim Fallen des Wasserstandes sich der Schlamm verringert und der gelöste Bestand zunimmt. Steigt also das Wasser, so wird es trüber und weicher und sinkt es, so wird es klarer und härter. Der in 1 *l* trüben Wassers enthaltene Schlamm beträgt im Jahresmittel 103,8 mg bei 5 mg Glühverlust; ferner enthält derselbe:

	Löslich in		Unlöslich
	Salpetersäure	conc. Schwefelsäure	
Eisenoxyd	2,53	1,97	0,31
Thonerde	3,48	4,43	3,28
Kalk	15,05	0,31	0,06
Magnesia	5,61	0,53	0,19
Natron	0,29	0,20	0,80
Kali	0,37	0,93	0,45
Kohlensäure	17,20	—	—
Phosphorsäure	0,17	—	—
Kieselsäure	1,88	10,20	28,54

Danach führt die Donau im Durchschnitte täglich 15 000 t Schlamm und 25 000 t gelöste Stoffe an Wien vorüber.

Nach M. Ballo[41]) enthält die Donau bei Budapest im Liter 8 bis 298 mg Schlamm, im Mittel am Pester Ufer 172 mg, am Ofener Ufer 130 mg. Die Donau führt daher täglich fast 50 000 t Schlamm an Pest vorüber. Derselbe hat im Durchschnitt folgende Zusammensetzung:

	In Salzsäure		im Ganzen
	löslicher Theil	unlöslicher Theil	
SiO_2	—	45,95	45,95
Al_2O_3	8,62	9,28	17,58
FeO	2,59	—	2,59
Fe_2O_3	1,38	—	1,38
CaO	5,53	0,46	5,88
MgO	0,30	2,44	2,74
K_2O	0,52	1,90	2,42
Na_2O	0,26	5,22	5,48
CO_2	5,35	—	5,35
H_2O	3,86	—	3,86
Organ. Subst.	—	6.65	6,65
	28,60	71,40	100,00

Die Verunreinigung des Flusswassers wird später (vgl. S. 63) besprochen.

---

41) Ber. deutsch. G. 1878, 441.

Meerwasser. Auch über die Zusammensetzung des Meerwassers hat die englische Commission (VI. Report, S. 131) eine Reihe von Untersuchungen angestellt. Nachfolgende kleine Tabelle gibt unter 1 die Analyse des Mittelmeerwassers zwischen Corsica und Frankreich (15. Mai 1870), 2 die des von Worthing, eine englische Meile von der Küste (16. Juli 1869), 3 desgleichen von 59° 34′ nördl. Br. und 7° 18′ westl. Br., 4 schliesslich die Durchschnittswerthe von 23 Analysen (mg im Liter):

	1	2	3	4
Organischer Kohlenstoff	1,95	1,94	6,47	2,78
Organischer Stickstoff	0,88	2,07	1,34	1,65
Ammoniak	0	0,02	0,22	0,06
Stickstoff als Nitrate und Nitrite . .	0,26	0,05	0,30	0,33
Gesammtstickstoff	1,14	2,14	1,82	2,04
Chlor	21 875	19 962	20 281	19 756
Gesammtrückstand	42 885	39 460	40 740	38 987
Veränderliche Härte	42	57	57	39
Gesammthärte	620	813	711	638

Pisani[42]), Hunter[43]), Buchanan[44]) und H. Tornöe[45]) untersuchten die Gase im Meerwasser. Jacobsen[46]) zeigt, dass Meerwasser die Kohlensäure beim Erhitzen selbst im Vacuum nur schwer und unvollständig abgibt; er führt diese Eigenthümlichkeit auf das gleichzeitige Vorhandensein von Chlormagnesium und Calciumcarbonat zurück. Künstlich hergestellte Lösungen dieser Salze in kohlensäurehaltigem Wasser scheiden beim Kochen kein kohlensaures Calcium ab, sondern halten die zu dessen Lösung erforderliche Kohlensäure zurück.

Nach den vorliegenden Analysen von Meerwasser[47]) beträgt der Gesammtrückstand 3,3 bis 3,9 Proc.; in Meeren, welche starke Zuflüsse haben, wie das Schwarze Meer, sinkt er auf weniger als die Hälfte, bei der Ostsee sogar auf 0,7 bis 1,8 Proc., und nur in den grössten Tiefen beträgt er 3 Proc. Einige Binnenmeere, wie das Caspische Meer, enthalten weniger Salze als das Weltmeer, andere mehr; das Todte Meer bis 278 g im Liter oder fast 28 Proc.

---

42) Jahrb. d. Chem. 1855, 830.

43) Jahrb. d. Chem. 1869, 1278.

44) Ber. deutsch. G. 1878, 410.

45) J. pr. Ch. II, **19**, 401; **20**, 43.

46) Naturforsch.-Vers. 1876.

47) Ferd. Fischer: Chemische Technologie des Wassers. S. 120.

Das Meerwasser enthält vorwiegend Chlornatrium, dann Chlormagnesium, schwefelsaures Calcium und schwefelsaures Magnesium; Kaliverbindungen finden sich nur in geringen Mengen. Kohlensaures Calcium ist ebenfalls nur wenig vorhanden, oft sogar nur in Spuren, in der Nähe der Küsten dagegen reichlicher; noch geringer ist der Gehalt an kohlensaurem Magnesium. Der Gehalt des Meerwassers an Brom ist wesentlich grösser als der an Jod; 1 *l* Meerwasser enthält nach Marchand nur 9 mg Jodnatrium.

---

2. Einfluss der Bestandtheile des Wassers auf seine Verwendung für häusliche und gewerbliche Zwecke.

Wasser für häusliche Zwecke einschl. Trinkwasser.

Schon im Alterthum legte man grossen Werth auf die Beschaffung eines guten Wassers. Hippokrates bemerkt, Regenwasser sei am weichsten, faule aber leicht, müsse daher gekocht und filtrirt werden. Am besten sei das Wasser aus von Bergen entspringenden Quellen und tiefen Brunnen, wogegen Sumpfwasser eine grosse Milz und harten Bauch bewirke. Aber erst die Forschungen der Neuzeit haben den Einfluss der Bestandtheile des Wassers auf die Gesundheit des Menschen einigermassen klargestellt.

Besonders in den letzten 20 Jahren ist unter den Ärzten und Hygienikern ein lebhafter Streit darüber geführt, ob Cholera, Typhus und andere epidemische Krankheiten durch den Genuss von unreinem Wasser übertragen werden. Die Ansichten der englischen Ärzte sind zusammengefasst in dem 6. Bericht der Flusscommission[1]):

1. Dass Wasser, welches durch die Entleerungen der an Cholera und Typhus Leidenden verunreinigt ist, diese Krankheiten fortpflanzt, unterliegt jetzt keinem Zweifel mehr.

2. Selbst Wasser, welches nur sehr wenig inficirt ist, verbreitet diese Epidemien.

---

[1]) Rivers Pollution Commission (1868). Sixth report of the Commissioners appointed in 1868 to inquire into the best means of preventing the pollution of rivers (London 1874). S. 427.

3. Die beste künstliche Filtration verhindert die Ansteckung nicht. Ein halbstündiges Kochen ist wahrscheinlich ein Mittel, um einer Verbreitung dieser Krankheiten vorzubeugen.

4. Andere Epidemien, wie Ruhr und Diarrhöe, werden wahrscheinlich auch durch Trinkwasser fortgepflanzt; doch ist dies noch nicht ganz sicher festgestellt.

Die Mehrzahl der deutschen Ärzte, darunter Förster[2]), Lindwurm u. A.[3]) halten die Verbreitung von Cholera und Typhus durch Trinkwasser ebenfalls für zweifellos, während Pettenkofer[4]) dieses bestreitet; er gibt nur zu, dass durch den Gebrauch des Wassers, welches pathogene Mikroorganismen enthält, diese auf einem günstigen Nährboden im oder am Hause sich vermehren und dann auf den Menschen übergehen können, so dass dieser nun dadurch inficirt werden kann[5]). Auch Emmerich[6]) bestreitet die Verbreitung von Epidemien durch Wasser.

Während dieses Streites der Ärzte und Hygieniker wurden von verschiedenen Chemikern für die Beurtheilung eines Wassers auf Grund der Analyse gewisse Normen aufgestellt.

In dem Bericht über die Erhebungen der Wasserversorgungscommission des Gemeinderathes der Stadt Wien (Wien 1864) sind folgende Erfordernisse festgestellt, denen ein gesundes Wasser genügen muss:

1. Ein in allen Beziehungen tadelloses Wasser muss klar, hell und geruchlos sein.

---

[2]) Förster: Die Verbreitung der Cholera durch die Brunnen (Breslau 1873).

[3]) Zusammengestellt in Dingl. 223 S. 517. F. Fischer: Das Trinkwasser (Hannover 1873) S. 12 und 56; Gutachten des ärztlichen Vereins in Hannover. Dingl. 212, 75.

[4]) Z. Biol. (1874) 10, 439; Jahresbericht der Untersuchungsstation des Hygienischen Instituts in München (München 1882) S. 67; Archiv d. Hygiene 1887 S. 337. — Vgl. auch J. Kratter: Trinkwasser und Typhus (Graz 1886).

[5]) Er schreibt ferner (Münch. Nachr. 1889): Der erwachsene Mensch scheidet täglich 2 bis 3 *l* Wasser aus, welches wieder durch reines wohlschmeckendes Wasser ersetzt werden muss. Nebstdem brauchen wir noch, viel mehr als zum Trinken, Wasser für alle Zwecke der Reinlichkeit. Unreines Wasser lässt beim Verdunsten seinen Schmutz in einem sehr concentrirten Zustande im Hause zurück und vergrössert diesen da naturnothwendig allmählich immer mehr. Auch sogenanntes Brauchwasser soll also rein sein. Es kann ein Wasser pathogene Keime in einer Verdünnung führen, dass es ohne Schaden getrunken werden kann, denn zur Infection gehört nicht nur eine gewisse Qualität, sondern auch eine gewisse Quantität des Infectionsstoffes, und da können einige Keime aus dem Wasser auf einen günstigen Nährboden im Hause gelangen, wo sie sich zu einer Menge und mit einer Virulenz vermehren, dass Infectionen erfolgen.

[6]) Arch. d. Hygiene 1884, 412; 1885, 291.

2. Es soll nur wenig feste Bestandtheile enthalten und durchaus keine organisirten.

3. Die alkalischen Erden in Summe dürfen höchstens 18 Th. Kalk in 100000 Th. Wasser entsprechen (180 mg im *l*).

4. Die für sich im Wasser löslichen Körper dürfen nur einen kleinen Bruchtheil der gesammten Salzmenge betragen; besonders dürfen keine grösseren Mengen von Nitraten und Sulfaten vorkommen.

5. Der chemische Bestand sowie die Temperatur soll in den verschiedenen Jahreszeiten nur innerhalb enger Grenzen schwanken.

6. Verunreinigende Zuflüsse jeder Art sollen ferngehalten werden.

7. Den gestellten Anforderungen genügt nur ein weiches Quellwasser; dieses ist allein zur Trinkwasserversorgung geeignet.

8. Die Industrie bedarf für ihre Zwecke ein Wasser von nahezu derselben Beschaffenheit.

9. Filtrirtes Flusswasser, wenn es jederzeit frei von Trübungen erhalten werden kann, ist zu den Gewerbebetrieben geeignet, aber wegen der nicht erfüllten Bedingungen in 5 und 6 als Trinkwasser nicht anwendbar.

10. Zur Bespritzung und Reinigung der Strassen taugt jedes Wasser, das geruchlos ist und keine erheblichen Mengen von faulenden Substanzen enthält.

Es wurden nun von Schulze[7]), Almén[8]) und besonders von Reichardt[9]) sog. Grenzzahlen für den zulässigen Höchstgehalt eines Wassers an verschiedenen Stoffen aufgestellt. Verf.[10]) zeigte bereits, dass diese Grenzen viel zu eng gezogen waren, dass sie besonders für die Stadt Hannover durchaus nicht passten, für welche er andere Zahlen aufstellte, die daher selbstverständlich keine allgemeingültigen sein sollten. Wie nachfolgende Zusammenstellung zeigt, sind die später von Tiemann[11]) bez. Tiemann und Gärtner[12]), Wibel[13]) und vom Verein schweizer analytischer Chemiker[14]) aufgestellten Zahlen sehr ähnlich, während die vom Brüsseler internationalen Congress an-

---

7) Dingl. 188 S. 206.

8) Ber. deutsch. G. 1871 S. 750.

9) E. Reichard: Grundlagen zur Beurtheilung des Trinkwassers (Jena 1872) S. 31; Arch d. Pharm. 1888, Heft 23.

10) Vgl. Ferd. Fischer: Das Trinkwasser, seine Beschaffenheit, Untersuchung und Reinigung (Hannover 1873) S. 16; Derselbe: Chemische Technologie des Wassers (Braunschweig 1878) S. 138; Zft. f. angewandte Chem. 1889, 502 u. 565; 1890, 461.

11) Kubel-Tiemann: Anleitung zur Untersuchung von Wasser (Braunschweig 1874) S. 175.

12) Tiemann und Gärtner: Untersuchung des Wassers (Braunschweig 1889) S. 651.

13) Wiebel: Fluss- und Bodenwässer Hamburgs (Hamburg 1876) S. 101.

14) Fischer's Jahresb. 1888, 561.

genommenen[15]) und die ähnlichen von Vaughan[16]) wieder unannehmbar sind. Die englische Commission[17]) legt den Hauptwerth auf die organischen Stoffe.

mg im l	Reichardt 1872	F. Fischer 1873 für Hannover	Tiemann 1874	Engl. Comm. 1874	Brüsseler Congress 1885	Schweizer Chemiker 1888	Tiemann u. Gärtner 1889
Org. Stoffe ($KMnO_4$ verbr.) .	2 bis 10	8 bis 16	6 bis 10	—	10	10	6 bis 10
Darin: Organ. Kohlenstoff	—	—	—	2	—	—	5
Organ. Stickstoff .	—	—	—	0,3	—	—	—
Albuminoidammon	—	—	—	—	0,1	0,05	0,2
Ammoniak	—	0	0	—	0,5	0,02	0
Salpetrigsäure	—	0	0	—	—	0	0
Salpetersäure	4	27	5 bis 15	—	2	20	5 bis 15
Chlor	2 bis 8	36	20 bis 30	—	8	20	20 bis 30
Schwefelsäure	2 bis 63	80	80 bis 100	—	60	—	80 bis 100
Rückstand	100 bis 500	—	500	—	500	500	500
Härte (deutsche Grade) .	18	17 bis 20	18 bis 20	—	20	—	18 bis 20

Dass diese Stoffmengen als solche ganz unbedenklich sind, zeigt nachfolgende Zusammensetzung des bekanntesten Genusswassers, des Selterswasser, bez. dessen Ersatz: Selzer.

	Selters (Niederselters)	Selzer bei Gross-Karben		Selters (Niederselters)	Selzer bei Gross-Karben
Schwefelsaures Kalium	46,30	66,17	Kohlens. Lithium . .	3,13	1,83
Chlorkalium	17,63	23,95	- Ammonium .	4,69	5,34
Kohlensaures Natrium .	873,87	46,44	- Magnesium .	202,19	270,58
Borsaures - .	Spur	—	- Calcium . .	308,23	1286,04
Salpetersaures - .	6,11	1,25	- Strontium .	2,18	3,83
Phosphorsaures - .	0,23	0,53	- Baryum . .	0,17	0,03
Chlornatrium	2334,61	1277,38	- Eisen . . .	3,03	9,63
Bromnatrium	0,91	0,17	- Mangan . .	0,51	1,57
Jodnatrium	0,03	0,01			

Inzwischen gelang es R. Koch[18]), den Erreger der Cholera, den Cholerabacillus aufzufinden und dessen Gegenwart in einem Wasser

[15]) Fischer's Jahresb. 1885, 933.

[16]) Journ. Anal. Chem. 1890, 142; Zeitschrift f. angewandte Chem. 1890 S. 404.

[17]) Rivers Pollution Commission (1868). Sixth report of the Commissioners appointed in 1868 to inquire into the best means of preventing the pollution of rivers (London 1874) S. 426.

[18]) Reichsanz. v. 30. März 1884; Bericht über die Thätigkeit der zur Erforschung der Cholera im Jahre 1883 entsandten Commission (Berlin 1887) S. 182. Fischer's Jahresb. 1883, 1018; 1884, 1071; 1886, 873.

nachzuweisen, durch dessen Genuss Menschen an Cholera erkrankt waren. Nicati und Rietsch[19]) fanden den Kommabacillus im Wasser des alten Hafens von Marseille. Den von Gaffky[20]) aufgefundenen Erreger des Typhus glauben Moers[21]), Michael[22]), Beumer u. A.[23]) im Brunnenwasser nachgewiesen zu haben, was Emmerich und Trillich[24]) bezweifeln.

Im Anschluss an diese Entdeckungen ist das Verhalten dieser Krankheitskeime im Wasser vielfach untersucht. Während Bolton[25]) meint, Typhusbacillen seien in gewöhnlichem Brunnenwasser nicht vermehrungsfähig, Heräus[26]) dagegen eine erhebliche Vermehrung der Typhusbacillen im Wasser beobachtete, nach Karlinski[27]) in einen Brunnen eingebrachte Typhuskeime sogar nach 3 Tagen verschwanden (wobei wohl das Absetzen derselben mitgewirkt hat), zeigten Wolffhügel und Riedel[28]), dass sich Typhusbacillen im Flusswasser bei 16° und darüber vermehren, bei niederer Temperatur (8°) mindestens lebensfähig bleiben. Auch im Brunnenwasser ergab sich eine bemerkenswerthe Vermehrung der Einsaat oder doch eine längere Erhaltung der Entwicklungsfähigkeit. Selbst in destillirtem Wasser bewahren sie ihre Entwicklungsfähigkeit bis zum 20. Tage. In Milch bleiben die Typhusbacillen, sowie auch die Cholerabacillen lebensfähig und vermehren sich darin stark, so dass das Taufen der Milch mit schlechtem Wasser gefährlich werden kann[29]). — Die Versuche mit Cholerabacillen ergaben in den ersten Tagen nach der Impfung eine Abnahme, dann aber eine Vermehrung der Keime. Allem Anscheine nach brauchen die Cholerabacillen einige Zeit, um sich nach der Einführung in's Wasser an dasselbe zu gewöhnen. Dem entsprechend

[19]) Rev. d'hygiène. 20. Mai 1885.

[20]) Arbeiten aus dem Reichsgesundheitsamt Bd. 2; vgl. Volkmann: Klinische Vorträge 1883: Typhusbacillen; Fränkel und Simmonds: Die ätiologische Bedeutung des Typhusbacillus (Hamburg 1886).

[21]) Ergänzungsh. z. Centralbl. f. allg. Gesundh. 1886, 144; die Angaben von Letzerich (Fischer's Jahresb. 1884, 1073 und Brautlecht, das. 1881, 850) erscheinen zweifelhaft.

[22]) Fischer's Jahresb. 1886, 874.

[23]) Deutsch. med. Wochenschr. 1887 No. 28; Gazz. hebdom. 1886 No. 45; Rev. d'hygiène 9, 116 u. 368; Fischer's Jahresb. 1885, 933.

[24]) R. Emmerich und H. Trillich: Anleitung zu hygienischen Untersuchungen (München 1889) S. 166.

[25]) Z. f. Hyg. 1886, 111.

[26]) Das. 234.

[27]) Arch. d. Hygiene 1889, 432.

[28]) Arbeiten a. d. K. Gesundheitsamt 1 S. 455; Fischer's Jahresb. 1887, 1111.

[29]) Vgl. Fischer's Jahresb. 1888, 1077; 1889, 1107 u. 1110; 1890, 1083.

zeigen die an den Aufenthalt im Wasser gewöhnten Cholerabacillen schon in den ersten 24 Stunden eine erhebliche Vermehrung. Beachtenswerth ist noch, dass die Cholerabacillen selbst 7 Monate nach dem Einbringen in das Wasser noch in reichlicher Anzahl und entwicklungsfähig vorhanden waren. Der Milzbrandbacillus entwickelte sich in unfiltrirtem, filtrirtem wie stark verdünntem Pankewasser selbst bei 12 bis 15^0 gut weiter.

Wichtig ist das Verhalten der Typhus- und Cholerabacillen in Gegenwart von Fäulnissbakterien. Nach Kitasato[30]) sind diese Krankheitskeime in Nährlösungen sehr widerstandsfähig gegenüber den Fäulnissbakterien. Nach Versuchen von E. v. Esmarch[31]) werden dagegen die pathogenen Mikroorganismen im todten Körper bald durch die Fäulnissbakterien vernichtet. Nach Giaxa[32]) sterben in Wasser, welches viel gemeine Bakterien enthält, Cholera- und Milzbrandbacillen bald ab, weniger leicht der Typhusbacillus.

Schiller[33]) findet, dass Cholerabacillen in Gemischen von Koth und Urin 14 Tage, im Berliner Kanalwasser 13 Tage lang nachweisbar waren. Typhusbacillen waren im Abortinhalt noch nach 27 Tagen aufzufinden, im Kanalwasser waren sie am 6. Tage nicht mehr nachweisbar. Nach Versuchen von Cunningham[34]) verschwanden Cholerabacillen in einem ziemlich reinen Wasser bei Zimmertemperatur nach 4 bis 5 Tagen, in einem schlechten Wasser nach 4 bis 9 Tagen; war letzteres aber vor dem Einbringen der Kommabacillen gekocht, die vorhandenen Keime also getödtet, so verschwanden diese erst nach 25 Tagen. In Gartenerde verschwanden die Kommabacillen in 10 bis 26 Tagen, war dieselbe mit Fäcalien gemischt, so verschwanden sie schon nach 6 bis 9 Tagen; sie waren aber noch nach 47 Tagen vorhanden, wenn die verunreinigte Gartenerde vor dem Einbringen der Kommabacillen gekocht war.

Nach allen diesen Untersuchungen ist es zweifellos, dass derartige Krankheitskeime, wenn sie in den Brunnen oder Fluss bez. Bach gelangen, mehrere Tage, ja einige Wochen entwicklungsfähig bleiben, sich sogar vermehren und so mit dem Wasser in den menschlichen

---

[30]) Zft. f. Hygiene 6, 1; Zft. f. angew. Chem. 1889, 380 u. 594.

[31]) Zft. f. Hygiene 7, 1. Diese Untersuchung bestätigt auch die Ansicht derjenigen, welche weder in der Luft noch dem Abwasser von Friedhöfen eine Gefahr für Weiterverbreitung von Infectionen anzunehmen geneigt sind. (Vgl. Ferd. Fischer: Verwerthung der städtischen und Industrieabfallstoffe. Leipzig 1875).

[32]) Zft. f. Hygiene 6, 162.

[33]) Arbeiten a. d. K. Gesundheitsamt 6 S. 197.

[34]) Arch. d. Hyg. 1889, 406.

Haushalt gelangen können. Ob sie nun als Trinkwasser oder in Milch und anderen Nahrungsmitteln[35]) genossen vom Magen bez. Darm aus[36]) oder bez. und durch das Gebrauchswasser und dann durch die Zimmerluft auf den Menschen übertragen werden (S. 30), mögen die Ärzte bez. Hygieniker entscheiden[37]). Für den Chemiker ist es noch beachtenswerth, dass diese Bakterien auch durch Filter (s. d.) hindurchgehen, dass sie in das natürliche und künstliche Eis[38]) mit eingeschlossen werden und in künstlichen Mineralwässern (Selters und dgl.) unter Umständen Monate lang entwicklungsfähig bleiben[39]).

Durch diese bakteriologischen Untersuchungen sind die Grundlagen zur Beurtheilung von Wasser zweifellos wesentlich geklärt, ent-

---

[35]) Die meisten Nahrungsmittel sind nach W. Hesse (Z. Hyg. 1888, 527) Nährböden für Typhus und Cholera. Gute Nährböden für beide sind Milch (vgl. S. 33), Fleischklösse, Fleischbrühe, Eiweiss, Sülze, Milchgries, Erbsenbrei, Kartoffeln, Schnittbohnen. Auf anderen Nahrungsmitteln entwickelt sich nur der Typhuskeim.

Es steht nach ihm fest, dass das Eindringen gewisser Bakterien in unseren Verdauungskanal bestimmte Erkrankungen des letzteren herbeiführen kann. Die Aufnahme der Krankheitserreger erfolgt gewöhnlich durch Verschlucken von Luftkeimen, welche durch die Athmung in Nase und Mund gelangten, durch Verschlucken von Luftkeimen, welche sich auf unseren Nahrungsmitteln niederliessen, durch Verschlucken von Keimen, welche in anderer Weise, z. B. durch unreine Finger, durch Insecten, durch Zusatz inficirten Wassers, den Nahrungsmitteln zugeführt wurden, und endlich durch Verschlucken von Culturen der in einer der erwähnten Weisen den Nahrungsmitteln zugetragenen Keime.

[36]) Nach Versuchen von Kabrhel (Arch. d. Hyg. 1890, 382) widerstehen Typhusbacillen der Einwirkung des Magensaftes.

[37]) H. v. Wyss: Die Wasserversorgung von Zürich, ihr Zusammenhang mit der Typhusepidemie des Jahres 1884 und Vorschläge zur Verbesserung der bestehenden Verhältnisse. (Zürich 1885, 55) bezeichnet folgende Sätze als allseitig anerkannt:

1. Der Typhus ist eine specifische Krankheit, die durch einen in den menschlichen Körper gelangten specifischen Organismus entsteht, welcher sich wahrscheinlich schon in demselben vermehrt, mit den Dejectionen des Kranken nach aussen gelangt und daselbst unter besonderen Bedingungen weiterer Vermehrung fähig ist.

2. Sowohl das Wasser, als der durch menschliche und thierische Abfälle verunreinigte Boden können den Typhuskeim beherbergen, und kann er von da entweder durch das Trinkwasser direct oder aus dem Boden vermittels der Luft in den menschlichen Körper gelangen und die Krankheit wieder erzeugen.

[38]) Zft. f. Hygiene 1886, 302; Arbeiten a. d. K. Gesundheitsamt 1888; Fischer's Jahresb. 1887, 1132; 1888, 573; 1889, 557; 1890, 589.

[39]) Arch. d. Hyg. 1886, 168; Arbeiten a. d. K. Gesundheitsamt. Bd. 2. Fischer's Jahresb. 1887, 1131 u. 1132.

schieden zurückzuweisen sind aber die Behauptungen, dass für die Beurtheilung eines Wassers die mikroskopische Untersuchung, d. h. die Keimzählung bei der Untersuchung nach dem Koch'schen Gelatineplattenverfahren massgebend sei.

Koch[40]) selbst bezeichnet nur das filtrirte Wasser als normal, welches in 1 cc weniger als 300 Keime enthält. Plagge und Proskauer[41]) wollen für Brunnenwasser und filtrirtes Wasser nur 50 bis höchstens 150 Keime, im städtischen Leitungswasser höchstens 300 Keime zulassen, der Verein schweizer analytischer Chemiker (vgl. S. 31) ebenfalls 150. Nach A. Pfeiffer[42]) ist ein Wasser, welches in 1 cc mehr als 1000 Pilzkeime enthält, als zum menschlichen Genuss und Gebrauch untauglich zu beanstanden. A. Lübbert[43]) will nur 50 bis 60 Keime zulassen.

R. Koch[44]) fand bereits, dass der Keimgehalt des Bodens mit zunehmender Tiefe rasch abnimmt. Dem entsprechend fand C. Fränkel[45]) das Grundwasser in 4 bis 5 m Tiefe keimfrei, selbst unter einem seit 250 Jahren bebauten, sehr unreinen Boden. Andererseits fand Beumer[46]) im aufgeschütteten unreinen Boden in 3 m Tiefe 44 Millionen, in 6 m Tiefe noch 5 Millionen Bakterien in 1 cc. Dem entsprechend ist das Wasser von Quellen und gut gefassten Tiefbrunnen oft keimfrei, während das Wasser gewöhnlicher Brunnen meist 100 bis 1000 Bakterien, nicht selten aber auch viele Tausende enthält. Die Zahl der im Wasser enthaltenen Bakterien hängt somit von der Bodenbeschaffenheit bez. dessen Filtrirfähigkeit[47]) und Zusammensetzung, von der Beschaffenheit der Zuflüsse, der Art der Wasserentnahme, der Temperatur u. dgl. ab; sie wird daher je nach Umständen sehr schwanken. So fand H. Buchner in 1 cc Wasser des Pumpbrunnens der Hofgarten-Caserne in München (1885) am

1. Juli	600	Keime in 1 cc
8. -	1200	- - -
15. -	4000	- - -
21. -	80	- - -
29. -	10000	- - -
3. August	400	- - -

---

40) Koch: Bericht über die Untersuchung des Berliner Leitungswassers (Berlin 1886); Fischer's Jahresb. 1887, 1124.

41) Zft. f. Hygiene 1887, 401; Fischer's Jahresb. 1887, 1113.

42) Böckmann: Untersuchungsmethoden (Berlin 1888) S. 1115.

43) Pharm. Centralh. 1889, 393.

44) Mitth. a. d. K. Gesundheitsamt 1 S. 35.

45) Z. f. Hyg. 2, 521; 6, 23.

46) D. med. Wochenschr. 1885 No. 27.

47) Vgl. Hofmann: Arch. d. Hyg. 1, 273; 2, 145.

Wo bleiben da die „Grenzwerthe“ für Keimzählung?

Es ist unbestritten, dass die gewöhnlich im Wasser beobachteten Bakterien ebenso harmlos sind, als die vielen Millionen derselben, welche mit saurer Milch und im Käse[48]) o. dgl. täglich verzehrt werden. Der Werth der Keimzählung wird noch zweifelhafter, da auf das Ergebniss die mannigfaltigsten Umstände von gewaltigem Einfluss sind; Cramer[49]) beobachtete bereits eine Vermehrung der in 1 cc Wasser enthaltenen Bakterien von 57 auf 42 000 in 24 Stunden; Leone[50]) fand, dass Mangfallwasser beim Schöpfen 5, nach 2 Tagen 10 500, nach sechstägigem Stehen aber über 500 000 Bakterien enthielt. Wolffhügel und Riedel (vgl. S. 33) bestätigen, dass selbst die Bewegung des Wassers von Einfluss auf die Keimzahl ist und dass bei Zimmertemperatur rasch eine erhebliche Zunahme der Keime eintritt. — So könnte also ein unmittelbar am Brunnen getrunkenes Wasser der Keimzahl nach gut, nach kurzem Stehen im Zimmer aber bereits gefährlich erscheinen. Zu berücksichtigen ist ferner, dass die Bakterien im ruhigen Wasser sich setzen, wie bereits Cramer fand, dass zur Probe nur 0,1 bis höchstens 1 cc Wasser verwendet werden, dass daher das ganze Verfahren keineswegs genau ist. Es ist ferner zu beachten, dass einige pathogene Bakterien im Wasser durch die Gegenwart anderer anspruchsloserer Bakterien in ihrer Entwicklung gehemmt werden (S. 34), und dass die Reinigung des Wassers in den Filtern durch die vorhandenen Bakterien bewirkt wird (s. Filtration). Unter Umständen ist also die Gegenwart der zahlreichen unschädlichen Bakterien geradezu wünschenswerth, so dass die Bakterienzählung keineswegs massgebend für die Beurtheilung eines Wassers sein kann.

Ob und wann die im Wasser vorkommenden organischen Stoffe selbst gesundheitsschädlich sind, ist noch nicht entschieden. Emmerich[51]) meint: „Wenn das zu untersuchende Trinkwasser selbst, oder das wässerige Extract, in einer Menge von 40 bis 80 cc erwachsenen Kaninchen subcutan injicirt, keine länger dauernde Temperatursteigerung (um mehr als 1^0) und schliesslich den Tod nicht zur Folge hat, dann enthält das Wasser keine putriden, keine gesundheitsschädlichen Stoffe, oder höchstens in so minimaler Menge, dass dieselben der Beachtung nicht werth sind. Man kann endlich aus der Höhe des Fiebers, aus dem mehr oder weniger stürmischen Verlauf

48) Vgl. Fischer's Jahresb. 1886, 850; 1887, 1092; 1889, 1113; 1890, 1083; 1 g Hauskäse enthält etwa 6 Millionen Bakterien. Nach Bitter sind noch 50000 Bakterien in 1 cc Milch zulässig.

49) Wasserversorgung von Zürich S. 87, 93 u. 101.

50) Gazz. chim. 16, 505; Fischer's Jahresb. 1887, 1114.

51) Zft. f. Biologie 1887 S. 598.

der Krankheit und aus dem Zeiteintritt des letalen Ausganges die Intensität der Intoxication beurtheilen und auch einen approximativen Schluss auf die Menge des Giftes machen." — Diese Untersuchung des Verdampfungsrückstandes kann unmöglich massgebend sein, da beim Eindampfen des Wassers nicht nur die organisirten Gährungs- und Fäulnisserreger (Spaltpilze), sondern auch manche nichtorganisirte (z. B. Diastase) zerstört werden.

J. v. Fodor[52]) führte das Wasser den Kaninchen langsam unter die Haut. Er fand, dass chemisch verunreinigte Wässer in der Mehrzahl der Fälle eine, wenn auch schwache Infectionskraft besitzen, meint daher, dass verunreinigtes Wasser auf den einzelnen Menschen, mithin auch auf den allgemeinen Gesundheitszustand nachtheilig einzuwirken vermag. Die Wirkung verunreinigten Wassers ist nach ihm derart aufzufassen, dass es eine schwache putride Infection verursacht und dieselbe immer wieder auf's Neue hervorruft, hierdurch Gesundheit und Widerstandskraft des Menschen untergräbt und denselben zu Typhus, Cholera, Enteritis u. s. w. disponirt.

Ob durch Zersetzung organischer Stoffe Ptomaïne in's Wasser gelangen können, ist noch fraglich. —

Für die Beurtheilung eines für häusliche Zwecke bestimmten Wassers ergeben sich hiernach folgende Gesichtspunkte:

1. Es soll durchaus frei sein von schädlichen Stoffen.
2. Es soll so beschaffen sein, dass es zum Genuss und sonstigen häuslichen Gebrauch anregt.

Dass ein für den Hausgebrauch bestimmtes Wasser keine Gifte (Arsen u. dgl.) enthalten darf, ist selbstverständlich; wo dieselben überhaupt in Frage kommen können, ist ihre Nachweisung nicht schwer.

Ebenso selbstverständlich ist die Forderung, dass das Wasser keinesfalls Krankheitskeime enthält. Der Nachweis derselben ist aber ungemein schwierig[53]), weil sie von anderen, unschädlichen Bakterien nur sehr wenig verschieden sind; dazu kommt, dass doch nur sehr geringe Wassermengen daraufhin geprüft werden können, so dass sie sehr leicht übersehen werden. Besonders erschwerend ist aber der Umstand, dass sie aus dem Brunnen oder Bach meist bereits wieder verschwunden sind, wenn die Aufmerksamkeit (durch Ausbruch der Krankheit) darauf gelenkt wird. Berücksichtigt man ferner, dass sie doch nur recht selten im Wasser auftreten, dass somit ein Wasser

---

[52]) Arch. d. Hygiene 1885, 125; 1886, 147; vgl. Fischer's Jahresb. 1886, 871.

[53]) Der Nachweis der Typhusbacillen im Trinkwasser oder Erdboden gehört nach M. Holz (Z. Hyg. 8, 143) zu den schwierigsten Aufgaben des Bakteriologen.

bei der Untersuchung frei davon sein kann, welches nach einigen Tagen gefährliche Mengen davon enthält, so kann die unmittelbare Prüfung eines Wassers auf Krankheitskeime vorkommendenfalls den Bakteriologen überlassen werden. Bei der Beurtheilung eines Wassers bez. einer Wassergewinnungsanlage ist vielmehr entscheidend, in wieweit jede Verunreinigung mit menschlichen bez. thierischen Stoffwechselproducten ausgeschlossen ist, da diese Stoffe die Träger von Krankheitskeimen sein können[54]).

Wie bereits S. 14 bemerkt, zerfallen die organischen Bestandtheile dieser Abfallstoffe unter dem Einfluss niederer Organismen sehr bald in noch wenig gekannte Zwischenproducte und bilden Kohlensäure, sowie Ammoniak, dann Salpetrigsäure und Salpetersäure. Die meisten Bodenarten halten Phosphate, Kali, Ammoniak und stickstoffhaltige Stoffe zurück, während die Chloride und Nitrate, sowie die Sulfate vom Wasser fortgeführt werden und so unmittelbar in die Brunnen und Quellen gelangen. Demnach kann man aus dem Gehalte an Chlor, welches — soweit es nicht der natürlichen Beschaffenheit des Bodens entstammt (vgl. S. 16) — meist wesentlich aus dem Kochsalz des Urins stammt, auf die Zuflüsse aus Gruben u. dgl. schliessen[55]). Ist die Absorptionsfähigkeit des Bodens erschöpft und der Sauerstoffzutritt ungenügend, so treten auch Nitrite, Ammoniak und die in Zersetzung begriffenen organischen Stoffe selbst auf[56]). Es sind also namentlich in's Auge zu fassen, ausser den organischen Stoffen selbst, Ammoniak, Salpetrigsäure, Salpetersäure und Chlor[57]); minder wichtig ist die Bestimmung der Schwefelsäure, des Kalkes, der Magnesia und der übrigen Bestandtheile. Die gedankenlose Anwendung der S. 32 hierfür angegebenen Zahlen als allgemeingültige Grenzwerthe muss selbstverständlich zu den grössten Unzuträglichkeiten führen[58]), sie haben aber und behalten auch den Werth als Vergleichszahlen, deren wesentliche Überschreitung das Wasser der Verunreinigung verdächtig macht. Auch ein auffallend hoher Bakteriengehalt (mehrere Tausend) deutet auf Verunreinigung.

Bei entfernt von menschlichen Wohnungen befindlichen Quellen

---

[54]) Im Wasser sind ferner aufgefunden die Embryonen von Bothriocephalus latus, die Eier von Ascaris lumbricoides, Distomum hepaticum und haemotobium, Anchylostomum duodenale und andere thierische Parasiten.

[55]) Vgl. Ferd. Fischer: Das Trinkwasser (Hannover 1873) S. 9.

[56]) Nach Versuchen von Heräus (Z. Hyg. 1886, 211) gibt es auch Bakterien, welche die Nitrate und Nitrite wieder reduciren.

[57]) Weshalb Fleck (Fischer's Jahresb. 1889, 504) auch die Phosphorsäure als wesentlich bezeichnet, ist nicht ersichtlich.

[58]) Vgl. die Beispiele: Zft. f. angewandte Chemie 1889, 565; 1890, 461.

und Brunnen ist zu berücksichtigen, dass von der Regenhöhe (S. 1) nur etwa $^{2}/_{3}$ bis $^{1}/_{2}$, im Durchschnitt für Deutschland also etwa 30 bis 40 cm Wasser in den Boden eindringen. Je nach der Grösse des Porenraumes des Bodens und der Tiefe der Gewinnungsstelle unter dem Grundwasserspiegel wird es also längere oder kürzere Zeit — oft jahrelang — dauern, bis das eindringende Wasser zur Entnahmestelle gelangt. Hier sind also die Bedingungen für die Zurückhaltung etwaiger Krankheitskeime und Oxydirung der organischen Stoffe bei geeigneter Bodenbeschaffenheit möglichst günstig.

Der weitaus grösste Theil der Brunnen in der Nähe menschlicher Wohnungen erhält theilweise Zuflüsse aus Gruben, Strassenrinnen, Kanälen, von Höfen u. dgl., so dass das Wasser rascher zur Entnahmestelle gelangt. Dazu kommt, dass der Boden meist schon mehr oder weniger verschmutzt ist, das Eindringen von atmosphärischem Sauerstoff aber erschwert wird, sodass die Bedingungen für die Abscheidung und Oxydation der Verunreinigungen hier also meist sehr ungünstig sind.

Dass bei der grossen Schwankung in der Zusammensetzung des Brunnenwassers (S. 18) die Untersuchung einer nach irgend einem Laboratorium eingeschickten Probe nicht genügt, noch weniger eine Keimzählung (S. 36), die Brauchbarkeit eines Brunnens festzustellen, liegt auf der Hand. Ein Brunnen, der oben nicht wasserdicht abgedeckt und dessen Wandungen nicht völlig dicht sind, bleibt der Gefahr der mehr oder weniger directen Verunreinigung immer ausgesetzt. Sind dagegen Decke und Wandungen völlig undurchlässig, so dass das Wasser nur vom Boden des mindestens 5 m tiefen Brunnens eindringen kann, so ist — nach dem heutigen Standpunkt der Bakteriologie (vgl. S. 36) — ein Eindringen von Krankheitskeimen nicht zu befürchten, falls in nächster Umgebung der Boden nicht durch Jauchegruben u. dgl. verunreinigt wird. Chemische Analyse des Wassers und Untersuchung an Ort und Stelle müssen hier sich gegenseitig unterstützen.

Flusswasser ist stets verdächtig, Krankheitskeime zu enthalten.

Um die zweite Bedingung zu erfüllen, soll ein gutes Wasser farblos, völlig klar und geruchlos sein. Das Wasser soll im Winter nicht kalt, im Sommer nicht warm sein, also möglichst 10 bis 12^{0} zeigen. Dass es ausserdem nicht durch menschliche bez. thierische Abfälle verunreinigt sein soll — auch wenn die Krankheitskeime durch den Boden zurückgehalten sind — ist selbstverständlich. Hierfür gibt die Analyse unter Berücksichtigung des S. 14 Ausgeführten Auskunft.

Bezüglich der sonstigen Verwendung des Wassers im Haushalt ist die schädliche Wirkung von Kalk und Magnesia beim Waschen zu beachten (S. 48). Dass Gemüse in einem Wasser, welches viel Kalk und Magnesia enthält, nicht weich kochen, sondern mehr oder weniger hart bleiben, ist schon seit mehr als 100 Jahren bekannt und hat offenbar Veranlassung gegeben, solche Wässer „hart“ zu nennen. Nach Boutron und Boudet ist das Hartbleiben von Bohnen, Erbsen und Linsen mehr dem Gyps als dem kohlensauren Calcium zuzuschreiben, und nach den Versuchen von Ritthausen bildet sich in hartem Wasser eine Verbindung von Legumin mit Kalk oder Magnesia, die beim Kochen hornartig erhärtet. Auch beim Kochen der übrigen Gemüse und des Fleisches machen sich ähnliche unangenehme Wirkungen des harten Wassers geltend. Dass ferner mit einem weichen Wasser ein viel besserer Thee und Kaffee hergestellt werden kann als mit einem harten, ist bekannt. — Das zum Brotbacken verwendete Wasser darf keine faulenden Stoffe enthalten, da diese die Gährung stören (vgl. S. 46).

Zu berücksichtigen ist unter Umständen das Verhalten des Wassers gegen Bleiröhren[59]); besonders freie Kohlensäure befördert die Lösung des Bleies.

Dampfkesselspeisewasser.

Bei Beurtheilung eines Dampfkesselspeisewassers[60]) ist zu berücksichtigen, inwiefern dasselbe zerstörend auf die Kesselbleche einwirken und feste Absätze (Kesselstein) bilden kann; schlammige Absätze sind besonders für Unterfeuerkessel schädlich. Während die Zerstörung der Kesselbleche von aussen auf die Einwirkung der Schwefligsäure und des überschüssigen Sauerstoffes der Rauchgase[61]) bei gleichzeitigem Vorhandensein von Feuchtigkeit zurückzuführen ist, sind die Ursachen der Zerstörungen der Dampfkessel auf der innern Seite in den Bestandtheilen des Speisewassers zu suchen. Besonders Chlormagnesium begünstigt die Zerstörung der Bleche; in Zuckerfabriken hat sich gezeigt, dass zuckerhaltiges Wasser gefährlich für Kessel werden kann. Fetthaltiges Speisewasser soll nicht verwendet werden.

An der Bildung von Kesselstein ist besonders schwefelsaures Calcium, kohlensaures Calcium und kohlensaures Magnesium betheiligt.

---

59) F. Fischer: Chemische Technologie des Wassers S. 317; Fischer's Jahresb. 1887, 1127; 1888, 569; 1889, 518.

60) Ausführlich in Ferd. Fischer: Chemische Technologie des Wassers; S. 209; vgl. Fischer's Jahresb. 1880, 730; 1881, 852; 1882, 949; 1883, 1024; 1884, 1081; 1885, 941; 1886, 880; 1887, 1129; 1888, 572; 1889, 531; 1890, 578.

61) Dingl. 232, 237.

Vom Verf. untersuchte Kesselsteine hatten z. B. folgende Zusammensetzung:

	1	2	3	4	5	6	7	8
Kalk (Ca O)	44,38	34,13	36,43	44,32	38,20	40,07	46,27	49,54
Magnesia (Mg O)	0,82	6,69	2,64	4,90	3,02	0,25	5,59	1,78
Eisenoxyd und Thonerde . .	2,24	5,28	1,67	2,10	0,52	Spur	2,44	1,48
Schwefelsäure (SO_3)	28,22	37,04	45,21	18,76	48,41	56,94	0,95	5,82
Kohlensäure (CO_2)	19,25	6,09	3,66	24,48	3,40	Spur	35,66	34,50
Kieselsäure	0,47	Spur	0,88	Spur	—	—	0,87	1,07
Wasser unter 120°	—	—	0,41	—	0,71	1,07	—	—
Wasser über 120°	3,68	7,90	3,04	2,31	3,50	0,68	2,47	1,06
Unlösliches	0,48	2,25	5,65	2,46	1,91	—	4,65	2,47
Also im Wesentlichen:								
Anhydrit ($CaSO_4$)	—	—	49,98	31,96	50,44	90,44	1,63	9,86
Calciumsulfat ($2\,CaSO_4 . H_2O$)	50,75	67,14	29,73	—	30,30	—	—	—
Gyps ($CaSO_4 . 2\,H_2O$) . . .	—	—	—	—	4,27	8,60	—	—
Calciumcarbonat ($CaCO_3$) . .	44,25	14,65	8,30	55,65	8,20	—	81,45	81,10
Magnesiumhydrat	1,19	9,69	3,83	7,11	4,36	—	8,10	2,58

Das schwefelsaure Calcium scheidet sich also, je nach der herrschenden Temperatur und dem Salzgehalt des Wassers, als Anhydrit oder mit Krystallwasser ab, Magnesia als Hydrat. Auch Calciumhydrat bildet feste Krusten, wenn z. B. bei der Wasserreinigung zu viel Kalkmilch verwendet wird.

Wasser für Stärkefabriken.

Bei der Herstellung von Stärke[62]) ist ebenfalls reines Wasser erforderlich, besonders soll dasselbe klar, farblos und frei von Eisen und faulenden Stoffen sein. Ein grosser Gehalt des Wassers an Calcium- und Magnesiumbicarbonat kann zur Erhöhung des Aschengehaltes der Stärke beitragen, besonders bei Mitverwendung von Natronlauge; in letzterem Falle werden auch die übrigen Magnesium- und Calciumverbindungen zersetzt.

Für Kartoffelstärkefabriken brauchbares Wasser soll nach Saare[63]) folgenden Anforderungen genügen. 1. Das Wasser muss frei sein von darin schwebenden Stoffen, wie organischen Ausscheidungen und Pflanzenresten (Schlammflocken), Eisenhydrat und Algen oder höheren Pilzen. Alle diese Stoffe oder Organismen können durch die Siebe mit der Stärke gehen und auch in den Schleudern zum Theil in der Stärke verbleiben und treten dann im trockenen Zustande in der fertigen Waare als Stippen auf, welche je nach der Menge, in der

[62]) Vgl. Ferd. Fischer, Handbuch der chemischen Technologie (Leipzig 1889) S. 814.

[63]) Zft. f. Spiritusind. 1886, 511.

sie vorhanden sind, die Qualität der Stärke herabdrücken können. 2. Das Wasser muss frei sein von Gährungserregern, hefenartigen oder Spaltpilzen. Erstere verhindern das Absitzen der Stärke und tragen zum Entstehen der sogenannten fliessenden Stärke bei, die anderen bilden in der Stärke organische Säuren (Milchsäure, Buttersäure), welche durch das sorgfältigste Waschen nicht wieder ganz zu entfernen sind, und welche in Prima-Waare nicht vorhanden sein dürfen; oder sie geben ausserdem der Stärke noch einen schlechten Geruch nach Buttersäure oder einen dumpfigen, fauligen Geruch. Je tiefer in die warme Jahreszeit hinein die Fabrikation dauert, um so gefährlicher ist das Vorhandensein der Pilze. 3. Das Wasser darf kein Ammoniak oder Salpetrigsäure enthalten, da die Anwesenheit dieser Stoffe, ebenso wie eine zu erhebliche Menge von leicht zersetzlicher organischer Substanz (die im Liter mehr als 10 mg übermangansaures Kalium zur Oxydation verbraucht) auf Gegenwart faulender organischer Massen und die Fäulniss bewirkender Bakterien schliessen lässt. Besonders wichtig ist es aber noch, dass das Wasser frei von Eisenverbindungen ist, da diese die Stärke gelblich färben.

Wasser für Zuckerfabriken.

Die Bestandtheile des bei Gewinnung des Zuckers verwendeten Wassers sind von Einfluss, indem faulende Stoffe schon im Diffuseur Zersetzungen veranlassen können, während Salze beim Kochen und Krystallisiren stören und schliesslich noch den Aschengehalt vergrössern können, wobei zu berücksichtigen ist, dass bei Berechnung des Werthes von Zucker der Salzgehalt desselben fünffach von der Polarisation abgezogen wird.

Zur Saftgewinnung verwendete Pfeiffer[64]) ein Wasser, welches im Liter enthielt 0,48 g Gyps und 0,3 g Kochsalz, wobei jedoch zu bemerken ist, dass der gesammte Schwefelsäuregehalt auf Gyps, der Chlorgehalt auf NaCl berechnet wurde. Nimmt man an, dass die Füllmasse 7,1 Proc. Wasser hat, so ergibt sich, dass dieses „Füllmasse-Wasser“ 6,25 Proc. Gyps und 3,9 Proc. Kochsalz enthalten muss. Bei Anwendung dieses Wassers waren die Säfte, auch der Dicksaft, sehr hell und von durchaus gesundem Aussehen. Auch im Vacuum war ihr Verhalten anfangs normal. Aber nach 2- bis 3stündigem Kochen begann eine starke Braunfärbung und Füllmasse und Zucker waren ganz dunkel. Der Aschengehalt von 95er Zucker betrug 1,3 Proc. Bedenkt man nun, dass also hier der Zucker der Füllmasse 7 bis 8 Stunden lang bei 65° Temperatur mit einer bis 4 Proc.

[64]) Zft. f. Zucker. 1889, 607.

Chloride enthaltenden Salzlösung gekocht wird, so ist eine Melassebildung und Braunfärbung nicht weiter wunderbar. Dies wurde durch Versuche im Laboratorium als thatsächlich eintretend bestätigt. Wurde Wasser angewendet, welches im Liter 0,063 g Schwefelsäure und 0,03 g Chlor enthielt, so betrug der Aschengehalt 1 Proc., also über $^1/_4$ Proc. weniger, und die Füllmassen waren stets von heller Farbe und normaler Beschaffenheit. Aus der Analyse einer mit normalem Wasser hergestellten Füllmasse berechnete sich das „Füllmasse-Wasser" als nur 1,5 Proc. NaCl enthaltend. Ein Sud von 300 hk Füllmasse enthält im ersten Fall 102 k NaCl, im zweiten nur 39 k. Ein grösserer Gypsgehalt des Wassers ist auf den Aschengehalt weniger von Einfluss, weil die Diffusionsschnitzel ein ausgesprochenes Absorptionsvermögen für Kalksalze haben. Dies bestätigt sich insofern, als die beiden erwähnten Füllmassen einen fast gleichen Gehalt von Gyps aufwiesen, trotzdem das eine Wasser fast die dreifache Menge davon enthielt, als das andere.

Die Absätze aus den drei Körpern eines Vacuumapparates hatten nach Weissberg[65]) folgende Zusammensetzung:

	I.	II.	III.
Kieselsäure	36,95	33,71	22,00
Eisenoxyd u. Thonerde	16,15	15,20	9,08
Calciumoxalat	—	7,81	37,63
Kalk	0,90	—	0,60
Organisch	32,56	29,67	16,40
Zucker	3,83	5,32	6,22
Alkalisulfat	2,42	1,18	1,85
Kupferoxyd	2,36	1,81	1,06
Wasser	4,83	5,30	5,16.

Zunächst scheiden sich also Kieselsäure, Eisenoxyd und Thonerde ab, während das oxalsaure Calcium erst mit zunehmender Concentration der Säfte ausgeschieden wird.

Als Melassebildner gelten besonders die Nitrate, welche die sechsfache Menge Zucker am Krystallisiren hindern, dann die Sulfate und Alkalicarbonate, weniger die Chloride.

Wasser für Bierbrauereien.

Wenn man auch der Beschaffenheit des Wassers für die Bierbrauerei zuweilen einen zu grossen Einfluss zugeschrieben hat, so ist doch unzweifelhaft, dass verschiedene Verunreinigungen des Wassers die Herstellung eines guten Bieres sehr erschweren, ja ganz vereiteln können[66]).

---

65) Sucr. belge 1887, 455.

66) Vgl. Ferd. Fischer: Chemische Technologie des Wassers S. 280;

Über die Wirkung der unorganischen Bestandtheile des Wassers steht wohl fest, dass ein gewisser Kalkgehalt vortheilhaft ist; 10 bis 30 Härtegrade werden meist als Grenzwerthe bezeichnet. Dass diese aber nicht immer zutreffen, zeigen die von Kradisch ausgeführten Analysen Münchener Brauwässer (mg im Liter):

	Festen Rückstand	Kalk	Magnesia	Schwefelsäure	Organische Stoffe	Chlor	Salpetersäure	Eisenoxyd
Spaten	540	230	113	stark	20	stark	ziemlich	Spur
Löwenbräu I	532	190	70	Spur	12	ger.Sp.	—	—
Löwenbräu II . . .	285	176	41	18	12	ger.Sp.	—	—
G. Pschorr.	1120	385	209	106	25	132	ger.Sp.	ger.Sp.
M. Pschorr	355	184	77	ger.Sp.	12	ger.Sp.	—	—
Hofbräuhaus I . . .	600	163	88	56	15	42	—	ger.Sp.
Hofbräuhaus II . . .	485	227	77	gering	18	gering	stark	ger.Sp.
Leistbräu:								
Neudecker Garten .	333	193	63	—	9	ger.Sp.	—	—
Franziskaner Brunnen	354	187	62	—	12	ger.Sp.	ger.Sp.	ger.Sp.
Sternecker.	345	187	68	Spur	12	Spur	—	Spur
Augustiner.	850	343	101	89	15	59	Spur	ger.Sp.
Zacherl	330	193	56	—	13	Spur	Spur	ger.Sp.
Singlspieler	390	200	60	—	4	ger.Sp.	—	—

Dagegen haben nach Stolba die Pilsener Brauwässer folgende Zusammensetzung:

	Alte Actienbrauerei	Neue Actienbrauerei	1. Pilsener Actien-brauerei	Bürger-liches Brauhaus
Schwefelsaures Calcium .	46	53	67	24
Kohlensaures Calcium . .	1	20	40	57
Kohlensaures Magnesium .	46	23	33	49
Kohlensaures Eisen. . .	7	19	Spur	2
Chlormagnesium	13	19	—	—
Kieselsäure.	8	15	22	16
Organische Stoffe . . .	—	—	Spur	6
Chlornatrium	—	—	10	—
Kali	—	—	Spur	4
Gesammt	121	149	172	183

In Mälzereien befördert weiches Wasser den Quellprocess, entzieht aber der Gerste mehr Extractivstoffe und Phosphate, während zu hartes Wasser unlösliche Proteïnverbindungen bildet. Beim Sud-

Fischer's Jahresb. 1881, 766; 1882, 836 u. 855; 1883, 891; 1884, 930; 1885, 832; 1886, 781; 1887, 1029 u. 1030; 1888, 1031 u. 1037; 1890, 1003.

process gibt weiches Quellwasser grössere Extractausbeute, gypshaltiges Wasser vermindert die Ausbeute und den Phosphorsäuregehalt der Würze, begünstigt aber die Klärung derselben. Nach Laer[67]) soll aber gypshaltiges Wasser die Schleimgährung des Bieres (Bacillus viscosus) begünstigen. Auch die Erzeugung lichter Biere soll durch hartes Wasser sehr erschwert werden. Eisenhaltiges Wasser ist unangenehm; hoher Magnesiagehalt, besonders Chlormagnesium, ist nicht beliebt. Chloride verzögern die Quellreife der Gerste und beeinflussen die Gährung. Schwefelwasserstoffhaltiges Wasser ist schädlich.

Faulende organische Stoffe und die sie begleitenden Mikroorganismen im Wasser sind besonders zu fürchten. Als Weichwasser angewendet, wirken sie nachtheilig auf die Bestandtheile des Malzes ein, befördern namentlich die Schimmelbildungen und sonstige schädlichen Vorgänge auf der Tenne und gefährden, da sie beim Darren nur theilweise unschädlich gemacht werden, auch die Haltbarkeit des Malzes und unter Umständen den Maischvorgang. In wie fern derartiges Wasser bei der Verwendung zum Einmaischen schädlich wirkt, hängt wohl wesentlich von den angewendeten Temperaturen ab, unappetitlich ist es jedenfalls; beim Kochen der Würze werden die Bakterien und Pilzkeime getödtet. Zum Spülen der Gefässe, zum Auffüllen, zum Waschen der Hefe u. dgl. verwendetes Wasser kann durch seinen Keimgehalt besonders gefährlich werden. Dass es zur Beurtheilung solchen Wassers nicht genügt, die entwicklungsfähigen Keime zu zählen, hat zuerst Hansen gezeigt. Von ihm ausgeführte vergleichende Versuche mit Koch'scher Nährgelatine (I) und gehopfter Würzegelatine (II) ergaben folgende Mengen entwicklungsfähiger Keime:

	I.	II.
1.	100	0
2.	222	0
3.	1000	7
4.	750	3
5.	1500	9

Um zu entscheiden, welche von den Bakterien das Bier angreifen und welche unschädlich sind, muss man also die Versuche mit denjenigen Organismen anstellen, welche sich wirklich in der Würze entwickelt haben. Ein anderer Einwurf, der gegen die Anwendung von Peptongelatine gemacht werden kann, ist der, dass einige der für Brauereizwecke wichtigsten Organismen sich darin überhaupt nicht entwickeln. Durch Versuche hat Hansen erfahren, dass die Saccharomyceten und auch einige Arten, welche im bayerischen Biere Krankheiten verursachen, sich im Allgemeinen in Nährgelatine zusammen mit anderen Mikroorganismen nicht entwickeln, wenn die

67) Zft. f. angewandte Chem. 1890 S. 410

Gelatine mehr oder weniger trocken angewendet wird, während er im Gegensatz hierzu in Bierwürze eine ausgesprochene Entwickelung derselben Saccharomyceten beobachtete. Zeidler zeigte, dass einzelne in Würze vorkommende Bakterien schnell absterben, sobald die alkoholische Gährung einsetzt, dass sie aber, der Presshefe beim Waschen u. dgl. zugesetzt, diese leicht in Fäulniss überführen[68]).

Für Branntweinbrennereien gilt im Wesentlichen dasselbe; Wasser, welches viel Calciumcarbonat enthält, eignet sich ausserdem weniger zum Kühlen, weil die auf den Kühlflächen abgesetzte Steinschicht die Wärmeübertragung stört.

Für Bäckereien ist jedes Wasser bedenklich, welches faulende Stoffe enthält, da diese die Gährung stören, zudem mindestens unappetitlich sind.

Wasser für die Verarbeitung der Faserstoffe.

Wasser für Bleichereien und Färbereien soll völlig klar und farblos sein, es darf namentlich kein Eisen enthalten[69]). Enthält ein Wasser so viel organische Stoffe, dass es davon deutlich gefärbt ist, so kann es in der Wollbleiche Veranlassung zu Flecken in der Waare geben. Besonders gefährlich ist aber die Verunreinigung des Wassers durch Eisenverbindungen. Zunächst veranlasst sie beim Behandeln der Wolle mit Soda die Befestigung von Eisenoxyd auf der Gewebsfaser oder auf derselben bei der Behandlung mit Seife die Bildung einer Eisenseife, welche sich nachher bei der gefärbten Waare in Form von Flecken bemerklich macht; schliesslich wirkt eisenhaltiges Wasser in der Flotte selbst nachtheilig auf den Farbton, so dass es nicht einmal für dunkle Schattirungen, selbst nicht für schwarze Töne zu gebrauchen ist. Nicht minder verderblich ist ein eisenhaltiges Wasser beim Färben und Drucken anderer Stoffe, sowie für Bleichereien durch Bildung sogenannter Rostflecke.

Beim Waschen mit Seife wirken Kalk und Magnesia im Wasser sehr schädlich. Bekanntlich löst sich Seife im kalten Wasser nicht klar auf, sie wird in einen löslichen, mehr alkalihaltigen und einen selbst in Alkohol unlöslichen saueren Theil zerlegt; nach Fricke hatten dieselben bei einem Versuche mit einer guten Kernseife folgende Zusammensetzung:

	Seife	Unlöslicher Theil	Löslicher Theil
Fettsäuren	89,55	91,36	86,51
Natron	10,45	8,64	13,49
	100,00	100,00	100,00

[68]) Vgl. Fischer's Jahresb. 1888, 1037; 1889, 515; 1890, 1038.

[69]) Vgl. Ferd. Fischer: Chemische Technologie des Wassers S. 288 und 292.

Der unlösliche Theil enthielt vorwiegend Palmitinsäure, der lösliche Ölsäure. Der unlösliche Theil scheint, im kalten Wasser wenigstens, völlig wirkungslos zu sein, der lösliche bildet beim Schütteln in reinem Wasser Schaum, dessen zahllose Bläschen beim Waschen den Schmutz aufnehmen und von dem zu reinigenden Gegenstande entfernen. Diese Wirkung kann aber erst dann eintreten, wenn das Seifenwasser schäumt, und das ist wieder erst dann möglich, wenn die vorhandenen Kalk- und Magnesiasalze als unlösliche, schmierige, fettsaure Verbindungen ausgeschieden sind. Bei dieser Zersetzung werden 31 Th. Natron und 47 Th. Kali durch 28 Th. Kalk oder 20 Th. Magnesia ersetzt, so dass 1 Härtegrad etwa 120 mg gute Kernseife vernichtet, oder 1 *l* eines Wassers von 25^0 Härte 3 g Seife, 1 cbm dieses Wassers demnach 3 k Seife. Es ist aber nicht nur der directe Verlust an Seife, der hier in Frage kommt, die gebildeten Kalk- und Magnesiaseifen verstopfen beim Waschen die Poren unserer Haut, setzen sich in die Fasern der gewaschenen Stoffe, namentlich der Wolle fest, die in Folge dessen beim Trocknen ihre Weichheit verlieren und übelriechend werden. Ein kalk- und magnesiahaltiges Wasser sollte daher vor Anwendung der Seife sowohl beim Walken der Tuche, Decken u. dgl. wie auch bei der Hauswäsche mit der erforderlichen Menge Soda auf 80 bis 100^0 erwärmt, dann von dem gebildeten Niederschlage abgegossen werden. Durch dieselbe Behandlung werden auch die Eisen- und Manganverbindungen entfernt, welche ebenfalls Seife zersetzen, ausserdem aber noch höchst unangenehme Flecke geben.

Harte Wässer ändern den Ton verschiedener Farben. Nach Kielmeyer erhalten Cochenilleroth und Holzroth auf Wolle oder Baumwolle in hartem Wasser einen bläulichen Stich, der ihrer Lebhaftigkeit bedeutend schadet. Auch das echte alte Krapproth und Krapprosa, wie auch das moderne Alizarinroth und -rosa entziehen sich dem Einflusse des kalkhaltigen Wassers nicht. Dagegen wird das sonst so unechte Corallinroth, auf Wolle oder Baumwolle befestigt, durch kalkhaltiges Wasser nicht verändert, wie auch auffallenderweise Corrallinroth auf Wolle der öfteren Behandlung mit schwacher Seifeflüssigkeit viel besser widersteht als Cochenilleroth. Der Einfluss des im Wasser enthaltenen kohlensauren Kalkes und der kohlensauren Magnesia zeigt sich vornehmlich, wenn die ausgewundene feuchte Waare in der Warmhänge oder auf dem heissen Cylinder getrocknet wird. Hier wirken die im feuchten Gewebe mit dem Wasser zurückgebliebenen kohlensauren Verbindungen auf das Roth ein, indem sie, wie ein schwaches Alkali, dasselbe bläulich nüanciren und damit verdüstern. Ulrich zeigt, dass Diphenylfarbstoffe, Alkaliblau, Echtviolett,

Echtroth, Bordeauxfarbstoffe u. a. durch kalkreiches Wasser sehr ungünstig beeinflusst werden. Nach Scheurer kann Chloraluminium haltiges Wasser sehr schädlich sein[70]).

Für Papierfabriken schadet namentlich ein Eisengehalt wegen Bildung von Flecken. Faulende organische Stoffe können unter Umständen zu Pilzbildungen im Papier Veranlassung geben. Kalk und Magnesia zersetzen die Harzseife.

Wasser für Gerbereien und Leimfabriken.

Gerbereien fordern reines Wasser[71]). Nach Versuchen von W. Eitner[72]) bewirkt fauliges Wasser vollständige Blindheit der ganzen Narbe. Der Schmelz, welcher die einzelnen Theile der Narbe umhüllt und dieser den eigenthümlichen Glanz verleiht, wird zerstört, sodass das todte glanzlose Aussehen entsteht, welches einem Wollenzeug näher kommt als z. B. einem Glacé-Leder, wenn es sich gerade um diese feine Ledersorte handelt. Aber auch bei allen gröberen Ledersorten, wo es wohl weniger auf den Glanz der Narbe ankommt, hat doch Niemand gern eine gleichsam mattgeätzte Narbe, zumal diese Eigenschaft mit vielen anderen schlechten Eigenschaften der Waare in nothwendigem innigen Zusammenhang steht. Dass das faulige Brunnenwasser nachtheilig sein muss, geht daraus hervor, dass, wenn man eine ganz gesunde Blösse nur 2 bis 3 Stunden in einem solcher Art verdorbenen Wasser behandelt, die Erscheinung der blinden Narbe schon eintritt in einer Zeit, welche in jedem anderen Falle nicht ausreicht, um irgend erkenntlichen, schädigenden Einfluss auf eine Waare auszuüben; dies tritt in anderen Fällen in der Regel erst nach einer längeren Zeit von Tagen ein. Im Zusammenhang damit steht auch die Erscheinung des Einfressens von Löchern von der Fleischseite aus. Es bilden sich Vertiefungen in länglich-runder Form, die bis auf die blanke Narbe durchdringen, welche von der Grösse einer Linse bis zu einer Bohne sich weiter fressen, anfänglich vereinzelt und fortschreitend sich über das ganze Fell verbreiten, so dass dasselbe endlich das Aussehen eines vom Ungeziefer zernagten, bis auf die Narbe aufgezehrten Gefetze annimmt, welches dann haltlos wird und dessen blossgelegte Narbe an allen Stellen leicht durchreisst. Diese Erscheinung kann sich an einer Waare herausbilden, welche 2 bis 3 Tage in einem fauligen Brunnenwasser ohne die nöthige Vor-

---

[70]) Zft. f. angewandte Chem. 1890 S. 688; Fischer's Jahresb. 1890, 1120.

[71]) Vgl. Fischer: Chemische Technologie des Wassers (1878) S. 286; Sitzb. d. Ver. z. Bef. Gewerbfl. 1885, 21.

[72]) Gerber 1877, 183; 1884, 221 u. 283; 1889, 205.

sichtsmassnahme behandelt wird. Ferner bildet sich auf der Narbe eine Aderung aus, breitere dunkle Furchen in Zügen, die auffallende Ähnlichkeit mit der bekannten Aderung einer Marmortafel haben. Am weissen Leder haben diese Züge ein gelblich-schmutziges Aussehen, am gefärbten dunkel und matt, als ob sie mit dem Pinsel mittels eines Auftrags eingeprägt wären. Es sind dies die verkörperten, eingefressenen Niederschläge der im Wasser aufgelösten Fäulnissorganismen. Diese Erscheinung tritt jedoch erst nach längerer, ununterbrochener Ruhe der Waare in solchem Wasser auf, wodurch sich auch die Entstehung bei einigem Nachdenken von selbst erklärt. Endlich ist es eine auffallende Erscheinung, dass die Waare, statt zu schwellen, wie man annehmen sollte, zurückgeht, d. h. jedoch nicht etwa matt wird, sondern eher fester und dabei dünner wird; es scheint bald eine gewisse Verglasung des die Fasern umhüllenden Schmelzes einzutreten, ähnlich als wenn man sie in eine dünne Salmiaklösung eingelegt haben würde. Die Aussenseiten der Waare fühlen sich dessenungeachtet nicht rauh und spröde an, sondern eher glatter, zarter; aber man findet sofort heraus, dass das Leder zu dünn und zu fest im Kerne ist, dass es daher ungefügig und nicht geöffnet ist. Dies ist auch die Ursache, dass bei den feinen Handschuhfellen die Farbe schlecht eingreifen kann, wenigstens nicht leicht genug und nicht egal eingreifen kann. Beim Weichen, Reinigen u. s. w. der Haut fand Eitner, dass freie Kohlensäure — und in Folge dessen auch die Wässer, welche Bicarbonate enthalten, — schwellend auf die Häute wirken. Dagegen schwellen die Chloride die Haut nicht; sie heben sogar die schwellende Wirkung der Säuren auf. Meerwasser ist daher für Gerbereizwecke nicht brauchbar. Als vorzüglich gute Schwellstoffe für Häute ergeben sich dagegen das schwefelsaure Calcium und Magnesium. Hieraus erklärt sich auch die vortheilhafte Wirkung eines vorsichtigen Zusatzes von Schwefelsäure zu einem Wasser, welches viel Bicarbonate enthält.

Das Wasser beim Gerben soll nicht zu hart sein und keine grossen Mengen Chlorverbindungen enthalten. Die frühere Annahme, dass hartes Wasser festes Leder mache, ist nicht richtig, vielmehr wird die Ausnützung der Gerbmittel durch hartes Wasser wesentlich beeinträchtigt. Beim Gerben mit an Chloriden reichem Wasser erhält man weniger Gewicht; die Häute gerben schwer und man muss mehr Sätze geben, um dieselben gar zu bekommen. Das chlorhaltige Leder hält mehr Wasser zurück und zieht leichter Feuchtigkeit an, bleibt daher weich und wird nicht fest. Eisengehalt ist keineswegs so schädlich, als meist angegeben wird. Eine Lederfabrik in Böhmen arbeitet mit stark eisenhaltigem Wasser, ohne dass ihre Leder schwarz werden. In Schweizer Sohlledergerbereien ist es übrigens Brauch, Eisen in irgend einer Form in die Angerbefarben zu geben, damit der Schnitt dunkler wird.

Bei der Herstellung von Leim ist zu berücksichtigen, dass die Erschöpfung der dazu verwendeten Gerbereiabfälle mit weichem Wasser weit vollständiger ist als mit hartem. Ein mit hartem Wasser gekochter Leim löst sich ferner nach dem Trocknen nicht klar wieder auf.

Wasser für sonstige Zwecke.

In Glashütten macht sich der Einfluss des Wassers bei der Herstellung von Tafelglas bemerkbar. „Das Glas hält im Stock." Es rutscht, gleitet, dreht sich nicht so leicht im Stock, die Finger, Handgelenke und Armmuskeln werden zu höherer Kraftanstrengung gezwungen. Dass dies nachtheilig auf Arbeitsleistung und auf die Dauer der Arbeit wirkt, braucht keines Beweises. Die Buchenklötze, die Wallstöcke, werden nämlich vor und nach dem Gebrauche in einem Wasserbehälter aufbewahrt, sie nehmen Wasser in sich auf, saugen sich voll. Bei ihrer Gebrauchsnahme wird durch die Hitze des in der Aushöhlung sich drehenden Glaspostens das Wasser in Dampf verwandelt und um das Ausbrennen des Stockes zu verringern, ist stetes Bespritzen mit Wasser nothwendig. Bei diesem sich fortwährend wiederholenden Vorgang werden die erdigen Stoffe ausgeschieden, dadurch geht die Feinheit und Glätte der Aushöhlung verloren, durch Reibung entsteht ein Widerstand gegen die Drehung der Pfeife. — Auch bei der Herstellung von Cathedralglas soll zum Kühlen der Walze und der Platte nur weiches Wasser verwendet werden. (Sprechs. 1887, 219.)

Bei der Herstellung von Thonwaaren, Vermauern von Ziegelsteinen u. dgl. verwendetes Wasser kann durch seinen Gehalt an Sulfaten von Magnesium, Calcium und Natrium oder Chlornatrium leicht Ausschläge auf denselben veranlassen; Chlorcalcium und Chlormagnesium machen dieselben feucht und fleckig[73]).

Für landwirthschaftliche Zwecke, Berieseln der Wiesen u. dgl. sind besonders Metallsalze im Wasser zu fürchten.

Fischerei-Wasser.

Die umfassendsten Versuche über die Wirkung verschiedener Stoffe auf Fische wurden von C. Weigelt[74]) ausgeführt. Die Tabelle

[73]) Vgl. F. Fischer: Handbuch der chemischen Technologie 13. Aufl. (Leipzig 1889) S. 753.

[74]) Arch. d. Hyg. 1885, 39.

Das Wasser enthält im *l*	Fischart	Verhalten des Fisches
Kalk: 0,07 g H_2CaO_2	Forelle	Nach 26 Min. todt.
- 0,03 g -	-	Nach 44 Min. heftig erregt.
Soda: 3 g $Na_2CO_3 . 10 H_2O$	-	Nach 5 Min. Seitenlage.
- 1 g -	-	Nach 3 Min. unruhig.
- 1 g -	Schleie	In 14 St. keine Wirkung.
Schwefelnatrium: 0,1 g Na_2S	-	Bei 6°: Nach 1 St. luftschnappend, nach $9\frac{3}{4}$ St. Seitenlage.
- -	-	Bei 20°: Nach 8 Min. luftschnappend, nach 1 St. Seitenlage, stirbt.
Chlorkalk: 0,0005 g	Forelle	Nach 3 St. todt.
Salzsäure: 0,1 g HCl	-	Sofort Wirkung, nach 4 Min. Seitenlage.
Schwefelsäure: 0,1 g H_2SO_4	-	Sofort Seitenlage; Schleie: keine Wirkung.
- 0,03 g -	-	Gleich unruhig.
Schwefligsäure: 0,0005 g	-	Nach 3 Min. Seitenlage.
Schwefelwasserstoff: 10 mg	-	In 5 Min. Rückenlage.
Ammoniak: 50 mg	-	Todt nach 47 Min.
Arsensäure: 1 g $Na_2AsO_4 . 12 H_2O$	-	Nach 2 St. stirbt.
- 0,1 g -	-	Nach 4 St. heftige Wirkung.
Quecksilberchlorid: 0,05 g $HgCl_2$	-	Nach 29 Min. Rückenlage, 54 Min. todt.
Kaliumchromat: 0,2 g $K_2Cr_2O_7$	-	Nach 46 Min. Wirkung.
Chromalaun: 1 g $Al_2Cr(SO_4)_4 . 24 H_2O$	-	Nach 5 Min. Seitenlage.
Ammoniakalaun 1 g	-	Sofort Wirkung.
Kalialaun kryst.: 1 g	-	Nach 10 Min. Seitenlage, 3 St. todt.
- - -	Schleie	Nach 15 St. keine Wirkung.
- - 0,1 g	Forelle	Nach 15 St. todt.
Chlorcalcium: 10 g $CaCl_2$	Schleie	Bald unruhig, nach $3\frac{1}{4}$ St. stirbt.
- 1 g -	Forelle	Nach 2 St. Wirkung.
Chlornatrium: 10 g NaCl	-	Nach 2 St. schwache Wirkung.
Eisenvitriol: 0,1 g $FeSO_4 . 7 H_2O$	Saibling	Nach 2 St., Lachs nach $3\frac{1}{2}$, Forelle nach 5 St. todt.
- 0,05 g -	Forelle	Nach 16 St. keine Wirkung.
Eisenchlorid: 1 g Fe_2Cl_6	-	Nach 3 Min. Seitenlage.
Manganchlorür: 1 g $MnCl_2$	-	Gleich unruhig.
Cyankalium: 0,005 g K Cy	Schleie	Nach 73 Min. heftige Wirkung.
Rhodanammon: 0,1 g	Forelle	Nach 1 St. keine Wirkung.
Carbolsäure: 0,05 g	Schleie	Nach 3 Min. Wirkung, nach 1 St. stirbt.
- 0,005 g	Forelle	Nach 15 Min. unruhig.
Seife: 1 g (unfiltrirt)	Lachs	Nach $1\frac{1}{2}$ St. todt, Forelle lebt.
- 1 g (filtrirt)	-	Keine Wirkung.

S. 52 gibt einen Auszug der von ihm erhaltenen Resultate. Beachtenswerth ist, dass bei 20 bis 25° Wassertemperatur die verschiedenen Stoffe viel schädlicher auf die Fische einwirken, als bei 4 bis 6°. Zu berücksichtigen ist ferner, dass die Forelle im Allgemeinen empfindlicher ist als die Mehrzahl der Flussfische.

C. Nienhaus-Meinau[75]) fand, dass das Abwasser einer Anilinfarbenfabrik, welches im Liter 18,8 g Arsensäure enthielt, noch in 100 facher Verdünnung Fische in 4 Stunden tödtete.

Nach H. de Varigny und P. Bert[76]) wirken 2,2 g Magnesiumsulfat, 4 g Chlormagnesium oder 3 g Chlorkalium im Liter Wasser noch nicht schädlich, während nach Ch. Richet[77]) schon 0,008 g Chlorzink, 0,1 g Chlorkalium, 1,5 g Chlormagnesium oder 2,4 g Chlorcalcium im Liter Wasser tödtlich wirken.

Nach L. Grandeau[78]) tödten 10 g Chlorcalcium Schleien in 5 Stunden, 0,1 g Schwefelcalcium tödteten nach 22 Minuten, selbst 0,014 g Ca S im Liter wirkten schädlich, während 5 g Calciumhyposulfit nur wenig einwirkten.

A. J. Malmgren[79]) führt aus, dass die Holzflösserei die Fischerei ungemein schädigt, besonders durch den Rindenabfall. Auch die von Sägemühlen in's Wasser geworfenen Sägespähne können die Fischerei eines Baches völlig vernichten. In mehreren Flüssen Schwedens und Norwegens ist durch die Holzflösserei der Fischstand so vermindert, dass die Fischerei überhaupt nicht mehr lohnt. —

Zum Vollzuge des Art. 4 des Fischereigesetzes und des Art. 23 Ziffer 1 des Wassergesetzes ist auf Grund einer mit dem Reichslande Elsass-Lothringen und der Schweiz getroffenen Verständigung die Bekanntmachung vom 11. October 1884, betreffend die Verunreinigung von Fischwässern, erlassen worden[80]). In dieser werden die Verwaltungsbehörden angewiesen, falls die Genehmigung bez. Untersagung der Einleitung von fremden Stoffen in ein Fischwasser in Frage steht, bei der Beurtheilung darüber, ob und in welcher Mischung die betreffenden Stoffe als für den Fischbestand schädlich zu erachten und welche Maassregeln zur thunlichen Verhütung des Schadens anzuwenden sind, die nachstehenden Grundsätze zu beachten:

---

75) Bericht über die Verunreinigung des Rheines (Basel 1883) S. 10.

76) C. r. 97, 55 u. 131.

77) C. r. 97, 1004.

78) La soudière de Dieuze (Paris 1872).

79) Relation om Timmerflottningen i Konungarikena Sverige och Norge af And. Joh. Malmgren, Helsingfors 1884.

80) Veröffentlichung d. Kaiserl. Gesundheitsamts 1886, 649, 782.

I. Als schädliche Stoffe im Sinne des Artikels 4 des Gesetzes vom 3. März 1870 gelten:

1. Flüssigkeiten, in welchen mehr als 10 Proc. suspendirte und gelöste Substanzen enthalten sind;
2. Flüssigkeiten, in welchen die nachverzeichneten Substanzen in einem stärkeren Verhältniss als in demjenigen von 1 : 1000 (beim Rhein von 1 : 200) enthalten sind, nämlich: Säuren, Salze, schwere Metalle, alkalische Substanzen, Arsen, Schwefelwasserstoff, Schwefelmetalle, Schwefligsäure und Salze, welche Schwefligsäure bei ihrer Zersetzung liefern:
3. Abwässer aus Gewerben und Fabriken, welche feste fäulnissfähige Substanzen enthalten, wenn dieselben nicht durch Sand- oder Bodenfiltration gereinigt worden sind;
4. Chlor- und chlorkalkhaltige Wasser und Abgänge der Gasanstalten und Theerdestillationen, ferner Rohpetroleum und Producte der Petroleumdestillation;
5. Dampf und Flüssigkeiten, deren Temperatur 40° R. (50° C.) übersteigt.

II. Die unter I. Ziffer 2 und 3 aufgeführten Flüssigkeiten sollen, wo immer die Beschaffenheit der Wasserläufe es gestattet, durch Röhren oder Kanäle abgeleitet werden, welche bis in den Strom des Wasserlaufes reichen und unter dem Niederwasser ausmünden, jedenfalls aber derart zu legen sind, dass eine Verunreinigung der Ufer ausgeschlossen bleibt.

Diese Bestimmung gilt auch für in Fluss- und Bachläufe einmündende Abfuhrkanäle, sofern sie durch die vorerwähnten Flüssigkeiten übermässig stark verunreinigte Abwässer enthalten.

Bei der Einrichtung von Fabrikanlagen, welche ihre Abgänge einem fliessenden Gewässer, insbesondere auch dem Rhein, zuzuführen beabsichtigen, werden stets auf Grund des Art. 23 Ziff. 1 des Wassergesetzes und § 16 ff. der Gewerbe-Ordnung die zur Verhütung von Schädigungen der öffentlichen und nachbarlichen Interessen, namentlich auch des Fischbestandes, dienlichen Bestimmungen getroffen; dabei wird je nach den Umständen des Falles die Einleitung der Abgänge ganz untersagt, oder hinsichtlich der Masse oder der Mischung an Beschränkungen geknüpft, vielfach auch die Herstellung von Filtrirbassins zur Abklärung der Abgänge angeordnet.

In § 22 der **Landes-Fischerei-Ordnung** vom 3. Februar 1888 für **Baden** sind folgende Bestimmungen aufgenommen:

„Wenn die Genehmigung beziehungsweise Untersagung der Einleitung von fremden Stoffen in ein Fischwasser in Frage steht (Art. 23 des Wassergesetzes, Art. 4 des Gesetzes vom 3. März 1870), so sind bei der Beurtheilung der Frage, ob und in welcher Mischung die betreffenden Stoffe als für den Fischbestand schädlich zu erachten, und welche Massregeln zur thunlichen Verhütung des Schadens anzuwenden sind, die nachstehenden Grundsätze zu beachten.

I. Die Einleitung von schädlichen Abgängen irgend welcher Zusammensetzung darf erst dann gestattet werden, wenn nachgewiesen ist, dass deren Beseitigung auf anderem Wege, oder dass eine Aufarbeitung derselben nicht ohne unverhältnissmässigen Aufwand als durchführbar sich erweist. Im Fall der

Gestattung der Einleitung ist dieselbe jedenfalls von folgenden Voraussetzungen abhängig zu machen:

a) die Abgänge müssen die im gegebenen Falle mögliche chemische oder mechanische Reinigung und eine Verdünnung mit den etwa vorhandenen reineren Abwässern erfahren;

b) die Einleitung der Abgänge hat in allen Fällen, in denen von einer nur periodisch erfolgenden Einleitung Gefahren für den Fischbestand zu befürchten sind, in allmählicher, auf den ganzen Tag gleichmässig vertheilter Weise zu erfolgen;

c) die Ableitung soll, wo immer die Beschaffenheit der Wasserläufe es gestattet, in Röhren oder Kanälen erfolgen, welche bis in den Strom des Wasserlaufes reichen und unter dem Niederwasser ausmünden, jedenfalls aber derart zu legen sind, dass eine Verunreinigung der Ufer ausgeschlossen bleibt.

II. Stoffe der nachstehend verzeichneten Beschaffenheit dürfen unter keinen Umständen in Fischwasser eingeleitet werden.

1. Flüssigkeiten, in welchen mehr als 10 Proc. suspendirte und gelöste Substanzen enthalten sind;
2. Flüssigkeiten, in welchen die nachverzeichneten Substanzen in einem stärkeren Verhältniss als in demjenigen von 1 : 1000 (beim Rhein von 1 : 200) enthalten sind, nämlich: Säuren, Salze, schwere Metalle, alkalische Substanzen, Arsen, Schwefelwasserstoff, Schwefelmetalle, Schwefligsäure und Salze, welche Schwefligsäure bei ihrer Zersetzung liefern;
3. Abwässer aus Gewerben und Fabriken, welche feste fäulnissfähige Substanzen enthalten, wenn dieselben nicht durch Sand- oder Bodenfiltration gereinigt worden sind;
4. Chlor- oder chlorkalkhaltige Wasser und Abgänge der Gasanstalten und Theerdestillationen, ferner Rohpetroleum und Producte der Petroleumdestillation;
5. Dampf und Flüssigkeiten, deren Temperatur 40° R. (50° C.) übersteigt.“

Hiernach ist es gestattet, Wasser in den Rhein abzulassen, welches im Liter 4,9̇99 g Arsen o. dgl. enthält, während Chlor und Chlorkalk, ja sogar sonst ganz reines Wasser von 51° völlig ausgeschlossen ist. Die Begründung dieser Bestimmungen dürfte nicht leicht sein. —

Zu berücksichtigen ist ferner, dass das Wasser aus Flachsrotten und sonstige faulende landwirthschaftliche Abwässer den Fischen sehr schädlich sind, dass besonders aber die Wiesenbewässerung mit Bachwasser zahllose Fische vernichtet.

Während frische menschliche Excremente von Fischen bekanntlich sehr gern verzehrt werden[81]), sind nach Weigelt's Versuchen faulige Kanalwässer sehr schädlich für Fische, hauptsächlich wohl wegen Entziehung von Sauerstoff.

[81]) Viertelj. f. öff. Ges. 1881, 197; G. Jäger: Die Seele der Landwirthschaft (Leipzig 1884) S. 51.

3. Verunreinigung des Wassers durch menschliche Abfallstoffe.

Nach J. Ranke[1]) wird vollkommenes Gleichgewicht zwischen Ausgaben und Einnahmen des Körpers eines kräftigen Mannes bei Muskelruhe hergestellt durch:

Albumin (mit 15,5 g Stickstoff)	100 g
Fett	100 -
Stärkemehl und Zucker	240 -
Salze	25 -
Wasser, getrunken und in fester Nahrung .	2535 -
zusammen	3000 g

welche naturgemäss wieder ausgeschieden werden. Die nicht verdauten, als Koth wieder ausgeschiedenen Stoffe enthalten nach Rubner[2]) bei Fleischnahrung nur etwa 2,5 Proc. des in den Nahrungsmitteln enthaltenen Stickstoffes, bei Erbsen 17,5 Proc., bei Reis 25, bei Kartoffeln und Schwarzbrot sogar bis 39 Proc. des zugeführten Stickstoffes. Dementsprechend enthielten die täglich entleerten festen Excremente je nach der Nahrung 0,6 bis 4,3 g Stickstoff. Der Gehalt des Kothes an Stickstoff und Wasser betrug:

	Stickstoff	Wasser
Fleisch	2,3 und 1,7 Proc.	67 bis 73 Proc.
Weissbrot	2,0 - 2,1 -	73 - 75 -
Erbsen	1,4 -	81 -
Reis	1,0 -	86 -
Eier	0,9 -	79 -
Kartoffeln	0,5 -	86 -
Schwarzbrot	0,5 -	86 -
Gelbe Rüben	0,24 -	82 -
Wirsing	0,14 -	96 -

Birnbaum gibt als durchschnittliche Zusammensetzung der festen Stoffe an:

Wasser	75,0 Proc.
Organische Substanz . . .	21,6 -
Stickstoff	0,7 -
Kali	0,35 -
Phosphorsäure	0,57 -
Asche	3,4 -

Qualitativ bestehen die menschlichen Fäces aus unverdauten und unverdaulichen Nahrungsmittelresten und aus den im Darmkanal abgesonderten Stoffen, wie Galle, Bauchspeichel, Darmschleim und Darm-

[1]) J. Ranke: Die Ernährung des Menschen (München 1876) S. 292.
[2]) Z. Biol. 1879, 115; 1880, 121.

saft. Bei der mikroskopischen Untersuchung findet man Epithelialgebilde, Rückstände der Nahrungsmittel, als Pflanzenzellen und Spiralgefässe, Stärkemehlkörner, Bindegewebsfasern, Fettbläschen u. dergl., ferner Bakterien und Pilze. An chemischen Bestandtheilen sind nachgewiesen: geringe Mengen von Albuminstoffen (viel bei Dysenterie), Fette, Kalk- und Magnesiaseifen, Excretin, Cholestearin, flüchtige Fettsäuren, Milchsäure, Gallenfarbstoff, Taurin u. a. In Wasser lösliche Salze sind in der Regel nur wenig vorhanden (in Cholerastühlen viel Chlornatrium), dagegen vorwiegend Magnesiumphosphat, Ammonium-Magnesiumphosphat und dergleichen.

Auch die Menge und Zusammensetzung des ausgeschiedenen Harnes ist naturgemäss sehr verschieden. Lehmann macht über den Einfluss der Nahrung folgende Angaben:

	Tägliche Mengen in Grammen:				
	Gesammtmenge des Harnes	Feste Bestandtheile	Harnstoff	Harnsäure	Extractivstoffe und Salze
Bei 14täg. gemischter Nahrung	898 bis 1448	67,82	32,50	1,18	12,75
- 12 - animalischer - .	979 - 1384	87,44	53,20	1,48	7,31
- 12 - vegetabilischer - .	720 - 1212	59,24	22,48	1,02	19,17
- stickstofffreier Nahrung . .	—	41,68	15,41	0,74	17,13

Folgende Analysen mögen ein Bild der normalen Harnausscheidung geben. Analysen 1 bis 3 sind von Kerner ausgeführt und das Resultat der 8 tägigen Versuche an einem 23 jährigen Manne; die Angaben von Vogel sind Mittelzahlen vieler, an verschiedenen Personen angestellten Beobachtungen:

Bestandtheile	Kerner (in 24 Stunden)			Vogel	
	Minimum	Maximum	Mittel	In 24 St.	In 1000 Thln. Harn
Harnmenge	1090 cc	2150 cc	1491 cc	1500 cc	—
Wasser	—	—	—	1440	960
Feste Stoffe	—	—	—	60	40
Harnstoff	32,00 g	43,40 g	38,10 g	35,0 g	23,3
Harnsäure	0,69	1,37	0,94	0,75	0,5
Chlornatrium	15,00	19,20	16,80	16,5	11,0
Phosphorsäure	3,00	4,07	3,42	5,3	2,3
Schwefelsäure	2,26	2,84	2,48	2,0	1,3
Phosphorsaures Calcium .	0,25	0,51	0,38	1,2	0,8
- Magnesium	0,67	1,29	0,97		
Ammoniak	0,74	1,01	0,83	0,65	0,4
Freie Säure	1,47	2,20	1,95	3,0	2,0

Ein Mann von 20 bis 40 Jahren liefert täglich im Durchschnitt nach

	Fäces	Urin
Thudichum	135 g	1475 g
belgischen Beobachtern	165 -	1265 -
Paulet	175 -	1250 -
Ilisch	150 -	1050 -
Way	125 -	1500 -
7 englischen Beobachtern, im Durchschnitt	—	1325 -
2 französischen - - -	—	1375 -
17 deutschen - - -	—	1800 -

Wolf und Lehmann machen folgende Angaben: Entleerung für 1 Person und Tag in g:

	Fäces	Darin		Urin	Darin	
		Stickstoff	Phosphate		Stickstoff	Phosphate
Männer	150	1,74	3,23	1500	15,00	6,08
Frauen	45	1,02	1,08	1350	10,73	5,47
Knaben	110	1,82	1,62	570	4,72	2,16
Mädchen	25	0,57	0,37	450	3,68	1,75

Entleerung von 100 000 Personen (37 610 Männer, 34 630 Frauen, 14 060 Knaben, 13 700 Mädchen) für 1 Jahr in t:

	Fäces	Darin		Urin	Darin	
		Stickstoff	Phosphate		Stickstoff	Phosphate
Männer	2059,1	23,9	44,9	20 592	205,9	83,6
Frauen	567,9	12,8	13,7	17 062	135,3	69,0
Knaben	564,5	9,35	8,3	2 925	24,6	11,1
Mädchen	125,1	2,85	1,8	2 250	18,4	8,8
Zusammen	3316,6	48,9	68,7	42 829	348,2	172,5

Darnach liefern die Bewohner Deutschlands jährlich etwa 25 Millionen Tonnen feste und flüssige Ausscheidungen.

Pettenkofer[3]) rechnet jährlich für

	1 Person	100 000 Personen
Koth	34 k	3 400 t
Harn	428 -	42 800 -
Küchenabfälle und Hauskehricht	90 -	9 000 -
Asche bei Holzfeuerung	15 -	1 500 -
- - Steinkohlenfeuerung	45 -	4 500 -

[3]) Pettenkofer, Vorträge über Canalisation und Abfuhr (München). Nach Sommaruga (Städtereinigungssystem, S. 172) liefert unter der Voraussetzung, dass 34 Proc. des Harns verloren gehen (thatsächlich werden dieses meist mehr sein), jeder Einwohner jährlich Kilogramm:

	Fäces	Harn
Gesammtmenge	33,17	232,67
Darin Wasser	24,88	262,88
- Stickstoff	0,23	2,83
- Phosphorsäure	0,19	0,56
- Kali	0,11	0,74

Nach Abendroth[4]) liefern 100 000 Menschen jährlich 4562 t Fäces und 22 812 t Urin; letztere Angabe ist entschieden viel zu niedrig gegriffen. Die festen Excremente enthalten darnach:

			frisch	Nach 2 monatlicher Fäulniss:
3,75 Proc.	Asche	66 Proc. Phosphate	112,9 t	36,5
		34 - Natronsalze	58,2 -	
1,5 bis 5 -	Stickstoff		68,4 b. 228,6 t	
19,75 -	organische Stoffe		901,1 t	
75 -	Wasser		3 421,9 -	
			4 562,5 t	

Die flüssigen dagegen:

0,599 Proc.	Phosphate	127,5 t	182
1,285 „	Alkalien	293,1 -	
3 „	Stickstoff	684,4 -	
1,856 „	organische Stoffe	423,4 -	
93,3 „	Wasser	21 284,0 -	
		22 812,4 t	

Bei einer Stadt von 100 000 Einwohnern handelt es sich nach Palzow und Abendroth[5]) um folgende Abfälle:

Strassen- und Schleusenkoth	4 500 t	49 827 M.
Sand, Schlacken, Scherben	9 062 -	— -
Asche	14 000 -	901 110 -
Küchen-, Gewerbs- und Strassenabfälle	12 994 -	712 611 -
Urin	25 000 -	855 633 -
Fäces	4 500 -	250 536 -
Knochen	2 500 -	861 150 -
	72 056 t	3 630 867 M.

Nach andern Zusammenstellungen[6]):

Strassendünger	1 200 t
Strassenkehricht	19 900 -
Kanalisationsaushub	750 -
Bauschutt und dgl.	6 250 -
Abfälle, Asche, Schlacken	31 900 -

Den theoretischen Werth der von 1000 Einwohnern jährlich gelieferten Excremente berechnen Gruber und Brunner[7]) zu 3684, Stohmann[8]) zu 7800, Abendroth zu 11 061 und Stöckhardt[9]) sogar zu etwa 15 000 Mark. Die von einer Person jährlich gelieferten

[4]) Vgl. F. Fischer, Verwerthung der städtischen und Industrieabfallstoffe (Leipzig 1875), S. 102.

[5]) Vergl. F. Fischer, Verwerthung der städtischen und Industrieabfallstoffe (Leipzig 1875), S. 102.

[6]) Glaser's Ann. 1888, 219.

[7]) Gruber und Brunner: Canalisation oder Abfuhr (Berlin 1871), S. 11.

[8]) Muspratt, Technische Chemie 2, S. 401.

[9]) Chemische Feldpredigten 2, S. 21; Varrentrapp, Entwässerung der Städte (Berlin 1868, S. 19).

Excremente haben nach den verschiedenen Berechnungen also einen angeblichen Werth von 3,7 bis 15 Mark, wobei 1 k Stickstoff mit 1,6 bis 2 Mark, 1 k Phosphorsäure mit 0,3 bis 0,6 Mark, 1 k Kali mit 0,3 bis 0,4 Mark angesetzt werden. Thatsächlich dürfte sich aber kaum ein Landwirth finden, welcher für 1 k Stickstoff der menschlichen Abfallstoffe mehr als 1,2 Mark und für die Phosphorsäure mehr als 0,2 Mark geben möchte, da diese nicht in wasserlöslicher Form, theilweise sogar in sehr schwerlöslicher Form vorhanden ist[10]), so dass man 1 k Phosphate wohl höchstens mit 0,15 Mark ansetzen darf. Man erhält dann für die jährliche Entleerung von 1000 Personen:

	Fäces		Urin	
Gesammtmenge . .	33 166 k	— M.	428 290 k	— M.
Stickstoff	489 -	586,8 -	3 482 -	4 178,4 -
Phosphate	687 -	103,1 -	1 725 -	258,8 -
		689,9 M.		4 437,2 M.

Somit stellt sich unter Hinzurechnung des Kalis und unter Berücksichtigung, dass die Harnbestandtheile etwas werthvoller sind als die der festen Ausscheidungen, der theoretische Werth der Fäces von 1000 Personen auf rund 700 Mark, der des Harns auf 4500 Mark.

Trotz dieses hohen theoretischen Düngerwerthes der menschlichen Abfallstoffe ist ihr praktischer Werth meist negativ, d. h. besonders die Bewohner der Städte müssen den diese „werthvollen Stoffe“ abholenden Landleuten oder Unternehmern erheblich zuzahlen[11]). Ganz aussichtslos ist die Verarbeitung der Abortstoffe zu Poudrette[12]) o. dgl., da die Verarbeitungskosten den Werth der erhaltenen Producte übersteigen.

Thatsächlich haben alle[13]) Poudrettefabriken nach wenigen Jahren den Betrieb mit grossen Verlusten wieder einstellen müssen, so dass in absehbarer Zeit wohl kaum Jemand wieder so unvorsichtig sein wird, derartige Unternehmungen zu versuchen[14]).

[10]) In Thomasmehl kostet sie nur 0,15 bis 0,22 M.; vgl. Z. f. angew. Chem. 1889, 92; 1890, 66.

[11]) Ferd. Fischer: Die menschlichen Abfallstoffe, ihre praktische Beseitigung und landwirthschaftliche Verwerthung (Braunschweig 1882) S. 22 bis 44.

[12]) Ferd. Fischer: Die menschlichen Abfallstoffe S. 45 bis 77.

[13]) Auch die unzweifelhaft am besten eingerichtete und geleitete von Buhl und Keller (vgl. Z. Ver. deutsch. Ing. 1883, 205). Nur die Podewill'sche Fabrik in Augsburg hält sich bis jetzt; derselben werden die Abortstoffe frei auf den Hof geliefert.

[14]) K. Jurisch (Die Verunreinigung der Gewässer 1890 S. 7) behauptet, die Beseitigung und Verwerthung der Fäcalien zu Düngzwecken „setze eine gewisse Capitalanlage voraus, die wir von unserm relativ armen Bauernstand nur sehr all-

Das steigende Bedürfniss nach Reinlichkeit und die öffentliche Gesundheitspflege drängen zweifellos zum Schwemmsystem, da nur dieses alle schädlichen und belästigenden Abfälle des menschlichen Stoffwechsels rasch und sicher aus der Nähe der Wohnungen entfernt[15]). Dieses kann um so mehr geschehen, als Menge und Beschaffenheit des Kanalwassers dadurch nicht wesentlich geändert wird. Wie bereits gezeigt[16]), gelangen bei Anwendung eines der sog. Abfuhrsysteme folgende Mengen in den

	Abort	Kanal
Fäces	33100 k	66 k
Harn	142760	285530
Häusliches Abwasser	?	36500000
Regenwasser	—	18000000
	175860 k	54785596 k

Berücksichtigt man, dass namentlich die Abgänge von Kranken in den Kanal gespült werden, Krankenwäsche u. dgl.[17]), so wird auch der Gehalt des Abwassers einer Stadt mit sog. Abfuhr nicht wesentlich weniger Krankheitskeime enthalten als beim Schwemmsystem.

Nach den sorgfältigen Untersuchungen der englischen Flussverunreinigungscommission[18]) hatte das Kanalwasser aus 15 Städten mit Gruben und Kübeln im Durchschnitt von 37 Analysen, und das aus 16 Städten mit Wasserabtritten im Durchschnitt von 50 Analysen folgende Zusammensetzung (mg im Liter):

		Kanalwasser aus Städten mit	
		Abortgruben	Wasserabtritten
Gelöst:	Organ. Kohlenstoff	41,81	46,96
	Organ. Stickstoff	19,75	22,05
	Ammoniak	54,35	67,03
	Stickstoff als Nitrate und Nitrite	0	0,03
	Gesammtstickstoff	64,51	77,28
	Chlor	115,4	106,6
	Gesammtgehalt	824,0	722,0
Suspendirt:		391,1	446,9
	Darin Organisch	213,0	205,1

mählich erwarten dürfen. Denn wir leiden jetzt noch an den Nachwehen des dreissigjährigen Krieges. . . .“ Darnach wäre Deutschland zu arm, um Poudrettefabriken zu bauen! Welch grenzenloser Unsinn!

15) F. Fischer: Die menschlichen Abfallstoffe S. 80.

16) F. Fischer: Die menschlichen Abfallstoffe S. 103.

17) Allgemein ist das Wasser aus Wäschereien recht unrein. Nach Versuchen von Miquel (Rev. d.'hygiene 8, 388) enthielt das Abwasser der auf der Seine schwimmenden Waschanstalten, welches zum Einweichen der Wäsche gedient hatte, 12 bis 40 Millionen Bakterien in 1 cc.

18) First report of the Commissioners appointed in 1868 to inquire into the best means of preventing the pollution of rivers. Vol. I. Report and plans (London 1870). Vol. II. Evidence. Second report. The ABC process of treating Sewage (London 1870). Third report (London 1871). Sixth report (London 1874).

Vergleicht man ferner die Analysen des Kanalwassers aus Paris (S. 64), Zürich, München[19]) und die von König[20]) ausgeführten Analysen des Abwassers aus Städten mit Abfuhr: Dortmund (1), Ottensen (2), Essen (3), Kronenberg (4), Halle (5):

	Schlammstoffe			Gelöst					
	unorganische mg	organische mg	Stickstoff in den organ. Stoffen mg	Im Ganzen mg	Organische Stoffe (Glühverlust) mg	Stickstoff in organischen Stoffen mg	Stickstoff in Form von Ammoniak mg	Phosphorsäure mg	Kali mg
1	205,5	284,3	28,1	782,4	263,8	16,2	37,2	—	—
2	218,8	442,0	24,1	1817,2	367,2	20,7	47,6	23,1	81,2
3	105,2	213,4	19,3	843,2	229,6	12,2	38,1	13,1	65,0
4	961,0	1485,6	39,0	796,1	306,0	21,9	29,5	20,6	94,9
5	611,6	404,8	41,4	3376,0	546,4	6,5	58,0	36,4	98,8

mit denjenigen des Abwassers aus Berlin (S. 123), Breslau (S. 120), Danzig (S. 118) und Frankfurt a. M. (S. 99), so wird dadurch bestätigt, dass auch die chemische Zusammensetzung des Wassers aus Städten mit Schwemmsystem und Abfuhr nicht nennenswerth verschieden ist, dass somit auch beide gleichen Einfluss auf die Beschaffenheit des Flusswassers haben werden.

Dass die Zusammensetzung eines Kanalwassers im Laufe des Tages schwankt, zeigen u. a. die Analysen von L. Grandeau[21]) des Kanalwassers von Roubaire:

	Rückstand mg	Fett mg	Organ. Stickstoff mg	Ammoniak-Stickstoff mg	Gesammt-Stickstoff mg	Phosphorsäure mg	Kali mg
1. Wochenwasser							
5 Uhr Morgens . .	7700	2421	102	25	127	350	497
11 - - . .	5467	1232	85	5	90	293	267
5 - Abends . .	4567	1335	53	16	69	136	282
Mittel . . .	5911	1663	80	15	95	259	348
2. Sonntagswasser . . .	1300	35	6	1	7	44	108

Besonders umfassende Untersuchungen über die Verunreinigung der Flüsse liegen vor von der mehrfach erwähnten englischen Flusscommission, deren Bericht Tausende von sorgfältig ausgeführten Analysen enthält. Allerdings hat die Flussverunreinigung in England den höchsten Grad erreicht[22]); nimmt doch z. B. der Bradford Beck aus

[19]) Fischer: Die menschlichen Abfallstoffe S. 107 u. 108.

[20]) König: Verunreinigung der Gewässer S. 80.

[21]) Journ. d'agric. pr. 1878, 584.

[22]) Der Zustand der Flüsse in Yorkshire wird von dieser Commission in folgender Weise geschildert: Missbräuchlicher Weise wirft man in die Wasser-

der Stadt Bradford die Auswurfstoffe auf von 140 000 Personen, die Abwässer von 168 Wollfabriken, 94 Tuchfabriken, 10 Kattunfabriken, 35 Färbereien, 7 Leimfabriken, 10 chemischen Fabriken, 3 Gerbereien und 3 Fettextractionsfabriken. Folgende Analysen mögen als Beispiele der Flussverunreinigung in England dienen:

	Gelöst (mg im l)								Suspendirt	
	Organischer Kohlenstoff	Organischer Stickstoff	Ammoniak	Stickstoff als Nitrate und Nitrite	Gesammt-Stickstoff	Chlor	Arsen	Gesammtgehalt		Darin organische Stoffe
Irwell nahe an seinem Ursprung	1,87	0,25	0,04	0,21	0,49	11,5	0	78	0	0
Irwell unterhalb Manchester	18,92	2,64	3,71	1,77	7,46	87,3	0,22	508	42	21
Bradford - Beck oberhalb Bradford	3,49	0,81	1,05	2,68	4,35	18,7	0	440	Sp.	Sp.
Derselbe unterhalb Bradford	40,24	3,92	12,20	0	13,97	54,5	0,02	755	520	361
Die Themse bei Hampton .	2,60	0,24	0	1,96	2,20	14,8	—	279	Sp.	Sp.
Dieselbe an der London-Brücke	3,04	0,34	1,20	1,67	3,00	18,3	—	344	54	46
Sankey-Bach vor St. Helens	11,74	0,79	0,11	1,23	2,11	31,3	0,05	308	21	—
Derselbe nach seinem Austritt aus St. Helens . .	14,43	2,24	3,50	1,01	6,13	1962,4	—*)	4072	191	—

*) 685 mg freie Salzsäure.

Der grosse Gehalt der verunreinigten Flüsse an stickstoffhaltigen organischen Stoffen lässt schon voraussehen, dass dieselben im Sommer in faulige Gährung übergehen. So war denn auch im Juli die Oberfläche des etwa 40 m breiten Irwellflusses unterhalb Manchester (Analyse 2) mit einem dichten, kothigen Schlamm belegt, es stiegen fortwährend grosse Blasen auf, die träge platzten und die Luft weithin mit dem Gestank der gasförmigen Fäulnissproducte erfüllten. Die Temperatur des Wassers war 24°, die der Luft dagegen nur 12°. Dementsprechend ist die Gesammtmenge der organischen Verunreini-

läufe Hunderttausende von Tonnen an Asche und Kohlenresten und an Schlacken aus den Feuerungen der Dampfkessel, Eisenwerke und Hausöfen; grosse Massen von zerbrochenem Thongeschirr, abgenutzten Metallgegenständen, von Schutt aus den Ziegeleien und aus alten Gebäuden, von Eisen, von Steinen und Thon aus den Steinbrüchen schüttet man hinein; der Schmutz der Wege, Strassenkehricht, erschöpfte Farbhölzer und ähnliche Stoffe werden den Flüssen überantwortet; Hunderte von Thiercadavern, Hunde, Katzen, Schweine u. s. w. schwimmen auf ihrer Oberfläche umher oder verfaulen an ihren Ufern; sie müssen täglich Millionen von cbm Wasser abführen, welches mit den Abfällen aus Bergwerken, chemischen Fabriken, Gerbereien, Färbereien, Garn- und Wollwäschereien und Walkereien, mit Schlachthausabgängen und mit den Auswurfstoffen der Städte und Häuser beladen und dadurch verdorben und vergiftet ist.

gungen im Sommer geringer als im Winter, obgleich die Sinne dann weniger von diesen Stoffen belästigt werden.

In ähnlicher Weise wird der Zustand der Seine unterhalb Paris geschildert[23]). Die Mündung des Hauptkanales bei Clichy führt der Seine in jeder Secunde etwa 2,5, die des kleineren Kanals bei St. Denis 0,5, beide im Jahre etwa 130 000 000 cbm Schmutzflüssigkeiten zu. Diese Massen führen 125 000 t suspendirte Stoffe mit sich, welche den Fluss verschlammen; von einer Commission ausgeführte Analysen ergaben:

Probeentnahme (mg im *l*)	Flüchtige u. brennbare Stoffe: Gesammt	Flüchtige u. brennbare Stoffe: Darin Stickstoff	Phosphorsäure	Kali	Natron	Kalk	Magnesia	In Salzsäure unlöslich	Gesammtmenge
St. Denis, 2. März 1868 . . .	1885	92	18	55	238	—	—	—	3931
- 20. - . . .	1520	170	5	85	206	—	—	—	—
- 30. April 1869 . . .	2209	242	89	118	211	553	81	206	4285
- 1. Mai - . . .	1217	127	45	79	150	377	71	186	2688
- Mai - . . .	—	—	39	88	243	524	47	360	—
- 20. August - . . .	990	69	44	110	236	484	61	131	—
Im Durchschnitt .	1518	140	40	89	214	484	56	221	3461
Clichy, 1869 Januar	888	41	30	33	73	497	4	952	2891
- - Februar	813	57	24	26	54	402	4	657	2410
- - März	689	40	16	32	61	387	5	604	2246
- - April	617	31	13	30	61	368	6	580	2036
- - Mai	776	34	15	47	71	527	46	723	2520
- Juni	606	22	11	32	72	321	29	412	1791
- - Juli	600	43	13	34	67	282	7	323	1677
- - August	626	43	23	39	102	334	40	386	1852
- - September . . .	740	42	12	24	53	374	15	474	2149
- - October	561	59	10	43	80	336	14	498	1898
- - November . . .	916	54	19	42	65	514	36	1277	3461
- - December . . .	972	54	21	34	90	497	9	932	2993
Im Durchschnitt .	733	43	17	35	71	403	18	652	2327

Da die Seine bei niedrigem Wasserstande selbst nur 45 cbm Wasser in der Secunde führt, so ist es begreiflich, dass dieselbe durch diese Zuflüsse hochgradig verunreinigt werden musste. Nach dem Bericht der am 22. August 1874 vom Minister ernannten Commission ist der

[23]) Epuration et utilisation des eaux d'égout de la ville de Paris (Paris 1880). Assainissement de la Seine, épuration et utilisation des eaux d'égout, Commission d'études (Paris 1878). Rapport fait au nom de la commission chargée de proposer les mesures à prendre pour remédier à l'infection de la Seine aux abords de Paris, par Durand Claye (Paris 1875). Project für eine Berieselungsanlage bei Zürich, Aktenstücke S. 28; Zft. d. Hannoversch. Archit.-Vereins 1886, 631.

Zustand des Flusses vor Paris noch gut, ändert sich aber unterhalb der Brücke von Asnières sofort. Am rechten Ufer ergiesst sich aus dem grossen Kanal von Clichy ein Strom schwärzlichen Wassers und setzt sich in der Seine in Gestalt einer parabolischen Curve fort. Dieses Wasser ist bedeckt mit organischen Resten aller Art, mit Gemüseabfällen, Pfropfen, Haaren, todten Hausthieren u. s. w., und meist mit einer fettigen Schicht überzogen. Der abgesetzte Schlamm häuft sich trotz fortgesetzter Baggerung, durch welche jährlich über 80 000 cbm fortgeschafft werden, immer mehr an, geht in Fäulniss über und entwickelt oft mächtige Blasen von 1 bis 1,5 m Durchmesser, die den faulen, schwarzen Schlamm mit an die Oberfläche ziehen. Das Gas einer solchen Blase hatte (1871) folgende Zusammensetzung:

Sumpfgas	72,88 Proc.
Kohlensäure	12,30
Kohlenoxyd	2,54
Schwefelwasserstoff . . .	6,70
Verschiedenes	5,50

Miquel[24]) fand dementsprechend in dem Wasser der Seine oberhalb Paris 300, unterhalb aber 200 000 Keime in 1 cc, während das Kanalwasser zu Clichy 6 Millionen enthielt, 1 cc Drainwasser der Rieselfelder zu Gennevilliers aber nur 12 Keime[25]).

In Deutschland ist die Flussverunreinigung im Allgemeinen noch nicht so stark.

F. Hulva[26]) hat im Laufe der Jahre 1877 bis 1881 eine Anzahl von Oderwasserproben untersucht, um den Einfluss der Breslauer Kanal wässer auf das Wasser der Oder zu prüfen. Secundlich flossen (von 250 000 Einwohnern geliefert) 0,358 cbm Kanalwasser in die Oder (vor Einführung der Berieselung), welches vom Wasser der Oder eine 78 bis 637fache Verdünnung erfuhr. Wie nachfolgende Durchschnittsanalysen zeigen, nimmt der Gehalt an organischen Stoffen allmählich wieder ab:

---

24) Rev. d'hyg. 8. 388.

25) Bischoff (Engineering 1885) fand im Londoner Kanalwasser 7,5 Millionen, Wahl (Centralbl. f. allg. Ges. 1886 Heft 1) im Kanalwasser von Essen bis 5 Millionen Keime (vgl. S. 68). — Zusammensetzung der Kanalgase untersuchte der Verf. (Fischer's Jahresb. 1883, 1189).

26) Ergänzungshefte zum Centralbl. für allgemeine Gesundheitspflege 1884 Heft 2; vgl. auch Fischer's Jahresb. 1884, 1225.

	Gesammtrückstand	Glühverlust	Bedarf an Kaliumpermanganat	Ammoniak	Albuminoid-Ammoniak	Salpetersäure	Salpetrigsäure	Chlor
Durchschnitt des Wassers vom obern Laufe der Oder unterhalb der Stadt Ohlau . .	155	29	10,6	0,07	0,05	1,0	Sp.	8,9
Am Wasserwerk (unmittelbar vor Eintritt in die Stadt Breslau)	169	38	16,7	0,08	0,24	0,9	Sp.	8,9
Innerhalb Breslau vor Einmündung der Kanäle	172	39	17,5	0,20	0,24	0,7	Sp.	8,0
In einiger Entfernung unterhalb der Kanäle, wo die Mischung des Kanalinhalts mit dem Strome noch nicht vollständig erfolgt ist	196	58	22,8	1,12	0,54	0,7	Sp.	9,3
Nach Austritt aus der Stadt Breslau und nach bereits erfolgter Mischung der Sielwässer mit dem Strome	186	43	22,9	1,12	0,42	1,0	Sp.	11,0
Bei Masselwitz 9 km unterhalb der Einmündung der Kanäle	179	43	17,3	0,48	0,33	0,9	Sp.	10,4
Bei Herrnprotsch nach Einmündung der Nebenflüsse Weide und Weistritz, 14 km unterhalb Breslau	194	28	23,1	0,18	0,30	1,5	Sp.	11,4
Bei Dyhernfurth, 32 km unterhalb Breslau	185	34	17,1	0,15	0,23	1,3	Sp.	11,3
Durchschnittliche Zusammensetzung der Breslauer Sielwässer	729	—	66,8	30,0	2,58	0	0	78,7

Wasser der Elbe und Saale enthielt nach Ohlmüller[27]) (siehe nebenstehend).

Das an Chloriden reiche Wasser der Saale hat sich also selbst in Magdeburg noch nicht gleichmässig mit dem Elbwasser gemischt, ein Umstand, welcher bei der Entnahme von Wasserproben aus Flüssen wohl zu beachten ist[28]).

Das Wasser der Elbe bei Dresden untersuchte H. Fleck[29]). Die Elbe hat hier bei den verschiedenen Wasserständen folgende Geschwindigkeiten und Wassermengen (vgl. S. 2) in der Secunde:

Wasserstand	Geschwindigkeit	Wassermenge
1,6 m unter Null	—	51 cbm
1 - -	0,5 bis 0,6 m	—
0 - -	1,2 - 1,5	460
3 über -	—	1700
6,4 - -	2,0 - 2,5	4200

---

27) Arbeiten a. d. K. Gesundheitsamts 6 S. 319.

28) Vgl. Fischer's Jahresb. 1886, 1043.

29) 12. u. 13. Jahresb. d. K. chem. Centralst. zu Dresden S. 25.

Dresden liefert täglich etwa 16 000 cbm Kanalwasser; dazu kommen die Abwässer von 4 Spiritusfabriken, 16 Brauereien, 37 chem. Fabriken, 26 Färbereien, 6 Gerbereien, 24 Seifensiedereien, Schlachthof u. dgl. Bei 1 m unter Null Wasserstand enthielt das Elbwasser:

	Vor Dresden	Hinter Dresden
Suspendirt	7,3	7,2
Gelöst	136,8	136,5
Organisch	18,4	17,6
Salpetersäure	3,8	2,5
Chlor	8,9	8,7
Ammoniak	0,3	0,3

Entnahmestelle	Suspendirte Stoffe	Rückstand	Glühverlust	Oxydirbarkeit (Sauerstoffverb.)	Chlor	Schwefelsäure	Kalk	Magnesia	Bakterienzählung: Spaltpilze feste	verflüssigende	Schimmelpilze
Saale vor Einmündung in die Elbe (ungefähr 1 km oberhalb											
- linkes Ufer	24	822	130	4,4	320	137	77	47	4750	250	2
- rechtes Ufer	21	827	132	4,4	310	140	84	46	6400	180	4
Elbe vor Einmündung der Saale (ungef. 1 km oberhalb)											
- linkes Ufer	16	135	42	5,1	12	52	15	—	1100	60	0
- rechtes Ufer	10	132	42	5,4	12	56	15	—	1000	50	4
Elbe oberhalb Barby											
- linkes Ufer	16	540	122	4,7	192	133	61	32	3350	100	2
- Mitte	20	207	67	5,4	50	64	23	—	2000	70	0
- rechtes Ufer	9	137	50	5,6	14	52	15	—	1300	60	6
Elbe unterhalb Barby											
- linkes Ufer	20	582	165	4,9	188	88	54	26	6300	180	0
- Mitte	16	355	132	5,2	96	68	38	—	1550	80	6
- rechtes Ufer	10	137	47	5,4	16	50	23	—	450	40	2
Elbe bei Glinde											
- beim Ausfluss der Dietze'schen Zuckerfabrik (linkes Ufer)	12	497	110	5,2	172	85	58	25	1700	160	0
- unterhalb Ausfluss der Dietze'schen Zuckerfabrik (Mitte)	17	242	70	5,4	66	59	31	—	2550	70	4
- unterhalb Ausfluss der Dietze'schen Zuckerfabrik (rechtes Ufer)	12	165	65	5,7	26	52	23	—	1400	60	0
- unterhalb des Soolekanals bei Schönebeck (linkes Ufer)	15	450	95	5,1	152	85	46	24	5400	150	5
Elbe unterhalb Frohse											
- linkes Ufer	12	425	155	5,2	126	76	38	22	2800	140	0
- Mitte	12	287	92	5,0	88	60	31	15	1400	60	0
- rechtes Ufer	13	262	140	5,6	40	52	15	—	1850	60	2
Buckau, Wasserwerk von Magdeburg											
Vertheilungsbassin vor dem Absetzbassin	11	457	202	5,0	104	68	38	22	1400	50	0
ebenda, vom Ablasse eines Absetzbassins	5	385	125	4,9	108	72	34	—	2000	50	0
- Ablauf von den Filtern	0	372	100	4,0	112	68	31	—	30	12	1
Elbe, Entnahmestelle des Wasserwerks											
- linkes Ufer	9	392	102	5,0	122	76	46	16	3500	100	1
- Mitte	11	405	130	5,2	122	68	31	20	3100	120	1
- rechtes Ufer	13	355	215	5,2	88	64	31	—	2900	120	0

Weserwasser enthielt nach Ohlmüller[30]):

Bestandtheile	Wasser der Weser		
	1 km oberhalb der Stadt D.	200 m unterhalb des Zuflusses der Abwässer der Zuckerfabrik	
		Linkes Ufer	Rechtes Ufer
Rückstand	350	407	377
Glühverlust	105	150	140
Oxydirbarkeit (Sauerstoff)	2,2	2,3	2,4
Salpetersäure	Spur	Spur	Spur
Salpetrigsäure	0	0	schw. Spur
Ammoniak	0	schw. Spur	0
Schwefelsäure	geringe Menge		
Chlor	38	36	40
Kalk	73	81	73
Magnesia	Spur	Spur	Spur
Eisen	schwach	schwach	schwach
Kolonien in 1 cc			
feste	1450	1820	12480
verflüssigte	21	28	75
Schimmel-	0	0	0

Andere Analysen des Wassers von deutschen Flüssen wurden bereits (S. 26) mitgetheilt. Wesentlich ungünstiger stellen sich die Verhältnisse für manche kleinere Wasserläufe. R. Koch[31]) fand z. B. im Spreewasser oberhalb Köpenick 82 000, bei Charlottenburg aber 10 Millionen Keime in 1 cc, Frank[32]) fand unter zahlreichen Versuchen bis zu $2^1/_2$ Millionen Keime in der Spree unterhalb Berlins mehr als oberhalb. Mainwasser enthielt nach Rosenberg[33]) oberhalb Würzburgs etwa 800, unterhalb etwa 17 000 Keime[34]).

Nach Analyse von Th. Wetzke[35]) liefern die Spreequellen (I) ein sehr gutes Wasser, welches aber nach kurzem Lauf durch die Abwässer der grossen Gersdorfer Fabriken so stark verunreinigt wird (Analyse II), dass seine Benutzung zu irgend einem Zwecke ausgeschlossen erscheint, dass weder Thier noch Pflanze in dem Wasser fortzukommen vermag.

30) Arbeiten a. d. K. Gesundh. 6 S. 305.

31) Mitth. d. Deputation f. d. Verwalt. d. Kanal. in Berlin f. 1883.

32) Zft. f. Hyg. 3, 355.

33) Arch. d. Hyg. 1886, 448.

34) Schlatter (Zft. f. Hyg. 9, 56) untersuchte den Einfluss des Abwassers der Stadt Zürich auf den Bakteriengehalt der Limmat; er fand im Seewasser 100 bis 200 Keime; innerhalb der Stadt wächst die Zahl auf 1000 bis 2000, nach Eintreten des städtischen Schmutzwassers bei Wipkingen enthält dann 1 cc Wasser bis zu einer halben Million Bakterien. Nachdem das Wasser 10 km weit geflossen ist, enthält es meist nur noch etwa 1000 bis 2000 Keime (vgl. S. 60).

35) Dingl. 273, 423.

Es enthält einen starken schwarzen Absatz, riecht nach Schwefelwasserstoff und enthält im Liter gelöst 4 mg schwere, durch Schwefelwasserstoff fällbare Metalle (? d. Ref.) und 8 mg Eisen. Nach einem etwa 8 km langen Laufe kommt die Wünsche'sche Fabrik in Ebersbach, welche 3000 Weber beschäftigt. Die Analyse III zeigt die Beschaffenheit des Wassers oberhalb der Fabrik. Unterhalb der Fabrik, welche ihr sämmtliches Wasser mit Kalkmilch reinigt, hatte das Spreewasser die Zusammensetzung der Analyse IV:

mg im *l*	I Spreequelle	II Spree unter Gersdorf	III Oberh. Wünsche's Fabr.	IV Unterh. Wünsche's Fabr.
Schwebende Stoffe . .	5	1036	209	51
davon verbrennlich	3	384	73	14
Ges.-Rückstand . . .	114	1111	880	474
Verbr. an $KMnO_4$ . .	8	166	70	63
Salpetersäure	4	4	5	4
Chlor	9	69	36	36
Schwefelsäure	2	251	182	24
Kalk	25	283	168	120
Kali	1	212	66	24
Natron	—	51	75	35
Ammoniak	0	0,5	0,5	0,6

Wetzke meint, das Wasser sei von Gersdorf (II) bis Ebersbach (III) durch Selbstreinigung besser geworden. Da diese sich nicht auf Chlor, Schwefelsäure und Alkalien erstrecken kann, so entsprechen die Proben offenbar einander nicht; auch III und IV sind nicht unmittelbar vergleichbar, da Schwefelsäure und Alkalien nicht durch Kalk ausgefällt werden.

Die Verunreinigung des Flusswassers in Sachsen untersuchte H. Fleck[36]). Mit dem Namen Luppe wird ein Arm der sich bei Leipzig in mehrere Flussarme theilenden Elster bezeichnet, welche bei Plagwitz hinter Leipzig von letzterer sich abzweigt und sich über die sächsische Landesgrenze hinauszieht, indem sie auf diesem Wege einen zweiten Arm der Elster, die Nahle, aufnimmt. Beide stehen unter dem Einflusse zahlreicher Abwässer der Stadt Leipzig mit den angrenzenden Ortschaften und den daselbst errichteten Fabriken. Die hauptsächlichsten Verunreinigungen der Luppe sollen stattfinden durch die Abfallwässer von 2 Gerbereien, 7 chemischen Fabriken, 4 Rauchwaaren-Färbereien, 1 Seifenfabrik und ausserdem durch die Abgang-

[36]) 12. u. 13. Jahresb. d. K. chem. Centralst. f. öffentl. Gesundh. zu Dresden 1884 S. 34.

wässer von Leipzig, Plagwitz mit Lindenau, Röhlitz-Ehrenberg und Gründorf. Die an einem Tage entnommenen Wasserproben:

I. Unterhalb der Stelle, an welcher sich Luppe und Elster trennen; Farbe graugrün, trübe;

II. In der Luppe, unterhalb einer chemischen Fabrik; Farbe blauschwarz, undurchsichtig;

III. In der Nahle, unmittelbar vor deren Einfluss in die Luppe; Farbe gelbgrün, undurchsichtig;

IV. In der Luppe, nach deren Vereinigung mit der Nahle; Farbe graugrünlich, undurchsichtig;

V. In der Luppe, vor deren Eintritt in preussisches Gebiet; Farbe graugrünlich, undurchsichtig.

	I.	II.	III.	IV.	V.
Mittlere Stromgeschwindigkeit m	1,99	0,50	—	0,17	0,22
Wassermenge Sec. in cbm	2,85	2,91	1,58	4,49	4,53
1 *l* Wasser enthielt mg:					
Verdampfungsrückstand	237,3	262,0	280,9	261,2	249,2
Glühverlust	48,2	67,3	70,5	57,4	47,5
Organisch	14,3	17,5	37,8	19,1	18,1
Ammoniak	0,3	0,3	1,3	1,1	0,8
Salpetersäure	0,5	4,0	1,9	1,5	5,2
Salpetrigsäure	Sp.	Sp.	—	Sp.	0,5
Chlor	14,9	17,7	24,2	21,3	19,4
Schwefelsäure	39,8	41,4	39,8	41,0	38,9
Kohlensäure, geb.	41,5	39,2	51,3	46,2	43,2
Kalk	63,2	63,3	70,8	66,5	65,9
Magnesia	13,8	13,1	14,5	13,3	13,4
Phosphorsäure	Sp.	Sp.	Sp.	Sp.	Sp.

Hier wie auch bei den entsprechenden Untersuchungen der Röder und Sebniz waren die häuslichen Abwässer überwiegend an den Verunreinigungen Schuld; Metallsalze, Farbstoffe u. dgl. auf Industrieabfälle deutende Stoffe konnten nicht nachgewiesen werden. Der Wessenitz, welche besonders viele Industrieabwässer aufnimmt, wurden folgende Proben entnommen:

I. Vor Bischofswerda.

II. Hinter Bischofswerda, nach Aufnahme des Schleuseneinflusses aus dem Vogelteiche und der Abgangwässer von 6 Wollspülereien und Färbereien, 1 Fellspülerei für Kürschner und 1 Tuchfabrik.

III. Hinter Bischofswerda, nach Aufnahme der Stadtschleuse und 4 städtischen Schleusen sowie der Abgangwässer zweier Tuchfabriken.

IV. Hinter dem Rittergute Harthau, vor dem Einfluss der Rammenau, nach Aufnahme der Abgangwässer von 1 Tuchfabrik, 1 Buntpapierfabrik und 1 Mahl- und Knochenmühle.

V. Hinter einer Maschinenfabrik in Oberhelmsdorf, nach Aufnahme der Abgangwässer von 6 Mahlmühlen, 1 Pappfabrik, 1 Holzschleiferei, sowie einem Bachzufluss von Langwolmsdorf.

VI. Hinter einer Mahlmühle in Dürrröhrsdorf, nach Aufnahme des Bachzuflusses von Störza, sowie der Abgangwässer von 3 Mahlmühlen und 2 Papierfabriken.

	I.	II.	III.	IV.	V.	VI.
Stromgeschwindigkeit m	0,116	0,209	0,111	0,632	0,270	0,384
Wassermenge cbm	0,435	0,474	0,604	1,257	1,527	1,604
1 *l* enthält mg:						
Verdampfungsrückstand	90,1	86,0	89,2	85,3	97,9	99,7
Glühverlust	16,3	16,5	19,0	21,9	21,0	22,0
Organisch	9,5	11,3	9,1	10,4	10,0	9,5
Schwefelsäure	5,0	5,8	5,6	6,0	5,6	6,4
Kohlensäure, geb.	7,6	7,3	7,2	7,0	6,5	6,9
Salpetersäure	5,3	5,5	6,0	5,9	6,3	5,7
Chlor	8,4	7,8	8,2	8,4	12,8	11,0
Kalk	13,9	12,2	13,4	12,3	12,0	12,5
Magnesia	4,9	5,1	4,5	4,9	4,9	5,3
Ammoniak	0,2	0,4	0,4	0,3	0,2	0,2

Die wissenschaftliche Deputation für Medicinalwesen in Preussen forderte bereits in ihrem Gutachten vom 16. October 1867: Es darf keine Einleitung der unreinen Wässer in die öffentlichen Stromläufe erfolgen. In den ferneren Gutachten derselben wird wiederholt das grundsätzliche Verbot des Einlasses menschlicher Fäcalien in die Flussläufe ausgesprochen; am 13. Juni 1877 wird die unreine Beschaffenheit des Kanalwassers auch ohne Wasserabtritte betont. Dann erhält Neisse, wie früher bereits das Krankenhaus in Bonn, die Genehmigung zum Einlass des Inhaltes ihrer Schwemmkanäle (mit Wasserabtritten) in die Flussläufe, während der Stadt Hannover nur die Wahl gelassen wird zwischen Schwemmsystem mit Berieselung und geregelter Abfuhr (Kübel) mit gleichzeitiger Klärung und Sedimentirung der Kanalwässer[37]).

Dieselbe hat nun am 24. October 1888 gemeinschaftlich mit Vertretern des ärztlichen Standes folgende Beschlüsse gefasst:

Flussverunreinigung. Vom Standpunkt der öffentlichen Gesundheitspflege ist es erforderlich, dass die Verwaltungsbehörden bei den Anordnungen zur Verhütung einer gemeinschädlichen Verunreinigung der öffentlichen Wasserläufe[38]) folgende Grundsätze beachten.

---

[37]) Die Gutachten sind abgedruckt in Ferd. Fischer: Die menschlichen Abfallstoffe S. 81 bis 102.

[38]) Der Ausdruck „öffentliche" Wasserläufe ist hier nicht im Sinne des Allgemeinen Landrechts verstanden, wonach den Gegensatz davon die nicht im

I. Gemeinschädliche Verunreinigungen öffentlicher Wasserläufe entstehen:
1. durch Infectionsstoffe,
2. durch fäulnissfähige Stoffe,
3. durch toxisch wirkende Stoffe,
4. durch andere Stoffe, welche den Gebrauch des Flusswassers zum Trinken, zum Hausgebrauch, in der Landwirthschaft oder in der Industrie beschränken oder die Fischzucht gefährden.

Zu 1. Infectionsstoffe können enthalten alle aus den menschlichen Wohnungen oder deren Umgebung herrührenden Schmutzwässer, also nicht blos die Fäcalien (Koth und Urin), sondern alle im menschlichen Haushalte gebrauchten und aus demselben wieder zu entfernenden Wässer, sowie die Niederschlags- und Reinigungswässer von Höfen, Strassen und Plätzen. Das Gleiche gilt von den Abgängen aus Schlächtereien und aus solchen Gewerbebetrieben, welche Lumpen, Felle, Haare oder thierische Abfälle verarbeiten. Die Verwaltungsbehörden haben deshalb dafür Sorge zu tragen, dass alle solche Schmutzwässer und Abgänge den öffentlichen Wasserläufen soweit dies irgend thunlich erst zugeführt werden, nachdem dieselben zum Zwecke der Unschädlichmachung einem von der Aufsichtsbehörde als geeignet anerkannten Verfahren unterworfen worden sind.

Zu 2. Hinsichts der zu 1 gedachten Schmutzwässer und hinsichts derjenigen Abwässer aus gewerblichen Anlagen, welche nicht unter Nr. 1 fallen, aber fäulnissfähige Stoffe enthalten, ist darauf zu achten, dass solche Abwässer den öffentlichen Wasserläufen erst in völlig geklärtem Zustande zugeführt und in den letzteren soweit verdünnt werden, dass eine stinkende Fäulniss später nicht eintreten kann.

Alle Abwässer dieser Art, auch die Strassenwässer, sind fäulnissfähig und demgemäss zu behandeln.

Die Feststellung von Grenzwerthen für den Gehalt der gereinigten Abwässer an fäulnissfähigen Stoffen verschiedener Art mit Rücksicht auf Temperatur und Bewegung des Wassers ist nothwendig.

Vorläufig ist der zulässige Grad der Verunreinigung danach zu bemessen, dass unverkennbare Anzeichen stinkender Fäulniss, wie Fäulnissgeruch und Entwickelung von Gasblasen auch beim niedrigsten Stand des Flusswassers und bei höchster Sommertemperatur fehlen müssen.

Die getrennte Beseitigung der Fäcalien macht die übrigen Schmutzwässer nur unwesentlich weniger fäulnissfähig.

Zu 3. Toxisch wirkende Stoffe kommen und zwar nach den gegenwärtigen Erfahrungen nur als mineralische Gifte (Arsenik, Blei) und betreffs der gewerblichen Abwässer in Betracht. Sehr geringe Mengen sind unschädlich. Es wird darauf Bedacht zu nehmen sein, dass die Grenze durch Sachverständige

---

Eigenthum des Fiskus stehenden, d. h. die nicht schiffbaren Wasserläufe („Privatflüsse“) bilden (Th. II. Tit. 15 A. L. R. §§ 1 ff. Gesetz v. 28. Februar 1843, § 3 G.-S. S. 441), sondern in dem Sinne, dass alle fliessenden Gewässer, welche von den Menschen benutzt werden können, dahin gehören, sie mögen im Eigenthum des Fiskus oder in dem Eigenthum von Privatpersonen stehen.

bestimmt festgesetzt wird, innerhalb deren die Zuführung solcher Stoffe in die öffentlichen Wasserläufe zulässig sein würde.

Zu 4. Auch durch andere als die zu 1 bis 3 bezeichneten Stoffe können Wasserläufe so verunreinigt werden, dass das Flusswasser zum Gebrauch als Trink- und Wirthschaftswasser, für andere Industrien und für die Landwirthschaft unbrauchbar oder die Fischzucht gefährdet wird. Es gilt dies insbesondere für Zuflüsse von Färbereien, Soda-, Gas- und anderen chemischen Fabriken, Abgänge von Paraffin und Petroleum, heisse Condensationswässer, Chemikalien, welche zur Klärung und Desinfection von Abwässern gedient haben u. s. w.

Entscheidend für die Frage, ob die Zuführung dieser Abwässer in die Flüsse mit Rücksicht auf so geartete Stoffe erst von einer vorhergehenden Reinigung abhängig zu machen sei, bleibt der Satz, dass das Flusswasser in seiner Klarheit, Farblosigkeit, in Geschmack, Geruch, Temperatur und Gehalt an gelösten Mineralstoffen (Härte) nicht wesentlich verändert sein darf.

Allgemein anwendbare, in bestimmten Zahlen ausgedrückte oder die Grenze sonst genau bezeichnende Bestimmungen darüber, wann dies anzunehmen sei, sind bis jetzt bei uns nicht aufgestellt.

Da übrigens die Rücksicht auf die Gesundheit dabei nur selten in erheblicher Weise und nur mittelbar, meist aber nur Vermögensobjecte in Betracht kommen, werden die verschiedenen Interessen in ihrer Wichtigkeit gegeneinander verständig abzuwägen sein.

Insofern Flusswasser als Trinkwasser verwendet werden soll, ist es wünschenswerth, dass die für die zulässigen Veränderungen festzustellenden Grenzwerthe dabei zur Anwendung kommen.

II. 1. Die Haushaltungs- und Abtrittswässer, sowie die Niederschlagswässer von Höfen, Strassen und Plätzen können nach den bis jetzt gemachten Erfahrungen mit den nachstehend dargelegten Massgaben so vollständig als nöthig gereinigt werden:

a) sie werden durch das Berieselungsverfahren von Infectionsstoffen und fäulnissfähigen Stoffen soweit befreit, dass die Ableitung der Rieselwässer in öffentliche Wasserläufe ohne Weiteres geschehen kann;

b) sie werden durch geeignete, mit mechanischen Einrichtungen verbundene chemische Verfahren (Ätzkalk in Verbindung mit anderen Fällungsmitteln) von Infectionsstoffen und suspendirten fäulnissfähigen Stoffen vollständig, von gelösten fäulnissfähigen Stoffen aber nur theilweise befreit. Um nachträgliche Fäulniss zu verhüten, muss die Menge des Flusswassers ausreichen, die gelösten Stoffe gehörig zu verdünnen; andernfalls muss das Wasser noch einen genügenden Zusatz eines fäulnisswidrigen Mittels wie Kalk u. s. w. erhalten. Die Reinigung muss in zweckmässig angelegten, einheitlichen Anstalten geschehen.

Durch die Anhäufung von Schlammmassen dürfen neue Schädlichkeiten nicht hervorgerufen werden.

2. Die zu 1 aufgestellten Sätze gelten für gewerbliche Abwässer in gleicher Weise.

3. Nothauslässe von Kanalisationsanlagen sind bei beiden Verfahren (1a und 1b) zulässig; der Ort ihrer Anlage, ihre Zahl und ihre Benutzung sind zu controliren; Zahl und Benutzung möglichst einzuschränken.

4. Die gesammten Reinigungsverfahren müssen fortlaufend auf ihre ausreichende Wirksamkeit controlirt werden.

5. Die wissenschaftliche Deputation nimmt davon Abstand, für die Reinigung der Abwässer von den zu Satz I. No. 4 oben aufgeführten Stoffen Vorschläge zu machen, aus demselben Grunde, aus welchem solche Vorschläge in Betreff der anorganischen Verunreinigungen von ihr nicht gefordert worden sind.

III. Ob ein Fluss durch Infectionsstoffe so verunreinigt ist, dass eine Abhülfe des bestehenden Zustandes erforderlich wird, kann man auf Grund einer bakteriologischen Untersuchung des Flusswassers an den verschiedenen dabei in Betracht kommenden Stellen im Vergleich mit den Abwässern an dem Punkt, an welchem sie in den Fluss eingeleitet werden, erkennen. Ausserdem wird das Auftreten einer Infectionskrankheit, welche auf Benutzung des Wassers zu beziehen ist, dabei sehr entscheidend mitsprechen, es darf aber bis dahin mit der Abhülfe nicht gewartet werden.

Schliesslich kann auch die Thatsache, dass solche Abgänge, von denen zu befürchten ist, dass sie zur Entstehung von Infectionskrankheiten Anlass geben und welche noch nicht desinficirt in einen Fluss gelangen, ein amtliches Einschreiten erfordern. Dies wird insbesondere der Fall sein, wenn die Abgänge aus Krankenhäusern, Waschanstalten oder aus Wohngebäuden mit infectionskranken Personen herrühren. Das Vorhandensein fäulnissfähiger Stoffe im Uebermaasse wird man daran erkennen, dass das Flusswasser erheblich gefärbt oder verschlammt oder stinkend wird. Das Aufsteigen von Gasblasen aus dem am Boden des Flusses abgelagerten Schlamm ist ein untrügliches Kennzeichen eines Zustandes, welcher der Abhülfe bedarf.

Ob toxisch wirkende Stoffe in einem Umfange vorhanden sind, dass Abhülfe nothwendig ist, wird im Einzelfall durch sachverständige Prüfung zu ermitteln sein.

Ob endlich andere derartige Stoffe sich in den einem Flusse zugeführten Abwässern befinden, wird aus den eingetretenen unverkennbaren Missständen sich ergeben.

IV. Die Beurtheilung einer geplanten Anlage in Bezug auf die zu erwartende gemeinschädliche Verunreinigung öffentlicher Wasserläufe hat in jedem einzelnen Falle unter Berücksichtigung der voraussichtlich producirten Schmutzwässer und der beabsichtigten Vorkehrungen zur Reinigung derselben auf Grund der in obigen Thesen aufgestellten Grundsätze zu geschehen.

V. Es ist wünschenswerth, dass eine Commission eingesetzt wird, welche dafür zu sorgen hat, dass die noch fehlenden wissenschaftlichen Unterlagen für eine definitive Regelung der Maassnahmen zur Reinhaltung der öffentlichen Wasserläufe beschafft werden.

Zu der betreffenden Berathung hatte Rob. Koch einen Bericht geliefert, in welchem er u. a. schreibt:

Die Verunreinigungen der öffentlichen Wasserläufe haben in Folge der Zunahme solcher Gewerbebetriebe, welche flüssige Abgänge zu beseitigen haben, und nachdem alle mit Wasserleitung versehenen Städte in die Nothwendigkeit versetzt sind, die gebrauchten und mit Unrathstoffen beladenen Wassermengen wieder abzuführen, an vielen Orten einen so hohen Grad erreicht, dass eine Abhülfe dringend geboten ist. Die Missstände, welche sich auf diese Weise entwickelt haben, bestehen zum Theil darin, dass das verunreinigte Wasser die Gesundheit direct zu schädigen im Stande ist, zum Theil darin, dass die Anwohner durch die Ausdünstungen des Wassers belästigt werden, oder dass die naturgemässe Benutzung des Wassers für den Trink- und Hausgebrauch, auch ohne dass das Wasser gradezu schädliche Eigenschaften angenommen hat, beeinträchtigt wird. Unzertrennbar mit diesen vom Standpunkte der öffentlichen Gesundheitspflege allein in Betracht kommenden Folgen sind diejenigen verbunden, welche durch die Verunreinigung des Wassers in Bezug auf seine Verwendung für Fischzucht, sowie für die Zwecke der Landwirthschaft, der Industrie und der Schifffahrt bedingt sind.

Die Zahl der *Infectionskrankheiten*, deren Keime, wenn sie in öffentliche Wasserläufe gerathen, zum Ausbruch von Epidemien Veranlassung geben können, ist allem Anscheine nach nur eine beschränkte. Mit Sicherheit kann man vorläufig nur Milzbrand, Abdominaltyphus und Cholera dahin rechnen. In Bezug auf diese letzteren beiden Krankheiten sei an die Typhusepidemien von Genf und Zürich und an das Verhalten der Choleraepidemien in London erinnert, welche den unwiderleglichen Beweis dafür liefern, dass die Verunreinigung eines öffentlichen Wasserlaufs in der That bedeutende und in diesem Falle gewöhnlich explosionsartig auftretende Epidemien veranlassen kann. Durch Milzbrandkeime können, wie die Erfahrung ebenfalls gelehrt hat, unter ähnlichen Verhältnissen Epizootien hervorgerufen werden. Unzweifelhaft finden aber auch noch andere Infectionsstoffe, zu denen beispielsweise die Eier und Embryonen von Eingeweidewürmern zu rechnen sind, ihren Weg in die öffentlichen Wasserläufe, um von da aus wieder in den menschlichen Körper zu gelangen. Abgesehen von den Milzbrandkeimen, welche wohl ausschliesslich durch die Abgänge aus Abdeckereien, Gerbereien, Fabriken zur Verarbeitung von Thierhaaren u. s. w. dem Wasser zugeführt werden, sind die übrigen Infectionsstoffe in den Abgängen aus dem *menschlichen Haushalte* enthalten, und zwar können in dieser Beziehung *alle* Abgänge als Träger von Infectionsstoffen functioniren. In erster Linie sind natürlich die Fäcalien, mit denen die Ausleerungen der Typhus- u. s. w. Kranken gemischt sind, als Infectionsträger zu fürchten; aber nicht weniger bedenklich müssen auch die übrigen flüssigen Abgänge aus dem Hause erscheinen, in welche mit dem Wasser, welches zur Reinigung des Körpers, der Wäsche, der Krankenräume u. s. w. gedient hat, unter allen Umständen Infectionsstoffe, wenn überhaupt in dem betreffenden Hause solche vorhanden sind, gelangen müssen. Hiernach würde es also, soweit es sich um Beseitigung der Infectionsgefahr handelt, nicht richtig sein, gegen die durch das Einleiten von Fäcalien bedingte Verunreinigung der öffentlichen Wasserläufe allein vorzugehen und das Hausschmutzwasser als ungefährlich zu behandeln.

Da die Umgebung der menschlichen Wohnung mehr oder weniger der Ablagerung von Infectionsstoffen durch Fäcalien, sowie durch feste und flüssige Abgänge des Haushalts ausgesetzt ist, und das mit Höfen und Strassen in Berührung kommende Wasser von dort schädliche Stoffe in die öffentlichen Wasserläufe schwemmen kann, so sind auch diese Schmutzwässer immer noch als infectionsverdächtig anzusehen und als solche zu behandeln.

Mit zunehmender Verdünnung derartiger unreiner Zuflüsse nimmt die Infectionsgefahr zwar ab, aber ganz schwindet sie nie, da noch ein einzelner

Keim inficiren kann. Daher lässt sich auch in Bezug auf Infectionsstoffe nicht, wie bei toxisch wirkenden Verunreinigungen, welche für ihre schädliche Wirkung einer bestimmten Concentration bedürfen, eine bestimmte Grenze für den der Abhülfe bedürfenden Grad der Verunreinigung angeben. Infectionsstoffe sollten also unter allen Umständen, auch in den allergeringsten Mengen von den öffentlichen Wasserläufen ferngehalten werden.

Der Einlass dieser bedenklichen Bestandtheile der Abwässer in die öffentlichen Wasserläufe ist nur zu vermeiden durch deren vorherige

Reinigung.

Die Reinigung der Abwässer kann geschehen durch:

1. Mechanische Absonderung der darin schwebenden Stoffe (Absitzenlassen, Filtriren),
2. Zusatz chemisch wirkender Stoffe,
3. Berieselung.

1. Mechanische Reinigung. Die Absonderung der im Wasser nicht gelösten schwebenden Stoffe durch Absitzenlassen setzt voraus, dass dieselben entweder spec. leichter (Fette o. dgl.) oder schwerer sind als das Wasser, so dass sie allmählich an die Oberfläche steigen oder zu Boden fallen.

Die Schnelligkeit des Absitzens der Sinkstoffe ist abhängig vom spec. Gewicht und von der Korngrösse, da die Oberfläche des Kornes und somit der das Fallen verzögernde Wasserwiderstand mit dem Quadrat, das Gewicht des Kornes aber mit dem Kubus des Radius wächst. Das Absitzen wird verzögert oder verhindert durch Bewegung des Wassers.

„Wie Helmholtz für Luft, so hat A. Seddon[1]) für Wasser gefunden, dass sich die Strömungen des Wassers in Wirbel verwandeln und auch diese wieder, in immer kleinere Wirbel sich theilend, die äussere vorerst sichtbare Bewegung in innere, zuletzt nicht mehr sichtbare Bewegung verwandeln. Das Endergebniss ist moleculare Bewegung, Temperaturerhöhung. Seddon zeigt nun, dass die mit wagrechter Achse begabten, in senkrechter Ebene die Drehung vollziehenden Wirbel sämmtlich verzögernd auf die Fallbewegung der kleineren Sinkstoffe einwirken. Der Wirbel reisst den schwebenden Körper mit sich und zwängt denselben in eine Bogenbahn, welche die Eigenthümlichkeit besitzt, dass sie das Körnchen abwechselnd in Zonen schnell aufsteigender und dann wieder in Gebiete langsam abwärts wirbelnder Wasserringe führt. Der Übergang von einer Wirbelzone in die andere ist nothwendige Folge der Fallbewegung des Sinkkörpers. Das Körnchen beschreibt, solange der Wirbel Ort und Kraft nicht ändert, eine constante Bahn im Wirbelgebiet. Das Körnchen sinkt stundenlang nicht zu Boden, weil bei Verlassen der Bahn dasselbe in Wirbelzonen gelangen würde,

---

[1]) Journ. Assoc. Engineer. Soc. 1889 No. 10; J. f. Gasbel. 1890 S. 8 u. 30.

welche dasselbe dann noch höher emporschnellen, als zuvor geschah. Erst nach dem Ersterben des Wirbels beginnen nach und nach jene zuvor an die Wirbel gebannten Sinkstoffe durch diese hindurchzufallen und sich auf dem Boden des Klärbehälters niederzuschlagen. Es sei darauf hingewiesen, dass ein Sinkkorn, welches an einem Wirbel gebannt ist, denselben verzögert. In einem schneller aufwärts kreisenden Ringe wird der Sinkstoff gehoben, in einem langsamer abwärts drehenden Kreise erfolgt das Sinken. Längs grösserem Wege verzögert das entgegen der steigenden Strömung fallende Körnchen den Wirbel, längs kürzerem Wege beschleunigt der Sinkstoff denselben. Man setze dem zu klärenden Wasser zehn- oder hundertmal soviel Sinkstoff von solchen Korngrössen, aber unschädlicher Substanz zu, wie die Korngrössen jener Sinkstoffe ausmachen, welche man zur Ausscheidung zwingen will, oder feineren Zuschlag. Dieser Zusatz an Sinkstoff wird von den Wirbeln erfasst, mitgedreht. Derselbe verzögert die Drehbewegung der schädlichen verticalen Wirbel. Zusatz, aus gröberem Korn bestehend, kann etwas schaden, da das gröbere Korn vorwiegend nur auf der Seite absteigender Wirbeldrehung niederwärts sinkt und ein wenig die Drehbewegung begünstigt. Ein Zusatz aus feinem Korn muss die Ausscheidung der Sinkstoffe gleicher und gröberer Korngrössen beschleunigen; das zu erreichende Maass schnellerer Fällung ist nur durch das Experiment festzustellen. Grosse und flache Absatzbehälter (s. S. 94) oder solche von geringerem Querschnitt, aber grösserer Tiefe sind hiernach gleichwerthig. — Auf die mathematische Begründung dieser Theorie sei verwiesen.

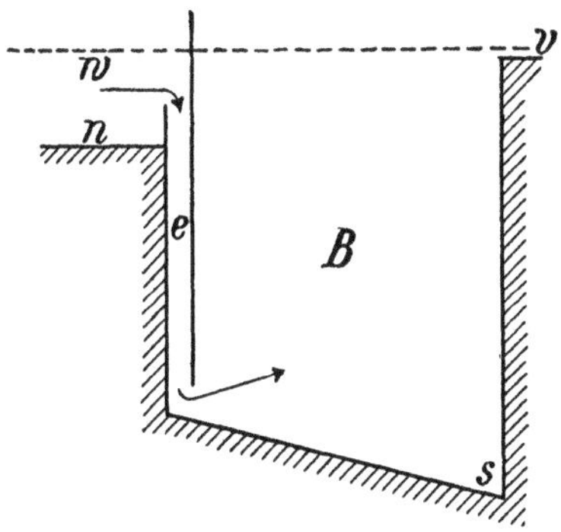

Fig. 1.

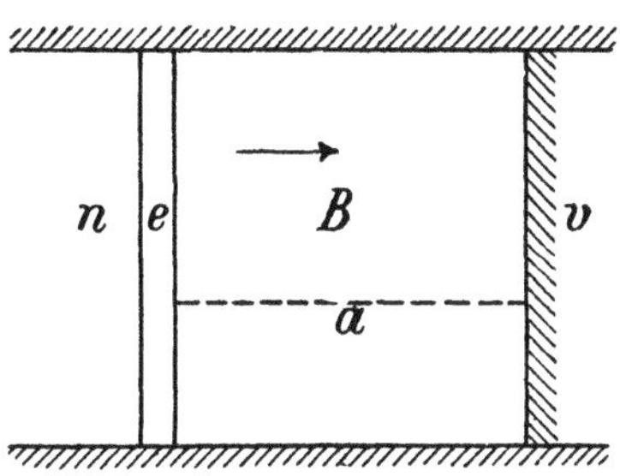

Fig. 2.

Lässt man das Schmutzwasser ununterbrochen durch die Absatzbehälter hindurchfliessen, so kommt dasselbe streng genommen überhaupt nicht völlig zur Ruhe. Absatzbehälter, in denen das Wasser in wagrechter Richtung geführt wird (S. 94), erfordern viel Platz. Zwecklos, ja schädlich wegen Beschleunigung der Bewegung ist dabei das Einsetzen von Zwischenwänden, um das Wasser hin und her zu führen.

Die Absatzbehälter, in denen man das Wasser aufsteigen lässt, erfordern bei der Anlage weniger Platz. Zu empfehlen ist die durch Fig. 1 u. 2 angedeutete Form. Das zufliessende Wasser setzt bei *n* die schwersten Stoffe ab, an der Oberfläche *w* sammeln sich Fette und andere leichtere Stoffe. Dann wird das so vorgeklärte Wasser bis nahe zum Boden des Behälters *B* geleitet, in welchem es langsam aufsteigt, um nach 2 bis 3 Stunden bei *v* abzufliessen. Der Niederschlag wird an der tiefsten Stelle bei *s* entfernt. Wenn man den Querschnitt auf die Hälfte verkleinert, dagegen die Tiefe verdoppelt, so wird bei gleichem Rauminhalt zwar der zurückzulegende Weg, aber auch die Geschwindigkeit verdoppelt, wodurch die Abscheidung mancher

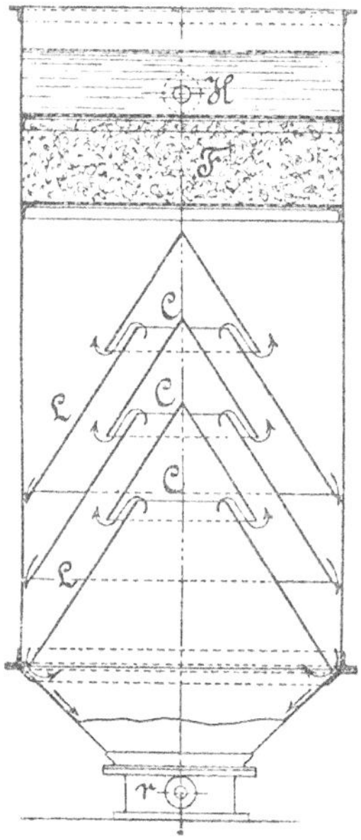

Fig. 3.

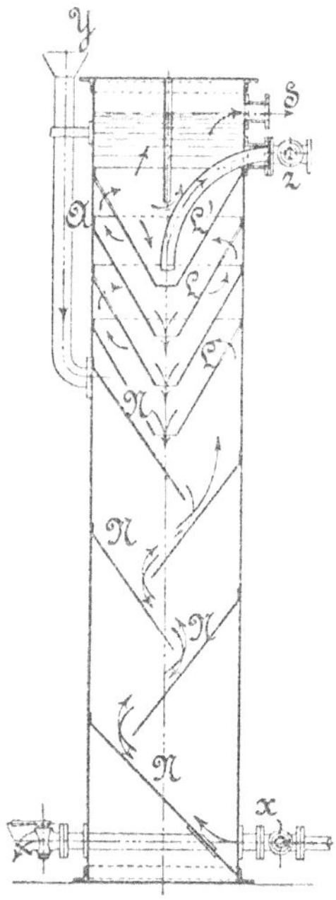

Fig. 4.

Stoffe zweifellos erschwert wird. Die tiefe Brunnenform (vgl. S. 102) ist daher keinesfalls für alle Fälle empfehlenswerth. Ob die von Röckner-Rothe statt der in die Erde versenkten Behälter verwendeten eisernen Kessel (vgl. S. 105) billiger sind — die Wirkung ist bei gleichen Grössenverhältnissen dieselbe — hängt von örtlichen Verhältnissen ab[2]).

Die Abscheidung von festen Stoffen aus Gasen (z. B. Hüttenrauch) wird begünstigt durch Einsetzen von Blechplatten, Kühlröhren u. dgl., um die Berührungsflächen zu vergrössern. Sind die abzuscheidenden

[2]) Dahin gehörten auch die Vorschläge von Glaser (D.R.P. No. 37276; Zft. f. angew. Chem. 1887, 2 S. 33).

Stoffe klebrig (z. B. Theer aus Leuchtgas), so ist es ausserdem vortheilhaft, die Bewegungsrichtung oft zu ändern, damit die Stoffe auf die Flächen stossen. Dieses hat dazu geführt, auch im Absatzbehälter Einsätze zu befestigen. Als Beispiel mögen hier nur die Einrichtungen von Dervaux (D.R.P. No. 48 268) mitgetheilt werden. Das Wasser tritt durch das seitliche Rohr *r* unten in den Absatzbehälter (Fig. 3), stösst wiederholt gegen die Einsätze *L* und *C* und steigt durch Filter *F* zum Abfluss *H*, während der abgeschiedene Schlamm über die Einsätze *L* nach unten rutscht[3]). — Zur Herstellung des zur Fällung dienenden Kalkwassers empfiehlt derselbe nach unten kegelförmige Behälter oder cylindrische, mit Zwischenwänden *N* und *L* (Fig. 4) versehene, in welche die Kalkmilch durch Trichterrohr *Y*, das Wasser durch Hahn *x* zutritt, das Kalkwasser durch Stutzen *S* abfliesst. Die obere Scheidewand L^1 ist hier geschlossen, der hier abgesetzte Schlamm wird durch *z* entfernt.

In wie weit die hier entstehenden Wirbelbewegungen die günstige Wirkung der Flächen wieder aufheben steht dahin. Dasselbe gilt von den bezüglichen Vorrichtungen von Pichler und Sedlacek[4]), Gaillett und Huet[5]) u. A.

Dagegen möchte Verf. zum Versuch empfehlen, in den Absatzbehälter (Fig. 1 S. 77) in der Bewegungsrichtung des Wassers von *e* nach *v* (angedeutet durch die punktirte Linie *a* in der Draufsicht Fig. 2) Blechplatten lothrecht zu befestigen. Dadurch würden Haftflächen geschaffen, ohne Bewegungsrichtung und Geschwindigkeit irgendwie zu beeinflussen.

Die Reinigung des Wassers allein durch Absitzenlassen kann nur die ungelösten Stoffe entfernen; enthält der Niederschlag organische Stoffe, so gehen diese dabei leicht in Fäulniss über.

Filtration. Vorschläge und Versuche, die Schmutzwässer durch Filtration zu reinigen, sind schon vielfach gemacht[6]). Alle durch Maschinenkraft bewegte Filter, Schleudern u. dgl. verursachen ziemlich hohe Betriebskosten und können günstigstenfalls die schwebenden Stoffe entfernen.

Wagener und A. Müller[7]) wollen aus dem abgeseihten Schlamm Fett und Papierstoff gewinnen.

---

[3]) Vgl. Zft. f. angew. Chem. 1890, 627.

[4]) D.R.P. No. 24417; Dingl. 252, 279.

[5]) Fischer's Jahresb. 1886, 1044.

[6]) Vgl. Ferd. Fischer: Verwerthung der städtischen und Industrieabfallstoffe (Leipzig 1875) S. 174; Fischer: Die menschlichen Abfallstoffe (Braunschweig 1882) S. 121; Clark (D.R.P. No. 53075), Betge (D.R.P. No. 24801).

[7]) D.R.P. No. 36714; Fischer's Jahresb. 1886, 1043.

Die Filtration durch Sand ist nach Versuchen der englischen Commission durchaus ungenügend, wenn das Schmutzwasser in der Filterschicht aufsteigt, befriedigend, wenn es in Zwischenräumen den Sand von oben nach unten durchfliesst, so dass auf 1 cbm Sand innerhalb 24 Stunden nicht mehr als 33 *l* Wasser kommt, so dass die organischen Stoffe durch den atmosphärischen Sauerstoff oxydirt werden können.

Bei der Filtration durch Torf werden anfangs auch gelöste organische Stoffe zurückgehalten, bald aber bildet derselbe einen argen Fäulnissherd, so dass von einer Reinigung nicht mehr die Rede sein kann, wie die Versuche der englischen Commission, Peschke[8]) und Proskauer (S. 112) gezeigt haben.

Der Vorschlag von Al. Müller (D.R.P. No. 9792) u. A., das Wasser vor der Filtration durchfaulen zu lassen, ist unannehmbar. Das von Dronke (D.R.P. No. 5907) u. A. empfohlene Einpressen von Luft in das Wasser ist unbrauchbar[9]). Auch der Vorschlag von König (a. a. O. S. 63), das Schmutzwasser über Drahtnetz rieseln zu lassen, erscheint nicht besonders empfehlenswerth. Nach Coleman[10]) ist das Lüften nur auf bereits gefaulte Stoffe von Wirkung; dann ist aber eine schwere Belästigung der Umgebung kaum zu vermeiden. Die von mehreren Seiten empfohlene Behandlung der Abwässer mit Schornsteingasen, welche gleichzeitig desinficirend und conservirend wirken sollen, wird jedem Feuerungskundigen sonderbar erscheinen.

Die Reinigung des Abwassers durch Elektricität ist mehrfach empfohlen[11]), neuerdings besonders von H. Fewson (D.R.P. No. 40 427), Hermite, Paterson und Cooper[12]) und Webster[13]). Bei der Versuchsanlage in Salford durchfliesst das Wasser einen gemauerten Kanal, in welchem 25 Paar Gusseisenplatten parallel befestigt sind, zwischen denen ein elektrischer Strom von 1,8 Volt Spannung übergeht; jede Platte ist 1,5 bis 2,5 cm dick und 2 m lang. Stündlich fliessen 13,6 cbm Wasser an den Elektroden vorbei. Zur Reinigung von stündlich 45000 cbm Abwasser sollen 400 Pferdekr. erforderlich sein. Der Vorgang wird dahin erklärt, dass durch elektrolytische

---

[8]) Fischer's Jahresb. 1884, 1225.

[9]) Vgl. Fischer: Die menschlichen Abfallstoffe S. 123.

[10]) Journ. Soc. Chem. Ind. 1886, 650.

[11]) Nach einer Angabe im Génie civil (1885) 6, 227 sollen die Bacillen der Cholera und des Typhus getödtet werden, wenn durch das betreffende Wasser der Strom eines Leclanché'schen Elementes hindurchgeleitet wird, während es durch Kohle oder Eisenschwamm filtrirt; recht zweifelhaft.

[12]) D.R.P. No. 46197; Fischer's Jahresb. 1889, 555.

[13]) Engl. Pat. 1887 No. 1333; Journ. Soc. Chem. Ind. 1890, 1093 u. 1101.

Zerlegung der Chloride an der Anode Eisenhypochlorit gebildet werde, welches nun reinigend wirkt. Die Reinigung soll befriedigend sein. Bestätigung dieser Behauptung bleibt abzuwarten!

2. Zusatz chemisch wirkender Stoffe. Das wichtigste Reinigungsmittel ist:

Kalk. Das Kanalwasser wird mit einer bestimmten Menge Kalkmilch vermischt und in Klärbehälter geleitet. Es setzt sich ein stark fäulnissfähiger Schlamm ab, welcher durch ein Hebewerk in Gruben befördert wird, dort theils durch Verdunstung, theils durch Einsickerung in den Boden langsam trocknet. Dieses Verfahren ist in grossem Maassstabe bei Tottenham zur Gewinnung von Dünger (Tottenham Sewage-Guano), in Blackburn und Leicester (Leicester bricks), ferner in Salford und Bradford (König S. 178) angewendet[14]). Wie die Analysen zeigen:

Kanalwässer und deren Reinigung	Gelöst mg im Liter						Suspendirt	
	Organischer Kohlenstoff	Organischer Stickstoff	Ammoniak	Stickstoff als Nitrate u. Nitrite	Gesammtstickstoff	Gesammtgehalt		Darin organische Stoffe
Kanalwasser von Blackburn	41,03	4,60	14,26	0	16,34	597	411	283
Dasselbe nach der Behandlung mit Kalk	26,19	4,12	19,59	0	20,22	660	133	70
Kanalwasser von Leicester	35,36	7,47	18,00	0	22,29	1120	481	296
Dasselbe nach der Behandlung mit Kalk	26,08	3,40	18,00	0	18,22	900	28	9
Desgleichen mit der Sillar'schen ABC-Mischung	23,05	3,73	25,00	0	24,32	1250	44	31

vermindert Kalk zwar den Gesammtgehalt an löslichen Stoffen, der organische Stickstoff wird aber nicht zur Hälfte entfernt, der Ammoniakgehalt durch Zersetzung der organischen Stoffe sogar vermehrt. Der in Leicester erhaltene trockene Niederschlag hatte folgende Zusammensetzung:

Unorganische Stoffe	37,41 Proc.
Organische und andere flüchtige Stoffe .	62,59
Kohlenstoff	18,86
Phosphorsäure	0,15
Gesammtstickstoff	0,85
Ammoniak	0,09

100 k dieses Niederschlages haben hiernach einen theoretischen Düngerwerth von etwa 1 Mark, in Wirklichkeit wird aber höchstens 0,1 Mark bezahlt[15]).

14) Reinigung Berlins, Anhang S. 91; Dingl. 143, 150; 156, 54; Engineer. (1883) 56, 16 u. 34.

15) Für die Beurtheilung des Düngerwerthes des Niederschlages genügt m. E. die Bestimmung des Gesammtstickstoffes nicht. Niemand wird

Auf die entsprechenden Vorschläge von Scott u. A.[16]) sei verwiesen.

K. und Th. Möller (D.R.P. No. 7014) machen den Vorschlag, Abwässer mit überschüssiger Kalkmilch zu versetzen, nach dem Absitzen des Niederschlages die geklärte Flüssigkeit in einen zweiten Behälter abzulassen und nun kohlensäurehaltige Luft hindurchzupressen. Der dadurch gebildete kohlensaure Kalk soll den Rest der organischen Stoffe mit niederreissen.

König[17]) versetzte Jauchewasser mit Kalk, bez. mit Kalk und Eisenvitriol bez. Aluminiumsulfat; das Filtrat enthielt (mg in Liter):

	Ohne Zusatz	Mit 2,0 g CaO auf 1 *l* versetzt	Mit 2,0 g CaO + 0,5 g Eisenvitriol versetzt	Mit 2,0 g CaO + 0,5 g Aluminiumsulfat nebst löslicher SiO_2 auf 1 *l*
Mineralstoffe (Glührückstand) . . .	2434	2586	2526	2601
Organische Stoffe + Wasser (Glühverlust)	1716	1843	1809	1704
Zur Oxydation der gelösten organischen Stoffe erforderlicher Sauerstoff .	360	332	268	288
Organischer + Ammoniak-Stickstoff .	272	210	210	199
Kalk (in Lösung)	264	504	549	618

Ferner leitete er durch die mit überschüssigem Kalk versetzten und stark alkalischen Schmutzwässer einige Minuten einen Strom von Kohlensäure, so dass die Filtrate noch mehr oder weniger alkalisch reagirten; es wurde im Liter der filtrirten Wasser gefunden:

	mit 2,0 g CaO auf 1 *l*		mit 2,0 g CaO + 0,5 g Eisenvitriol auf 1 *l*		mil 2,0 g CaO + 0,5 g Aluminiumsulfat nebst löslicher SiO_2 auf 1 *l*	
	ohne	mit	ohne	mit	ohne	mit
	Kohlensäure theilweise gesättigt					
Mineralstoffe (Glührückstand) . . .	2586	1717	2526	1896	2601	1683
Organische Stoffe + Wasser (Glühverlust)	1843	1479	1809	1684	1704	1440
Zur Oxydation der gelösten organischen Stoffe erforderlicher Sauerstoff .	332	248	268	232	288	244
Stickstoff	210	234	210	223	199	223
Kalk (in Lösung)	503	197	549	211	618	176

z. B. den Stickstoff in Kohle oder Torf so bezahlen, wie in Blutmehl. Es müsste also wo möglich unterschieden werden zwischen leicht- und schwerassimilirbarem Stickstoff. Vielleicht wäre die Bestimmung des sogenannten Albuminoidammoniaks durch alkalisches Permanganat zu versuchen.

16) F. Fischer: Die menschlichen Abfallstoffe S. 125.

17) König: Verunreinigung der Gewässer S. 57.

Von Krüger[18]) wurde je 1 *l* Wasser mit 0,2 g Kalk gemischt und oben, mitten und am Boden des Versuchsgefässes die Anzahl der Bakterien bestimmt; ein Controlgefäss blieb ohne Kalkzusatz. Die Bakterienzählung (in 1 cc) ergab:

	Controlgefäss			Versuchsgefäss		
Vor Zusatz	4978 Bakt.			59576 Bakt.		
Zusatz	0			0,2 g CaO		
Entnahme	Oben	Mitte	Boden	Oben	Mitte	Boden
Sofort	5128	984	45315	878	763	346
Nach 67 Stunden	20521	19577	23603	634	1684	153
Nach 23 Tagen	11002	12320	23820	2729	836	1176

Weigmann (König S. 54) fand in einem mit Kalk gereinigten, stark alkalisch reagirenden Wasser beim Aufbewahren in geschlossener Flasche nach 3 Wochen 0 Bakterien, in einer mit Kohlensäure neutralisirten und unter Luftzutritt aufbewahrten Probe aber 25 Millionen.

Die Untersuchungen von Proskauer (S. 113) bestätigen, dass nur durch langdauernde Wirkung des Kalkes die Bakterien getödtet werden, so dass die Neutralisation mit Kohlensäure doch auch ihre Bedenken hat. Ob andererseits ein mit überschüssigem Kalk gereinigtes Abwasser so ohne Weiteres in einen Fluss gelassen werden kann, ist eine andere Frage.

Ozonisirten Dolomit empfiehlt Oppermann[19]); „Ozon hat die Eigenschaft, faulende Stoffe, Krankheitserreger u. s. w. unschädlich zu machen, und der Magnesiakalk, zu dessen Sättigung mit Ozon Dr. Oppermann ein besonderes Verfahren ersonnen hat, dient als Träger. Wenn man ozonisirten Dolomit dem Abwasser zusetzt, werden die organischen Substanzen zerstört.“ — Wer's glaubt!

Nach anderen Angaben[20]) verwendet H. Oppermann kohlensaures Magnesium und Kalk. Vergleichende Versuche von König[21]) ergaben:

---

18) Zft. f. Hyg. 1889, 86.

19) Papierztg. 1889, 1512.

20) D.R.P. No. 31312; König: Verunreinigung der Gewässer S. 154; Fischer's Jahresb. 1885, 1192.

21) Die höheren Zusätze wurden für das stark verunreinigte Wasser verwendet.

Zusätze auf 1 *l*	Weniger verunreinigtes städtisches Abgangwasser					Stark verunreinigtes städtisches Abgangwasser			
	Mineralstoffe (Glührückstand)	Glühverlust (organ. Stoffe u. s. w.)	Stickstoff	Zur Oxydation erforderlicher Sauerstoff nach einigen Stunden	Zur Oxydation erforderlicher Sauerstoff nach mehreren Tagen	Glühverlust	Stickstoff	Zur Oxydation erforderlicher Sauerstoff	Kalk
a) Filtrirtes Schmutzwasser	316	241	20	98	73	852	36	474	32
b) mit 0,56 bez. 0,84 g CaO[21]) gefällt . . .	406	152	16	75	64	869	33	390	98
c) mit desgl. wie b + 0,84 bez. 1,26 g $MgCO_3$ gefällt.	?	157	16	67	58	811	31	384	79
d) mit desgl. wie c + 0,15 g Eisenvitriol .	420	154	11	67	52	710	24	352	78
e) mit desgl. wie bei b + 0,3 g bez. 0,4 g Aluminiumsulfat gefällt .	473	158	18	70	64	710	32	346	90
f) mit 0,3 g bez. 0,4 g Aluminiumsulfat + 0,25 bez. 0,34 g Natriumaluminat gefällt .	566	142	9	62	49	805	25	371	30

Bei Strohpapierabflusswasser wurden folgende Resultate für das filtrirte Wasser erhalten:

	Glührückstand (Mineralstoffe)		Glühverlust		Zur Oxydation erforderlicher Sauerstoff		Stickstoff	Kalk
	nach mehrstündigem Stehen	nach 8 tägigem Stehen	nach mehrstündigem Stehen	nach 8 tägigem Stehen	nach mehrstündigem Stehen	nach 8 tägigem Stehen	nach mehrstündigem Stehen	
Einfach filtrirtes Wasser	1631	1959	1761	1424	896	504	22	682
mit 0,56 g CaO auf 1 *l* gefällt	1427	1769	1820	1511	944	760	27	621
mit 0,56 g CaO + 0,84 g $MgCO_3$ auf 1 *l* gefällt	1305	1562	1856	1510	880	704	20	562

Süvern's Desinfectionsmittel besteht aus 100 Th. Kalk, 8 Th. Theer und 33 Th. Chlormagnesium mit 859 Th. Wasser[22]). Die damit bewirkte Reinigung ist mangelhaft. Fast genau dieselbe Mischung empfiehlt Röber[23]).

Zu Northampton wird das Kanalwasser von 40 000 Personen mit Kalkmilch, dann mit Eisenchlorürchlorid versetzt und nach dem Ab-

---

[22]) Grouven: Kanalisation und Abfuhr (Glogau 1867); Fischer: Die menschlichen Abfallstoffe S. 125.

[23]) D.R.P. No. 15392; Fischer's Jahresb. 1881, 969.

setzen durch eine Schicht Eisenerz filtrirt. Das Wasser fliesst zwar klar ab, enthält aber, wie Analyse 9 und 10 (S. 86) der mehrfach erwähnten englischen Commission zeigen, noch so viel organische Stoffe, dass es in kurzer Zeit wieder in Fäulniss übergeht. Das fernere Einführen dieses Abwassers in den Nenfluss ist daher verboten. Auch zur Reinigung von Fabrikabwasser ist das Verfahren ungenügend (Analyse 11 und 12). — E. Sostmann[24]) empfiehlt Kalk und Eisenchlorür, schwerlich mit besserem Erfolg.

Das Kanalwasser von Bradford wurde theilweise, unter der Leitung von Holden, mit Eisenvitriol, Kalk, Kohlenstaub versetzt und durch eine Reihe von Klärbehältern fliessen gelassen. Analysen 1 und 2 (S. 86) zeigen, dass die Menge der gelösten stickstoffhaltigen Bestandtheile sogar noch vermehrt ist, da ein Theil der suspendirten Stoffe in Lösung geht. Der lufttrockne Niederschlag enthält nur 0,5 Proc. Stickstoff und 0,3 Proc. Phosphorsäure. — Die Abwässer der Städte Kingston und Surbiton werden mit Holzkohle, Thon und Blut versetzt[25]).

A. W. Hofmann und Frankland empfahlen zur Reinigung des Londoner Kanalwassers das auch von Dales vorgeschlagene Eisenchlorid.

Zur Reinigung der Abwässer werden dieselben nach C. Liesenberg in Münsterberg (D.R.P. No. 37 882) zunächst mit einem Hydrat oder Chlorid der alkalischen Erden und sodann mit Alkaliferrit bez. Alkaliferritaluminat versetzt.

Zu Stroud in Gloucestershire werden 100 cbm Kanalwasser mit etwa 40 k Thon, der einige Tage mit 7 k Schwefelsäure behandelt ist (also rohes schwefelsaures Aluminium), versetzt und nach dem Klären durch Koks filtrirt. Das abfliessende Wasser ist, wie Analysen 3 und 4 (S. 86) zeigen, sehr unvollkommen gereinigt, geht deshalb auch schon nach wenig Tagen in Fäulniss über. Auch in Asnières bei Paris war durch Dumas eine grössere Versuchsanstalt zur Reinigung des Kloakenwassers mit eisenhaltigem Aluminiumsulfat eingerichtet. Nach Grouven wurde zwar sämmtliche Phosphorsäure, aber nur 30 bis 33 Proc. Stickstoff gefällt. Mit der von Lenk vorgeschlagenen rohen schwefelsauren Thonerde, der bisweilen auch Zinkchlorid, Eisenchlorid oder Soda zugesetzt wurde, hat die Berliner Commission[27]) ebenfalls durchaus ungenügende Resultate erhalten.

---

24) Deutsch. Zuckerind. 1890 S. 1529.

25) Journ. Soc. Chem. Ind. 1889, 516; Zft. f. angew. Chem. 1889, 498.

26) Fischer: Städtische und Industrieabfallstoffe S. 170.

27) Reinigung und Entwässerung Berlins, Generalbericht S. 93 u. 239. Annal. d. Landw. 1869, 403.

Der ABC-Process (Alum, Blood and Charcoal oder Clay). Sillar und Wigner[28]) versetzen das Kanalwasser mit einer aus folgenden Bestandtheilen zusammengesetzten Mischung: Alaun, Blut, Thon, Magnesia, mangansaures Kalium, gebrannter Thon, Kohle und Dolomit in wechselnden Verhältnissen. Die Analysen 5 bis 8 (s. u.) zeigen, dass zwar die suspendirten Stoffe entfernt werden, der Gesammtgehalt an löslichen Stoffen aber vermehrt, der Stickstoff nur wenig vermindert ist. Der in Leamington erhaltene Schlamm bestand lufttrocken aus:

Organische Stoffe (darin 1,55 Stickstoff) . .	34,27
Ammoniak	0,16
Phosphorsäure	1,98
Thon und andere werthlose Stoffe	56,13
Wasser	7,46

Der von der englischen Commission im Laboratorium ausgeführte Versuch mit Londoner Kanalwasser (Analysen 7 und 8) zeigt, dass der organische Stickstoff nicht ausgefällt wird, dass somit der erhaltene Dünger werthlos sein muss.

Nummer	Chemische Reinigung	Gelöst						Suspendirt	
		Organischer Kohlenstoff	Organischer Stickstoff	Ammoniak	Stickstoff als Nitrate u. Nitrite	Chlor	Gesammtgehalt	Gesammtgehalt	Darin organische Stoffe
1	Kanalwasser von Bradford . . .	63,0	5,8	18,4	0,1	65	799	510	361
2	Dass. n. d. Proc. Holden	35,8	8,7	15,2	3,7	68	1704	0	0
3	Kanalwasser von Stroud	22,9	13,3	31,5	0,4	—	485	430	279
4	Dass. n. d. Behandl. m. Aluminiumsulfat	22,0	6,9	22,7	0,3	—	535	41	22
5	Kanalw. v. Leamington (Durchsch.)	66,6	19,5	99,9	0	153	1257	508	331
6	Dass. n. d. Behandl. m. der ABC-Mischung (Durchsch.)	61,3	19,3	110,2	0	153	1346	88	48
7	Londoner Kanalwasser	36,1	18,9	54,2	0	102	673	283	180
8	Dass. n. d. Behandl. m. d. Mischung	22,6	18,8	60,9	0	102	805	Sp.	Sp.
9	Kanalwasser von Northampton .	37,0	28,6	60,0	0	—	880	831	164
10	Dass. n. d. Behandl. mit Kalk und Eisenchlorid	18,4	17,8	50,0	0	—	885	10	—
11	Abwasser einer Druckerei . . .	513,0	28,6	2,4	0	63	1630	—	—
12	Dass. n. d. Behandl. mit Kalk und Eisenchlorid und Filtration . .	445,7	35,4	4,5	0	—	2085	—	—

---

[28]) Engineering, März 1876, S. 263; October 1877, S. 290; März 1878, S. 166; December 1880, S. 519; D.R.P. No. 2956.

Phosphate wurden bereits mehrfach angewendet[29]). Wolff[30]) empfiehlt neuerdings eine Lösung von phosphorsäurehaltiger Schlacke, M. v. Maltzan (D.R.P. No. 39 177) sog. Thomasschlacke.

Zum Reinigen von Abwasser empfehlen C. Liesenberg und F. Staudinger (D.R.P. No. 55 281) eine Lösung von Phosphaten in Schwefligsäure:

$$Ca_3\,(PO_4)_2 + 4\,SO_2 + 4\,H_2\,O = Ca\,H_4\,(PO_4)_2 + 2\,Ca\,H_2\,(SO_3)_2$$

oder

$$Ca_2\,(PO_4)_2 + 2\,SO_2 + 2\,H_2\,O + x\,H_2\,SO_3 = Ca\,H_4\,(PO_4)_2 + 2\,Ca\,SO_3 + x\,H_2\,SO_3.$$

Versetzt man nun die zu reinigende Flüssigkeit mit einer derartigen Lösung, so soll man durch die vorhandenen alkalischen Erden, Erden, Metalloxyde, deren Mengen man behufs stärkerer Wirkung noch künstlich erhöhen kann, voluminöse, leicht filtrirbare Niederschläge erhalten, welche noch mit niedergerissene Farbstoffe und organische Stoffe enthalten. Das saure Phosphat soll sich in unlösliches, gesättigtes, dreibasisches Phosphat und das saure Sulfit nebst der Schwefligsäure in unlösliches Calciummonosulfit verwandeln:

$$Ca\,H_4\,(PO_4)_2 + Ca\,H_2\,(SO_3)_2 + 3\,Ca\,(OH)_2 = Ca_3\,(PO_4)_2 + 2\,Ca\,SO_3 + 6\,H_2\,O.$$

Prange und Witthread (Engl. Pat. 6. Febr. 1872) wollen die Kanalwässer durch Zusatz von saurem Calciumphosphat und Kalkmilch reinigen.

Nach Versuchen von A. Petermann[31]) hatte Kanalwasser vor (I) und nach der Reinigung (II) nach diesem Vorschlage folgende Zusammensetzung:

	Suspendirt			Auflösung									
	Organische Substanzen	Mineral-Substanzen	Gesammt	Organische Substanzen	Mineral-Substanzen	Gesammt	Organischer Kohlenstoff	Organischer Stickstoff	Stickstoff als Ammoniak	Salpeter-säure	Phosphor-säure	Chlor
I.	262	256	519	439	484	923	108	14	39	0	8	133
II.	15	42	57	175	594	769	69	9	42	0	Sp.	135

Ausserdem enthielt das geklärte Wasser 68 mg Kali. Der bei 100° getrocknete Niederschlag enthielt:

Wasser	2,27
Organische Stoffe (mit 0,6 Stickstoff)	23,31
Sand und Thon	18,28
Mineralsubstanz (mit 4,87 in Citrat löslicher und 4,77 in Salzsäure löslicher Phosphorsäure)	56,14

[29]) Fischer: Die menschlichen Abfallstoffe S. 129.

[30]) Zft. d. Ver. deutsch. Ing. 1887, 100.

[31]) Bulletin de la station agricole de Gembloux No. 11.

Von den 52,4 mg Gesammtstickstoff wurden demnach nur 1,9 mg oder nur 3 Proc. gefällt.

Von sonstigen neueren Vorschlägen mögen noch folgende erwähnt werden:

P. Beuster (D.R.P. No. 55 149) will das Abwasser mit Schwefeleisen und Magnesia versetzen.

Fr. Hulwa wendet zunächst ein Salzgemisch von Eisen-, Thonerde- und Magnesia-Präparaten an, dessen Zusammensetzung je nach dem Wasser verschieden ist, dazu Kalk und besonders präparirte Zellfaser. Unter Umständen wird der überschüssige Kalk durch Saturation mit Kohlensäure entfernt und schliesslich Schwefligsäure in das noch schwach alkalische Wasser geleitet[32]).

K. Stammer[33]) lobt gewaltig ein von ihm, Bock und Hulwa angegebenes Verfahren, ohne aber irgend wie zu verrathen, worin dasselbe besteht; vielleicht meint er das oder vielmehr die obigen nach Hulwa.

In Deutschland sind folgende grössere derartige Reinigungsanlagen ausgeführt.

Die Kläranlage für Wiesbaden (Fig. 5 bis 8)[34]) besteht aus 3 offenen Becken von je 30 m Länge, 10 m Breite und 2,3 m mittlerer Tiefe. Vor den Klärbecken befinden sich noch 3,7 m tiefe Absatzbehälter. Die Grössenverhältnisse wurden darnach bemessen, dass auch bei Benutzung von nur zwei solcher Abtheilungen schon eine ausreichende Klärung eintritt. Die Querschnitte, welche die Wässer in jeder Abtheilung zu durchfliessen haben, sind 10 m $\times$ 2 m $=$ 20 qm, sowohl in den Vorkammern wie in den Becken; in den ersteren wird der Querschnitt lothrecht, in den letzteren wagrecht durchflossen. Die Menge des in trockenen Zeiten abfliessenden Kanalwassers beträgt etwa 7500 cbm in 24 Stunden. Die Regenauslässe der Kanalisation sind so eingerichtet, dass am unteren Ende des Hauptsammelkanals, also in die Kläranlage, nicht mehr als das Doppelte der obigen Menge, also 15 000 cbm in 24 Stunden $=$ etwa 173 *l* in der Secunde einfliessen werden. Nimmt man an, dass diese Höchstmenge durch nur zwei Abtheilungen geklärt werden soll, so würde sich bei voller Ausnutzung des Querschnittes von 2 $\times$ 20 $=$ 40 qm eine mittlere Geschwindigkeit des Wassers von 4,3 mm ergeben. Bei Trockenwetter wird die

---

[32]) König a. a. O. S. 190; Hulwa und Hosemann (D.R.P. No. 48846; Fischer's Jahresb. 1889, 555) empfehlen ferner Rührvorrichtungen zum Mischen des Abwassers mit dem Fällungsmittel.

[33]) K. Stammer: Die Reinigung der städtischen Abwässer (Breslau 1885).

[34]) Verh. d. deutsch. Ver. f. öffentl. Ges. in Frankfurt a. M. 1888.

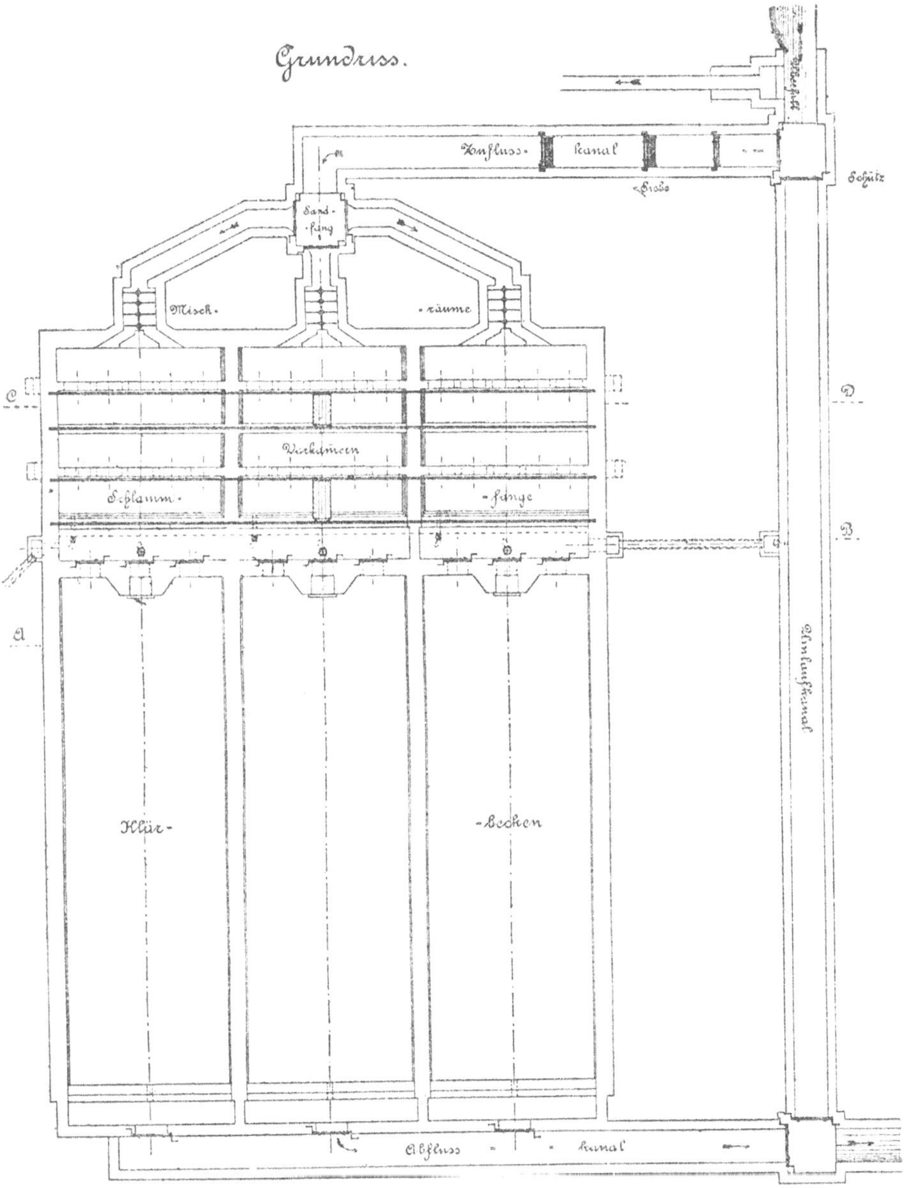
Grundriss.
Zufluss- kanal
Schütz
Sand- fang
Misch- räume
Schlamm- fänge
Klär- becken
Abfluss - kanal
Umlaufkanal
A
B
C
D

Fig. 5.

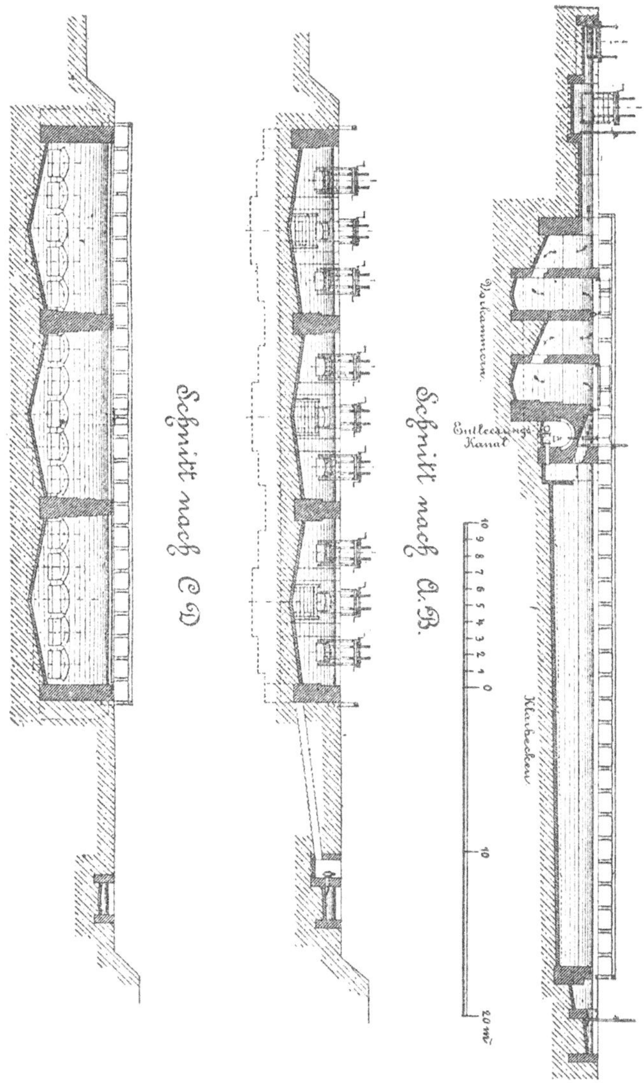
Längenschnitt.
Vorkammern
Entleerungs-Kanal
Klärbecken
Schnitt nach A.B.
Schnitt nach C.D
10 9 8 7 6 5 4 3 2 1 0
10
20 m

Fig. 6 bis 8.

Geschwindigkeit mit der Tageszeit, dem Wasserverbrauche entsprechend, wechseln und im Mittel nur 2,2 mm betragen; aber selbst wenn die Durchlaufquerschnitte nicht vollständig ausgenutzt würden, dürfte die Geschwindigkeit doch wohl 3,5 mm kaum übersteigen.

Die Länge des durchlaufenen Weges beträgt in den lothrechten Vorkammern je etwa $4 \times 3,7 = 14,8$ m, in den wagrechten Becken je 30 m, also im Ganzen je 45 m. Hiernach wird das Wasser bei Trockenwetter im Mittel 6 Stunden, bei Regenwetter 3 Stunden in der Kläranlage verweilen. Wegen des wechselnden Wasserverbrauches wird aber auch bei Trockenheit das Wasser am Tage nur etwa 4 bis 5 Stunden in der Kläranlage bleiben, während in der Nacht diese Zeit auf wenigstens 10 Stunden steigt. Die Gesammtanlagekosten belaufen sich, einschliesslich Landerwerb, auf etwa 200 000 M.

Das Kanalwasser wird in den Mischkammern mit Kalkmilch versetzt und dann ein kräftiger Luftstrom hindurchgeblasen. Es werden täglich etwa 2400 k Kalk gebraucht. Am Ausfluss wird nochmals Luft durch das Wasser geblasen.

Die Entfernung des Schlammes geschieht durch Pumpen, nachdem zuvor das über dem Schlamme stehende Wasser abgelassen worden ist. Die früher angestellten Versuche, in den lothrechten Abtheilungen den Schlamm unter Wasser zu pumpen, gelangen nur unvollkommen, da der Schlamm in diesen Abtheilungen verhältnissmässig steif und seifig war, also dem Saugkorb nicht gut zufloss; es trat vielmehr Wasser zu letzterem und verdünnte den Schlamm in zu starkem Maasse, so dass man bis zum Gelingen der dermaligen Versuche es vorläufig vorzieht, das Pumpen, wie auch aus den Becken, vorzunehmen, nachdem das überstehende Wasser abgelassen ist. Die Pumpen sind aber überhaupt nur zum Transport von dünnflüssigem Schlamm geeignet und dies auch dann nur, wenn keine gröberen Theile, wie z. B. Kartoffelschalen, Holztheile, Lederabfälle u. dgl. in demselben enthalten sind; die letzteren gaben im Betrieb leider häufig zu Störungen Veranlassung, indem diese Theile sich in die Ventile der Pumpen setzten und damit deren Wirksamkeit aufhoben; ein in die Saugleitung eingesetzter Steinfang hatte keine wesentliche Besserung herbeigeführt. Zur Vermeidung dieser Missstände hat man in der neueren Zeit von dieser Art der Saug- und Druckpumpen fast gänzlich abgesehen und letztere durch einen sogenannten pneumatischen Apparat ersetzt. Ein eiserner Kessel von 4 cbm Inhalt wird mittels einer Luftpumpe luftleer gepumpt; in Folge dessen wird Schlamm angesogen, und nach vollständiger Füllung des Kessels wird der Schlamm durch Luft wieder aus demselben herausgedrückt und zwar nach den sogenannten Schlammfiltern. Diese befinden sich dicht neben der Kläranlage; ihr Boden besteht aus losen, groben Steinen und Kies, in welchen Sickerbohlen eingelegt sind; durch letztere wird das abfiltrirte Wasser wieder nach dem oberen Theile der Kläranlage hingeleitet, um einer nochmaligen Klärung unterzogen zu werden. Die Seitenwände der Schlammfilter bestehen vorläufig noch aus Holzbohlen, sollen aber später durch Mauern ersetzt werden. Die Schlammfilter sind gewöhnlich offen, doch kann zur Abhaltung des Regens jederzeit ein leichtes Dach über dieselben gefahren werden. Jedes der 4 Filter ist 15 m lang, 10 m breit, 0,9 m hoch und ist zur Aufnahme des Schlammes aus je einer Kläranlage bestimmt. Die Menge der letzteren beträgt in dünnflüssigem Zustande, wie es die Pumpen liefern, etwa 250 cbm. Davon versickert und verdunstet aber sehr bald ein Theil des Wassers schon während des Pumpens, und nach Verlauf von zwei Wochen ist der Schlamm stichfest und hat nur noch einen Rauminhalt von etwa 125 cbm, also etwa der Hälfte des gepumpten Schlammes.

Da sich sehr wenig Abnehmer für den Schlamm finden, so wird er in der nächsten Umgebung der Kläranlage zur Erhöhung des Platzes benutzt!

Die jährlichen Betriebskosten betragen für

Kalk	13000 M.
Arbeitslöhne	11000 -
Reparatur- und Unterhaltungsarbeiten . .	5000 -
Insgemein	4000 -
Summe	33000 M.

Dieses beträgt für Kopf und Jahr 55 Pf. Rechnet man 4 Proc. Zinsen des Anlagecapitals von 200 000 M. und weitere 10 Proc. Amortisation des für bauliche und maschinelle Anlagen aufgewendeten Capitals von 60 000 M., sowie 1 Proc. des Grund und Bodens in Höhe von 140 000 M. und zieht davon ab den Erlös für verpachtete Ländereien (1000 Mark), so bleibt eine Jahresausgabe von 8000 + 6000 + 1400 — 1000 = 14 400 Mark oder 24 Pfennig für Einwohner und Jahr. Die Gesammtausgaben, welche der Stadt Wiesbaden mithin aus der Anlage und dem Betrieb der Kläranlage erwachsen, betragen zunächst 55 + 24 = 79 Pfennige für Kopf und Jahr oder bei 60 000 Einwohnern im Ganzen etwa 47 000 Mark.

Analysen werden leider nicht mitgetheilt.

Die Reinigungsanlage für das Abwasser von Frankfurt a. M. wurde eingerichtet, nachdem der Stadt die fernere Einführung des ungereinigten Wassers in den Main untersagt war[35]). Das Schmutzwasser gelangt aus dem städtischen Entwässerungskanal in

[35]) Vgl. F. Fischer: Die menschlichen Abfallstoffe, ihre praktische Beseitigung und landwirthschaftliche Verwerthung (Braunschweig 1882) S. 85.

die sog. Zuleitungsgallerie der von Lindley[36]) erbauten Kläranlage (vgl. Fig. 9 bis 12). Diese ist so erweitert, dass sie als Sandfang dient; am Ende des Sandfanges verwehrt eine die Gallerie quer absperrende Eintauchplatte auf etwa 0,4 m Tiefe den Oberflächenabfluss, damit die schwimmenden Theile zurückgehalten werden. Die nun folgende Siebkammer ist viertheilig und durch schräggestellte Siebe abgeschlossen, durch welche die Schmutzwässer durchgeseiht und die schwebenden Stoffe zurückgehalten werden. Damit sich die Siebe nicht verstopfen und nach Bedarf gereinigt werden können, ist jede Abtheilung für sich absperrbar eingerichtet, so dass jedes Sieb einzeln gehoben und für kurze Zeit ausgeschaltet werden kann, während die anderen in Wirksamkeit bleiben. Die derartig gereinigten Schmutzwässer treten nun in die Mischkammer, in der sie mit den zugeführten Chemikalien, z. Z. Kalk und schwefelsaure Thonerde, durch Mischvorrichtungen und Rührwerke innig vermengt werden. Dann fliessen die Wässer in den Zuleitungskanal, durch dessen Querschnittsvergrösserung sie abermals eine Geschwindigkeitsverminderung erfahren, also den durch die chemische Fällung erzeugten gröberen Schlamm daselbst zum Theil absetzen, der hier mittels Baggerung zeitweilig entfernt wird. Aus diesem Kanal tritt das roh geklärte Wasser durch 2 m breite und 0,2 m hohe verstellbare Schützenöffnungen, 5 cm unter Wasserspiegel, in die eigentlichen, 6 m breiten und 80 m langen Klärbecken über. Dieselben haben eine gleichmässig geneigte Sohle, derart, dass die Wassertiefe am Einlaufe 2 m und am Auslaufe 3 m beträgt, und demnach die Durchströmungsgeschwindigkeit sich von etwa 5 mm am oberen Ende allmählich bis auf etwa 3 mm am unteren Ende des Beckens verlangsamt und so bemessen ist, dass auch die feineren Stoffe sich niederschlagen und absetzen können. Das am unteren Beckenende nun völlig geklärte Wasser fällt alsdann im regelmässigen Betriebe mit nur 3 cm Strahldicke über den festen Rücken der Ausflusswehre in die Ableitungsgallerie und wird aus dieser durch den Ablaufkanal dem Main zugeführt, woselbst die Ausmündung unter dem niedrigsten Wasserstande erfolgt.

Jedes Becken ist für die Reinigung von täglich 4500 cbm Schmutzwasser bei durchschnittlich sechsstündigem Aufenthalt desselben in der Anlage berechnet, so dass die jetzige Grösse mit 4 Becken für täglich 18 000 cbm genügt. Die ganze Reinigungsanlage ist als Tiefbau ausgeführt und überwölbt, mithin den Einflüssen von Wind und Wetter und der Betriebsstörung durch den Frost entzogen. Zur Beseitigung

[36]) Verh. d. deutschen Vereins für öffentliche Gesundheitspflege in Breslau 1886 und Frankfurt a. M. 1888.

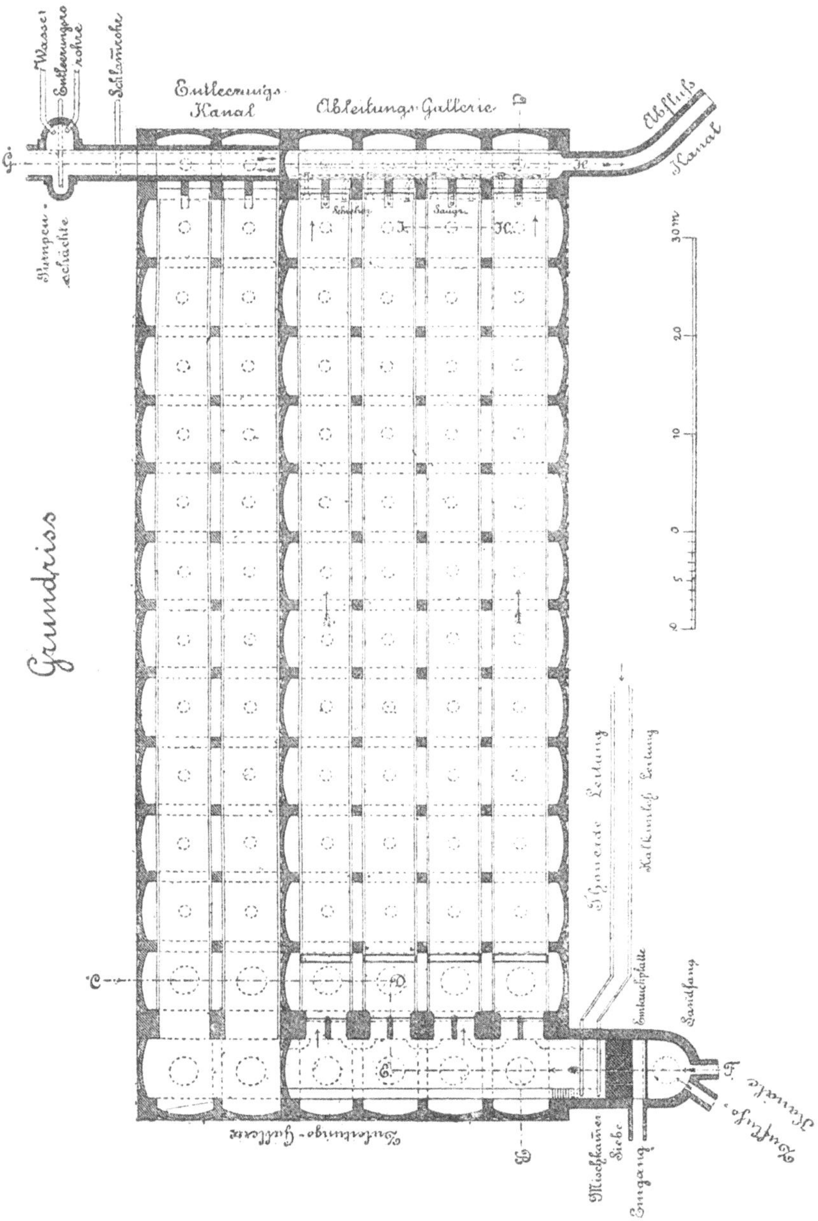

Grundriss
Entleerungs-Kanal
Ableitungs-Gallerie
Abfluss Kanal
Pumpen-schächte
Schlammrohr
Thonerde Leitung
Kalkmilch Leitung
Eintauchplatte
Sandfang
Mischkammer
Siebe
Eingang
Zuleitungs-Gallerie
30 m

Fig. 9.

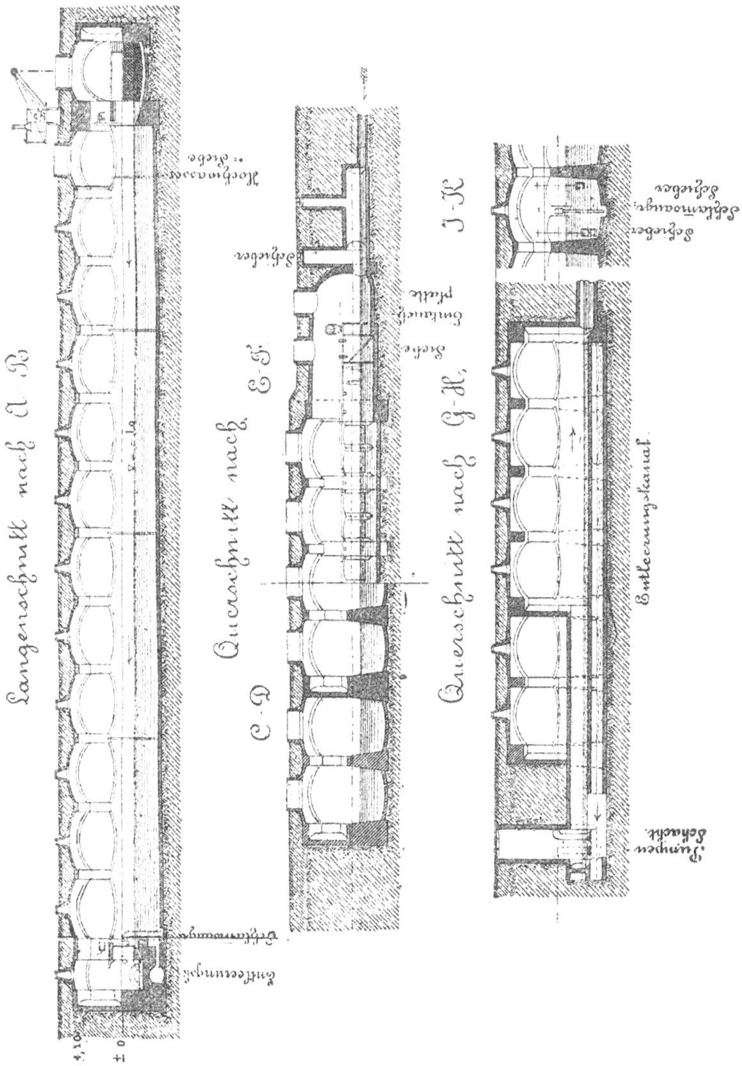
Langenschnitt nach A-B
Querschnitt nach C-D
E-F
Querschnitt nach G-H,
J-K
Entleerungskanal
Pumpen Schacht
Schieber
Siebe

Fig. 10 bis 12.

des Schlammes, als Lichtluken und auch zur Lüftung sind in den Gewölben Schächte angeordnet, welche bis zur Krone der Überschüttung ragen und daselbst abgedeckt sind.

Die Anlagekosten betragen, ausser Landerwerb:

Klärbecken mit Zu- und Ableitungsgallerie . .	435512	Mk.
Maschinenhaus	73795	-
Maschinelle Anlage	28818	-
Betriebsmaterial	6599	-
Düker unter dem Main	76530	-
Bureau und Inventar	47582	-
Zusammen	668836	Mk.

Die zur Fällung verwendeten Chemikalien, Thonerdesulfatlösung und Kalkmilch, werden vom Maschinenhause aus durch eine Thonrohrleitung dem Sielwasser in der Mischkammer alsbald, nachdem dasselbe durch die Siebe gezogen ist, zugeführt und dort durch einen besonders hierfür angelegten Mischapparat mit demselben innig vermischt.

In der Regel sind alle 4 Becken zugleich im Betrieb. Das Wasser fliesst am oberen Ende durch Schieber geregelt ein und am unteren hinaus. Jedes Becken ist für sich unabhängig; die Trennungsmauern, welche die Pfeiler tragen, reichen über den Wasserspiegel hinaus und die Becken sind an den Enden von der Zuleitungsgallerie und von der Ableitungsgallerie durch Schieber absperrbar.

Ist ein Becken so lange im Betrieb gewesen, dass der auf dem Boden niedergeschlagene Schlamm das hierfür festgesetzte Maass erreicht hat, so wird das Becken durch diese Schieber ausgeschaltet. Nach kurzer Ruhe wird sodann der Ablass für das Oberwasser geöffnet, wodurch die oberste Wasserschicht unmittelbar in die Ableitungsgallerie und somit in den Main abgelassen wird. Für das übrige im Becken enthaltene Wasser ist die Anwendung der künstlichen Entleerungsmittel nöthig. Zu dem Zweck befindet sich unter der Ableitungsgallerie eine Entleerungsgallerie, welche im entgegengesetzten Sinne, d. h. landeinwärts, ihr Gefälle hat und in einen in der Symmetrieaxe der Anlage angelegten Pumpbrunnen mündet. Aus diesem schöpfen die in dem Maschinenhause aufgestellten Entleerungspumpen.

In diese Entleerungsgallerie wird das Wasser aus jedem Becken durch einen Etagenablass eingeliefert. Derselbe gestattet, das Wasser von oben anfangend in drei Schichten nach einander abzulassen. Man ist dadurch in der Lage, den Schlamm durch allmähliches Abzapfen des darüber stehenden Wassers soweit wie irgend möglich von Wasser zu befreien und auf diese Weise in seinem Volumen zu vermindern. Das dergestalt in den Entleerungsbrunnen eingeleitete Wasser wird durch die Entleerungspumpe in das nach dem Main führende Ausmündungssiel gepumpt. Eine Controlvorrichtung, im Maschinenhause angebracht, gestattet es, zu bestimmen, wann dieses Wasser aufhört, klar abzufliessen. Das letzte von der Schlammfläche im Becken abgezogene Wasser führt Schlammtheilchen mit sich, die eine Trübung veranlassen. Damit man nicht gezwungen sei, sofort bei Auftritt jener Trübung mit Rücksicht auf die Reinhaltung des Maines die „Wasserentleerung“ einzustellen und die „Schlammentleerung“ anzufangen, ist eine Anordnung getroffen, um das Wasser, welches die Entleerungspumpe herausfördert, in diejenigen Röhren einzuleiten, welche die chemischen Fällungsmittel nach der Mischkammer führen; auf diese Art kann das mit den obersten leichtesten Schlammtheilchen getrübte Wasser abgezogen und wieder in die Zuleitungsgallerie gebracht werden.

Ist ein Becken auf diese Art von Wasser entleert, dann findet die Entleerung von Schlamm statt. Eine Schlammpumpe, im Maschinenhause aufgestellt, schöpft durch das Schlammsaugrohr, welches durch einen Saugrüssel mit einem Pumpensumpf in jedem Becken verbunden ist, den flüssigen Schlamm unmittelbar aus dem Becken und fördert ihn auf die Schlammlager.

Diese Ausschaltung und Reinigung eines jeden Beckens findet alle 8 Tage statt, so dass an jedem zweiten Tage eines von den 4 Becken gereinigt wird. Der Schlamm im Becken ist derart dünnflüssig, dass das Gefälle von 1 m auf die Länge des Beckens mit sehr geringer Nachhülfe genügt, um denselben zum Abfluss nach dem Pumpensumpf zu bringen, so dass die Beseitigung des Schlammes aus den Becken wenig kostet.

Ausser der Entleerungs- und der Schlammpumpe sind in dem Maschinenhause zwei grosse Centrifugalpumpen angebracht, welche dazu dienen, das Wasser in den Klärbecken bei Hochwasser im Main 2 bis 3 m tiefer wie letzteres zu halten, um die Entwässerung der Stadt zu solchen Zeiten vortheilhafter zu gestalten. Diese sämmtlichen Pumpen werden durch die im Maschinenhause aufgestellte Locomobile von 40 Pferdekräften betrieben. Dieselbe betreibt zugleich die Vorrichtung zur Bereitung der Fällungsmittel. Diese sind in den zwei nördlich an das Maschinenhaus angebauten Räumen untergebracht.

Es wird eine schwefelsaure Thonerde aus Duisburg verwendet, welche 14 Proc. reine Thonerde enthält; durch in der Thonerde enthaltenes Kieselsäurehydrat wird eine Beschleunigung in der Fällung und ein leichter zu behandelnder Schlamm erzielt. Die Thonerde wird in 4 grossen, mit Blei ausgeschlagenen Bottichen durch ein Dampfrührwerk gemischt, die Kalkmilch durch zwei Kollergänge, welche selbstthätig durch ein Paternosterwerk gespeist werden, angerührt.

Es ist Werth darauf gelegt, die Beimengung zum Sielwasser so weit wie möglich dem Bedarf anzupassen. Dieser wechselt sowohl nach der Menge des in die Klärbecken jeweils einfliessenden Wassers, wie nach seiner Qualität. Es hat sich gezeigt, dass die rasche Ableitungsfähigkeit des Sielnetzes einerseits und dessen Selbstreinigung andererseits ein ausserordentlich rasches Wechseln in Menge und Beschaffenheit des Wassers je nach den Tagesstunden herbeiführt. Es sind zwei Steigerungen in dem Schmutzgehalt und in der Menge des Sielwassers, vormittags und nachmittags, deutlich erkennbar, während Nachts das Abflusswasser verhältnissmässig klar ist. Die Abflusszeit aus der Stadt nach den Klärbecken ist 3 bis 4 Stunden im Mittel. So kennzeichnet sich jeder Vorgang in der Stadt, in dem Abfluss am Klärbecken markirt, 3 bis 4 Stunden später.

Um die Beimengung diesem Wechsel anzupassen, wird zunächst durch eine Schwimmervorrichtung die in den beiden Hauptsielen abfliessende Wassermenge fortdauernd durch elektrische Übertragung am Klärbecken angezeigt, die Beschaffenheit des Abwassers wird durch Proben am Einlauf nach 8 Stufen bestimmt und danach die beizumischende Menge der Chemikalien festgestellt. Aus dem Auflöse- und Rührbottiche fliesst die aufgelöste Thonerde in ein Gefäss, aus welchem dieselbe durch 12 verschiedene Aichöffnungen, wovon jede 5 *l* der Lösung die Minute liefert, in die Leitung nach der Mischkammer fliesst. Nach Menge und Beschaffenheit des Schmutzwassers wird im Klärbecken die Anzahl der Aichöffnungen bestimmt, welche fliessen müssen, um die erforderliche Menge an Chemikalien zu geben, und dieses wird im Maschinenhause telegraphisch angezeigt. Diese Bestimmung findet jede halbe Stunde statt. Im Durchschnitt werden auf je 6000 cbm Sielwasser 1 t schwefelsaure Thonerde zugesetzt; die zugesetzte Kalkmenge verhält sich zu jener der Thonerde wie 1 zu 4.

Westlich des Maschinenhauses liegen die Schlammbehälter, in der Erde eingegrabene und eingedämmte Behälter, in welche der flüssige Schlamm gepumpt wird, um dort durch Entwässerung und Verdunstung einen Theil seines Wassergehaltes zu verlieren.

Die Betriebskosten sind veranschlagt:

Gegenstand	Betrag	
	jährlich Mark	für 1 cbm Pfennige
Löhne	50 000	0,5
Maschinenbetrieb	10 000	0,1
Fällungsmittel	84 000	0,84
Werkzeuge u. Verschied. .	6 000	0,06
	150 000	1,5

Dies entsprach den thatsächlichen Ausgaben des ersten Betriebshalbjahres; seitdem ist es möglich gewesen, Verminderungen namentlich in der Verwendung der Chemikalien eintreten zu lassen in Folge der vorher beschriebenen Einrichtungen, durch welche der Zusatz genau nach dem Bedarf geregelt wird, so dass man hofft, mit 1 Mark auf den Kopf der Bevölkerung (150 000) die Anlage auch verzinsen zu können. [*Fortsetzung S. 100.*]

		Suspendirt					Gelöst									
				Organ. Stoffe				Mineralstoffe					Organische Stoffe			
														Stickstoff		
		Summe	Glührückstand	Summe Glühverlust	organ. Stickstoff	oxydirbar durch Sauerstoff	Summe	Summe Glührückst.	Thonerde und Eisenoxyd	Kalk	Schwefelsäure	Chlor	Glühverlust	organisch	Ammoniak	oxydirbar durch Sauerstoff
		mg	mg	mg	mg	mg	mg	mg	mg	mg	mg	mg	mg	mg	mg	mg
1.	S	623	232	390	30	50	961	365	77	32	59	192	596	2,4	110,2	28,1
	E	642	276	366	25	46	752	503	29	100	149	177	249	3,9	114,7	18,5
	A	212	80	132	10	4	747	519	32	102	199	135	228	0,0	59,0	19,2
2.	S	1658	505	1153	115	183	1522	460	7	17	53	—	1062	25,2	42,0	24,2
	E	3520	1597	1923	90	118	1015	550	5	93	219	—	465	0,0	57,1	13,4
	A	110	44	66	0	17	1118	759	6	185	220	—	259	21,2	44,9	15,3
3.	S	1490	510	980	55	90	420	40	24	105	82	—	380	10,0	45,9	10,2
	E	1150	440	710	30	162	775	485	8	180	220	—	290	8,4	51,5	14,7
	A	119	20	99	4	33	836	503	7	208	223	—	333	23,2	45,1	3,7
4.	S	864	220	644	41	106	831	515	2	138	155	—	316	2,3	28,3	12,4
	E	929	434	495	16	71	831	492	2	131	151	—	339	7,7	32,0	2,7
	A	155	63	92	10	24	683	375	8	121	120	—	308	3,9	30,3	9,5
5.	S	486	66	420	16	164	768	384	25	87	60	—	384	12,1	80,1	18,7
	E	487	100	387	—	5	967	490	113	50	20	—	477	—	176,0	2,7
	A	140	98	42	3	5	920	470	90	84	22	—	450	11,9	119,4	2,3
6.	S	588	238	350	15	127	774	350	19	102	10	—	424	14,1	77,0	12,8
	A	93	54	37	0	12	1095	700	82	62	23	—	395	4,7	70,3	16,6
7.	S	1121	471	650	41	47	727	415	60	56	57	31*)	312	8,0	78,7	20,9
	E	855	570	285	25	29	687	515	68	39	65	7	173	16,0	63,4	12,3
	A	79	69	10	10	12	675	335	72	69	75	20	340	0	35,2	10,7

1. Auf 1 *l* Sielwasser 180 mg Thonerdesulfat und 37 mg Kalk.
2. - - 160 - - - 40 - -
3. - - 214 mg Kalk.
4. Ohne Zusatz.
5. Mit Eisenvitriol und Kalk, auf 100 Th. Vitriol 35 Th. Kalk; Probenahme mittags 12 Uhr.
6. Desgl., Durchschnittsprobe.
7. Auf 1 *l* Sielwasser 17,6 mg Phosphorsäure und 110 mg Kalk; Probenahme mittags 12 Uhr.

*) Phosphorsäure.

Die Untersuchungen des zu- und abfliessenden Wassers wurden von Lepsius ausgeführt (s. Tabelle S. 99). Die von Libbertz ausgeführte bakteriologische Untersuchung ergab in 1 cc Kanalwasser 3 000 000 entwicklungsfähige Keime, am Auslauf aus den Klärbecken bei der mechanischen Klärung (4) rund 3 350 000, bei der Thonerdeklärung 380 000 und bei der Kalkklärung 17 500 Keime. Bei der rein mechanischen Klärung sowohl wie auch bei Kalk allein machte sich ein starker Geruch im Absatzbecken und des Schlammes sehr bemerkbar.

Die zu den von B. Lepsius ausgeführten Analysen (Tabelle S. 99) dienenden Wasserproben wurden (mit Ausnahme von Vers. 6) gleichzeitig vom zufliessenden Sielwasser (S), bei der Einlaufgallerie nach Zufluss der Chemikalien (E) und beim Abfluss (A) mittags 12 Uhr genommen, ohne Rücksicht darauf zu nehmen, dass das in die Kläranlage einfliessende Wasser erst 6 Stunden später abfliesst. Berücksichtigt man ferner, dass die Abflusszeit aus der Stadt nach dem Klärbecken 3 bis 4 Stunden im Mittel ist (S. 98), so ist das um 12 Uhr mittags aus der Kläranlage abfliessnde Wasser um 4 bis 5 Uhr morgens in die Kanäle gelangt, d. h. zu einer Zeit, wo eine Verunreinigung des Abwassers kaum stattfindet. Das um 12 Uhr zufliessende Wasser ist aber etwa um 8 Uhr in die Kanäle gelangt, d. h. zu einer bez. Verunreinigung mit Abortstoffen u. dgl. recht kritischen Zeit.

Dass thatsächlich die Analysen der einzelnen Versuchsreihen nicht unter sich vergleichbar sind, bestätigen für die erste Versuchsreihe die Chlorbestimmungen, welche eigenthümlicher Weise bei den übrigen Analysen nicht angegeben werden, obgleich gerade diese für die vorliegende Frage die Vergleichbarkeit der Proben hätte erkennen lassen, da durch die Reinigung der Chlorgehalt nicht geändert werden kann. Wie ist es ferner möglich, dass bei der 2. Versuchsreihe der Kalkgehalt von 17 auf 185 mg, oder in der 3. Versuchsreihe mit ausschliesslicher Kalkreinigung der Schwefelsäuregehalt von 82 auf 224 mg steigen, im 5. Versuch trotz Zusatz von Eisenvitriol von 60 auf 20 mg fallen, in der ersten Reihe aber der Ammoniakgehalt von 115 auf 59 mg fallen soll?

Für die Beurtheilung der vorliegenden Frage über die Wirksamkeit dieser Reinigungsverfahren sind diese Analysen somit keinesfalls verwendbar. Hierfür wäre erforderlich gewesen, dass die Probe des abfliessenden Wassers 6 Stunden später genommen wäre, oder besser, dass beim Einlauf während 24 Stunden stündlich eine Probe genommen wäre, um diese gemischt zu untersuchen, desgl. beim Auslauf, nur dass hier die Probenahme 6 Stunden später beginnen bez. aufhören müsste[37]). Eine ähnliche Probenahme hat nur bei dem später[38]) veröffentlichten Versuch 6 stattgefunden. Dieser zeigt aber auch, dass der Gehalt an gelösten organischen Stoffen und Ammoniak nicht nennenswerth vermindert, die Oxydirbarkeit sogar erhöht ist. Die Zusammensetzung des mechanisch abgesonderten (1) und des durch den Eisensulfat- und Kalkzusatz erzeugten (2) Schlammes bestätigt die geringe Wirkung.

1 *l* Schlamm enthält g:	Vers. 6		Vers. 7
	1. Am Sandfang abgesiebt	2. Von der Schlammpumpe	3. Schlamm m. Phosphorsäure.
Feste Stoffe	190,36	33,43	177,90
Mineralstoffe (Glührückst.)	57,32	15,35	112,90
Eisen und Thonerde	7,00	5,98	11,50
Magnesia	Sp.	0,22	0,24
Kalk	3,26	5,52	3,80
Schwefelsäure	0,44	0,72	0,30
Kali	0,08	0,06	1,76
Phosphorsäure	1,30	0,21	2,94
Organ. Stoffe	133,04	18,08	65,00
„ Stickstoff	—	0,67	0,66
Ammoniakstickstoff	0,48	0,32	0,32

1 cbm desselben hat dementsprechend einen Düngerwerth von nur etwa 1 Mark. Selbst bei Mitverwendung von Phosphorsäure (3) ist der Düngerwerth sehr gering. —

M. Nahnsen[39]) verwendet Aluminiumsulfat, lösliche Kieselsäure und Kalkmilch. Das Verfahren wird von der Firma F. A. R. Müller und Cp. ausgeführt.

Bei der für täglich 3000 cbm bestimmten Anlage in Halle a. S.[40]) wird das Schmutzwasser selbstthätig mit den Reagentien versetzt[41]), durch Räder gemischt, durch brunnenartige Klärbehälter (Fig. 13 u. 14)

---

37) Zft. f. angew. Chemie 1889, 160 u. 661.

38) Jahresb. d. Physikal. Ver. zu Frankfurt 1890 S. 62. Die Behauptung von Lepsius (das. 83), dass mit den Frankfurter langen Klärbecken auf rein mechanischem Wege mindestens dasselbe erreicht werde als in kürzeren Klärbecken mit Hülfe eines Zusatzes von Chemikalien, ist geradezu komisch.

39) D.R.P. No. 31864 u. 32638; Fischer's Jahresb. 1885, 1193.

40) Verh. d. deutsch. Ver. f. öffentl. Gesundheitspflege in Breslau 1886 und Frankfurt 1888; König: Verunreinigung der Gewässer S. 157.

41) Derartige Vorrichtungen wurden angegeben von Müller & Cp. (D.R.P. No. 33831), R. Reckleben (D.R.P. No. 46196), Froitzheim (D.R.P. No. 44799; Zft. f. ang. Chem. 1888, 669) u. A.

geleitet; der abgesetzte Niederschlag wird ausgepumpt und in Filterpressen entwässert. Die Gebäude und Brunnen kosten 25 000 Mark,

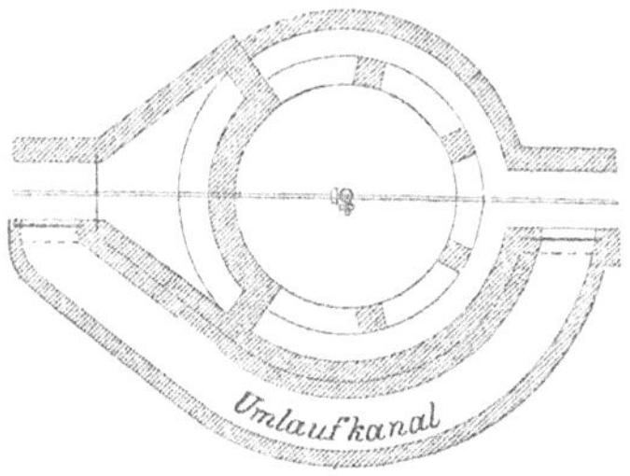

Fig. 13.

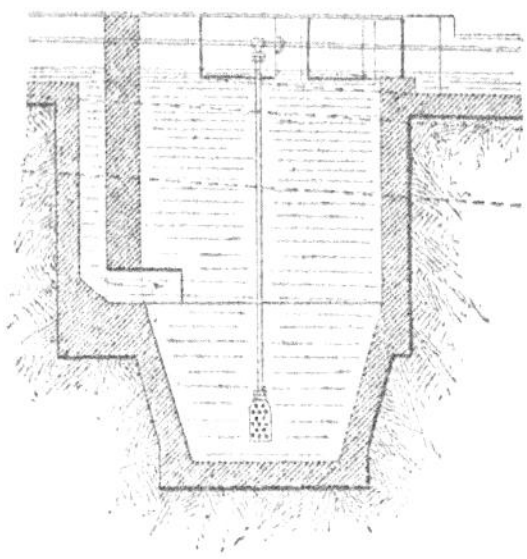

Fig. 14.

die Maschinen 10 000, zusammen 35 000 Mark. Die Kosten des täglichen Betriebes stellen sich folgendermaassen:

Zwei Arbeiter	5,00 M.
43,3 k Müller-Nahnsen'sches Präparat	4,33 „
230,5 k Kalk (100 k 2 M.)	4,61 „
10 cbm Gas, à 13,5 Pf. (Selbstkostenpreis der Stadt)	1,35 „
7 cbm Wasser, à $7^1/_2$ Pf.	0,53 „
Für Filtertücher täglich	1,00 „
Für Koks zum Verbrennungsofen	0,65 „
Für Öl, Putzwolle u. dgl.	0,53 „
Summa der täglichen Betriebsunkosten . .	18,00 M.

Auf das Jahr berechnet, würde das ergeben 6570 Mark bei einer Einwohnerzahl von 10 000, welche sich auf dem bis jetzt bebauten Theil dieses südlichen Kanalgebietes befindet.

König fand in dem so behandelten Kanalwasser aus Dortmund vor (Ia) und nach der Reinigung (Ib), in entsprechenden von der Firma eingesandten Proben aus Ottensen vor (IIa) und nach der Reinigung (IIb) und in den vom Magistrat in Halle eingesandten Proben (IIIa bez. IIIb) mg im Liter:

	Suspendirt			Gelöst								
	Mineralstoffe	Organische Stoffe	Stickstoff darin	Mineralstoffe	Organische Stoffe (Glühverlust)	Zur Oxydation erforderl. Sauerstoff	Organischer Stickstoff	Ammoniakstickstoff	Phosphorsäure	Kali	Kalk	Chlor
Ia	296	371	37	—	—	103	15	21	—	—	124	114
b	73	Sp.	0	—	—	146	12	18	—	—	354	117
IIa	219	442	24	1450	367	115	21	47	23	81	147	628
b	19	Sp.	0	1204	471	146	20	42	1	77	388	355
IIIa	612	405	41	2829	546	169	6	58	36	99	277	1136
b	0	0	0	1835	368	210	18	49	Sp.	90	302	604

Die Chlorgehalte der vier letzten Analysen zeigen, dass diese Proben einander jedenfalls nicht entsprechen. Schlammproben aus Ottensen enthielten:

	I	II
Wasser	68,91	67,68
Organische Stoffe	8,77	10,91
In letzteren: Stickstoff . . .	0,309	0,346
Mineralstoffe	22,32	21,41
In letzteren: Phosphorsäure . .	0,398	0,411
Kalk	10,62	9,60
Unlöslicher Rückstand	4,04	5,64

Der Düngerwerth desselben ist somit gering.

B. Drenckmann theilt in einem Gutachten an den Magistrat der Stadt Halle verschiedene Analysen von Kanalwasser vor und nach der Reinigung durch dieses Verfahren mit, von denen folgender — ausdrücklich als normal bezeichneter — Versuch angeführt werden möge:

	Kanalwasser		gereinigt
	gelöst	suspendirt	
Gesammtgehalt	5308	1405	1701
Glühverlust	1276	1149	271
Schwefelwasserstoff . . .	6	—	0
Gesammtstickstoff	98	51	25
Phosphorsäure	59	52	10
Sauerstoff z. Oxyd. erford.	676	234	165
Chlor	1598	—	305
Natron	598	—	499
Kali	221	—	190

Die Gehalte an Chlor und Alkalien zeigen, dass die Proben gar nicht zusammengehören können; die Analysen beweisen somit für das Verfahren gar nichts. —

In Dortmund werden nach Reichling[42]) täglich etwa 11 000 cbm Abwasser gereinigt durch Zusatz von 300 g Ätzkalk und 30 g schwefelsaurer Thonerde auf 1 cbm zu reinigenden Wassers. Es sind 6 Stück Senkbrunnen im Betriebe von je 6,5 m Durchmesser und der grössten Tiefe von 12 m. Das klare Wasser fliesst oben ab, während die Senkstoffe aus dem unteren spitzen Theile des Brunnens mittels eines luftleer gemachten Behälters gleich so hoch angesogen werden, dass sie selbstthätig nach den Schlammlagerplätzen abfliessen. Das im Schlamm noch enthaltene Wasser wird durch Drainröhren abgeleitet, während der festwerdende Schlamm als Dünger abgefahren wird. Die

[42]) Zft. d. Ver. deutsch. Ing. 1890, 1115.

Kosten belaufen sich monatlich auf 2700 Mk. und stellen sich wie folgt zusammen:

Arbeitslöhne	650 M.
Chemikalien	1580 -
Kohlen, Schmiermaterialien, Pumpenreparaturen u.s.w.	400 -
Herrichten der Schlammlagerplätze, Dainiren, Anfahren von Asche u. s. w.	70 -
Zusammen rund . .	2700 M.

Die Abwässer der Arbeitercolonie von Fr. Krupp in Essen werden mit Kalkmilch versetzt, dann mit Eisenvitriol. Von F. Salomon entnommene Durchschnittsproben hatten nach König (a. a. O. S. 168) folgende Zusammensetzung:

	Suspendirt			Gelöst									
	Unorganische	Organische	Stickstoff in letzteren	Mineralstoffe	Organische Stoffe (Glühverlust)	Zur Oxydation erforderlicher Sauerstoff	Organischer Stickstoff	Ammoniak-stickstoff	Phosphorsäure	Kali	Chlor	Kalk	Schwefelsäure
Unger.	1540	2709	67	584	344	208	28	25	28	105	170	74	44
Ger.	171	14	Sp.	855	338	182	29	21	Sp.	84	178	236	131
Unger.	1931	1152	35	492	310	82	13	26	26	52	149	88	32
Ger.	28	26	Sp.	566	227	99	17	16	Sp.	42	149	168	89

Probe I hatte $1^1/_2$ Millionen Keime, nach der Reinigung nur 200.

Die Stadt Essen[43]) verwendet die Heberkessel von Röckner-Rothe. Das mit Kalkmilch und Aluminiumsulfat versetzte Wasser gelangt in eine Vertiefung, steigt durch einen sog. Stromvertheiler v (Fig. 15) in einem etwa 8 m hohen Kessel A auf, weil durch Rohr r aus der Spitze der Verlängerung a die Luft abgesaugt wird, bis das Wasser den Überlauf erreicht und nun durch das Abfallrohr abfliesst. Das geklärte Wasser fliesst somit durch Heberwirkung ununterbrochen ab; der Schlamm wird durch eine Pumpe herausgeholt.

Nach erfolgter Abrechnung haben die Kosten für die Herstellung der ganzen Kläranlage, also für den Grunderwerb, für den Bau des Wehres, der Rinnen und der 5 Brunnen, für die Lieferung und Aufstellung der 4 Cylinder, für den Bau des Betriebsgebäudes und der Dienstwohnungen, für Lieferung und Aufstellung der Kessel, Maschinen, Pumpen, Rührbottiche, Mischpfannen, des Aufzuges, der Transportwagen, der Transmissionen, Riemen, für den Bau der Ablagerungsbecken, der Rohrleitungen, für Herstellung des gepflasterten Zufuhr-

[43]) Verh. d. deutsch. Ver. f. öffentl. Gesundheitspfl. in Breslau 1886 u. Frankfurt 1888.

weges, der Befestigung des Platzes, der Gas- und Wasserleitungen, kurz für die vollständig fertige, betriebsfähige Reinigungsanlage 228 573 M. betragen. Von diesen Kosten kommen auf den Grunderwerb 11 200 M., welche mit 4 Proc. verzinst werden müssen, auf

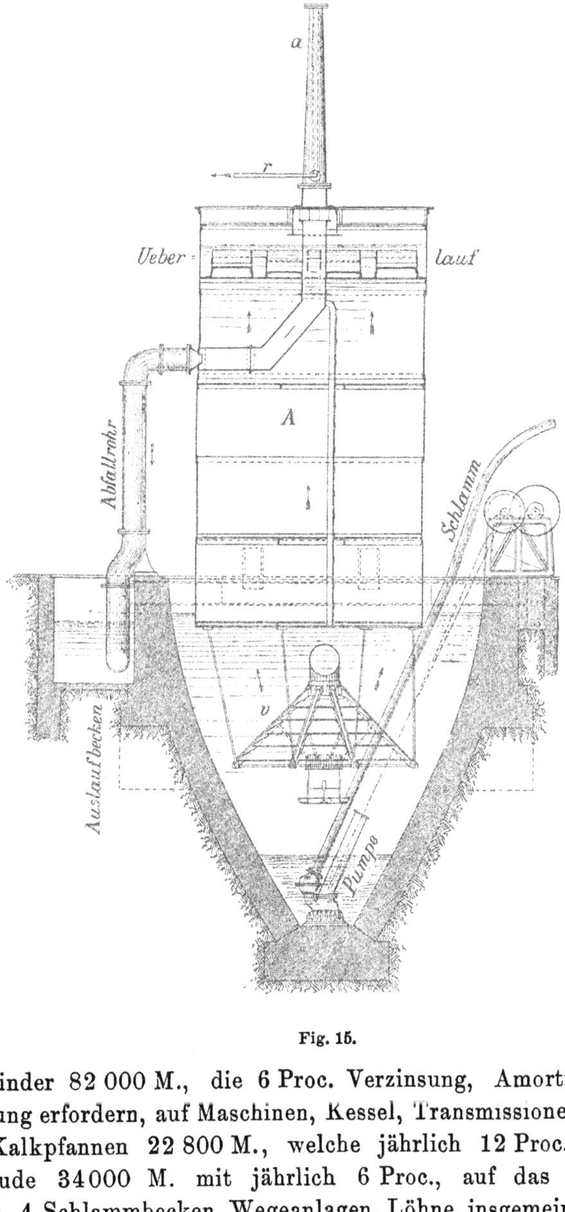

Fig. 15.

die 4 Cylinder 82 000 M., die 6 Proc. Verzinsung, Amortisation und Unterhaltung erfordern, auf Maschinen, Kessel, Transmissionen, Pumpen, Aufzug, Kalkpfannen 22 800 M., welche jährlich 12 Proc. erfordern, auf Gebäude 34 000 M. mit jährlich 6 Proc., auf das Wehr, die 5 Brunnen, 4 Schlammbecken, Wegeanlagen, Löhne, insgemein 44 400 M., wofür ebenfalls 6 Proc. genügen. Für Verzinsung, Amortisation und Unterhaltung der Reinigungsanlage sind daher zu berechnen:

11 200 M.	zu 4 Proc.	. . . . .	448 M.
82 200 -	- 6 -	. . . . .	4920 -
22 800 -	- 12 -	. . . . .	2736 -
34 000 -	- 6 -	. . . . .	2040 -
44 400 -	- 6 -	. . . . .	2664 -
		Zusammen	12808 M.

Die jährliche Gesammtlast, welche der Stadt Essen durch die Reinigung ihrer Abwässer erwächst, beträgt 42 058 Mk.; auf den Kopf der Bevölkerung kommen daher 4 205 800 : 68 000 = 62 Pf.

König (a. a. O. S. 188) fand in dem Abwasser vor und nach der Reinigung:

	Suspendirt			Gelöst								
							Stickstoff					
	Unorganische	Organische	In letzteren Stickstoff	Mineralstoffe	Organische Stoffe (Glühverlust)	Zur Oxydation erforderlicher Sauerstoff	als Ammoniak	in organischer Verbindung	Kalk	Kali	Phosphorsäure	Chlor
Ungerein.	105	213	19	614	229	87	31	19	77	65	13	234
Gereinigt	96	6	Sp.	713	289	118	25	22	201	60	2	?

Zwei Schlammproben hatten folgende procent. Zusammensetzung:

	I	II
Wasser	72,65	76,74
Organisch	7,03	5,36
Stickstoff	0,24	0,22
Phosphorsäure	0,40	0,22
Kalk	4,23	3,72
Fe_2O_3 und Al_2O_3	2,46	2,68

Der Düngerwerth ist also ebenfalls nur gering.

Die Röckner-Rothe'sche Kläranlage in Potsdam ist nach B. Proskauer und Nocht[44]) für die Abwässer von 2300 Einwohnern bestimmt. Zur Untersuchung wurden folgende Proben genommen:

1. Die zu reinigende Jauche aus dem sogenannten Tiefbrunnen, bevor dieselbe mit den Chemikalien zusammenkommt.

2. Die mit Chemikalien vermischte Jauche aus dem Mischkanal, kurz vor ihrem Eintritt in den Klärbrunnen.

3. Geklärte Jauche unmittelbar nach ihrem Austritt aus dem Thurm und vor ihrem Eintritt in den Abflusskanal nach der Havel.

---

[44]) Zft. f. Hygiene (1891) 10, 70.

4. Geklärte Jauche am Ende dieses Kanals vor ihrem Eintritt in die Havel.

5. Havelwasser, gemischt mit geklärter Jauche. Bei der ersten Entnahme am 30. October 1889 wurde diese Mischung in etwa 1 m Entfernung, bei der zweiten Entnahme am 4. December 1889 in etwa 0,5 m Entfernung von der Einmündungsstelle des Abflusskanals geschöpft.

6. Havelwasser 10 m, unterhalb der Einmündungsstelle der Probe No. 4 in die Havel.

7. Wasser aus der Mitte der Havel, oberhalb und unterhalb der Mündungsstelle des Abflusskanals.

	Decantirte Flüssigkeiten (mg im Liter)							Suspend. Stoffe (mg i. Lit.)				Anzahl der Keime in 1 cc
	Abdampfrückstand	Glühverlust	Kalk	Chlor	Oxydirbarkeit (ausgedrückt als Kaliumpermanganat)	Gesammtstickstoff	Stickstoff in Form flücht. Verbindungen (Ammoniak u. s. w.)	Gesammt	Glühverlust	Gesammtstickstoff	Stickstoff als Ammoniak u. s. w.	
1	1839	532	62	110	414	204	110	143	62	17	—	257 Millionen
2	1868	374	177	312	364	196	83	2831	1181	28	5	340000
3	1600	341	108	238	276	210	146	—	—	—	—	3000
4	1586	390	106	75	251	196	92	—	—	—	—	3000
5	283	71	34	43	29	20	1	—	—	—	—	3000
6	240	66	30	33	26	5	Sp.	—	—	—	—	3000
7	258	68	32	32	21	4	Sp.	—	—	—	—	1500
1a	2203	664	69	263	1064	225	164	787	674	37	13	160 Millionen
1b	2272	819	180	332	975	262	66	3319	2437	83	12	108 Millionen
2	3402	439	1065	376	606	173	141	7748	2882	175	6	577000—117000
3	1845	444	225	354	547	169	87	—	—	—	—	4450
4	1731	329	189	175	455	186	125	—	—	—	—	9500
5	1420	290	197	128	411	152	83	—	—	—	—	22500
6	205	45	45	25	46	9	1	—	—	—	—	7000
7a	202	35	45	25	45	8	1	—	—	—	—	6500
7b	203	43	40	24	47	9	1	—	—	—	—	1800

Bei der zweiten Versuchsreihe (4. Dec. 1889) wurde das Kanalwasser zu Beginn (1a) und gegen Ende des Pumpens (1b) untersucht; während einer Versuchsreihe schwankte darnach besonders der Stickstoffgehalt des Abwassers bedeutend. Bei dieser zweiten Versuchsreihe wurde auch das Havelwasser 100 m oberhalb des Ablaufes (7b) untersucht; durch den Eintritt der geklärten Flüssigkeit stieg somit der Keimgehalt des Havelwassers von 1800 auf 6500. Im Übrigen war 10 m vom Eintritt desselben in die Havel die Einwirkung auf die chemische Zusammensetzung des Wassers unwesentlich.

Der hier gebräuchliche Kalkzusatz von 0,6 k Kalk auf 1 cbm Abwasser erscheint zu gering, da noch ein Theil desselben von den anderen (geheim gehaltenen) Zusätzen neutralisirt wird. Wie nachfolgende Zusammenstellung zeigt, würde selbst die dreifache Kalkmenge nicht genügen, in diese Schmutzwässer gelangte Krankheitskeime selbst bei 24stündiger Einwirkung zu vernichten; erst die vierfache Menge (2,4 k) bringt dieses fertig.

Menge des Kalkzusatzes	Potsdamer Jauche Dauer der Einwirkung						Berliner Kanalwasser Dauer der Einwirkung					
in Potsdam	Typhus	Cholera	Typhus	Cholera	Typhus	Cholera	Typhus	Cholera	Typhus	Cholera	Typhus	Cholera
	1/2 Std.		3 Std.		24 Std.		2 Std.		5 Std.		24 Std.	
Übliche Menge . .	+	+	+	+	+	+	+	+	+	+	+	+
Doppelte - . .	+	+	+	+	+	+	+	+	+	+	0	+
Dreifache - . .	+	+	+	+	+ 0	+ 0	+	+	+	+	0	? Verungl.
Vierfache - . .	+	+	+	+	0	0						
Fünffache - . .	+	+			0	0						

+ bedeutet Wachsthum. 0 bedeutet eingetretene Abtödtung der Bakterien.

Bei der Schwarzkopff'schen Anlage in Berlin[45]), in welche die Abgänge von 700 Arbeitern gelangen, werden von den Sammelgruben der Closets die Fäcalien zunächst in ein „Mischgefäss“ gehoben, in welchem sich eine Zerkleinerungsvorrichtung für die den Fäcalien beigemengten festen Stoffe befindet. Die in eine Flüssigkeit von ziemlich gleichmässiger Beschaffenheit verwandelten Massen erhalten alsdann mit Hilfe von mechanisch bewegten, becherartigen Messgefässen folgende Zusätze: 1. Kalkmilch, 2. Magnesiumsulfatlösung, 3. eine Lösung von sogen. Lahnphosphat (mit Schwefelsäure aufgeschlossener Phosphorit), 4. Magnesiumchloridlösung in bestimmten Mengenverhältnissen.

Die Mischung der Jauche mit den einzelnen Chemikalien geschieht in besonderen, mit Rührwerken versehenen Behältern, den „Chemikalien-Mischgefässen“, welche mit einander durch eine geschlossene Rinne verbunden sind. Erst nach dem Zusatz aller Chemikalien kommt die Flüssigkeit in einer „offenen Rinne“ zum Vorschein und fliesst in einen der drei vorhandenen „Absitzkästen“, um in diesen den gebildeten Niederschlag absitzen zu lassen.

Nach geschehener Klärung der Flüssigkeit wird die obenstehende klare Flüssigkeit abgelassen und durch einen mit Torf gefüllten Behälter, das „Torffilter“, geleitet; der abgesetzte Schlamm wird ebenfalls in einen Behälter, den „Schlammkasten“, gebracht, dessen

45) D. Viertelj. f. öffentl. Ges. 19 S. 92; Zft. f. Hygiene (1891) 10, 52.

Boden mit einer Torfschicht bedeckt ist und nur das Abfliessen der aus dem Schlamm sickernden, durch den Torf filtrirten Flüssigkeit gestattet. Der stichfähig gewordene Schlamm nebst Torf wird dann mit dem Torf, welcher zur Filtration des geklärten Wassers gedient hat, gemengt, in einem besonderen Apparat bei einer Temperatur von etwa 70° getrocknet, zerkleinert und so in Poudrette verwandelt. Die aus dem Torffilter und dem Schlammkasten abfliessenden filtrirten Flüssigkeiten gehen in die städtischen Kanäle.

An 2 Tagen von B. Proskauer entnommene Proben enthielten:

mg im Liter	Rückstand	Glühverlust	Gesammt-stickstoff	Ammoniak-stickstoff
Am 6. Juni:				
Flüssigkeit aus dem Mischgefäss . .	2745	1467	451	257
Dieselbe Flüssigkeit decantirt . . .	1620	458	264	165
Flüssigkeit aus der offenen Rinne (nach Zus. d. Chemik.)	6072	2468	423	199
Dieselbe Flüssigkeit decantirt . . .	2429	40	236	157
Geklärte Flüssigk. a. d. Absitzkast. No. 2	1895	52	232	118
Aus dem Torffilter abfliessende Flüssigk.	1408	248	186	151
Am 4. Juni:				
Geklärte Flüssigk. a. d. Absitzkast. No. 3	2078	88	309	122
Aus d. Schlammkasten abfliess. Flüssigk.	2757	615	321	112

Feste Producte von der am 4. und 6. verarbeiteten Jauche:

	Wasser Proc.	Glühverlust Proc.	Gesammt-stickstoff Proc.	Ammoniak-stickstoff Proc.
Schlamm aus dem Absitzkasten No. 2	70,79	49,75	4,91	0,62
Schlamm aus dem Schlammkasten . .	69,53	43,19	7,16	0,64
Gemisch von Schlamm und Torf aus dem Schlammkasten	78,66	70,71	5,15	0,72
Torf aus dem Torffilter	72,15	90,83	5,19	0,25
Poudrette	32,39	56,01	5,57	0,21
Ungebrauchter Torf	16,65	90,89	3,09	0,06

Dabei war auf 1 cbm Abwasser verwendet:

2,25 k Kalk in 101 *l* Wasser vertheilt
0,225 - Magnesiumsulfat in 24 *l* Wasser gelöst
1,00 - Lahnphosphat - 48 - - -
0,45 - Chlormagnesium - 24 - - -

Es wurde besonders Werth darauf gelegt, dass das Verhältniss zwischen Kalk, Magnesiumchlorid und Magnesiumsulfat wie 10 : 2 : 1 betrage, und dass, wenn wegen grösserer Concentration der Jauche eine concentrirtere Kalkmilch (bis 2,5 k auf 1 cbm) zugesetzt werden musste, auch der Zusatz der beiden Magnesiumsalze in den angegebenen Verhältnissen zu erhöhen sei, während der Phosphatzusatz unverändert bleiben könne.

Die Mischung der Jauche mit diesen Chemikalien geschah nun in der Weise, dass ein Messgefäss (Schwinghahn), welches bei jeder Entleerung 1,04 *l* Jauche aus dem grossen Mischbehälter lieferte, in vier Entleerungen 4,16 *l* Jauche in die erste Abtheilung der geschlossenen Rinne ergoss, während durch gleichzeitig nur einmal in Bewegung gesetzte Schöpfbecher aus den Chemikalienbehältern der Reihe nach:

0,42 *l* der Kalkmilch mit etwa 9 g Kalk,
0,10 - Magnesiumsulfatlösung mit 0,9 g Magnesiumsulfat,
0,20 - Phosphatlösung mit etwa 4 g Phosphat,
0,10 - Magnesiumchloridlösung mit 1,8 g Magnesiumchlorid,

hinzugefügt wurden. Die Dauer der Mischung betrug nach den erhaltenen Angaben für die:

Kalkmilch	23 Secunden
Magnesiumsulfatlösung	21 -
Phosphatlösung	19 -
Chlormagnesiumlösung	17 -

Das Volumen der ursprünglichen Flüssigkeit erfährt durch den Zusatz der Chemikalien eine Zunahme im Verhältniss von 100 : 120.

Die bakteriologische Untersuchung ergab in 1 cc entwicklungsfähige Keime:

Am 6. Juni verarbeitete Jauche:	
Flüssigkeit aus dem Spülcloset	15 Millionen
Flüssigkeit aus dem Mischgefäss. . . .	25 -
Flüssigkeit aus der offenen Rinne (nach Zusatz der Chemikalien)	36 000 b. 600 000
Geklärte Flüssigkeit aus dem Absitzkasten No. 2	500
Aus dem Torffilter abfliessende Flüssigkeit	120 000
Am 4. Juni verarbeitete Jauche:	
Aus dem Schlammkasten abfliessende Flüssigkeit	130 000
Feste Producte von der am 4. und 6. Juni verarbeiteten Jauche:	
Schlamm aus dem Absitzkasten No. 2 . .	450 000
Schlamm aus dem Schlammkasten . . .	60 000
Gemisch von Schlamm und Torf aus dem Schlammkasten (in 1 g).	15 Millionen
Torf aus dem Torffilter (in 1 g)	70 b. 400 Millionen
Poudrette (in 1 g).	2 Millionen
Ungebrauchter Torf (in 1 g)	20 -

Die mit dem Schlamm niedergeschlagenen Bakterien sind also nur theilweise getödtet, auch durch Trocknen der Poudrette wird nur ein Theil getödtet; das Torffilter ist ein böser Fäulnissherd.

Eine zweite Versuchsreihe, bei welcher die Flüssigkeit nach jedem Zusatz untersucht wurde, ergab:

	Nicht decantirte Flüssigkeit				Decantirte Flüssigkeit				
	Rückstand	Glühverlust	Gesammtstickstoff	Ammoniakstickstoff	Rückstand	Glühverlust	Gesammtstickstoff	Ammoniakstickstoff	Chlorgehalt
1	4517	2669	708	319	2408	1067	508	67	262
2	6565	2270	549	132	2726	574	428	127	—
3	7702	2681	586	146	2727	665	418	115	—
4	7575	3364	535	188	2429	212	428	77	—
5	8601	3410	514	175	2444	290	379	45	—
6	4498	2660	643	310	2410	1001	415	59	250

1. Jauche aus dem Mischgefäss bei Beginn des Versuches.
2. Nach Zusatz von Kalk.
3. Nach Zusatz von Kalk und Magnesiumsulfat.
4. Nach Zusatz von Kalk, Magnesiumsulfat und Phosphat.
5. Nach Zusatz von Kalk, Magnesiumsulfat, Phosphat und Magnesiumchlorid.
6. Jauche aus dem Mischgefäss am Ende des Versuches.

Hier, wie auch bei dem vorigen Versuch (S. 109), ist der Glühverlust nicht zuverlässig, da grosse Mengen flüchtiger Stoffe beim Abdampfen entwichen. Beachtenswerth ist das Anwachsen des Ammoniaks auf's Doppelte durch Zusatz von Kalk. Berücksichtigt man die Verdünnung durch die Reagentien, so ist die — übrigens nicht bedeutende — Abscheidung der stickstoffhaltigen Stoffe wesentlich dem Kalk zuzuschreiben; die übrigen Zusätze befördern nur das Absitzen des Niederschlages. Da die Endflüssigkeit noch ziemlich viel freien Kalk enthielt, so kann sich wohl kein Ammoniummagnesiumphosphat ausgeschieden haben; die Ammoniakabnahme ist daher nicht aufgeklärt. Entwicklungsfähige Keime enthielt je 1 cc.:

	Klare, obenstehende Flüssigkeit	Umgeschüttelte Gesammtflüssigkeit
a. Ursprüngliche Jauche	—	15 000 000
b. Nach Zusatz von Kalk	180 000	350 000
c. Nach Zusatz b u. Magnesiumsulfat	90 000	1 500 000
d. Nach Zusatz c u. Phosphat . . .	60 000	4 500 000
e. Nach Zusatz d u. Magnesiumchlorid	1 200	4 500 000

Die geklärte Flüssigkeit enthielt also um so weniger Keime, je mehr Reagentien zugesetzt waren, die gefällten Keime waren aber nur theilweise abgetödtet, und zwar um so weniger, je mehr der überschüssige Kalk durch Magnesiasalze und Phosphat abgestumpft und so an der allmählichen Abtödtung der Bakterien im Niederschlage gehindert wurde.

Beim Aufbewahren der Flüssigkeiten in verschlossener Flasche enthielten sie entwicklungsfähige Keime:

Keimgehalt in 1 cc nach	1 Tag	6 Tagen	20 Tagen
Flüssigkeit aus der offenen Rinne	36000	200	1050
Flüssigkeit a. d. Absitzkasten (vollkommen klar)	500	34	15
Flüssigkeit a. einem anderen Absitzkasten (noch nicht vollk. abges.)	66000	900	15
Flüssigkeit aus dem Torffilter abfliessend . .	120000	30000000	12000000
Flüssigkeit aus dem Schlammkasten abfliessend	130000	240000	1225000

In offenen Schalen bei 15° aufgestellt, enthielt die Klärflüssigkeit aus einem Absitzkasten und die aus dem Torffilter abfliessende für sich, 10fach und 10000fach verdünnt:

Keimgehalt in 1 cc nach	1 Tag	2 Tagen	6 Tagen	24 Tagen
Aus dem Absitzkasten .	60	2400	12000000	1500000
10fach verdünnt . .	120000	2000000	10000000	250000
10000fach verdünnt . .	140000	zerfl.	50000	120000
Aus dem Torffilter . .	120000	6000000	22500000	7500000
10fach verdünnt . .	40000	600000	3000000	135500
10000fach verdünnt . .	24000	36000	30000	

Sobald also der freie Kalk durch atmosphärische Kohlensäure oder durch Verdünnung in seiner Wirkung geschwächt wird, tritt die Bakterienentwicklung wieder ein, bis endlich die Nährstoffe erschöpft sind.

Es wurde nun noch eine Versuchsreihe mit Jauche in möglichst frischem Zustande ausgeführt:

Flüssigkeiten	Rückstand	Glühverlust	Asche	Gesammt-stickstoff	Ammoniak-stickstoff	Kalk
Flüssigkeit aus dem Mischgefäss . . .	3144	1866	1278	490	70	140
Dieselbe, decantirt	2045	1403	642	355	61	118
Flüssigkeit a. d. off. Rinne (nach Zus. d. Chem.	6351	2144	4207	494	73	1822
Dieselbe, decantirt	2358	532	1826	240	48	617
Geklärte Flüssigkeit aus dem Absitzkasten	2264	505	1759	284	58	617
Aus d. Torffilter abfliessende Flüssigkeit	1849	473	1376	226	43	356
Aus d. Schlammkasten abfliessende Flüssigk.	1972	608	1364	226	40	273

Feste Producte	Wassergehalt Proc.	Berechnet in Proc. d. Trockensubstanz Glühverlust	Asche	Gesammtstickstoff	Ammoniakstickstoff	Kalk
Schlamm a. d. Absitzkasten	57,22	47,94	52,06	1,44	0,35	25,57
Schlamm a. d. Schlammkasten	82,29	45,74	54,26	2,56	0,51	25,97
Torf aus dem Torffilter	73,42	83,41	16,56	5,19	0,24	8,01
Poudrette	12,66	64,73	35,27	2,58	0,08	18,56
Ungebrauchter Torf	20,95	90,95	9,05	3,27	0,07	4,95

Die Bestimmung der entwicklungsfähigen Keime in 1 cc ergab:

Flüssigkeit aus dem Mischgefäss	20 Millionen
Flüssigkeit aus der offenen Rinne (nach dem Chemikalienzusatz)	6 -
Geklärte Flüssigkeit a. d. Absitzkasten	100
Aus dem Torffilter abfliessende Flüssigkeit	120 000
Aus dem Schlammkasten abfliessende Flüssigkeit	115 000
Schlamm aus dem Absitzkasten	30 000
Schlamm aus dem Schlammkasten	500 000
Torf aus dem Torffilter	30 Millionen
Poudrette	12 -
Ungebrauchter Torf	90 000

Die gleichzeitig ausgeführte Untersuchung der Jaucheflüssigkeit nach jedem einzelnen Zusatz ergab für die Gesammtflüssigkeit und nach dem Absetzen folgende Gehalte:

	Nicht decantirte Flüssigkeit						Decantirte Flüssigkeit					
	Rückstand	Glühverlust	Asche	Gesammtstickstoff	Ammoniakstickstoff	Kalk	Rückstand	Glühverlust	Asche	Gesammtstickstoff	Ammoniakstickstoff	Kalk
1	3144	1866	1278	490	70	140	2045	1403	642	355	61	118
2	7027	2325	4702	391	52	3294	2265	593	1672	257	41	613
3	7073	2692	4381	386	46	3309	2135	686	1449	259	37	534
4	6735	2490	4245	390	46	3877	2288	791	1497	241	23	559
5	8060	2638	5422	389	47	3889	2368	816	1552	231	26	509
6	3290	1902	1388	510	77	125	2120	1440	680	405	68	111

1. Jauche aus dem Mischgefäss bei Beginn des Versuchs.
2. Nach Zusatz von Kalk.
3. Nach Zusatz von Kalk und Magnesiumsulfat.
4. Nach Zusatz von Kalk, Magnesiumsulfat und Phosphat.
5. Nach Zusatz von Kalk, Magnesiumsulfat, Phosphat und Magnesiumchlorid.
6. Jauche aus dem Mischgefäss am Ende des Versuches.

Darnach war auch bei dieser Versuchsreihe die Zusammensetzung der Flüssigkeit nicht gleichbleibend; soviel geht aber doch daraus hervor, dass die Verminderung der organischen Stoffe bez. des Gesammtstickstoffes lediglich durch den Kalk bewirkt wird; die übrigen Stoffe beschleunigen nur die Klärung. Dieses bestätigt auch die Keimzählung in sofort untersuchten Proben:

Jaucheflüssigkeit	20 Millionen
Nach Zusatz von Kalk	5 -
Kalk und Magnesiumsulfat .	6 -
desgl. und Phosphat . . .	6 -
sämmtl. Chemikalien (entspr. Inhalt der offnen Rinne) .	6 -

Proben sofort und nach einigem Stehen untersucht ergaben:

	Keimgehalt in 1 cc nach			
	Sofort nach d. Entnahme Millionen	10 Minuten	$1^1/_2$ Stunden	24 Stunden
Ursprüngliche Jauche	20	—	—	—
Nach Zusatz von:				
Kalk	9	700000	60 000	1 000
Kalk und Magnesiumsulfat	9	1000000	75 000	3 000
Kalk, Magnesiumsulfat und Phosphat .	9	1500000	75 000	zerflossen
Kalk, Magnesiumsulfat, Phosphat und Magnesiumchlorid	9	1000000	500 000	120 000

Letztere Probe enthielt nach 10 Tagen wieder unzählige Keime. Die Magnesiumverbindungen vermindern also die bakterientödtende Wirkung des Kalkes. Weitere Versuche mit Jaucheflüssigkeit, welche 9 Millionen Keime enthielt, ergaben bei Zusatz von 0,1 Proc. Kalk nach 10 Minuten 4 Millionen, nach 1 Stunde 300 Keime, bei 1 Proc. Kalk nach 10 Minuten keimfrei. Magnesiumsalze allein zeigten selbst bei Verwendung von 5 Proc. keinerlei Wirkung auf den Keimgehalt.

3. Berieselung. Es ist hier nicht der Ort, auf die Technik der Berieselung ausführlicher einzugehen, da dies Sache des Culturingenieurs und des Landwirthes ist; es muss daher jeder, der sich über dieselbe genauer unterrichten will, auf die Arbeiten von Dünkelberg[46]), Fegebeutel[47]), Ronna[48]) u. A. verwiesen werden.

Die erste Berieselungsanlage mit städtischem Kanalwasser wurde in Bunzlau i. Schl., und zwar i. J. 1559 angelegt[49]). Jetzt ist die

[46]) Dünkelberg: Die Technik der Berieselung mit städtischem Kanalwasser (Bonn 1876).

[47]) Fegebeutel: Die Kanalwasserbewässerung in Deutschland (Danzig 1874). Derselbe, Die Kanalwasserbewässerung in England (Danzig 1870).

[48]) Ronna: Égouts et irrigations (Paris 1872).

[49]) Fischer: Verwerthung der städtischen und Industrie-Abfallstoffe S. 178. Fischer's Jahresb. 1883, 1188.

Berieselung am weitesten in England verbreitet[50]). Die Ergebnisse derselben, soweit sie durch die mehrfach erwähnte Commission festgestellt wurden, hat Verf. in der Tabelle auf S. 116 u. 117, kurz zusammengestellt.

Bemerkenswerth sind die Untersuchungen der Commission über die Wirkung der Berieselung zu den verschiedenen Jahreszeiten:

Durchschnittswerthe (Milligramm im Liter)	Gesammtgehalt an löslichen Stoffen	Org. Kohlenstoff	Org. Stickstoff	Ammoniak	Stickstoff als Nitrate und Nitrite	Gesammtstickstoff	Chlor
Norwood vor der Berieselung	949	39,7	15,9	60,3	0	65,5	86,6
- nach - - Frühling .	881	15,0	3,0	8,2	2,2	11,9	83,7
- - - - Sommer .	886	18,8	3,1	4,6	6,6	13,6	110,3
- - - - Herbst. .	870	13,5	2,0	8,4	7,3	16,3	89,4
- - - - Winter .	870	12,7	2,7	8,8	3,1	12,6	77,1
- - sieben Nächten Frost . .	888	13,6	4,1	11,5	1,6	15,3	88,4
Croydon vor der Berieselung	457	25,1	10,5	30,1	0	35,3	42,3
- nach - - Frühling .	354	5,9	1,0	0,7	2,3	3,9	23,2
- - - - Sommer .	354	6,1	1,3	0,7	1,6	3,0	25,7
- - - - Herbst. .	431	6,9	1,4	1,9	5,9	7,9	32,3
- - - - Winter .	406	6,1	1,5	2,0	5,3	8,5	27,2
- - sieben Nächten Frost . .	456	5,9	2,4	3,7	4,5	9,9	28,8

Darnach beeinflusste weniger die Jahreszeit als die Concentration des Kanalwassers seine Reinigung.

Eine Braunschweiger Commission hat im September 1879 die Rieselfelder von Croydon, Leamington und Abingdon besucht; der Bericht[51]) ist günstig. Die Ausdünstung der Rieselfelder war beim Besuche der Braunschweiger Commission nur in unmittelbarer Nähe unter Rieselwasser stehender Ländereien oder eben leer gewordener Gräben bemerkbar, sonst war die Luft rein und geruchlos und hielt die Einwohner Croydons nicht ab, ihre Spazierfahrten durch die Anlagen zu machen. Unmittelbar an die Farm angrenzend sind Villen

[*Fortsetzung auf S. 118.*]

---

50) A. Bürkli-Ziegler und A. Hafter: Bericht über den Besuch einer Anzahl Berieselungsanlagen in England und Paris (Zürich 1875). Fegebeutel: Die Kanalwasserbewässerung in England (Danzig 1870). Reinigung und Bewässerung Berlins, Anhang S. 137. Project für eine Berieselungsanlage bei Zürich, Actenstücke (Zürich 1876); Fischer's Jahresb. 1880, 743; 1885, 1191.

51) Mitgau: Bericht über Städtereinigung S. 31. Ferd. Fischer: Die menschlichen Abfallstoffe S. 136.

	Einwohner, deren Abwasser zur Berieselung verwendet wird	Fläche, die berieselt wird, in ha	Menge des jährlichen Rieselwassers cbm	Jährl. Rieselhöhe m	Ertrag für 1 ha	Beschaffenheit des Rieselfeldes	Bewachsen mit	Durch die Berieselung werden entfernt Proc. Durchschnitt organ. Kohlenst.	organ. Stickstoff	susp. org. Stoffe
Edinburgh	80 000	92	—	4 und darüber	bis 2093 M.	Sand- und Thonboden	Raygras	45	81	85
Lodge-Farm bei Barking	—	22,7	300 430	1,32	155 Tonnen Raygras	Kiesboden	Gras, etwas Weizen, Gemüse	66	86	100
Aldershot-Lager	7 000 Erwachsene	33	255 500	0,8 für die Wiesen	1000 M.	unfruchtbarer Sand	Gras und Gemüse	81	85	94
Carlisle	—	40	—	—	—	leichter Lehmboden	Gras	78	60	100
Penrith	8 000	32	—	—	—	desgl.	Gras	75	77	100
Rugby	8 000	26	328 000	1,2	500 M.	sandiger Bod. auf zähem Thonboden	italien. Raygras	72	93	96
Banbury	11 000	54	—	1	500 M.	dichter Thonboden	italien. Raygras	76	86	93
Warwick	9 500	40	1 000 000	2,5	—	desgl.	Raygras	72	90	100
Worthing	7 600	40	635 000	1,5	—	lockerer Lehmboden	Raygras und Getreide	43	84	100
Bedford	15 000	20	900 000	4,5	—	leichter Kiesboden	Raygras und Gemüse	72	81	100
Norwood	4 000	12	—	—	1250 M.	tieflieg. Thonboden	Raygras	65	75	100
Croydon	30 000 bis 40 000	104	6 000 000	—	1500 bis 2000 M.	Kiesboden	Raygras und Gemüse	67	92	100

Datum		Zusammensetzung des Kanalwassers vor (I) und nach der Berieselung (II). 1 Liter enthält Milligramm: Gelöst: organ. Kohlenstoff	organ. Stickst.	Ammon	Stickst. als Nitrat und Nitrite	Ges. Stickst.	Suspendirt: Gesammt	organ. Stoffe	Bemerkungen
16. April 1869	(I)	61	36	95	0	114	394	281	Trotz der mangelhaften Anlage hoher Geldertrag.
	(II)	33	7	20	0	23	55	42	
23. Juni 1869	(I)	26	17	40	0	51	463	278	Von der Metropolis-Sewage-Company zur Verwerthung von Londoner Kanalwasser im Jahre 1866 angelegt. Beetsystem. Drainirt.
	(II)	9	2	4	25	31	Spur	Spur	
16. Juli 1869	(I)	59	21	90	0	95	210	143	Blackburn hat das Kanalwasser des Aldershot-Lagers gepachtet. Einzelne Theile des Rieselfeldes sind an benachbarte Landwirthe zu 1000 M. für 1 ha verpachtet.
	(II)	7	1	5	12	17	13	7	
1. Mai 1868	(I)	163	27	130	0	134	232	179	
	(II)	5	1	6	13	20	4	0	
23. Sept. 1868	(I)	27	5	19	0	21	99	46	Nicht drainirt, mangelhafte Anlage.
	(II)	6	2	0	0	2	0	0	
24. Sept. 1868	(I)	51	19	104	0	105	178	119	Drainirt. Abflusswasser durch Grundwasser verdünnt.
	(II)	3	1	0	0	1	0	0	
13. Juli 1869	(I)	55	23	73	0	83	124	90	Vom Gesundheitsamt gepachtet. Eine Fläche davon ist zu 500 M. für 1 ha wieder verpachtet.
	(II)	15	2	4	0	5	12	4	
14. Juli 1869	(I)	83	24	67	0	79	297	201	Zu 225 M. für 1 ha gepachtet. Gesammteinnahme für 1869: 26470 M.; Gesammtausgabe 24614 M.
	(II)	10	2	7	7	15	17	8	
14. Juli 1869	(I)	51	17	24	0	37	60	34	Das Wasser fliesst nur über die Oberfläche.
	(II)	15	2	8	1	10	Spur	Spur	
15. Juli 1869	(I)	23	20	37	0	51	66	47	1869 betrugen die Einnahmen 37360 M., die Ausgaben 21610 M. Das Wasser fliesst oberflächlich ab.
	(II)	13	3	6	2	11	Spur	Spur	
24. Juli 1869	(I)	23	13	31	0	39	218	137	Das Kanalwasser ist stark durch Grundwasser aus Bedford verdünnt. Gesammteinnahme für 1869: 13386 M.; Ausgabe 11994 M.
	(II)	6	0	1	5	6	0	0	
12. März 1869	(I)	54	23	90	0	97	190	150	Vor der Berieselung war 1 ha zu 45 M. verpachtet. Drainirt.
	(II)	13	2	10	4	14	Spur	Spur	
30. Dec. 1869	(I)	29	13	27	0	35	146	109	
	(II)	8	1	5	7	12	Spur	Spur	

gebaut, auch liegt neben derselben ein Waisenhaus mit 200 Kindern, in welchem seit drei Jahren kein Kind gestorben ist.

Grössere Rieselanlagen haben in Deutschland die Städte Danzig, Breslau und Berlin.

In Danzig[52]) wird seit 1872 das Kanalwasser durch ein 3170 m langes eisernes Rohr nach dem Dünengebiet bei Weichselmünde gepumpt. Bei dem Besuche des Verf. in Danzig (23. Juli 1874) waren etwa 130 ha geebnet und mit Rüben, Hafer, Raps, Tabak, Hanf, Mais, Buchweizen, Kümmel, eine kleinere Fläche mit Erbsen, Gurken, Kohl und anderen Gemüsen bepflanzt. Alles stand vortrefflich; von einem fauligen Cloakengeruch war, trotz der Julihitze und obgleich nur die Furchenbewässerung und Einstauung angewendet werden, nichts zu bemerken. In gleicher Weise sprechen sich E. Reichardt[53]), eine städtische Commission von Breslau[54]), München[55]) und Frankfurt[56]), Dünkelberg[57]), Lissauer[58]) aus.

Nach O. Helm[59]) enthielt eine an sieben hinter einander folgenden Tagen (Juli 1875) aus den Kanälen geschöpfte Durchschnittsprobe des Kanalwassers (mg im Liter):

	Kanalwasser	
	gelöst	suspendirt
Gesammtgehalt	683	582
Organisches	161	356
Kieselsäure	18	128
Kalk	111	27
Magnesia	14	1
Kali	44	—
Natron	88	—
Schwefelsäure	24	—
Chlor	70	—
Phosphorsäure	3	17
Stickstoff als Ammoniak	53	—
- - Salpetersäure	0	—
- organisch	11,6	
Gesammtstickstoff	64,8	

52) Wiebe: Die Reinigung und Entwässerung der Stadt Danzig (Berlin 1865). Wasserleitung, Kanalisation und Rieselfelder von Danzig (Danzig 1874); Ferd. Fischer: Die menschlichen Abfallstoffe S. 148.

53) Arch. d. Pharm. 207 S. 530.

54) Bericht der städtischen Commission von Breslau über die Kanalisation der Stadt Danzig (Juni 1874).

55) Bericht der Münchener Commission über die Besichtigung der Kanalisations- und Berieselungsanlagen (München 1879) S. 55.

56) Die Rieselfelderanlagen in Danzig, Berlin und Paris (Frankfurt a. M. 1879).

57) Viertelj. f. öff. Gesundheitspflege 1875 S. 39.

58) Ebendas. 1875 S. 87; 1876 S. 569.

59) Arch. d. Pharm. 207 S. 513; Viertelj. f. öff. Gesundheitspflege 1875 S. 721.

Das abfliessende Rieselwasser enthielt am 5. und 18. Juli 1875 10,7 und 11,9 mg Ammoniak, 86 und 84 mg organische Stoffe, aber keine Salpetersäure und Salpetrigsäure und nur Spuren von Phosphorsäure. Das Wasser setzt einen feinen, braunrothen Schlamm ab, welcher enthält:

Organische Stoffe	59,1
Eisenoxyd	23,3
Kieselerde und Sand	15,4
Calciumcarbonat	0,9
Thonerde	1,3

Unter den organischen Stoffen fand sich namentlich die weit verbreitete Alge Leptothrix ochracea und braune Fäden, welche unter dem Namen Stereonema als Alge beschrieben wurden, thatsächlich aber die Stiele eines geselligen Infusoriums, Anthophysa Mülleri, darstellen. Die braune Trübung des abfliessenden Wassers ist eine Folge des Fuchssandes. Neuere Analysen fehlen leider. Die selbstverständlich auch von diesen Anlagen gemachten Behauptungen, dass sie Krankheiten verbreiteten, sind von Lissauer u. A.[60]) widerlegt.

Die Rieselanlagen der Stadt Breslau[61]) zu Oswitz und Ransern umfassen 1276 ha, wovon etwa 689 ha berieselbar sind. Das Wasser wird durch ein 1400 m langes und 0,9 m weites Rohr nach den Rieselfeldern gepumpt. Die Pumpstation mit 2 je 60pferd. Dampfmaschinen wäre auch erforderlich, wenn das Kanalwasser nicht zur Berieselung verwendet, sondern in den Strom geleitet werden sollte, weil bei Hochwasser einige Stadttheile, welche nur durch Dämme gegen Überfluthung geschützt sind, durch den Rückstau des Wassers überschwemmt werden würden. Die Rieselfelder umfassen jetzt etwa 660 ha[62]). Nach den Analysen von B. Fischer enthielt das Wasser aus dem Sandfange der Pumpstation am Zehndelberge (I) und das gleichzeitig aus dem Hauptentwässerungsgraben der Rieselfelder entnommene gereinigte Wasser mg im Liter:

---

60) Viertelj. f. öff. Gesundheitspflege 1875 S. 736; Berichte der Choleracommission des deutschen Reichs. Das Auftreten und der Verlauf der Cholera in den preussischen Provinzen Posen und Preussen, Mai bis September 1873. Prof. Dr. A. Hirsch: Verbreitung durch Trinkwasser S. 41.

61) Ferd. Fischer: Die menschlichen Abfallstoffe S. 152; Festschrift zur Feier der 29. Hauptversammlung des Vereins deutscher Ingenieure 1888 in Breslau. Zft. f. angew. Chem. 1889, 154. Dingl. 247, 460.

62) Über die Kosten machte Kaumann auf der Versammlung des Deutschen Vereins für öffentliche Gesundheitspflege in Breslau 1886 folgende Angaben: Die Kosten der Kanalisation Breslaus einschl. der Aptirung der Rieselfelder bis zur vollständigen Fertigstellung dieser Anlagen werden die Höhe von 6000000 M.

[Fortsetzung auf S. 121.]

mg im Liter	9. April 1889		11. Juni 1889		9. Juli 1889		13. Aug. 1889		17. Sept. 1889		8. Oct. 1889		12. Nov. 1889		10. Dec. 1889		14. Jan. 1890		11. Feb. 1890		11. März 1890	
	I	II	I	II	I	II	I	II	I	II	I	II	I	II	I	II	I	II	I	II	I	II
Suspendirte Stoffe bei 100°	357	17	255	18	437	9	375	12	968	15	499	9	464	12	142	40	532	16	973	15	522	19
Organische	257	—	176	—	324	—	264	—	387	—	236	—	432	—	843	—	492	—	732	—	414	—
Gelöste Stoffe bei 180° .	709	430	741	475	890	467	784	495	343	469	522	471	733	451	896	456	741	497	863	498	876	482
Organische	243	63	280	71	338	122	268	90	103	61	172	76	176	122	212	47	219	98	357	68	288	50
Ammoniak	100	4	92	3	137	3	82	5	27	3	100	3	112	1	137	2	102	2	107	2	137	5
Chlor	132	72	156	87	171	88	166	92	53	91	103	90	152	80	188	85	169	87	167	94	185	89
Schwefelsäure	94	104	44	103	42	105	61	104	26	93	38	97	86	108	90	115	98	112	78	112	81	107
Phosphorsäure	23	—	25	—	31	—	21	—	12	—	11	—	28	—	28	—	9	—	38	—	36	—
Kalk	84	94	85	78	87	92	75	85	63	92	64	76	113	92	102	87	112	103	70	85	70	88
Magnesia.	14	13	15	18	13	19	21	19	13	19	12	19	24	20	27	48	21	23	20	13	37	21
Permanganatverbrauch .	189	8	189	12	185	138	189	19	10	19	132	15	219	15	259	9	183	9	241	14	241	17
Salpetersäure	0	0	0	Spur	0	Spur	0	Spur	0	Spur	—	20	—	21	0	14	0	18	0	13	0	4
Salpetrigsäure	0	Spur	0	Spur	0	Spur	0	0	0	Spur	—	—	—	0	0	0	0	Spur	0	Spur	0	Spur

R. Klopsch[63]) fand einige Jahre früher:

	Spüljauche mg	Drainwasser mg
Eindampfrückstand	1161,5	561,5
Glührückstand	650,6	461,4
Glühverlust	510,9	100,1
Stickstoff als Ammoniak	56,6	3,0
Stickstoff als Albuminoidammoniak	38,0	0,8
Stickstoff als Salpetersäure	0,0	24,8
Stickstoff als Salpetrigsäure	0,0	1,8
Gesammtstickstoff	94,6	30,5
Zur Oxydation der organischen Substanz verbrauchter Sauerstoff	—	29,4
Schwefelsäure	67,4	80,8
Chlor	130,7	97,3
Phosphorsäure	23,1	Spur
Kali	60,4	15,8
Natron	115,6	95,6
Kalk	77,8	102,7
Magnesia	21,8	19,1

Die Rieselfelder Berlins[64]) umfassen jetzt[65]) 4457,86 ha, davon waren im letzten Jahre:

---

kaum erreichen, das ergibt für den Einwohner 20 M., davon 6 Proc. für Verzinsung und Amortisation gibt 1,2 M., dazu die Unterhaltungskosten mit 0,3 M. erfordert für den Kopf jährlich für Verzinsung, Amortisationen und Betrieb der ganzen Anlage 1,5 M., also für 400 Einwohner, die hier etwa auf 1 ha zu rechnen sind, 600 M., wovon schon jetzt mindestens 100 M. durch die Verpachtung der Rieselfelder gedeckt werden, sodass für Einwohner und Jahr höchstens 1,25 M. verbleiben für alle übrigen Vortheile, die ihm die Schwemmkanalisation bietet.

63) Landw. Jahrbücher 1885, 109.

64) Reinigung und Entwässerung Berlins (Berlin, Hirschwald). Heft I bis III: Bericht über das Süvern'sche und Lenk'sche Desinfectionsmittel. Heft IV: Düngungs- und Berieselungsversuche. Heft V: Berliner Grundwasserverhältnisse. Heft VI: Berieselungsversuche. Heft VII: Berieselungsversuche. Heft VIII: Berieselungsversuche. Heft IX: Trockenclosets. Heft X: Berieselungsversuche. Heft XI: Geognostische Verhältnisse. Reinigung und Entwässerung Berlins, Generalbericht von Virchow, 1873; — Ferd. Fischer: Die menschlichen Abfallstoffe, ihre praktische Beseitigung und landwirthschaftliche Verwerthung (Braunschweig 1882) S. 153.

65) Bericht der Deputation für die Verwaltung der Kanalisationswerke für 1. Apr. 1889 bis 31. März 1890 (Berlin 1890).

	In Selbstbewirthschaftung	Verpachtet	Ertraglos[66])
Aptirtes Land	2401,21	764,90	47,80
Nicht aptirt	347,92	134,98	761,05
	2749,13	899,88	808,85.

Die 764,9 ha aptirtes und berieseltes Land sind an 526 Pächter zu durchschnittlich 212,95 M. für 1 ha verpachtet, während das nicht aptirte Land nur 87 Mark für Pacht jede ha einbrachte. Ausserdem bezahlten 70 Besitzer benachbarter Ländereien für die Überlassung von Rieselwasser 4878 Mark, wohl der beste Beweis, dass das Land durch Berieselung nicht verschlechtert wird.

Von den Pumpstationen wurden nach den Rieselgütern folgende Abwassermengen gefördert:

Geförderte Wassermenge nach	Geförderte Wassermenge cbm	Zur Berieselung geeignete Flächen ha	Auf die berieselte Fläche kamen für Jahr und ha cbm	Auf die berieselte Fläche kamen für Tag und qm l
Osdorf	16 280 064	887	18 363	5,03
Grossbeeren	12 617 691	789	16 000	4,38
Falkenberg	9 883 314	736	13 428	3,68
Malchow	10 330 892	1016	10 168	2,78
	49 111 961	3428	14 327	3,92

Die tägliche Rieselhöhe betrug somit im letzten Jahre 3,92 mm, gegen 3,84 mm i. J. 1888/89[67]). Die den vorhandenen 7 Radialsystemen angeschlossenen Grundstücke hatten 1230737 Einwohner, so dass auf jeden Einwohner täglich 109 l kamen und 1 ha Rieselfläche das Abwasser von 360 Personen (gegen 370 im Vorjahre) aufnahm.

Zu den nachfolgenden Analysen ist zu bemerken, dass das Admiralitätsgartenbad jetzt jährlich etwa 2000000 k Chlornatrium in das nach Osdorf entwässernde Radialsystem III liefert. Das Drainwasser von Bassin IV in Osdorf erinnerte an verdünntes Abwasser der Anilinfabrik, welche hierher entwässert[68]).

Das nach den Rieselgütern geförderte Kanalwasser (Spüljauche) hatte 1888/89[69]) folgende Zusammensetzung (mg in Liter):

---

[66]) Wege, Gräben, Gärten, Unland, in Bearbeitung begr. u. dgl.

[67]) Zft. f. angew. Chem. 1890, 380.

[68]) Zft. f. angew. Chem. 1889, 124.

[69]) Die Analysen für 1887/88 finden sich in der Zft. f. angew. Chem. 1889, 125.

	Osdorf		Gross-beeren	Falkenberg		
	14. 6. 88	14. 1. 89	18. 12. 88	17. 7. 88	5. 12. 88	3. 1. 89
Suspendirt:						
Trockenrückstand	444	1019	974	1237	1141	1082
Glühverlust desselben	279	830	719	901	759	720
Phosphorsäure	9	18	14	16	25	7
Gelöst:						
Trockenrückstand	1246	1058	959	1257	1369	1262
Glühverlust desselben	219	304	209	418	413	491
Übermangans. Kali erfordert	278	332	343	328	453	480
Ammoniak u. organ. geb. Ammoniak	78	196	109	92	179	131
Salpetrigsäure	0	0	0	0	0	0
Salpetersäure	0	0	0	0	0	0
Schwefelsäure	101	86	71	57	71	94
Phosphorsäure	22	43	25	22	33	24
Chlor	391	230	210	289	336	209
Kali	54	61	69	79	77	92
Natron	349	203	214	304	291	233

Im letzten Jahre ergaben die Analysen des Kanalwassers:

	Gross-beeren	Osdorf	Osdorf	Mal-chow	Mal-chow	Falkenberg	
	1. 10. 89	30. 9. 89	30. 9. 89	30. 10. 89	1. 2. 90	1. 10. 89	3. 2. 90
Suspendirt:							
Trockenrückstand	865	1866	1283	918	925	6883	925
Glühverlust	542	1063	874	762	673	4466	673
Phosphorsäure	25	36	12	10	15	9	15
Gelöst:							
Trockenrückstand	1007	1058	971	1346	1265	1198	1482
Glühverlust desselben	311	349	286	263	377	405	430
Ubermang. Kali erf.	281	307	291	354	458	408	569
Ammoniak / Organ. gebund. Ammoniak	96	137	116	129	90	140	163
Salpetrigsäure	0	0	0	0	0	0	0
Salpetersäure	0	Spur	0	0	0	Spur	0
Schwefelsäure	50	30	84	119	168	45	60
Phosphorsäure	21	37	37	27	22	34	33
Chlor	244	261	198	191	233	195	385
Kali	54	91	59	71	66	74	87
Natron	239	412	230	399	210	256	323

Darnach ergeben sich im Mittel an düngenden Bestandtheilen im Liter:

	1888/89	1889/90
Phosphorsäure	42 mg	48 mg
Kali	68	71
Ammoniak	131	124

Zu berücksichtigen ist, dass der Stickstoff der suspendirten Stoffe gar nicht, der der gelösten nicht völlig bestimmt ist. Legt man aber diese Zahlen zu Grunde, so wurden im letzten Jahre mit dem Abwasser auf die Rieselgüter geschafft (abgerundet):

	Menge	Werth[70] 1889/90
Ammoniak . .	6150 t	9 000 000 Mk.
Phosphorsäure .	2500	700 000
Kali	3500	1 300 000
		11 000 000

Die Untersuchung der Drainwässer ergab (mg in Liter):

	Wiesen					
	Falkenberg		Osdorf	Osdorf	Grossbeeren	Osdorf
	15. 4. 89	15. 7. 89	30. 4. 89	30. 6. 89	15. 7. 89	6. 9. 89
Trockenrückstand	1090	1346	1017	1441	722	1241
Glühverlust dess.	108	234	139	243	130	151
Übermang. Kali erford.	19	42	27	22	33	32
Ammoniak	0,9	6,4	0,8	0,4	0,9	0,8
Org. geb. Ammoniak	0,6	0,8	0,4	Sp.	0,3	0,4
Salpetrigsäure	4	5	0	0	0	7
Salpetersäure	88	228	180	231	81	146
Phosphorsäure	3	4	2	4	3	Sp.
Chlor	186	223	206	278	189	301
Kali	—	—	—	—	19	—
Natron	—	—	—	—	178	—
Keime in 1 cc	960	9900	14400	2040	297000	24200

	Beetanlagen						
	Malchow	Malchow	Grossbeeren	Falkenberg	Blankenburg	Falkenberg	Osdorf
	15. 4. 89	1. 5. 89	15. 5. 89	15. 5. 89	3. 6. 89	15. 6. 89	8. 7. 89
Trockenrückstand	1001	1053	1260	1089	1441	1442	1114
Glühverlust dess.	116	114	190	121	243	178	171
Übermang. Kali erford. . .	14	16	75	38	22	23	15
Ammoniak.	0,3	0,1	12,8	3,6	0,4	3,2	0,3
Org. geb. Ammoniak . . .	0,4	Sp.	2,0	0,8	Sp.	0,3	Sp.
Salpetrigsäure	0	0	28	7	0	0	0
Salpetersäure.	130	136	118	109	231	215	174
Phosphorsäure	2	3	3	3	4	Sp.	4
Chlor	158	158	187	189	278	214	197
Kali	—	11	—	—	—	—	—
Natron	—	184	—	—	—	—	—
Keime in 1 cc	1096	260	43200	10080	2040	3680	780

[70]) Vgl. S. 60; ferner Zft. f. angew. Chem. 1888, 93; 1890, 64 u. 66.

	Beetanlagen							
	Falkenberg 18. 9. 89	Osdorf 1. 10. 89	Malchow 15. 10. 89	Falkenberg 15. 11. 89	Osdorf 18. 11. 89	Osdorf 2. 12. 89	Wartenberg 2. 12. 89	Malchow 2. 12. 89
Trockenrückstand . .	1387	1425	1245	1113	1134	1130	938	896
Glühverlust dess. . .	147	230	106	110	122	105	74	90
Übermang. Kali erford.	19	43	20	32	36	19	22	24
Ammoniak	1,1	3,6	0,5	2,8	11,2	0,8	2,8	5,6
Organ. geb. Ammoniak	0,3	1,1	0,4	0,4	1,2	0,3	0,4	0,6
Salpetrigsäure . . .	3	15	0	2	9	3	0	4
Salpetersäure . . .	222	238	176	103	54	115	61	53
Phosphorsäure . . .	3	3	4	3	4	4	3	4
Chlor	218	283	214	206	277	280	214	217
Kali	—	—	—	—	—	—	14	—
Natron	—	—	—	—	—	—	227	—
Keime in 1 cc	3200	69120	206	460	6720	4080	82	1760

Diese Analysen, sowie die in früheren Jahren ausgeführten[71]) bestätigen, dass das Wasser viel besser gereinigt wird als durch irgend ein Fällungsverfahren.

Der durchschnittliche Ernteertrag der berieselten Flächen[72]) war 1889/90:

Fruchtart	bestellte Fläche	Gesammt-Durchschnitt: Ernte auf 1 ha		Gesammt-Durchschnitt: Verkaufs- bez. Verbrauchswerth für 1 hk		Gesammt-Durchschnittsertrag für 1 ha
		Körner oder Wurzel	Stroh	Körner oder Wurzel	Stroh	
	ha	k	k	M.	M.	M.
Winterweizen .	108	1546	2210	18,71	3,74	372,06
Winterroggen .	321	1862	2812	17,02	4,36	437,31
Sommerweizen .	267	1148	2075	18,27	4,26	295,99
Sommerroggen .	14	900	2180	13,79	4,05	212,40
Gerste	47	1296	2170	14,10	4,04	269,50
Hafer	391	1299	2662	15,93	3,92	309,66
Winterraps . .	23	1050	4350	28,72	1,00	345,06
Winterrübsen .	44	844	997	27,97	1,18	247,83
Sommerraps . .	25	377	1802	26,38	1,00	116,25
Senf	4	260	1250	20,34	1,00	65,38
Futterrüben . .	266	40523	—	1,20	—	486,57
Möhren . . .	23	39305	—	1,81	—	697,52
Kartoffeln . .	67	15518	—	2,27	—	346,53
Kohl	$40\frac{1}{2}$	14738	—	2,49	—	367,70
Wiesen (Gras) .	665	—	58069	—	0,504	294,41

[71]) Zft. f. angew. Chem. 1889, 124; 1890, 381; Dingl. 240, 460; 247, 460.

[72]) Die Erträge früherer Jahre: Zft. f. angew. Chem. 1889, 124.

In den Alleen standen in dem letzten Berichtsjahre 71128 junge Obstbäume, welche bereits anfangen ertragsfähig zu werden, in den Baumschulen etwa 150000 ein- und mehrjährige Obstbäume und 46000 Stück Rosenwildlinge. Der Erfolg der Rosencultur zur Rosenölgewinnung bei Leipzig[73]) verdient auch für die Rieselfelder Beachtung.

Die Reinerträge der vier Rieselgüter betrug für die Jahre 1. Apr. 1884/90:

	Überschuss M.	Zuschuss M.
1884/85		
Osdorf	—	7 095
Grossbeeren	—	13 657
Falkenberg	38 649	—
Malchow	—	49 933
Summe	38 649	70 685
1885/86		
Osdorf	—	5 070
Grossbeeren	8 440	—
Falkenberg	32 440	—
Malchow	9 080	—
Summe	49 960	5 070
1886/87		
Osdorf	—	13 633
Grossbeeren	21 048	—
Falkenberg	70 738	—
Malchow	75 261	—
Summe	167 047	13 633
1887/1888		
Osdorf	32 754	—
Grossbeeren	15 044	—
Falkenberg	90 006	—
Malchow	72 047	—
Summe	209 851	—
1888/89		
Osdorf	44 767	—
Grossbeeren	20 857	—
Falkenberg	108 501	—
Malchow	63 865	—
Summe	237 990	—
1889/90		
Osdorf	—	15 864
Grossbeeren	9 693	—
Falkenberg	118 725	—
Malchow	82 995	—
Summe	195 549	15 864

[73]) Vgl. Fischer's Jahresb. 1885, 460.

Das Anlagekapital der vier Rieselgüter beträgt bei

Osdorf. . .	4 279 514 M.
Grossbeeren.	2 642 257
Falkenberg .	3 692 137
Malchow . .	5 804 531
	16 418 439

oder für den Kopf der Bevölkerung rund 13 M. Das Anlagekapital wurde durch den vorhin angegebenen Überschuss verzinst i. J. 1888/89 mit 1,43 Proc., 1889/90 (in Folge des schlechten Wetters) mit 1,17 Proc. Es waren somit zu einer ordnungsmässigen Verzinsung etwa 2 Proc. Zuschuss erforderlich, so dass die Reinigung der Abwässer für die Person rund 25 Pfennig kostet[74]).

Die Angriffe gegen diese Rieselfelder von Knauf, Al. Müller, Pieper u. A. sind völlig haltlos[75]).

Auf die kleineren Anlagen vor Bunzlau, Darmstadt u. a. sei verwiesen[76]).

Rieselfelder vor Paris[77]). Auf Veranlassung von Mille wurden in den Jahren 1867 und 1868 auf einem kleinen Felde bei Clichy Versuche gemacht, das Kanalwasser durch Berieselung zu reinigen. Im Juni 1869 wurden diese Versuche ausgedehnt und wurde mittels Centrifugalpumpen ein Theil des Kanalwassers von Clichy 11 m hoch durch eiserne Leitungen in die Ebene von Gennevilliers gepumpt. Während im Jahre 1869 nur 650000, im Jahre 1872 1500000, 1874 schon 8000000 cbm zugeführt wurden, betrug die i. J. 1876 zur Berieselung verwendete Menge bereits 10653420 cbm Kanalwasser. Die Grösse der berieselten Fläche betrug i. J. 1869 6,4 ha, trotz der Unterbrechung durch Krieg und Commune im November 1872 schon 51,2, im August 1874 115,5 und 1877 bereits 330 ha, welche 11756953 cbm aufnahmen. Nach A. Foy[78]) werden zur Zeit auf 700 ha Rieselfläche jährlich 26000000 cbm Abwasser gereinigt. Die Reinigung ist, obwohl etwa 3800 cbm auf 1 ha kommen, so vollständig, dass die Abflusswässer kaum bestimmbare Mengen von Stickstoff enthalten (Analysen sind leider nicht angegeben). Eine Zunahme von Infectionskrankheiten zu Gennevilliers hat während der

---

[74]) Der Betrieb der Strassenentwässerung, Hausanschlüsse, Pumpstationen u. dgl. kostete im letzten Jahr 55 Pf. für die Person.

[75]) Fischer: Die menschlichen Abfallstoffe S. 163.

[76]) Fischer's Jahresb. 1883, 1188; Fischer: Die menschlichen Abfallstoffe S. 165.

[77]) Vgl. Fischer: Die menschlichen Abfallstoffe S. 140.

[78]) Ann. industr. 1889, 91.

18 Jahre in keiner Weise stattgefunden[79]). Fig. 16 zeigt die Anordnung der bewässerten Ländereien. Während 1 ha der nicht berieselten Fläche 90 bis 100 Frcs. Pacht bringt, werden für 1 ha Rieselfläche 400 bis 500 Frcs. bezahlt. 1 ha bringt 60 bis 120 t Luzerne, 100

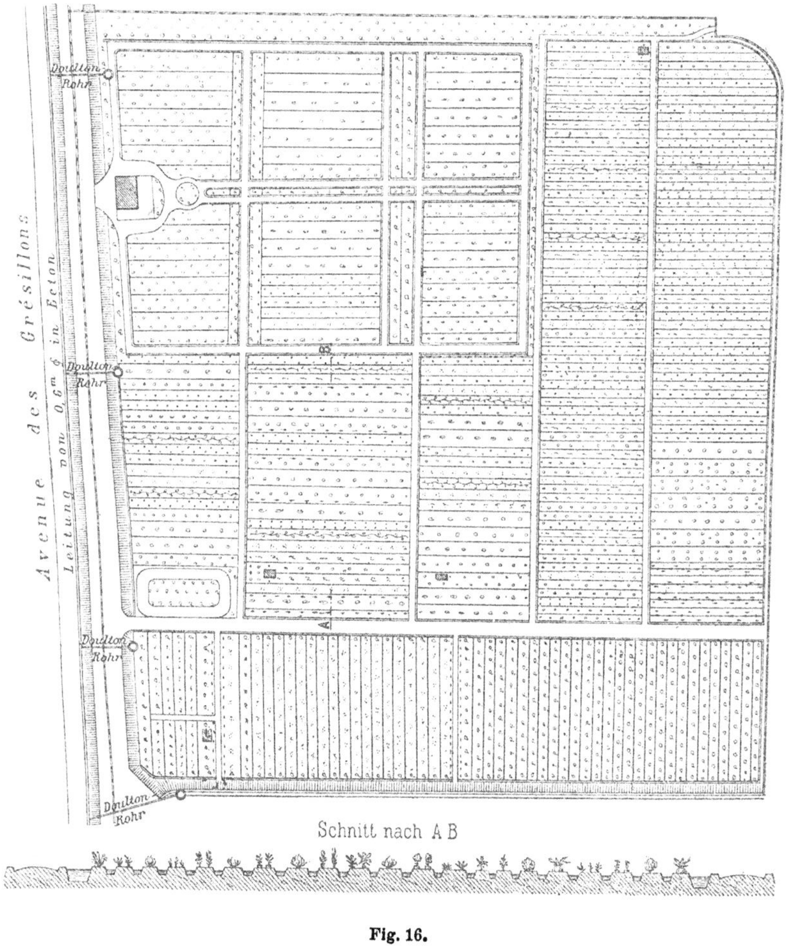

Fig. 16.

bis 130 t Gras, 100 t Rüben, 90 t Kohl, 50 bis 100 t Carotten, 250 bis 300 hl Kartoffeln, 60000 Köpfe Artischocken, 75 t Wermuth oder 40 t Pfefferminze u. s. w. Die Gemüse werden auf Märkten, von

[79]) Vgl. Project für eine Berieselungsanlage bei Zürich S. 36; Deutsche Vierteljahrsschrift f. öff. Gesundheitspflege 1876 S. 512; Eulenburg's Zeitschr. 1878 S. 167; Deutsche Vierteljahrsschrift f. öff. Gesundheitspflege 1877 S. 464; Die Rieselfelderanlagen in Danzig, Berlin und Paris; Reisebericht (Frankfurt a. M. 1879).

Gasthöfen und Krankenhäusern gern gekauft, Pfefferminze und Wermuth von Destillateuren verarbeitet. Der Werth der auf 1 ha gewonnenen Producte beläuft sich auf 1500 bis 3000, in einzelnen Fällen selbst 10000 Frcs. Dem entsprechend empfiehlt auch die Gartenbaucommission[80]) die Berieselung wegen der Menge und Güte der erhaltenen Producte, deren zuträglichen Beschaffenheit und des hohen Geldertrages. Hervorgehoben werden namentlich Kohl, Sellerie, Spinat, Salat, Cichorie, Pfefferminze und Wermuth als vorzüglich geeignet zur Ausnutzung der Kanalwässer. Dabei entzieht Kohl einem Hektar Boden 127, Pastinaken 153 und Runkelrüben 175 k Stickstoff.

Nachdem sich die französische Regierung davon überzeugt hatte[81]), dass die Abwasserreinigung durch Berieselung in jeder Weise vollkommen und empfehlenswerth sei, forderte sie die Pariser Stadtverwaltung auf, die gesammten Abwässer einer Reinigung zu unterwerfen und schrieb hierfür ausdrücklich die Berieselung vor.

J. A. Barral[82]) untersuchte Hafer von Gennevilliers von nicht berieselten und berieselten Flächen:

	Nicht berieselt	Berieselt
Rispengewicht	0,46	1,60 g
Körnerzahl für 1 Rispe	17	64
Gewicht von 100 Körnern	1,90	2,60 g
Gewicht eines mittleren Stengels ohne Rispe . .	0,736	5,616 g
Gewicht eines mittleren Stengels mit Rispe . . .	1,196	7,216 g

Die Bewässerung hat demnach die Stengelhöhe des Hafers verdoppelt, die Körnerzahl nahezu vervierfacht, das Strohgewicht verachtfacht und das Gewicht jedes Kornes fast um ein Drittel erhöht. —

Bemerkenswerth sind noch folgende Versuche über die Wirkung der Berieselung auf die Bestandtheile des Kanalwassers. A. Leplay[83]) hat die Flüssigkeit aus einer grossen Jauchegrube, welche die Abgänge

[80]) Assainissement de la Seine. Rapport de la première sous-commission chargée d'étudier les procédés de culture horticole à l'aide des eaux d'égout (Paris 1878); Société des ingén. civils; séance du 1. avril 1881; Zft. d. Hannov. Architektenver. 1886, 631.

[81]) Der Senat der französischen Republik, welcher über einen Gesetzentwurf, betreffend die landwirthschaftliche Ausnutzung der bisher in die Seine geleiteten Abwässer der Stadt Paris zu beschliessen hatte, schickte anfangs Juli 1888 eine aus 6 Senatoren und verschiedenen Gelehrten sowie Technikern bestehende Commission nach Berlin, um die Berliner Kanalisation und die Rieselfelder zu besichtigen.

[82]) Journ. de l'agric. 1876, 264.

[83]) Compt. rend. 83, 1242.

dreier Haushaltungen, die flüssigen Excremente von 60 Stück Hornvieh, todte Thiere, Regenwasser u. dgl. aufnimmt, auf eine Wiese geleitet und an verschiedenen Stellen untersucht. Nachfolgende analytische Tabelle zeigt die Zusammensetzung dieser Flüssigkeit, wie sie aus der Grube kommt und nachdem sie 35, 80, 95 und 125 m auf der Wiese zurückgelegt hat. 1 cbm derselben enthält in Grammen:

	Ursprüngliche Flüssigkeit	Dieselbe nach der Bewässerung von			
		35 m	80 m	95 m	125 m
Trockenrückstand bei 109°	2070	910	658	514	439
Glührückstand	1312	559	360	308	286
Flüchtige Stoffe	758	351	298	206	153
Unlöslich in Königswasser	163	88	59	39	46
Phosphorsäure	61	16	9	10	6
Eisen, Thonerde	188	64	59	45	33
Kalk	62	45	49	45	38
Magnesia	60	22	20	22	27
Kali	523	157	82	64	59
Nicht bestimmt	255	167	82	83	77
Ammoniak	272	74	26	23	13
Organischer Stickstoff	39	9	8	7	6

Nach den Versuchen von A. Fadejeff und P. A. Gregorieff[84]) wird in den 7 Sommermonaten eine Flüssigkeitsschicht von 3,21 m völlig unschädlich gemacht, im Winter 0,54 bis 0,75 m, zusammen also fast 4 m. Zahlreiche Analysen des zum Berieseln von 6 Versuchsflächen verwendeten Schmutzwassers und des Drainagewassers ergaben folgende höchste und niedrigste Werthe (mg im Liter):

	Abdampfrückstand	Chlor	Ammoniak	Salpetersäure	Organ. Stickstoff	Verbr. Chamäleon
Kloakenflüssigkeit	333 1008	66 136	17 139	4 31	4 27	153 370
Drainagewasser	202 785	8 108	0 12	17 205	0 3	7 101

Im nächsten Abschnitt wird noch mehrfach von Berieselung die Rede sein.

[84]) Fadejeff, Die Unschädlichmachung der städtischen Kloakenauswürfe; übers. v. P. O. J. Menzel (Leipzig 1886).

4. Verunreinigung des Wassers durch Gewerbe und Fabriken.

Sehr oft wird behauptet, die Verunreinigung der Wasserläufe werde wesentlich durch die Industrie verschuldet. Um die Richtigkeit dieser Angabe zu prüfen, ist Art und Menge der von Fabriken und Gewerben gelieferten Abwässer festzustellen.

Bergbau.

Abwasser aus Steinkohlengruben enthält zuweilen erhebliche Mengen — selbst 4 bis 6 Proc. — Kochsalz und kann dadurch recht lästig werden, wenn es in kleine Bäche abgelassen wird.

Poleck[1]) hat gezeigt, dass die Abwässer einer Anzahl von Steinkohlengruben bei Orzesche in Oberschlesien dem kleinen Birawkaflusse freie Schwefelsäure, Ferri- und Ferrosulfat, Spuren von Nickelsulfat und andere Verbindungen zuführten. In dem Flusse und in zwei grossen Teichen, welche von demselben durchflossen werden, bildete sich ein starker Absatz von Eisenoxyd mit etwas Nickel und Mangan. Das Wasser des Flusses und der Teiche reagirte sauer und war weder zum Trinken noch zum Kochen und Waschen verwendbar; sämmtliche Fische starben und alle Versuche, auf's Neue Fische in den Teichen anzusiedeln, schlugen fehl. 1 *l* dieser Wässer enthielt mg:

	Orzescher Gruben-wasser	Birawkawasser	
		vor dem Einfluss d. Grubenwasser	nach dem Einfluss d. Grubenwasser
Schwefelsäure (SO_3)	1278	5	209
Chlor	4	8	—
Kieselsäure	46	—	19
Kali	16	1	2
Natron	18	5	8
Kalk	256	29	79
Magnesia	119	5	25
Eisenoxydul	10*)	—	11
Eisenoxyd	229	3	6
Manganoxyd, Thonerde	102	1	—
Freie Schwefelsäure	152	—	29

*) An Ort und Stelle 441 mg Ferrosulfat ($FeSO_4$).

Abwasser aus Steinkohlenwäschen enthält ebenfalls zuweilen Schwefelsäure bez. schwefelsaures Eisen, gebildet durch Oxydation

[1]) Poleck: Beiträge zur Kenntniss der chemischen Veränderung fliessender Gewässer.

von Schwefelkies:

$$FeS_2 + 7O + H_2O = FeSO_4 + H_2SO_4$$

besonders aber Kohlenschlamm, von welchem es durch Absetzenlassen getrennt werden muss.

Baker[2]) fand in einem Kohlengrubenwasser:

$FeSO_4$	19 mg
$Fe_2(SO_4)_3$	435
$Al_2(SO_4)_3$	787
$CaSO_4$	449
$MgSO_4$	49
H_2SO_4 (frei)	335
HCl (frei)	0,4

Bedson[3]) fand im Kohlengrubenwasser neben 6 Proc. Chlornatrium erhebliche Mengen Chlorcalcium, Chlorbaryum und Chlormagnesium, Koninck mehrfach Natriumbicarbonat.

Grubenwasser von Zeche Gottessegen in Löttringhausen enthielt nach König[4]) (mg im Liter):

Gelöst	Chlor	14	20
	Schwefelsäure	846	806
	Kalk	180	150
	Magnesia	89	90
	Eisenoxydul	61	106
Suspendirt (Eisenoxyd)		170	186

Abflusswässer von Schutthalden der Steinkohlengruben können ebenfalls wesentliche Mengen Thonerdesulfat und Eisenvitriol enthalten.

Wasser aus einem Braunkohlenschacht (I) und dem Freiberger Silberbergbau (II) enthielt nach H. Fleck[5]):

	I	II
Schwefelsaures Calcium	302	260
- Eisenoxydul	262	6
- Zink	—	24
- Mangan	5	—
- Magnesium	173	60
- Natrium	22	—
- Ammonium	18	—
Kieselsaures Natrium	42	47
Chlornatrium	327	36
Chlorkalium	82	—

---

[2]) Eng. Min. Journ. 1875, 387.

[3]) Fischer's Jahresb. 1888, 557.

[4]) König: Verunreinigung der Gewässer S. 450.

[5]) Fleck: Jahresb. d. Centralst. f. öffentl. Gesundheitspfl. in Dresden 1884 S. 21.

Bei einer täglichen Wasserabgabe des Freiberger Stollens von 52000 cbm werden somit dem Triebischbach 560 k Eisenvitriol und 2280 k Zinkvitriol zugeführt.

Abwasser von *Zinkblendegruben* enthält Zinksulfat. J. *König* (a. a. O. S. 416) fand in dem Abwasser der Zinkblendebergwerke in Gevelinghausen:

	Abflusswasser der Grube Juno am 4. Sept. 1877 mg	am 6. Oct. 1877 mg	am 31. Juni 1878 mg	Desgleichen vom Pochwerk 4 am 31. Juni 1878 mg
Eisenoxyd	21	—	—	—
Zinkoxyd	164	119	139	18
Kalk	50	50	45	32
Magnesia	24	5	16	7
Schwefelsäure	302	187	182	27

Das Abflusswasser der Berg- und Pochwerke fliesst theils in den Elpe-, theils in den Hormecke-Bach; in beiden lässt sich das Zinkoxyd nach Aufnahme dieser Abflusswässer nachweisen.

Förderwasser des Stollens Juno enthielt vor und nach der Reinigung mit Kalkmilch:

	Abdampf-rückstand	Kalk	Magnesia	Zinkoxyd	Schwefel-säure
Stollenwasser	340	86	39	22	108
Mit Kalk gereinigt	300	88	29	0	116

Das Abwasser einer *Blendeschlämme* wird von der chemischen Fabrik vorm. *Hofmann* & *Schötensack*[6]) durch Fällen mit Kalkmilch vortheilhaft auf *Eisenfarbe* verarbeitet.

Abflusswasser der Schwefelkiesgruben bei Meggen enthielt nach J. *König* (a. a. O. S. 448) (im Liter mg):

	I	II	III	IV
Schwefelsäure	3462	1737	1678	4697
Eisenoxydul	632	114	79	1256
Kalk	688	583	889	399
Magnesia	106	155	168	574
Eisenoxyd, suspendirt	—	102	619	256
Zinkoxyd	—	—	—	958
(SO_3 frei, berechnet)	1566	466	656	626

6) Fischer's Jahresb. 1890, 558.

Das Wasser der Elspe und Lenne, welche dieses Abwasser aufnehmen, enthielt vor (I) und nach Aufnahme (II) des Grubenwassers:

	Elspe		Lenne		Lenne	
	I	II	I	II	I	II
Schwefelsäure	12	187	7	62	9	307
Eisenoxyd (suspendirt) .	Spur	29	0	14	0	39
Kalk	46	132	18	69	24	122
Magnesia	10	33	8	21	12	59

Derartige Grubenwässer sind natürlich für alle gewerblichen und häuslichen Zwecke unbrauchbar. An der Luft scheiden sie Eisenhydrat aus, nach dem Vermischen mit Bachwasser, welches Calcium- bez. Magnesiumbicarbonat enthält, werden die Metalloxyde sowie auch die Thonerde abgeschieden, während gleichzeitig entsprechende Mengen Gyps bez. Magnesiumsulfat gebildet werden, was besonders für die Verwendung des Wassers zum Speisen der Dampfkessel (S. 41), zum Waschen und Bleichen (S. 47) beachtenswerth ist. Dass ausserdem grössere Mengen schwefelsaures Eisen und besonders schwefelsaures Zink den Pflanzenwuchs schädigen, ist bekannt[7].

Derartige Abwässer werden durch Zusatz von Kalkmilch gereinigt; König (a. a. O. S. 466) fand in solchen Grubenwässern vor und nach der Reinigung (mg im Liter):

	Schlamm (Eisenoxyd)	Gelöste Stoffe (mg im Liter)						
		Abdampfrückstand	Schwefelsäure	Eisenoxydul	Zinkoxyd	Kalk	Magnesia	Chlor
Wasser aus der Schwefelkiesgrube Philippine . .	257	9721	4697	1256	948	399	574	18
Dass. nach der Reinigung .	0	3176	1669	30	116	808	182	nicht bestimmt
Grubenwasser der Zeche Gottessegen	170	1584	846	61	—	180	89	14
Dass. nach der Reinigung .	22	1413	744	22	—	178	86	18
Grubenwasser der Zeche Gottessegen	186	1496	806	106	—	150	90	20
Dass. nach der Reinigung .	19	1320	700	0	—	274	75	14

[7]) König S. 418 u. 454.

Abwasser aus Strontianitgruben Westfalens enthielt nach J. König (a. a. O. S. 507) kohlensaures Calcium, Thon, kohlensaures Strontium, welches den dieses Wasser aufnehmenden Bächen ein schlammiges Aussehen, aber keine besonders schädliche Beschaffenheit ertheilen.

Das bei Aufarbeitung von Braunstein abfliessende Schmutzwasser ist nach R. Leuckart[8]) den Fischen schädlich.

Salinen, Kaliindustrie.

Soolen und gewisse Mineralquellen (vgl. S. 122) führen den Bächen und Flüssen zuweilen erhebliche Mengen von Chlornatrium zu, die Mutterlaugen der Salinen auch noch Chlorcalcium, Chlormagnesium und Gyps.

Chloride, besonders Chlormagnesium, befördern das Rosten aller Eisentheile[9]); eine Turbinenanlage und ein Dampfkessel wurden z. B. stark geschädigt, als durch den Einlass einer Salzquelle der Chlorgehalt des Bachwassers von 60 auf 600 mg erhöht wurde.

König (a. a. O. S. 392) findet, dass ein kochsalzhaltiges Wasser durch seine Fähigkeit, Bodennährstoffe auszulaugen, für Zwecke der Wiesenberieselung schon einen bedenklichen Charakter annimmt, wenn es mehr als 500 mg Chlornatrium im Liter enthält und dass ein Wasser mit mehr als 1000 mg, abgesehen davon, dass eine Nährsalzlösung von 1 : 1000 den Pflanzen überhaupt nicht zusagt, nicht mehr mit Vortheil zur Berieselung zu verwenden ist. Nach Versuchen von A. Stood[10]) lässt sich bei Beschädigungen durch kochsalzreiche Abwässer im Boden wie in den Pflanzen ein erhöhter Gehalt an Chlor und Natrium nachweisen. Mit dem höheren Gehalt an Natron tritt das Kali in den Pflanzen entsprechend zurück. Die Beschädigung tritt vorwiegend in trocknen Zeiten ein.

Chlorkaliumfabriken lassen besonders grosse Mengen Chlormagnesium abfliessen, da von den in den Rohsalzen enthaltenen 20 Proc. Chlormagnesium erst ein kleiner Theil verarbeitet wird.

Das Bodewasser vor und nach dem Einflusse der Abwässer des Kaliwerkes Douglashall hatte nach Ziurek u. H. Focke[11]) folgende Zusammensetzung:

---

[8]) Gutachten über die Verunreinigung von Fischwässern (Cassel 1886).
[9]) Vgl. F. Fischer: Chemische Technologie des Wassers S. 212.
[10]) Landw. Vers. 36, 105.
[11]) Repert. 1887, 285.

	Oberhalb	Unterhalb
Trockenrückstand (bei 120°)	390 mg	752 mg
Glühverlust (organisch)	27	152
Chlor	49	161
Schwefelsäure	42	132
Kalk	92	130
Magnesia	17	58
Kali	7	15
Natron	43	106

Wittjen[12]) entnahm der Bode bei Hohenerxleben am 8. Mai (secundl. Wassermenge 13 cbm) und im Juni 1882 (Wasserm. 6 cbm) Proben; ferner am 19. Juli Saalewasser bei Bernburg, 7 km oberhalb der Mündung der Bode in die Saale und bei Calbe, 8 km unterhalb der Bodemündung:

	Bode bei Hohenerxleben		Saale	
	Mai	Juni	Bernburg	Calbe
Chlornatrium	144	224	230	326
Chlorkalium	20	34	14	26
Chlormagnesium	47	154	0	56
Kohlens. Magnesium	14	21	43	65
Kohlens. Calcium	—	—	52	35
Schwefels. Calcium	40	41	137	166
Schwefels. Magnesium	15	46	—	—
Eisenoxyd	—	—	—	1
Kohlens. Natron	—	—	17	0

Elbwasser enthielt bei Tochheim oberhalb der Einmündung der Saale und unterhalb derselben bei Barby:

	Tochheim		Barby
	22. Juni	19. Juli	19. Juli
Chlornatrium	5	10	105
Chlorkalium	7	11	17
Chlormagnesium	0	0	2
Kohlens. Magnesia	15	17	24
Kohlens. Kalk	37	50	43
Schwefels. Kalk	22	11	65
Kieselsäure	8	} 6	7
Eisenoxyd	1		10
Kohlens. Natron	13	18	—
Gesammtchlor	7	11	73
Magnesia im Ganzen	7	8	12

Einzelproben bei Barby am linken Ufer, in der Mitte und am rechten Ufer enthielten:

[12]) Chem. Ind. 1883, 367.

	Links	Mitte	Rechts
Glührückstand	491	95	115
Glühverlust	136	31	29
Abdampfrückstand	627	126	144
Gesammtchlor	190	11	17

Am 18. Juli entnommene Elbwasserproben ergaben nach Precht und Spiegelberg:

	Schönebeck		Buckau	
	Links	Rechts	Links	Rechts
Chlornatrium	315	25	221	31
Chlorkalium	22	9	16	8
Chlormagnesium	14	0	13	0
Kohlens. Magnesia	42	20	48	23
Kohlens. Kalk	34	41	39	44
Schwefels. Kalk	108	28	103	39
Kieselsäure	5	7	8	3
Eisenoxyd und Thonerde	2	3	1	1
Kohlens. Natron	0	8	0	8
Glührückstand	529	129	422	140
Glühverlust	84	35	74	36
Gesammtchlor	212	19	152	23
Magnesia im Ganzen	25	9	28	11

Das mit „Buckau, Links“ bezeichnete Wasser war nahe der Stelle geschöpft, an welcher die Magdeburger Wasserleitung ihr Wasser der Elbe entnimmt; „Buckau, Rechts“ vom rechten Ufer, oberhalb der Abzweigung der alten Elbe. Zwei andere Proben, zugleich mit den obigen in $^1/_3$ Entfernung vom linken und $^1/_3$ Entfernung vom rechten Elbufer geschöpft, ergaben:

Buckau:	Links	$^1/_3$ Links	$^1/_3$ Rechts	Rechts
Glührückstand	422	296	140	140
Glühverlust	74	71	63	36
Gesammtchlor	152	86	28	23

Selbst bei Magdeburg war somit das Wasser noch nicht gemischt.

Diese Untersuchungen, sowie die von Ohlmüller (S. 67) sind sehr beachtenswerth, da sie zeigen, dass in einem Flusse selbst auf weite Entfernungen hin verschieden zusammengesetztes Wasser nebeneinander fliessen kann, ohne sich zu mischen. Der hohe Salzgehalt der Saale bez. der Elbe schon vor dem Eintritt der die Stassfurter Abwässer zuführenden Bode ist auf zahlreiche Soolquellen und Grubenwässer zurückzuführen.

Fabriken chemischer Producte.

Kiesabbrände können Veranlassung geben zur Verunreinigung von Wasser mit schwefelsaurem Eisen bez. Zinksulfat, wenn die Kiese blendehaltig waren. Durch Verwendung von zinkhaltigen Abbränden[13]) zu Wegeaufschüttungen können die benachbarten Brunnen selbst 100 mg Zinksulfat im Liter Wasser enthalten, wie Verf. in Lehrte, Rapmund[14]) für Nienburg, List[15]) in Hagen beobachtete.

Beachtenswerth sind die Berichte[16]) der i. J. 1868 auf Befehl der Königin von England ernannten Commission (Denison, Frankland, John, Morton), welche beauftragt wurde, die Ursachen, denen die Verunreinigung der englischen Flüsse zuzuschreiben ist, und die Mittel und Wege zu erforschen, wie diese Verunreinigungen zu vermeiden sind (vgl. S. 63).

Nach der Untersuchung der englischen Commission sind in den 400000 t Schwefelkies, die jährlich in England zur Darstellung von Schwefelsäure gebraucht werden, etwa 1600 t Arsenik enthalten. Dieses geht in die Schwefelsäure über und von dieser in die Salzsäure, in das Glaubersalz, selbst in die Soda, so dass von 12 Proben gewöhnlicher Soda 11 stark arsenikhaltig waren; von 9 Proben krystallisirter Soda waren 2, von 7 Seifenproben 3 arsenhaltig. Schon hierdurch werden also den englischen Flüssen jährlich etwa 1500000 k Arsenik zugeführt (Analyse 1, 2 u. 10, S. 140); dasselbe ist denn auch selbst in den Filtern und dem Wasser der Wasserleitungsgesellschaft von Stockport nachgewiesen (vgl. Analyse 3, 4 u. 7).

Nach den zahlreichen Untersuchungen von Smith[17]) enthält im Durchschnitt:

	Arsen
Schwefelkies vor dem Rösten	1,649 Proc.
Kies nach dem Rösten	0,465
Schwefelsäure	1,051
Absatz in dem vom Kiesofen zur Bleikammer führenden Kanal	46,360
Absatz auf der Sohle der Bleikammer	1,855
Salzsäure	0,691
Schwefelsaures Natrium	0,029
Sodarückstände	0,442

[13]) Die Verarbeitung derselben s. Fischer's Jahresb. 1887, 510.

[14]) Tagebl. d. Naturf. 1884, 277.

[15]) Dingl. **215**, 250.

[16]) First report of the Commissioners appointed in 1868 to inquire into the best means of preventing the pollution of rivers. Vol. I. Report and plans (London 1870). — Vol. II. Evidence. — Second report. The ABC process of treating Sewage (London 1870). — Third report (London 1871).

[17]) Dingler **201**, 415; **207**, 141.

Manganrückstände. Die bei der Chlorkalkdarstellung[18]) in grossen Massen erhaltenen Chlormanganflüssigkeiten bestehen im Durchschnitt aus:

Manganchlorür ($Mn\,Cl_2$)	22,00
Eisenchlorid ($Fe_2\,Cl_6$)	5,50
Chlorbaryum ($Ba\,Cl_2$)	1,06
freiem Chlor	0,09
Chlorwasserstoffsäure	6,80
Wasser	64,55

nebst Chlorcalcium, Chlormagnesium, Chloraluminium, Chlornickel, Chlorkobalt und nach dem Bericht der englischen Commission mit 150 mg Arsenik im Liter.

Nach Angabe eines Beamten, der die Sodafabriken in gesundheitlicher Beziehung überwacht, gehen mit diesen sauren Manganflüssigkeiten, sowie mit der verdünnten Salzsäure, welche die Fabriken den Flüssen übergeben, in England 47,5 Proc., nach andern Angaben sogar mehr als die Hälfte der gesammten producirten Salzsäure verloren. Bäche, Schifffahrtskanäle werden dadurch so stark sauer, dass die Schleusen u. s. w. ganz aus Holz construirt werden müssen (vgl. Analyse 2 bis 9, S. 140).

In Deutschland sind derartige Zustände unbekannt; die Laugen werden zur Wiedergewinnung des Mangans verarbeitet, vielfach auch die erhaltenen Chlorcalciumlösungen verwerthet.

Sodarückstände. Bei der Herstellung von Soda nach dem Leblanc'schen Verfahren werden für jede Tonne Alkali etwa 1,5 t Rückstände erhalten, welche wesentlich aus Schwefelcalcium nebst kohlensaurem Calcium, überschüssigem Kalk u. dgl. bestehen[19]). Werden diese aufgehäuft, so entwickeln sie bei feuchtem Wetter Schwefelwasserstoff, oft auch nach erfolgter Selbstentzündung Schwefligsäure; bei nassem Wetter fliesst eine tief gelb gefärbte Flüssigkeit ab, welche Calcium- und Natriumpolysulfuret enthält. Kommen diese Massen mit den vorhin erwähnten sauren Flüssigkeiten zusammen, so wird Chlorcalcium gebildet, welches die Härte des Flusswassers selbst auf 192° bringt (Analyse 7); grosse Mengen Schwefelwasserstoff werden entwickelt, welches die in der Nähe Wohnenden in hohem Grade belästigt und schädigt. Ausserdem wird theils direct, theils durch Oxydation des Schwefelwasserstoffes Schwefel abgeschieden; eine Schlammprobe aus dem Sankey - Schifffahrtskanal enthielt dem entsprechend

[Fortsetzung auf S. 141.]

---

[18]) Dingler **191**, 305 u. 380; vgl. Ferd. Fischer: Handbuch der chemischen Technologie 13. Aufl. (Leipzig 1889) S. 442.

[19]) Vgl. Ferd. Fischer: Handbuch der chemischen Technologie (Leipzig 1889) S. 419.

Nummer	Abwässer chemischer Fabriken	Gelöst (mg im Liter)								Suspendirt	Bemerkungen
		Organischer Kohlenstoff	Organischer Stickstoff	Ammoniak	Stickstoff als Nitrate und Nitrite	Chlor	Freie Salzsäure	Arsen	Gesammtgehalt		
1	Kanalwasser der chemischen Fabrik zu Widnes, wie es sich in den Mersey ergiesst	205,1	7,6	6,4	0,2	6993	0	15,0	18900	310	
2	Kanalwasser der Seifen- und Sodafabrik zu Runcorn . .	—	—	—	1,2	6379	5882	2,0	3258	—	151 mg Eisen- u. Manganoxyd.
3	Honeypot-Bach durch Abwasser aus Sodafabriken verunreinigt	24,4	10,8	16,2	7,0	993	274	0,32	2342	26	
4	Sankey-Bach vor seinem Eintritt in St. Helens	11,7	0,8	0,1	1,2	31	0	0,05	308	21	Härte 15,9° (engl.).
5	Ders. nach seinem Austritt aus St. Helens	14,4	2,2	3,5	1,0	1962	685	—	4072	191	
6	Ders. vor seiner Vereinigung mit d. Sankey (Schifffahrts)-Kanal	11,1	2,1	2,7	1,0	764	220	0	2145	—	131° Härte; 99 mg Eisen- und Manganoxyd.
7	Der Sankey-Kanal bei St. Helens	5,3	0,6	2,7	3,8	2159	184	Spur	2392	—	192° Härte; 444 mg Eisen- und Manganoxyd.
8	Ders. bei Warrington. . . .	8,5	0,9	2,0	1,3	549	306	0	1792	—	80° Härte; 205 mg Mangan- und Eisenoxyd.
9	Ders. nach seiner Vereinigung mit dem Sankey-Bach . .	4,0	1,5	3,0	1,8	539	26	0	1890	—	89° Härte; 124 mg Mangan- und Eisenoxyd.
10	Purpurflüssigkeit der Anilinfabrik	23,3	9,7	34,3	3,7	—	—	0,40	3480	—	

22,75 Proc. freien Schwefel. Durch die Ausbreitung des Chance'schen Verfahrens[20]) werden diese Zustände wohl etwas gebessert.

Das Abwasser der Sodafabrik in Dieuze, welche die Sodarückstände oxydirt und die gelben Laugen mit den Chlormanganlaugen fällt, enthielt nach L. Grandeau[21]) mg im Liter:

Schwefelcalcium	101 mg
Calciumhyposulfit.	2516
Schwefels. Calcium	2527
- Natrium	8219
- Magnesium . . .	3215
Chlorcalcium	20584
Chlormangan	17542
Chlornatrium	11120

Schwefelcalcium ist nach Fittbogen[22]) den Pflanzen schädlich. In Deutschland werden die Sodarückstände aufgearbeitet, ernstliche Verunreinigungen der öffentlichen Wasserläufe kommen wohl kaum noch vor.

Die Rückstände der nach dem Leblanc'schen Verfahren arbeitenden Potaschefabriken unterscheiden sich nur dadurch, dass sie etwas Kali statt Natron enthalten[23]).

Abwasser aus den nach dem Ammoniaksodaverfahren arbeitenden Sodafabriken enthält viel Chlorcalcium und Chlornatrium (vgl. S. 153).

Farbenfabriken. Die Abwässer der Farbenfabriken sind meist stark gefärbt und enthalten oft viel organische Stoffe gelöst und suspendirt, nicht selten auch Metallsalze. Die Abwässer der Ultramarinfabriken enthalten viel Natriumsulfat, die der Urangelbfabriken Soda und Ätznatron.

Anilin- bez. Theerfarbenfabriken liefern chlornatriumhaltige Abwässer und sind im Allgemeinen wenig bedenklich (Analyse 10 S. 140). Die wenigen Fabriken, welche noch mit Arsen arbeiten, sind weit strenger zu behandeln. Nach C. Nienhaus Meinau[24]) lässt die Fuchsinfabrik zu Schweizerhalle ein tief fuchsinroth gefärbtes saures Abwasser ab, welches im Liter 18,8 g Arsensäure und 29,45 g Arsenigsäure enthält, was doch unzulässig erscheint, um so mehr die Verwendung von Arsen vermeidbar ist[25]) (vgl. S. 53).

---

[20]) Fischer's Jahresb. 1889, 434; 1890, 495.

[21]) L. Grandeau: La soudière de Dieuze (Paris 1872).

[22]) Landw. Jahrb. 1884, 755.

[23]) Vgl. Zft. f. angew. Chemie 1891, 258.

[24]) Bericht über die Verunreinigung des Rheins (Basel 1883) S. 9.

[25]) Vgl. Dingl. 226, 317.

Abwasser einer Vanilinfabrik enthielt nach Ohlmüller[26]) wesentlich Chloride und konnte unbedenklich abgelassen werden.

Die Jahresberichte d. K. Preuss. Gewerberäthe für 1889 enthalten folgende Concessionsbedingungen bez. Abwasser:

Für eine Salmiakgeistfabrik: „Die Abwässer dürfen ohne polizeiliche Genehmigung und ohne vorhergegangene Reinigung weder in die städtischen Kanäle noch in die öffentlichen Wasserläufe abgeleitet werden, anderenfalls müssen sie durch Abfuhr beseitigt werden".

Natriumchromatfabrik: „Die Abwässer dürfen nicht versumpft werden und müssen in undurchlässigen Klärgruben abgeklärt und dürfen nur frei von suspendirten und gelösten nachtheiligen Stoffen abgelassen werden. Dieselben dürfen weder freie Säuren noch andere schädliche Stoffe, insbesondere keine Verbindungen der Schwefel- bez. Chromsäure enthalten[27])".

Fabrik zur Herstellung von Quecksilberpräparaten: Fabrikationsabfälle dürfen weder versenkt noch vergraben werden, dieselben sind in dichten Behältern zu sammeln und unschädlich zu beseitigen. Abwässer dürfen nur dann versenkt oder abgelassen werden, wenn sie durch die Fabrikation nicht verunreinigt sind[28]). Sie sind vor dem Versenken oder Ablassen in dichten Rinnen oder Rohrleitungen durch ein Bassin zu führen, dessen Inhalt leicht controlirt werden kann.

Fabrik für Zinn- und Zinksalze: Ausser neutralen Chlorcalciumlösungen dürfen anderweitige verunreinigte Abwässer nicht zum Ablauf aus der Fabrik gelangen.

Metallwaarenfabriken.

Abwässer aus Drahtziehereien enthalten je nach Verwendung von Schwefelsäure oder Salzsäure zum Beizen erhebliche Mengen von schwefelsaurem Eisen oder Eisenchlorür und Gyps bez. Eisenchlorid und Chlorcalcium. Bei richtiger Leitung der Beize kann die Flüssigkeit vortheilhaft zur Gewinnung von Eisensalzen verwendet werden. Dasselbe gilt für die ausgenutzte Beizflüssigkeit von Verzinkereien und Verzinnereien. Die Ablauge einer englischen Verzinkerei wird vortheilhaft auf Salzsäure und Eisenoxyd verarbeitet[29]).

Beizewasser einer Email-Blechgeschirrfabrik enthielt nach Gawalowski[30]) im Liter:

Salzsäure (HCl) frei	82	g
Eisenchlorür	290	
Chloride der Alkalien und Erdalkalien	27	

[26]) Arbeiten a. d. K. Gesundheitsamt 6, 305; Zft. f. angew. Chemie 1891, 686.

[27]) Ein Abwasser ohne Schwefelsäureverbindungen?

[28]) Dann sind's doch wohl keine Abwässer? Vgl. Zft. f. angew. Chemie 1890, 536.

[29]) Zft. f. angew. Chem. 1890, 181; vgl. Wagner's Jahresb. 1859, 71, 105 u. 106; 1872, 354; Dingl. 201, 245; 202, 304; 212, 486.

[30]) Öl- u. Fettindustr. 1891 No. 7.

Abwasser einer Silberbeizerei enthielt nach König (a. a. O. S. 401 und 504) freie Schwefelsäure und Kupfersulfat; Abwasser einer Kupferauslaugerei wesentlich nur Chlorcalcium.

Abwasser von Neusilberfabriken enthält viel Calcium-, Magnesium- und Natriumverbindungen und selbst 1 Proc. freie Säure.

Kanalwasser der Galvanisirwerke ist durch Calcium-, Magnesium-, Eisen- und Zinksalze verunreinigt und enthält bis 2 Proc. freie Säure.

Abfalllauge einer Messinggiesserei enthielt nach Haselhoff[31]) im Liter:

Kupfersulfat	51,6 g
Kupfernitrat	5,3
Zinksulfat	14,1
Eisensulfat	2,4
Schwefelsäure, frei	30,4

Dieses Wasser war mit zum Berieseln von Wiesen und sogar zum Viehtränken verwendet; die Thiere starben. Haselhoff kommt zu folgenden Schlüssen:

1. Kupfer ist sehr schädlich für die Pflanzen; die schädigende Wirkung beginnt bei 10 mg Cu O im Liter.

2. Durch Berieseln mit kupfersulfat- und kupfernitrathaltigem Wasser werden die Pflanzennährstoffe des Bodens, besonders Kalk und Kali, ausgelaugt und dafür Kupferoxyd absorbirt, wodurch die Feuchtigkeit des Bodens bedeutend herabgemindert wird.

3. Die schädigende Wirkung von kupfersulfat- und kupfernitrathaltigem Wasser ist bei Hafer und Gerste grösser, als bei Gras.

4. Durch kohlensauren Kalk wird die schädigende Wirkung von kupfersulfat- und kupfernitrathaltigem Wasser verringert.

Leuchtgasfabriken, Theerverarbeitung.

Gaswasser enthält Ammoniumcarbonat, Ammoniumhyposulfit, Schwefelammonium, Rhodanammonium, Chlorammonium, theerige Stoffe u. dgl.[32]). Es wird jetzt — mit Ausnahme einiger kleiner Gasanstalten — überall mit Kalk destillirt, um das Ammoniak zu gewinnen. Das nun noch abfliessende Wasser enthält noch Rhodancalcium und Schwefelcalcium nebst theerigen Stoffen. Nach J. König[33]) enthielt das Abwasser einer Gasanstalt 30 mg Stickstoff in Form von Ammoniak.

Gassperrwasser ist ähnlich zusammengesetzt; seine schädliche Wirkung auf Fische vermindert sich nach Kämmerer[34]) durch

---

31) Landw. Versuchsstat. 38, 345; Zft. f. angew. Chem. 1891.

32) Vgl. G. Lunge: Die Industrie des Steinkohlentheeres und Ammoniaks (Braunschweig 1888) S. 493.

33) Dingl. 231, 84; vgl. das. 211, 139; 214, 85; 125, 129.

34) Z. f. angew. Chem. 1889 S. 686.

Destillation derart, dass es nun ohne Gefahr in Flussläufe abgelassen werden kann.

Gaskalk enthält als lästige Bestandtheile etwas Rhodancalcium und Schwefelcalcium; nach fast allgemeiner Einführung der Eisenoxydreinigung und theilweise Ammoniakreinigung haben jetzt viele Leuchtgasanstalten die Kalkreinigung aufgegeben[35]).

Dass durch Lagern grosser Mengen Gaskalk und undichte Gasometerbehälter das Grundwasser auf grosse Entfernungen hin verunreinigt werden kann, bestätigte eine vom Verf. ausgeführte Untersuchung des Wassers eines 300 m von der Gasanstalt entfernten Brunnens. Dasselbe war weisslich trübe, roch eigenthümlich nach Leuchtgas und hatte einen sehr unangenehmen Geschmack. 1 *l* desselben enthielt:

Organische Stoffe	4198 mg
Chlor	440
Schwefelsäure	992
Salpetersäure	2
Ammoniak	82
Kalk	906
Magnesia	136
Härte 109,7°	

Ferner etwa 300 mg Rhodanammonium.

Nach Fronmüller[36]) zeigte das durch eine Gasanstalt verunreinigte Brunnenwasser Gasgeruch und hohen Ammoniakgehalt.

Paraffinfabriken liefern nach Macadam[37]) in das Abflusswasser aus den Rohölfässern auslaufendes Öl, das meist Paraffinöl enthaltende Condensationswasser, die von der Behandlung des Rohparaffins mit Schwefelsäure abfallende schwarze, theerartige, stark saure Masse und dann die bei der Behandlung mit Natron abfallende stark alkalische Flüssigkeit.

Das Abwasser einer Erdöldestillation bespricht Gintl[38]).

Stärkefabriken.

Kartoffelstärkefabriken lassen Kartoffelwaschwasser und Fruchtwasser abfliessen[39]). Das Waschwasser enthält die anhaftenden Bodentheile, kleine Kartoffeln, abgeschlagene Kartoffelstücke, Keime u. dgl. Die Stoffe setzen sich in Absatzbehältern leicht zu

---

[35]) Ferd. Fischer: Handbuch der chemischen Technologie (Leipzig 1889) S. 100.

[36]) Viertelj. f. öffentl. Ges. 1876, 205.

[37]) Chem. News **14**, 110; Wagner's Jahresb. 1865, 713.

[38]) Z. f. angew. Chem. 1889, 714.

[39]) Vgl. Ferd. Fischer: Handbuch der chemischen Technologie (Leipzig 1889) S. 812.

Boden, das abfliessende Wasser ist aber in Folge gelöster Eiweissstoffe u. dgl. leicht zu stinkender Fäulniss geneigt.

Das Fruchtwasser enthält die löslichen Bestandtheile der Kartoffeln, Stärke, Fasertheile u. dgl. Nach den vorliegenden Analysen über die Bestandtheile der Kartoffeln wird — bei Verwendung von 6 *l* Wasser für je 1 k Kartoffeln — 1 *l* Fruchtwasser enthalten:

Eiweissstoffe	1,56 g
Amide (Asparagin u. dgl.)	1,25
Zucker, Dextrin	1,25
Gummiartige Stoffe, Säuren u. dgl.	0,87
Aschenbestandtheile	0,65

Ein Theil der Eiweissstoffe scheidet sich schon beim Stehen an der Luft aus; durch Erhitzen oder Zusatz von Schwefelsäure wird der grösste Theil derselben ausgeschieden, doch stösst eine vortheilhafte Gewinnung derselben für Futterzwecke bis jetzt noch auf grosse Schwierigkeiten.

An düngenden Stoffen enthält das Abwasser von je 1000 k Kartoffeln in löslicher Form:

Kali	6,5 k
Phosphorsäure	1,9
Stickstoff	1,9

Gaultier de Claubry fällt die Abwässer der Stärkefabriken mit einer Lohabkochung und Kalkmilch und verwendet den Niederschlag zum Düngen; Markl fällt nur mit Kalk. Von anderer Seite wurde vorgeschlagen, diese Abwässer mit Soda zu neutralisiren und abzudampfen, oder mit Kalk, oder aber mit Soda und Alaun zu fällen. Burggraf machte bereits erfolgreiche Versuche über die Verwendung dieser Wässer zum Berieseln von Wiesen und Ackerland[40]).

Nach M. Märcker[41]) wird das Abwasser der Stärkefabrik Hohenziatz zur Wiesenberieselung verwendet.

Nachfolgende Analysen zeigen die Zusammensetzung des unvermischten Abflusswassers (I), des mit Quellwasser vermischten (II), des von der ersten (III) und von der zweiten (IV) Wiese abfliessenden Wassers. 1 *l* enthielt:

---

[40]) Dingl. 56, 464; 63, 465; 68, 406; 80, 399; 214, 225.

[41]) Zft. d. landw. Centralver. d. Prov. Sachsen 1876 No. 7; vgl. Fischer's Jahresb. 1883, 670.

	I	II	III	IV
Feste Bestandtheile im Ganzen . .	1858	324	323	262
Organische Stoffe	1134	102	38	79
Anorganische Stoffe	724	222	385	183
Kali	213	55	41	8
Phosphorsäure	57	6	Sp.	Sp.
Stickstoff	141	12	4	9
Ammoniak	37	0	0	0
Salpetersäure	4	Sp.	Sp.	Sp.

Das völlige Verschwinden des Ammoniaks beim Verdünnen mit dem Quellwasser wird durch Bildung von phosphorsaurer Ammoniakmagnesia zu erklären sein, veranlasst durch den Magnesiumgehalt des Wassers. Schon bei der Berieselung der ersten Wiese wird, wie Analyse III zeigt, die Phosphorsäure fast völlig, der Stickstoff grösstentheils zurückgehalten; es würde sich daher empfehlen, auch den folgenden Wiesen direct Abwasser zuzuführen. Auf der zweiten Wiese wurde namentlich das Kali absorbirt; der grössere Stickstoffgehalt bedarf noch der weitern Untersuchung.

Die Ernteergebnisse waren glänzend; auf 1 ha der ersten Wiese waren vor der Berieselung 2400 k, nach der Berieselung aber 4000 k Heu geerntet, obgleich der erste Schnitt durch zu langes Überstauen mit dem Rieselwasser verdorben war. Dazu kommt noch, dass die Qualität des erhaltenen Heues wesentlich besser geworden war, wie nachfolgende Analysen desselben vor (I) und nach (II) der Berieselung zeigen.

	I	II
Feuchtigkeit	15,00	15,00
Holzfaser	22,67	22,82
Mineralstoffe	7,64	8,69
Ätherextract	2,00	2,30
Eiweissstoffe	10,79	15,85
Stickstofffreie Extractstoffe . .	41,81	35,34

Die Kartoffelstärkefabrik in Wittingen, Provinz Hannover, verwendet das Abwasser ebenfalls mit bestem Erfolg zur Berieselung[42]).

Nach dem Jahresberichte der preussischen Gewerberäthe für 1889 verwendet die Stärkefabrik in Klein-Raudgen das Abwasser vortheilhaft zur Wiesenberieselung. Nach Räther (Minden) wird das Abwasser einer grossen Stärkefabrik in einer grossen wasserdichten und überwölbten Grube gesammelt, um mittels Druckrohrleitung auf eine zur Wiese umgewandelte Haidefläche gepumpt zu werden.

[42]) Centralbl. f. Agric. Chem. 1886, 285.

Eine Stärkefabrik bei Reppen, welche stündlich 40 bis 45 hk Kartoffeln verarbeitet und dazu 70 bis 80 cbm Wasser gebraucht, leitet jetzt das Abwasser aus der Kartoffelwäsche und einen Theil der albuminhaltigen Fruchtwässer auf 20 ha Wiesen; der grösste Theil dieser Fruchtwässer wird auf eine andere, etwa 100 ha grosse Fläche geleitet. Infolge dieser Berieselung liefern die Wiesen etwa viermal soviel und ein wesentlich besseres Gras bez. Heu als früher (vgl. S. 160).

Abwasser aus einer Weizen- und einer Reisstärkefabrik enthielt nach König (mg im Liter):

Abgangwasser	Organ. Stoffe	Darin Stickstoff	Mineral-stoffe	Kali	Phosphor-säure
Weizenstärkefabrik . . .	—	1120	—	520	910
desgl. . . .	3775	1465	2168	948	804
Reisstärkefabrik	—	280	—	205	120

Alle diese Abwässer gehen sehr leicht in Fäulniss über unter Bildung von Ammoniak, Essigsäure, Propionsäure, Buttersäure, Milchsäure und übelriechenden Gasen[43]). Beim sog. Sauerverfahren[44]) ist das Abwasser schon stark in Zersetzung begriffen. R. Schütze[45]) empfiehlt, dieses Sauerwasser auf 60 bis 70° zu erwärmen und mit Kalkmilch zu fällen; der Niederschlag soll zum Füttern der Schweine verwendet werden. —

Das Abwasser der Reisstärkefabrik in Salzuflen hat zu einem sehr lebhaften Streit geführt; wegen des allgemeinen Aufsehens, welches derselbe erregt hat, soll näher darauf eingegangen werden.

König (a. a. O. S. 242) bespricht das Abwasser vor und nach der Reinigung mit Kalkmilch und Wasserglas; auf 1 hl Abwasser wurden 50 g Kalk und 10 g Wasserglas von 38° B. verwendet, nach dem Absetzen des Niederschlages wurde das Wasser an einem Drahtnetz gelüftet (vgl. S. 80). Probe 1 (ungereinigtes Abgangwasser) der ersten Probenahme wurde künstlich in dem Verhältniss gemischt, wie die einzelnen Fabrikabgänge abzufliessen pflegen; Probe 3 (gereinigtes Wasser von den Klärteichen) wurde während des ganzen Tages geschöpft, enthielt aber am Tage der Probenahme weniger Wasser der Stärkefabrik als an anderen Tagen, während Probe 2 im Kleinen mit den Fällungsmitteln eigens gereinigt wurde; zu diesem Versuch wurden

[43]) Dingl. 80, 399; 92, 123; 141, 455; 182, 326; 214, 225.

[44]) Ferd. Fischer: Handbuch der chemischen Technologie (Leipzig 1889) S. 841.

[45]) Landw. Versuchsst. 33, 197.

auf 1 hl Abgangwasser 8,5 g Kalk und 18 g Wasserglas verwendet. Bei der zweiten Probenahme wurde das von den Klärteichen abfliessende und gelüftete Wasser während des ganzen Tages geschöpft. Die Untersuchung ergab (im Liter mg):

	Suspendirt			Gelöst								
	Unorganisch	Organisch	Stickstoff	Unorganisch (Glührückstand)	Glühverlust (organische Stoffe u. s. w.)	Zur Oxydation erforderlicher Sauerstoff	Stickstoff	Kalk	Schwefelsäure	Kali	Natron	Phosphorsäure
I. Probe:												
1.	68	230	15	1966	904	147	23	294	135	90	652	19
2.	Sp.	0	0	3046	1125	218	19	876	131	102	686	Sp.
3.	Sp.	Sp.	Sp.	3339	856	176	19	846	332	102	777	3
II. Probe:												
4. Unger. .	41	137	—	2928	1021	228	50	408	120	470	788	35
5. Gereinigt	Sp.	Sp.	0	2976	1010	264	36	628	322	462	682	9

Das ungereinigte Wasser war thonig trübe und schwach sauer, die gereinigten Proben waren bis auf einzelne Flocken von Calciumcarbonat klar und reagirten stark alkalisch. Das ungereinigte Abgangwasser geht sehr schnell in Fäulniss über und nimmt alsdann einen äusserst intensiven Geruch nach Schwefelwasserstoff an; das gereinigte hält sich längere Zeit, ohne in Fäulniss überzugehen. — König meint: „Die auffallende Zunahme an Schwefelsäure in dem gereinigten, von der Reinigungsvorrichtung abfliessenden Wasser dürfte ohne Zweifel auf eine Oxydation des Eiweiss-Schwefels in den Klärteichen und durch die Lüftungsvorrichtung zurückzuführen sein[46])“. Für die mit diesem Fällungsmittel erhaltenen Schlammproben fand er im lufttrockenen Zustande folgende proc. Zusammensetzung:

	Bassin 1		Bassin 2		5. Probe
	a	b	a	b	
Wasser	7,87	21,78	5,33	12,82	4,95
Organische Stoffe . . .	15,38	12,83	14,89	15,68	33,49
Mineralstoffe	76,75	65,39	79,76	61,50	61,56
Stickstoff	0,28	0,11	0,58	0,18	0,54
Phosphorsäure	0,332	0,192	0,697	1,28	0,63
Kalk	14,88	20,63	9,74	29,40	38,34
Sand + Thon	—	—	44,36	11,30	—

[46]) Das ist doch recht unwahrscheinlich. Viel näher liegt die Erklärung, dass bei der Grösse der Klärteiche (S. 100) Zufluss und Abfluss nicht einander entsprachen. *F.*

Besonders bedeutungsvoll ist das Gutachten des Kaiserl. Gesundheitsamtes, erstattet vom Reg.-R. Dr. med. Renk[47]).

Dasselbe bezieht sich auf die Verunreinigung der Werre bei Herford durch die Abwässer derselben Reisstärkefabrik in Salzuflen[48]). Die Fabrik, welche i. J. 1885 14447 t Reis verarbeitete, liegt in einem von zwei sich in nächster Nähe vereinigenden Flüsschen gebildeten Winkel zwischen Salze und Bega, in welche die Abwässer abgelassen wurden. In kurzer Entfernung von der Fabrik mündet dann die Bega in die Werre, welche etwa 9 km unterhalb Salzuflen die Stadt Herford durchfliesst. Letztere Stadt beschwerte sich nun darüber, dass das Wasser der Werre weder zum Baden, noch zum Bleichen oder Viehtränken verwendbar sei, und dass die Schlammablagerungen einen unerträglichen Gestank entwickelten.

Unterhalb der Fabrik war das Wasser zuweilen mit Schaum bedeckt und zeigte zahlreiche Beggiatoa. Die im K. Ges.-Amt (G.), von dem Chemiker M. Poppe in Bielefeld (P.) und von Prof. König (K.) ausgeführte Untersuchung von Wasserproben ergab in der Salze oberhalb der Fabrik (Analyse 1 bis 7) und unterhalb der Fabrik (Analyse 8 bis 10):

	Untersucht von	Rückstand bei 110° mg	Glühverlust mg	Chamäleon-verbrauch z. Oxydation mg	Chlor mg	Schwefel-säure mg	Salpeter-säure mg	Ammon mg	Kalk mg	Zahl der entwickelungs-fähigen Keime in 1 cc Wasser
1.	G.	1065	185	4,5	360	120	Sp.	0,2	153	—
2.	-	1052	—	7,3	340	—	0	Sp.	—	—
3.	-	1135	172	3,4	402	80	Sp.	-	139	8540—10080
4.	P.	869	106	3,5	252	105	0	0	126	—
5.	-	995	182	5,0	319	111	—	0	131	—
6.	K.	—	—	12,0	252	68	14	—	141	1100
7.	-	1009	74	13,6	312	114	21	—	141	90000
8.	G.	1010	220	2,6	340	114	Sp.	Sp.	149	—
9.	-	1002	187	3,1	340	89	0	-	139	13250—14400
10.	-	1140	142	4,4	394	114	Sp.	-	144	—
11.	-	497	130	4,4	88	74	Sp.	0	115	7040—9400

Proben 1 u. 8 wurden Dec. 1886, 4 u. 6 im März 1887, 2, 5 u. 7 im April 1887, 3, 9 u. 11 Juni und 10 im Juli entnommen.

47) Arbeiten aus dem Kaiserlichen Gesundheitsamte (Berlin, Julius Springer) 5. Band, 2. und 3. Heft.

48) „In vorliegender Sache ist unter dem 3. Febr. 1887 von dem damaligen Regierungsrathe im Kaiserlichen Gesundheitsamt, jetzt Professor für Hygiene an der Universität Göttingen, Dr. med. Wolffhügel ein eingehender Bericht an den Herrn Staatssekretär des Innern erstattet worden. Die wichtigsten Ergebnisse der von ihm angestellten Untersuchungen sind in diesem abschliessenden Gutachten von Renk enthalten.“

Die sog. alte Bega (Analyse 11), welche bei der Fabrik in die Salze fliesst, führt das Condensationswasser der Dampfmaschine zu[49]).

Für die weitere Beurtheilung werden daher nur die Analysen 1 und 8, 2 und 9 bez. 11 verwerthet. Die Untersuchung des Wassers der Bega oberhalb und unterhalb der Fabrik (12 bis 20), der Werre oberhalb und unterhalb der Begamündung (21 bis 27) bis Herford (28 bis 30, 33 und 35) gab die in folgender Tabelle zusammengestellten Ergebnisse (im Auszuge; mg im Liter):

Ort der Entnahme	Untersucht von	Rückstand	Glühverlust	Chamäleon-verbrauch	Chlor	Schwefelsäure	Salpetersäure	Ammon	Kalk
Bega:									
12. oberh. d. Fabrik . .	G.	425	107	4,5	47	65	Sp.	Sp.	115
13. - - - . .	-	457	145	5,7	58	75	0	0	104
14. - - - . .	-	438	131	10,1	60	—	0	2,2	108
15. - - - . .	P.	403	87	7,6	41	72	0	Sp.	90
16. - - - . .	-	376	93	8,3	39	66	0	-	97
17. - - - . .	K.	414	66	13,6	49	102	12	—	111
18. - - - . .	-	331	47	12,8	39	65	18	—	104
19. unterh. d. Fabrik . .	G.	465	160	4,7	80	68	Sp.	Sp.	117
20. - - - . .	-	519	137	6,7	82	79	0	0	112
Werre:									
21. oberh. d. Begamündung	G.	505	182	5,8	80	63	0	0,1	140
22. unterh. - -	-	600	142	5,8	160	72	4	0,2	131
23. bei Herford v. d. Stadt	-	545	125	5,5	130	69	Sp.	0,7	125
24. - - in - -	-	540	157	5,5	130	62	-	0,2	126
25. oberh. d. Begamündung	-	435	122	4,7	50	68	0	0	136
26. unterh. - -	-	597	125	5,2	130	73	0	Sp.	140
27. - - -	-	567	142	4,1	106	72	0	-	123
28. vor Herford	-	722	165	5,4	178	84	0	1,7	155
29. in -	-	567	242	3,9	116	75	0	Sp.	130
30. vor -	-	562	137	4,4	114	66	0	-	131
31. in -	-	552	137	4,1	114	68	0	-	123
32. oberh. Salzuflen . . .	P.	423	97	5,8	44	74	0	-	129
33. vor Herford	-	598	117	5,8	126	79	0	-	127
34. oberh. Salzuflen . . .	K.	428	54	15,6	46	70	12	—	137
35. vor Herford	-	598	63	15,2	135	77	16	—	136

[49]) Der Bericht bemerkt zu obiger Zusammenstellung: „Die in Tabelle 1 enthaltenen Versuchsergebnisse können nicht als durchweg gleichwerthig angesehen werden. Die Zahlen, welche Professor Dr. König für einzelne Stoffe, z. B. Glühverlust, Chamäleonverbrauch, Salpetersäure fand, weichen von den Zahlen des Chemikers Poppe, obwohl beide Sachverständige ihre Proben am gleichen Tage entnommen hatten, so weit ab, dass wenigstens bezüglich dieser Stoffe ein Vergleich der beiderseitigen Resultate kaum möglich ist."

Entwickelungsfähige Keime in 1 cc:

Probe 13	12 000	bis	15 000
17		2 800	
18		3 400	
20	13 500	bis	15 800
25	2 700	-	3 300
27	27 200	-	29 750
29	150 000	-	176 000
34	12 500	-	13 860
35	9 000	-	9 800

Die Proben 12, 19 und 21 waren am 3. Dec. 1886, Proben 15, 17, 32 bis 35 am 15. März 1887, Probe 16 am 15. April, 27, 28 am 27. Juni, 30 und 31 am 2. Juli, Proben 13, 20, 25, 26 am 13. Juli, 14 am 21. Juli entnommen.

Nach den Analysen 12 bis 20 gelangt der Bericht zu dem Resultat:

„Dass die Fabrikwässer unbestreitbar einen Einfluss auf die Beschaffenheit des Wassers sowie auch des Bettes der Bega ausüben. Derselbe kommt hauptsächlich in der Erhöhung der Menge der gelösten Stoffe, speciell der organischen Substanzen und des Chlors, sowie bezüglich des Flussbettes in der Ablagerung von Schlamm und der Entwickelung von niederen Organismen (Beggiatoa) zum Ausdrucke“;

und bez. der Werre:

„Hält man übrigens das Ergebniss der äusseren Besichtigung des Werreflusses und die Resultate der Untersuchungen über den Einfluss der Fabrikabwässer auf die Salze und Bega mit dem Resultate der chemischen Untersuchung des Werrewassers zusammen, so kann man nicht im Zweifel bleiben, dass ausser dem hohen Salzgehalte der Salze auch die Fabrikabwässer einen Einfluss auf die Beschaffenheit des Werreflusses ausüben. Da sich nach Einmündung der Bega wesentlich nur eine Erhöhung des Rückstandes und des Chlorgehaltes im Wasser der Werre, wie solche durch das Hinzukommen des Salzewassers allein erklärt werden kann, und keine solche für die organischen Substanzen ergeben hat, ist man sogar zu der Annahme gezwungen, dass durch die Vereinigung von Werre und Bega, wenn letztere nicht durch Fabrikabwässer verunreinigt wäre, das Wasser der Werre in Folge der Verdünnung mit reinerem Wasser selbst reiner geworden sein müsste, dass also z. B. der Glühverlust und Chamäleonverbrauch eine entschiedene Abnahme hätte erfahren müssen. Das Ausschlaggebende bleibt daher immer der makroskopische Befund. Salze und Bega führten oberhalb der Fabrik reines Wasser; wenigstens war in beiden sandiger Grund zu sehen. Von der Einmündung der Fabrikabwässer veränderte sich die Beschaffenheit des Grundes und die Klarheit des Wassers, und das Gleiche wurde in der ebenfalls vorher viel reiner aussehenden Werre unterhalb der Einmündung der Bega beobachtet.

Es kann daher der Anschauung des früheren Referenten nur beigepflichtet werden, wenn er es ablehnte, nur an der Hand chemischer Analysen ein endgiltiges Urtheil in der bestehenden Streitfrage abzugeben.“

Bei Besprechung der durch die Verunreinigung des Werrewassers begründeten sanitären Missstände und Gefahren wird hervorgehoben, dass nach Zeugenaussagen die Fabrik zeitweilig grössere Mengen ungereinigtes Wasser abfliessen lasse. Besonders beachtenswerth sind dann folgende Schlüsse:

„Dauert die Verunreinigung des Flusses mit Schmutzwässern längere Zeit an, so werden die Anwohner im Gebrauche des Wassers für häusliche Zwecke behindert, das Baden wird unmöglich gemacht, gewisse Gewerbe, welche ihren Wasserbedarf aus dem Flusse befriedigen, z. B. die Bleichereien, Färbereien u. dgl., werden geschädigt. Endlich entstehen Ablagerungen schmutzig aussehender Massen im Flussbette und an den Ufern, besonders an Stellen mit verlangsamter Strömung. Werden diese Stellen zeitweise freigelegt, so zersetzen sich die abgelagerten Schlammmassen an der Luft und verderben diese durch Entwickelung übler Gerüche; dies kann unter Umständen so weit gehen, wie es in Herford i. J. 1885 der Fall war, dass die Anwohner verhindert werden, ihre Fenster zu öffnen. Dadurch wird besonders im Sommer die Ventilation der Wohnräume sehr vermindert. Es musste damals sogar wegen des üblen Geruches der Werre eine Schule geschlossen werden.

Als ein sanitärer Nachtheil ist es ferner anzusehen, wenn Örtlichkeiten, welche zum Aufenthalte in freier Luft dienen sollen, wie Gärten, öffentliche Plätze, durch die üblen Gerüche so verpestet werden, dass der Aufenthalt daselbst unmöglich wird.

Ganz besonders muss sich die Entwickelung stinkender Gase, wie dies auch thatsächlich der Fall war, in den Räumen von Mühlen bemerklich machen, wenn solche an einem hochgradig verunreinigten Wasserlaufe liegen und dessen Kraft als Motor benutzen. Der vom Wasser mitgebrachte Schlamm bleibt zum Theil an den Mühlrädern hängen, verspritzt wohl auch in deren Umgebung und verpestet alsdann die Luft. Dies kann so arg werden, dass der Aufenthalt in solchen Räumen fast zur Unmöglichkeit wird, und Personen, welche gezwungen sind, dort zeitweise sich aufzuhalten, erkranken. Es kann sich hierbei jedoch nur um leichte Formen von Unwohlsein, bedingt durch die Einathmung von Schwefelwasserstoff, handeln, die durch die Rückkehr an die frische Luft bald behoben werden. Eine specifische Erkrankung, z. B. an typhösem Fieber oder Wechselfieber auf die Einwirkung der übelriechenden Gase zurückzuführen, muss bei dem heutigen Stande der Krankheitsätiologie zum mindesten als sehr gewagt bezeichnet werden; dass aus den schmutzigen Abwässern von Fabriken die specifischen pathogenen Pilze von Wechselfieber und Typhus entstehen sollten, kann nicht angenommen werden."

Das Abwasser der Stärkefabrik und der dazu gehörenden Pappefabrik und Ammoniaksodafabrik, dessen Zusammensetzung folgende Analysen zeigen, werden gemeinschaftlich mit dem Abwasser der Arbeiterwohnungen durch Zusatz von Kieserit und Kalkmilch gereinigt; nach dem Absetzen floss das Wasser noch über Reisigbündel und Metallgitter, um ozonisirt zu werden. Wie die Analysen (11 bis 17) des so gereinigten Wassers ergeben, werden die schwebenden Theile

Bezeichnung der Probe	Zeit der Entnahme 1887	Untersucht von	Suspendirte Stoffe	Rückstand	Glühverlust	Chamäleonverbrauch	Chlor	Schwefelsäure	Ammon	Kalk
1. Abwasser der Stärkefabrik.	15. 3.	K.	225	1 065	176	409?	284	279	—	112
2. -	15. 4.	-	127	2 775	1 242	3 200?	383	219	—	109
3. -	28. 6.	G.	70	2 175	375	109	604	200	0,7	115
4. Abwasser der Pappefabrik.	15. 3.	P.	357	1 128	330	445	75	301	—	264
5. -	15. 4.	-	—	2 375	538	532	731	216	—	241
6. -	15. 3.	K.	593	984	302	589	71	239	—	253
7. -	15. 4.	-	362	1 964	416	800	596	233	—	289
8. -	13. 7.	G.	500	952	360	202	80	134	—	200
9. Abwasser der Sodafabrik. .	15. 3.	K.	—	109 550	—	—	63 900	700	—	25 520
10. -	15. 4.	-	—	118 690	—	—	70 290	570	—	22 860
11. Abfluss der Klärbecken .	15. 3.	P.	0	4 429	660	456	1 549	248	—	871
12. -	15. 3.	K.	0	4 556	614	846	1 783	242	—	959
13. -	. 2.	G.	337	4 092	577	168	1 810	229	—	564
14. -	11. 6.	-	13	4 315	783	580	1 570	247	1,3	612
15. -	28. 6.	-	0	4 517	665	150	1 720	277	3,3	710
16. desgl. vor den Sieben	13. 7.	-	0	4 145	840	471	1 354	280	2,5	480
17. desgl. nach d. Sieben	13. 7.	-	0	4 105	1 150	440	1 380	231	1,5	480

Probe 15 enthielt 20 000, Probe 17 aber 309 000 entwickelungsfähige Keime.

— welche als besonders bedenklich bezeichnet werden — in der Regel völlig entfernt. Die Analysen 16 und 17 zeigen, dass das Lüften des Abwassers durch Überrieseln über die Metallsiebe wirkungslos ist (vgl. S. 80). Zum Schluss werden folgende Forderungen gestellt:

1. Die Abwässer der Fabrik dürfen nie ungereinigt in die Flussläufe abgelassen werden; eine Ausnahme kann nur bezüglich des in die Salze durch Vermittlung der alten Bega eingeleiteten Condenswassers und bezüglich des bei grossen Regengüssen anfallenden Regenwassers gemacht werden.

2. Die Auswahl der Reinigungsart kann der Fabrik überlassen bleiben; unter allen Umständen aber hat dieselbe mindestens ebensoviel zu leisten, als die gegenwärtig angewendete Methode bei zweckentsprechenden Einrichtungen und bei regelrechtem Betriebe zu leisten vermag.

3. An Stelle der bestehenden, als Klärbecken dienenden Gruben sind regelrechte gemauerte Klärbassins zu errichten, genügend gross, um die ganze Menge der Abwässer zu klären.

4. Bei diesen Klärbassins sind technische Vorkehrungen zu treffen, welche es ermöglichen, dieselben im Bedarfsfalle zu entleeren, ohne dem Flusse grössere

Mengen von Schlamm zuzuführen. Diese Vorrichtungen müssen einer behördlichen Controle zugängig sein.

5. Die jetzt bestehenden unterirdischen Ablasskanäle aus den Klärbassins sind zu beseitigen.

6. Die Gradirwerke und Metallgitter sind als wirkungslos zu beseitigen oder durch wirksamere derartige Apparate zu ersetzen.

7. Der sogenannte alte Kanal auf dem rechten Begaufer ist so umzubauen, dass ein Ausfliessen ungereinigter Abwässer aus der Stärkefabrik nicht mehr möglich ist und nur bei Regengüssen überschüssiges Regenwasser abfliessen kann.

8. Die Rieselfelder sind als in ihrer gegenwärtigen Form ungeeignet aufzugeben.

Schliesslich wird noch eine wirksame Controle bei Ausführung der vorgeschlagenen Änderungen und auch beim weiteren Betriebe verlangt.

Soweit das Gutachten des Prof. Dr. med. Renk. Dass dasselbe sachgemäss begründet wäre, wird wohl kein Fachmann behaupten[50]). Wie wenig zulässig es ist, den oberflächlichen „makroskopischen Befund“ als „das Ausschlaggebende“ zu bezeichnen, bestätigt das Gutachten des (algenkundigen) Prof. Buchenau, dem folgende Ausführungen entnommen sind:

„Für die Belästigung der Stadt Herford könnten zwei verschiedene, in den Flüssen entstehende Bildungen in Betracht kommen, welche besonders besprochen werden müssen: A. die schwarzgrünen Algenmassen, B. die Spaltpilze von heller Farbe (Beggiatoa u. s. w.).

A. Die schwarzgrünen Algenmassen. Die kleinen, bei Salzuflen sich vereinigenden Flüsse haben oberhalb Salzuflens auf weite Strecken hin einen feinen, lehmigsandigen Untergrund. Derselbe zeigt sich dem Botaniker sogleich an durch das massenhafte Auftreten der graugrünen Binse „Juncus glaucus Ehrh.“ an manchen Uferstellen. Dieser Untergrund gewährt, begünstigt durch die langsame Bewegung des Wassers, einen vortrefflichen Nährboden für sehr grosse Mengen mikroskopischer, kieselschaliger Algen aus der Familie der Diatomaceen, zwischen denen sich in geringerer Menge die spangrünen, im Leben eigenthümlich zuckenden Fäden von Oscillarien finden. Sehr sparsam sind Desmidiaceen (Closterium) und Fäden chlorophyllführender Algen (Ulothrix). Die Diatomaceen gehören vorzugsweise folgenden Gattungen an: Navicula, Nitzschia, Synedra, ferner Meridion, Surirella, Amphora, zwischen denen natürlich noch manche Infusorien wie Paramecium, Stentor und Amöben leben.

Die Strömung der kleinen Flüsse ist an vielen Stellen nicht stark genug, um diese mehr oder weniger schleimigen Algenmassen zu entfernen; vielmehr bilden die letzteren eine bei klarem Wasser an vielen Stellen (namentlich oberhalb der Stauwerke) leicht erkennbare gelbbraune Schicht auf dem Boden. Bei Sonnenschein tritt nun lebhafte Gasentwicklung in diesen Massen ein; dieselben reissen sich in Stücken bis 10 cm Durchmesser und darüber vom Boden los, steigen auf und schwimmen langsam mit dem Strome fort, um sich vor dem nächsten Stauwerke anzusammeln. Der Boden des Flusses zeigt dann höchst

---

[50]) Vgl. Zft. f. angew. Chem. 1889, 598.

auffallende helle Flecke auf gelbbraunem Grunde. Die fortschwimmenden „Fladen“ von gelbbrauner Farbe sind weich und schleimig anzufühlen und besitzen einen schwachen, faden, aber nicht eigentlich unangenehmen Geruch. Sehr bald ändert sich aber ihre Beschaffenheit. Unter der Einwirkung des Sauerstoffes der Luft beginnen die Oscillarien ihre schnelle und enorme Vermehrung; die Farbe der Massen geht dadurch rasch in Dunkelgrün und zuletzt in Schwarzgrün über; der für die Oscillarien so charakteristische, höchst unangenehme Geruch tritt verbunden mit lebhafter Gasentwicklung auf; zugleich vermehren sich die schon vorher in geringerer Zahl vorhandenen Thiere (namentlich Infusorien, Räderthiere und Würmer) sehr stark. Sammeln sich nun diese gährenden Massen vor irgend einem Stauwerke oder in einem todten Nebenarme an, so bilden sie bald eine so dicke zusammenhängende Schlammmasse, dass die Enten nicht hindurchkönnen, und verpesten die Luft auf eine wahrhaft unerträgliche Weise. Dies ist z. B. der Fall an der, an der Werre, etwa eine halbe Stunde oberhalb Salzuflen, gelegenen Heersemühle (einem der besten Beobachtungspunkte), wo sie zuletzt 50 bis 60 m weit den Fluss oberhalb des Stauwerkes mit einer stagnirenden, gährenden Schicht bedecken. Ganz Ähnliches kann man auch bei Volland's Mühle, bei der Aufstauung der Salze oberhalb der Kuranlagen von Salzuflen und in den beiden durch Wehre abgeschlossenen Armen der Werre am Bergerthore zu Herford wahrnehmen. Die Bildung der Diatomaceen und Oscillarien zeigt sich übrigens nicht allein in den Flussbetten, sondern auch in den Gräben der anliegenden Wiesen und erhält von daher immer neue Zufuhr. In den Flussbetten selbst ist sie aber naturgemäss auf weite Strecken vor den Stauwerken am stärksten, weil hier der immer langsamer werdende Strom den Boden nicht rein zu halten vermag.

Zu bemerken ist noch, dass das Vorkommen der Diatomaceen und Oscillarien keineswegs ein auf die fragliche Gegend beschränktes, sondern ein weit über Deutschland ausgedehntes ist, dass mir aber kein Flussgebiet bekannt geworden ist, in welchem die Verhältnisse für ihre Vermehrung und massenhafte Ansammlung so günstig liegen, wie in dem Flussgebiete der Werre. In ihm treffen eben die für die Vermehrung besonders günstigen Umstände zusammen: langsame Bewegung und thonigschlammiger Boden.

Aus dem Vorstehenden geht hervor, dass die Belästigung einiger Stellen von Herford mit dem Fabrikbetriebe von Salzuflen bez. mit den Abflüssen der Fabrik absolut nicht in Verbindung steht. Da jene übelriechenden schwarzgrünen Algenmassen weit oberhalb der Stärkefabrik massenhaft auftreten, so können sie nicht durch den Fabrikbetrieb hervorgerufen oder befördert sein.

Muss ich so einen Zusammenhang zwischen dem Fabrikbetrieb und der Belästigung, welche die beiden Badeanstalten zu Herford erfahren, durchaus und entschieden in Abrede stellen, so ist doch die Frage aufzuwerfen und womöglich zu beantworten, wie es kommt, dass die früher nur in geringem Maasse vorhandene Plage jetzt viel häufiger und stärker auftritt als früher (wodurch eben die erregte Bevölkerung verleitet wird, sie der Fabrik zuzuschreiben). Es unterliegt nun keinem Zweifel, dass die seit 20 Jahren sehr vermehrte Anzahl von Stauwerken in den Flüssen Werre, Salze und Bega, sowie der veränderte Mühlenbetrieb daran schuld sind. Die zahlreichen Stauwerke verlangsamen den Abfluss des Wassers immer mehr; es entstehen vor den Wehren lange, ruhige Wasserbecken, welche zu wahren Brutstätten für die Diatomaceen werden, deren ungeheure Vermehrungsfähigkeit ja von jeher das Erstaunen der Naturforscher erregt hat. Hierzu kommt der veränderte Mühlenbetrieb. Früher waren nur unterschlächtige Mühlräder vorhanden; jetzt finden sich in den neuen Werken und auch in den älteren ganz überwiegend oberschlächtige Mühlräder oder Turbinen, welche beide das Wasser von oben erhalten. Früher besassen die Wehre obere Schützen (Stauschützen) und untere Schützen (Grundschützen). Der Mühlenbetrieb verlangte früher das Aufziehen der Grundschützen; damit war für den Grund der Staubassins eine sehr kräftige Spülung gegeben, welche die meisten Diatomaceenmassen hinwegführte; jetzt sind keine Grundschützen vorhanden; der Grund des Beckens wird nicht gespült; der Mühlenbetrieb entführt wohl einen Theil der oben schwimmenden schwarzgrünen, stinkenden Algenmassen, aber das Grundübel, die Diatomaceenmassen, bleibt unberührt. Führt nun ein heftiger Gewitterregen die Algen in grossen Mengen herbei (wie es in der Nacht vom 13. zum 14. Juni 1888 der Fall gewesen war), oder zwingt der Gestank der Algen den Müller, die Stauschützen stärker aufzuziehen, so schwimmen die Algen in Unmasse davon und die Badeanstalten in Herford werden in unerträglicher Weise davon belästigt. Mit jedem neu angelegten Stauwerke, mit jeder beseitigten Grundschütze muss die Menge der auf dem Thonboden vegetirenden Diatomaceen und Oscillarien sich vermehren. — Aus dem Dargelegten erklärt sich zugleich, warum die Algenplage in Herford intermittirend auftritt, was dann von der erregten Bevölkerung dem Ablassen von Fabrikwasser zugeschrieben wird.....

B. Wasserpilze. Ein von dem vorstehenden völlig verschiedenes Bild gewähren die durch verschiedene Wasserpilze aus der Gruppe der Spaltpilze in vielen Gewässern bedingten Übelstände. Von ihnen ist durch das Reichsgesundheitsamt das Vorkommen von Beggiatoa alba an einem Punkte oberhalb der Salzufler Fabrik an der Mündung einer in Röhren gefassten Quelle, welche das Himmel- und Spülwasser einiger Wohnhäuser abführt, constatirt worden. Eine von mir an derselben Stelle entnommene Probe, über deren Bestimmung ich in Zweifel blieb, wurde von mir einem der hervorragendsten Kenner der Wasserpilze, Cohn in Breslau, eingeschickt, und von diesem als Sphaerotilus natans bestimmt. Es ist recht wohl möglich, dass weitere Nachforschung noch andere Formen ergibt.

Die Wasserpilze sind in den Wasserläufen sehr weit verbreitet und soll z. B. glaubwürdigem Vernehmen nach die Beggiatoa bei Lage an der oberen Werre häufig sein. Die genannten Arten bilden fluthende; lappige, schleimige, ursprünglich weisse, später gelbe oder durch Auflagerung von Schlamm dunkler gefärbte Massen, welche bei ihrer Zersetzung sowohl durch ihre fauligen Massen als durch ihren höchst unangenehmen Geruch sehr lästig werden. Trotzdem, dass nach vielen Beobachtungen die Wasserpilze sich in langsam fliessenden oder stagnirenden Gewässern, welche Fabrikwässer aufnehmen, oft in erstaunlicher Weise vermehren und die Gewässer erfüllen, so ist doch ihr massenhaftes Auftreten bei Salzuflen unterhalb der Stärkefabrik nicht beobachtet worden. Ebenso liegen keinerlei Klagen aus Herford vor, welche auf Anspülung von Beggiatoa und anderen Wasserpilzen schliessen lassen. Alle Klagen beziehen sich vielmehr nur auf die übelriechenden, schwarzgrünen, zuletzt fast schaumigen Algenmassen, wegen deren ich mich auf das unter A. Gesagte beziehen kann." (Bremen, 30. Juni 1888.)

Wie H. Schreib[51]) nachweist, enthält dieses Gutachten des Kaiserl. Gesundheitsamtes zahlreiche Unrichtigkeiten; die Entgegnung von Renk[52]) wird scharf zurückgewiesen[53]). Nach Schreib werden die beobachteten Übelstände wesentlich durch Stauwerke verschuldet; dieselben haben folgende Übelstände: 1. Begünstigung einer massenhaften Bildung von Algen, welche in Fäulniss übergehen und durch Gestank Belästigung erregen. 2. Fischsterben und Verringerung der Fischbestände.

Über die von dieser Stärkefabrik gemachten Versuche zur Reinigung des Abwassers berichtet Schreib[54]). Das Abwasser der Stärke- und Pappefabrik läuft ununterbrochen ab, das der Ammoniak-Sodafabrik wird nur zeitweilig abgelassen. Analysen ergaben:

Abwasser der	Gesammtrückstand	Organische Stoffe	Sauerstoff zur Oxydation	Gesammtstickstoff	Schwefelsäure SO_3	Phosphorsäure	Chlor	Kalk	Ammoniak
Stärkefabrik	2353	770	127	67	257	38	462	114	Sp.
Pappefabrik	1736	643	119	20	207	14	170	220	Sp.
Sodafabrik	144000	—	—	—	740	—	89400	35200	100

Die Bestimmung der organischen Stoffe ist nicht ganz zuverlässig, da sie nicht unmittelbar nach der Probenahme erfolgte; wie schnell aber die Zersetzung eines Abwassers erfolgt, zeigen folgende Analysen:

	Glühverlust	Sauerstoffverbr.
Am 1. Tage	1030	273
- 2. -	942	231
- 3. -	645	125

Die Reinigung der Abwässer geschah zuerst mit Kalk und Wasserglas. Sodann wurde nach einander längere Zeit hindurch mit Kalk und Eisenvitriol, Kalk und Kieserit, Kalk und schwefelsaurer Thonerde und schliesslich mit Kalk allein gereinigt. Die Versuche im Kleinen, wie auch Beobachtungen im Grossen ergaben, dass die Reinigung mit Kalk allein so gut wirkte wie mit Kalk und Zusätzen.

[51]) Zft. f. angewandte Chem. 1890, 191 u. 255.
[52]) Zft. f. angewandte Chem. 1890, 620.
[53]) Zft. f. angewandte Chem. 1890, 672 u. 675.
[54]) Zft. f. angewandte Chem. 1890, 167 u. 543.

Die i. J. 1885 eingerichtete Kläranlage der Fabrik bestand aus vier einfachen Teichen, welche der Reihe nach vom Abwasser durchlaufen wurden. Die Wirkung der zugesetzten Chemikalien war stets eine so schnelle, dass das Wasser aus dem ersten Teiche klar abfloss. Die übrigen Teiche dienten zur Reserve und um noch eine weitere Reinigung durch Gährung zu erreichen.

Da Analysen zeigten, dass das Stärkeabwasser schnell die organische Substanz verlor, so wurde die Einrichtung getroffen, dass dieses langsam einen grossen Teich durchlief, wobei es stark in Fäulniss kam, und dann in einem andern Teich mit dem Pappwasser zusammentraf, welches die Chemikalien enthielt. Das gemischte Wasser klärte sich dann wie gewöhnlich ab. Dies Verfahren musste aber wegen des zu grossen Gestankes, der die Umgegend belästigte, aufgegeben werden. Benutzt wird seitdem nur noch die verhältnissmässig geringe Gährung, die in dem gereinigten Wasser sich trotz des Gehalts an Ätzkalk fortsetzt. Das geklärte Wasser, welches durchschnittlich einen Gehalt von etwa 200 mg Ca O im Liter zeigt, verbleibt so lange in den Teichen, bis es nahezu neutral reagirt. Die Wirkung ist längere Zeit hindurch gemessen und ergab im Mittel zahlreicher Analysen folgende Gehalte an organischen Stoffen:

	Ungereinigtes Wasser Zulauf		Geklärtes Wasser			Teich 5 und 6 Ablauf
	Gesammt	Gelöst	Teich 1 bez. 2	Teich 3	Teich 4	
Höchst . . .	1110	695	720	655	605	535
Niedrigst . .	480	305	250	328	281	170
Mittel . . .	664	578	472	447	421	366

Reinigungsversuche im Kleinen mit Kalk allein ergaben:

	Anorganische Stoffe			Organische Stoffe		
	Unfiltr.	Filtr.	Gerein.	Unfiltr.	Filtr.	Gerein.
	Stärke-Abwasser. 10 Versuche.					
Höchst . . .	4615	4540	5546	1280	1084	1050
Niedrigst . .	1180	1220	1380	480	320	270
Mittel . . .	2258	2224	2473	877	641	560
	Pappefabrik-Abwasser. 5 Versuche.					
Höchst . . .	1470	1415	1710	2456	1765	1385
Niedrigst . .	800	670	730	429	280	219
Mittel . . .	1018	859	1061	916	612	460
	Gemischtes Gesammtabwasser. 9 Versuche.					
Höchst . . .	2940	2860	3290	1160	855	714
Niedrigst . .	1184	1086	1180	620	440	310
Mittel . . .	1866	1796	2006	809	583	510

Der dabei erhaltene Schlamm enthielt (wasserfrei):

	Anorganische Stoffe	Organische Stoffe	P_2O_5	Stickstoff
Abwasser der Stärkefabrik	51,0	49,0	1,81	2,69
- - -	39,7	60,3	1,15	1,21
- - -	—	—	—	2,25 u. 1,79
Im Mittel	45	55	1,48	1,99
Abwasser der Pappefabrik	50,2	49,8	—	1,12
- - -	52,9	47,1	—	1,52
- - -	54,3	45,7	0,45	1,40
Im Mittel	52,5	47,5	0,45	1,35
Gemischtes Abwasser . .	53,6	46,4	1,69	2,87
- - . .	53,9	46,1	1,21	1,95
- - . .	54,0	46,0	—	1,57
- - . .	53,2	46,8	—	1,98
- - . .	46,1	53,0	—	1,49
Im Mittel	52,2	47,8	1,47	1,97

Der wasserfreie Schlamm der Klärteiche enthält durchschnittlich:

Anorganische Stoffe .	85	Proc.
Organische Stoffe . .	15	-
Stickstoff	0,3	-
Phosphorsäure . . .	0,2	-

Jetzt dient das Abwasser grösstentheils zur Berieselung von 48 ha Wiesen. In 271 Tagen wurden 504 000 cbm Abwasser aufgeleitet, entsprechend einer Rieselhöhe von 3,9 mm. Das Wasser enthält im Mittel 40 mg Stickstoff, 20 mg Phosphorsäure und 15 mg Kali.

Gesammtmenge täglich = 2000 cbm.

Darin sind enthalten:

		Werth von 1 hk	
Stickstoff . . .	80 k	140 M.	= 112 M.
Phosphorsäure .	40 -	40 -	= 16 -
Kali	30 -	20 -	= 6 -
			134 M.

Wenn auf 1 ha 10 500 cbm Abwasser entfielen, so waren darin enthalten:

Stickstoff . . .	420 k	entspr.	588 M.
Phosphorsäure .	210 -	-	84 -
Kali	157 -	-	31,4 -
also für Jahr und ha			703,4 M.

Wie vorauszusehen war, hat sich der Ertrag auf den berieselten Wiesen ganz ungemein erhöht; es konnte durchschnittlich viermal geschnitten werden. Der Heuertrag schwankte zwischen 120 bis 200 hk für 1 ha. Diese grosse Verschiedenheit ist zum Theil durch die Bodenbeschaffenheit und die Art der Gräser begründet; am meisten fällt jedoch der Umstand in's Gewicht, dass auf den weniger tragenden Flächen die Heuwerbung zu ungleichmässig vorgenommen wurde, so dass daselbst die wiederholte systematische Berieselung nicht möglich war. Auf einigen Grundstücken waren ferner die Gräben noch nicht genügend eingerichtet, so dass das Wasser nicht gleichmässig vertheilt werden konnte; einige hochgelegene kleine Flächen erhielten auf diese Art fast gar kein Wasser und drückten in Folge dessen den Gesammtertrag. Die höchsten Erträge lieferte englisches Ray-Gras auf leichtem Boden.

Auf den schon vor Einführung der Berieselung vorhandenen Wiesen, bei denen also ein Vergleich gegen früher möglich ist, erhöhte sich der Heuertrag von 90 auf 160 hk, also um 70 hk. Bei einem Preise von 5 M. für 1 hk ergibt das eine Mehreinnahme von 350 M. für 1 ha. Noch bedeutender erscheint der Nutzen auf einigen sterilen, sandigen Grundstücken; dieselben brachten früher so gut wie nichts auf und ergeben jetzt etwa 400 M. für 1 ha.

Die Pachtpreise für einzelne Wiesen sind von 192 M. auf 288 M. gestiegen und steigen noch weiter. Neu angelegte Wiesen, deren Lage günstig ist, sind in grösseren Flächen als Weiden mit 330 M. und in kleineren Stücken mit 390 M. für 1 ha verpachtet. Wenn man die durchschnittliche Erhöhung der Pachtpreise auf 120 M. für 1 ha annimmt, so ergeben sich für die vorhandenen 48 ha 5760 M. Diese Summe bedeutet jedoch nur die Wertherhöhung für den Verpächter. Die durchschnittliche Vermehrung des Ertrags kann in Geldwerth zu 250 M. für 1 ha angenommen werden, beträgt also in summa 12 000 M.

Der Einführung der Berieselung stand auch anfangs vielfach im Wege, dass befürchtet wurde, das Vieh würde das auf den Rieselwiesen wachsende Gras nicht fressen und letzteres würde nur geringen Nährwerth besitzen. Die erste Befürchtung hat sich als völlig grundlos erwiesen, denn sämmtliches Vieh frisst sowohl Gras wie Heu ungemein gern, und die Frage hinsichtlich des Nährwerthes ist schon durch die bei Milch- und Mastvieh erhaltenen Resultate zu Gunsten des Rieselgrases entschieden. Zur weiteren Entscheidung dieser Frage wurden verschiedene Proben Heu von den Rieselwiesen untersucht und ebenso zum Vergleich einige Sorten Heu von nicht berieselten Wiesen. Die Resultate zeigt folgende Tabelle; die Zahlen sind auf Trockensubstanz umgerechnet. Bei der Berechnung der Futterwertheinheiten sind Proteïn und Fett = 5, Kohlehydrate = 1 gesetzt.

Heu	Rohproteïn Proc.	Ätherextract Proc.	Kohlehydrate Proc.	Rohfaser Proc.	Rohasche Proc.	Futterwertheinheiten
Rieselwiesen	20,00	3,77	42,07	23,56	10,60	161
desgl.	18,94	3,27	39,92	26,15	11,72	151
desgl.	18,93	2,66	37,55	30,35	10,51	146
desgl.	15,04	2,31	44,26	30,07	8,32	131
desgl.	14,51	4,71	37,14	32,41	11,23	133
desgl.	22,30	3,20	34,99	28,47	10,54	162
nicht berieselt	12,51	2,26	50,81	26,31	8,11	125
desgl.	14,38	4,13	39,40	31,38	10,71	132
desgl.	11,68	2,77	48,18	30,07	7,30	120
desgl.	10,51	2,47	47,54	31,66	7,32	115
desgl.	10,22	3,08	46,67	31,46	8,57	113

Der Nährwerth des Rieselheues ist ein höherer, als der der andern hiesigen Sorten. Besonders in's Auge fallend ist der hohe Proteïngehalt, der sich durch die starke Stickstoffzufuhr erklärt. (Vgl. S. 146.)

Oben ist berechnet, dass 1 ha durchschnittlich erhalten hat 420 k Stickstoff. Beträgt der Heuertrag für 1 ha jährlich 150 hk Heu mit 2,4 Proc. Stickstoff (16 Proc. Proteïn), so werden dadurch 360 k Stickstoff, also über 80 Proc. der Zufuhr dem Boden entzogen.

Die durch Berieselung von Gemüseland erhaltenen Resultate sind ebenfalls ganz ausgezeichnete.

Zuckerfabriken.

Rübenzuckerfabriken liefern folgende verschiedene Abwässer:

1. Wasser aus der Rübenwäsche und Schwemme, enthält Erde, Rübentheile, Blätter u. dergl., sowie gelöste pflanzliche Bestandtheile verschiedener Art. Nach H. Claassen[55]) hängt die Grösse des Zuckerverlustes in den Schwemmen wesentlich von den Verletzungen ab. Frostrüben verlieren bei Verwendung von warmem Wasser in den Schwemmen bis 0,5 Proc. Zucker.

2. Abflusswasser von der Diffusion enthält geringe Mengen Zucker. Das Abflusswasser von den Schnitzelpressen enthält Zucker und Saftbestandtheile (Pflanzeneiweiss, Zwischenzellstoff u. s. w.) gelöst und Schnitzeltheile, sowie auch etwas Erde aufgeschwemmt.

[55]) Zft. d. deutsch. Ver. f. Rübenz. 1891, 111.

3. Spülwasser aus dem Scheideraum und der Schlammstation enthält die gelösten Bestandtheile des Saftes nebst Kalk u. dgl.

4. Wasser von der Filtration und Knochenkohlewiederbelebung enthält neben Zucker und dessen Zersetzungsproducten organische und unorganische Stoffe in grossen Mengen, meist in starker Fäulniss begriffen. Die meisten Zuckerfabriken arbeiten jetzt ohne Knochenkohle.

5. Fallwasser von den Luftpumpen ist wenig verunreinigt, da die geringe Menge von Zucker meist vernachlässigt werden kann: es ist 50 bis 60° warm.

6. Verschiedene Spül- und Reinigungswässer mit geringem Gehalt an löslichen Bestandtheilen, worunter Zucker, und mit Keimen und Sporen in wechselndem Verhältniss.

Nach den Untersuchungen von Knapp[56]) führten die Abwässer von drei Zuckerfabriken dem Stadtgraben von Braunschweig innerhalb 24 Stunden etwa 1600 k organische Stoffe mit 30 k Stickstoff, 360 k unorganische Substanzen und 180 k Knochenkohle zu.

W. Demel[57]) fand (im Liter mg):

	Glühverlust	Glührückstand	Summa beider	Ammoniak	Zur Oxydation erford. Kaliumpermanganat	Reaction
Rübenwaschwasser { suspendirt .	346	504	539	2,4	20,0	neutral
Rübenwaschwasser { gelöst . .	16	12	28			
Knochenkohlewaschwasser, gelöst	380	2736	3116	1,8	196,6	sauer
Osmosewasser, gelöst	1130	428	1558	0,4	3706,2	basisch
Gesammtabflusswasser { suspendirt . .	9	58	67	1,5	24,6	neutral
Gesammtabflusswasser { gelöst • . . .	21	16	37			

Denkschriften über die vergleichende Prüfung verschiedener Verfahren zur Reinigung der Abflüsse aus Rohzuckerfabriken. In Rücksicht auf den bedeutenden Arbeitsaufwand, welchen die in den beiden Denkschriften[58]) besprochenen Untersuchungen

---

56) Viertelj. f. öffentl. Ges. 1870, 1.

57) Zft. d. deutsch. Ver. f. Rübenz. 1884, 11.

58) Die erste Denkschrift ist abgedruckt in den Verhandl. d. Ver. z. Beförd. d. Gewerbfl. 1884 Hft. 8, die zweite als Beilage z. Novemberh. 1887 d. Zft. f. Rübenz. erschienen.

Der Handelsminister veranlasste Ende Dec. 1878 den Oberpräsidenten der Prov. Sachsen bez. vergleichende Versuche anstellen zu lassen; die Reg. von Braunschweig und Anhalt schlossen sich an. Nachdem das von dem damaligen Oberpräsidenten, Staatsminister Freiherrn von Patow vorgelegte Programm für die Untersuchungen im Allgemeinen die Billigung der Herren Minister gefunden

erforderten und die Bedeutung, welche denselben beigelegt wird, mögen dieselben im Zusammenhange besprochen werden.

Die Versuche im Betriebsjahr 1879/80 führten zu dem Bericht vom 19. April 1880, dass das Knauer'sche Verfahren das wirksamste sei, während eine Commission des Vereins für Rübenzuckerindustrie (dessen Zeitschr. 1880, 567) gerade dieses Verfahren verwarf. Die Versuche wurden daher unter Mitwirkung von Gewerberath Neubert und Dr. Sickel wieder aufgenommen.

Als Versuchsstationen wurden in Betracht gezogen:

I. bezüglich des Systems Elsässer:
1. die Zuckerfabrik Roitzsch,
2. - - Landsberg,
beide im Regierungsbezirk Merseburg,

II. bezüglich des Verfahrens von Knauer:
1. die Zuckerfabrik von Rudolph & Comp. in Magdeburg, Stadtfeld,
2. - - Altenau bei Schöppenstedt,
3. - - Schackensleben,
4. - Actienzuckerfabrik Oschersleben,

III. bezüglich des Verfahrens von Müller-Schweder:
die Zuckerfabrik Gröbers im Regierungsbezirk Merseburg,

IV. bezüglich fernerer abweichender Verfahren:
1. die Zuckerfabrik Stöbnitz,
2. - - Körbisdorf,
beide im Regierungsbezirk Merseburg.

I. 1. Auf der Zuckerfabrik Roitzsch vereinigen sich sämmtliche abgehenden Fabrikwässer mit Ausnahme des grössten Theils des aus der Condensation (von dem Vacuum und den Verdampfapparaten) herrührenden sogenannten Condensations- oder Fallwassers unweit der Fabrik in zwei grossen Sammel- oder Gährbassins, von welchen jedes etwa 50 m lang, 20 m breit und 2 m tief ist. Wenn das erste Bassin gefüllt ist, treten die Wässer, nachdem sie sich abgesetzt haben, durch eine seitliche Öffnung in das zweite Bassin über, wobei der bei der Gährung nach oben steigende, mit Schmutz vermischte Schaum u. dgl. durch

---

hatte, wurden von dem Oberpräsidenten der im Oberpräsidialbureau beschäftigte Königl. Regierungsassessor Schow und der Königl. Gewerberath Dr. Süssenguth zu Magdeburg als Mitglieder in die Commission berufen, während die Herzogl. Braunschweig-Lüneburgische Kreisdirection zu Wolfenbüttel den Herzogl. Kreisassessor Schulz ebendort und den Herzogl. Fabrikeninspector Spamann zu Braunschweig, und die Herzogl. Anhaltische Regierung zu Dessau den mit Geschäften eines Fabrikinspectors für das dortige Herzogthum betrauten Herzogl. Regierungs- und Bergrath Lehmer als Mitglieder in die Commission entsandten. Als gemeinschaftlicher Commissar der betheiligten Staaten trat ferner wegen seiner speciellen Kenntnisse in der Zuckerfabrikationstechnik der vormalige Director der Zuckerfabrik Loebejün Julius Engel aus Halle a. S. in die Commission ein. Die obere Leitung der Commissionsarbeiten behielt sich der Oberpräsident vor.

eine Bohlenvorrichtung zurückgehalten wird. Im zweiten Bassin befindet sich das Saugrohr zu einer Pumpe, welche die abgegohrenen Wässer so hoch hebt, dass sie dem Rieselterrain zulaufen können. Die gehobenen Wässer fliessen alsdann zunächst durch einen Kasten, in welchen mittels einer Luftpumpe ununterbrochen Luft gepumpt wird, um angeblich eine Oxydation der im Wasser noch vorhandenen, schädlichen Stoffe herbeizuführen (vgl. S. 80), und hierauf in ein Gefluder ab, um durch dasselbe der drainirten, in abgedämmte Parzellen eingetheilten Rieselfläche wechselweise zugeführt zu werden.

Von dem Fallwasser fliesst das von der nassen Luftpumpe des Kochvacuums kommende nach dem Gährbehälter. Im Übrigen wird das Fallwasser zur Abkühlung über ein Gradirwerk geleitet und alsdann einem Abzugsgraben zugeführt. In diesem Abzugsgraben vereinigt sich das Fallwasser mit dem aus den Drains des Rieselterrains abfliessenden Wasser und fliesst mit letzterem vereint in den Strengbach.

Zur Berieselung dienten im Betriebsjahr 1880/81 etwa 10 ha Wiesenland und $1\frac{1}{2}$ bis 2 ha Ackerland, durchweg schwerer lehmiger Boden. An Rüben wurden in 24 Stunden 2250 hk verarbeitet.

2. Die Zuckerfabrik Landsberg ist mit Rücksicht auf die schlechte Qualität, namentlich den reichlichen Kalkgehalt des ihr zur Verfügung stehenden Brunnenwassers genöthigt, das Fallwasser zu Betriebszwecken mit heranzuziehen. Ein Theil wird zum Kesselspeisen und zur Rübenwäsche, ein Theil dagegen nach vorheriger Abkühlung mit Brunnenwasser vermischt zur Condensation verwendet. Der Rest des Fallwassers fliesst mit sämmtlichen Schmutzwässern zur Berieselung. Die gesammten Wässer sammeln sich in einiger Entfernung von der Fabrik in drei nebeneinander liegenden Behältern von zusammen 556 cbm Inhalt an und fliessen von hier, nachdem sich im Wesentlichen die mitgeführten Rübentheile, Schlämme u. dgl. abgeschieden haben, in einer offenen Rösche nach dem Rieselfeld. Zur Berieselung dient bei einer täglichen Verarbeitung von 1500 hk Rüben eine 6,5 ha grosse drainirte Fläche leichterer Bodenqualität, von welcher 1,5 ha alte, 5 ha neugelegte Drainagen in einer Tiefe von durchschnittlich 1 m enthalten. Die ganze Fläche ist in 5 Systeme abgetheilt, welche wechselweise bespeist werden, und von denen jedes seinen besonderen Ausfluss in den an dem Rieselterrain vorbeifliessenden Strengbach hat.

II. 1. Auf der Zuckerfabrik von Rudolph & Comp. in Magdeburg (Stadtfeldt) fliessen die Rübenwaschwässer und die mittels geeigneter Vorrichtungen von Schnitzeln und Schaum befreiten Wässer der Schnitzelpressen in einer gemauerten Rösche *a c* (nebenstehende Skizze) in ein System von 6 Absatzbehältern *d* zur Ausscheidung der Rüben- und Schlammbeimengungen. Der Zufluss und Ablauf ist derart durch Schieber geregelt, dass das Reinigen der einzelnen Behälter von den angesammelten mechanischen Verunreinigungen ohne Unterbrechung des Betriebes erfolgen kann. In einem weiteren Behälter *e* mit drei unter einander verbundenen Abtheilungen vereinigen sich die geklärten Wässer mit den Abwässern des Knochenkohlenhauses und werden von hier aus nach dem Hochbehälter *f* gehoben, um alsdann durch eine Rohrleitung den Gegenstromapparaten *i* zur Vorwärmung zuzufliessen und hiernächst in den Anwärmebehälter *g* überzutreten.

Zur Erzielung eines möglichst hohen Wärmegrades sind in dieses Anwärmebassin besondere Rohrleitungen *o*: von den Filterabdampfrohren, von den Kesselabblaserohren, von der Bodenheizung, von dem Retour d'eau, von Eisfeldt'schen Apparaten und von den Montejus eingeführt.

Mittels einer weiteren Rohrleitung *o* fliesst dem Anwärmehälter ununterbrochen Kalkmilch zu. (Täglicher Verbrauch an Kalk angeblich 600 k.) Aus diesem Behälter *g* tritt das angewärmte Wasser in einen Behälter *h* ein und er-

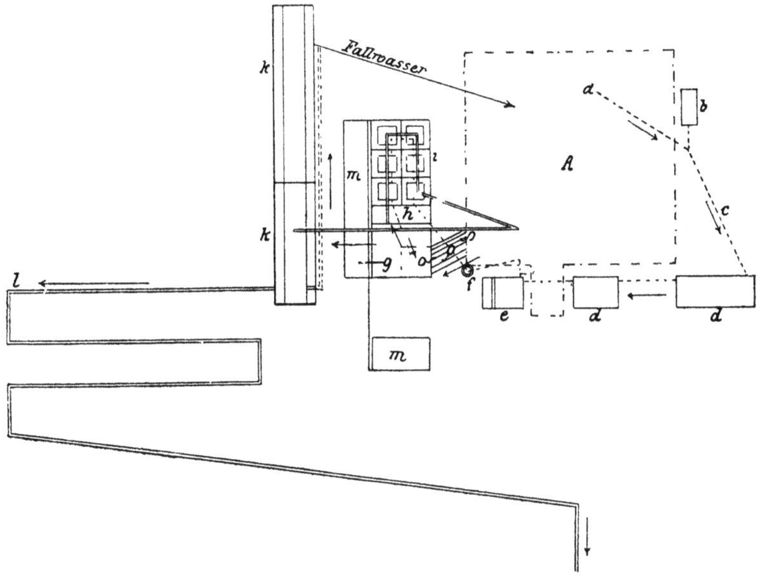

Fig. 17.

. . . . Lauf der Schmutzwässer. ⟶

═════════ Lauf der gereinigten Wässer. ⟶

A **Fabrikgebäude.** *a* **Rübenwäsche.** *b* **Schnitzelfänger.** *l* **Abflussgräben.**

hält hier einen tropfenweisen Zusatz von Manganchlorür. Die durch die Scheidung mittels Kalkmilch und Manganchlorür entstehenden Schlämme werden in zwei Bassins *m* gesammelt und von dort zur Düngung abgefahren. Nach der stattgehabten Scheidung treten die gereinigten Wässer wieder in die Gegenstromapparate *i* zu deren Umspülung behufs Vorwärmung der Schmutzwässer ein und werden demnächst in ein Gefluder gehoben und über das Gradirwerk *k* geleitet, um hierdurch auf die Temperatur der Luft abgekühlt zu werden und die noch vorhandenen Kalktheile thunlichst auszuscheiden. Das Gradirwerk ist etwa 40 m lang, 10 m hoch und hat etwa 40 qm nutzbare Dornenwandfläche. Von letzterer wird etwa ein Drittel zur Abkühlung der gereinigten Wässer, der übrige Theil zur Abkühlung des einem Reinigungsverfahren nicht unterworfenen Fallwassers benutzt. Letzteres geht nach der Abkühlung zur Wiederbenutzung in die Fabrik zurück, während die gereinigten und abgekühlten Wässer behufs weiterer Ausscheidung von Kalktheilen in einem System von flachen Gräben nach kurzem

Lauf den Schrotebach zufliessen oder nach Bedarf aus dem am Fuss des Gradirwerks befindlichen Bassin mit dem Fallwasser der Fabrik zur Wiederverwendung zugeleitet werden.

2. Die Reinigungsanlagen und der Reinigungsbetrieb auf den Zuckerfabriken Altenau, Schackensleben und Oschersleben entsprechen im Wesentlichen der Einrichtung und dem Verfahren auf der Fabrik von Rudolph & Comp.

III. Auf der Zuckerfabrik Gröbers (Zeising & Comp.) werden die aus der benachbarten Braunkohlengrube gehobenen Grubenwässer und die auf einem Gradirwerk abgekühlten Fallwässer zu Betriebszwecken benutzt. Die Fabrik verarbeitet täglich 1200 hk Rüben. Die von der Rübenwäsche, dem Knochenkohlenhause und der Diffusion kommenden Abwässer werden jedes für sich in besondere gemauerte Behälter geleitet, in welchen die anhaftenden Rübentheile, Schlämme und sonstige mechanische Verunreinigungen sich absetzen sollen. Die Rübenwaschwasserbehälter liegen unmittelbar an der Waschtrommel; der eine derselben ist zum Zurückhalten der Rübenschwänze u. dgl. mit einem engen Holzsiebe überdeckt. Die Schnitzelbehälter können behufs Ausräumung der angesammelten Rückstände wechselweise an- und abgestellt werden. Die Knochenkohlenwässer fliessen nach dem Austreten aus den Schlammbehältern unter den Aborten hindurch und nehmen dort die Excremente der Fabrikarbeiter (etwa 150) auf. Sämmtliche Schmutzwässer vereinigen sich alsdann mit den Spülwässern der Fabrik innerhalb des Fabrikhofes in einer Rösche und erhalten nunmehr einen Zusatz von Kalk (angeblich 600 k in 12 Stunden). Die Wässer fliessen hiernächst aus der Rösche wechselweise in zwei neben einander liegende Vorgräben, und dann in 4 Behälter von zusammen 1580 qm Flächeninhalt und einer durchschnittlichen Tiefe von 2 m. Dann fliessen die Wässer in einer Rösche, nachdem ihnen nochmals geringe Mengen Kalkmilch zugesetzt sind, nach dem Berieselungsfelde. Dasselbe umfasst im Ganzen eine Ackerfläche von 10,5 ha, von welchen zur Zeit der Besichtigung und Probenahme jedoch nur 8 ha benutzt wurden. Die Berieselungsfläche, insgesammt Ackerland, ist in neun Abtheilungen eingetheilt, deren Oberfläche im Durchschnitt 2,83 m über dem die Drainabflusswässer aufnehmenden Abflussgraben liegt. Die Drainröhren sind in einer Tiefe von 1 m gelegt und haben im Ganzen drei Abflüsse nach dem allgemeinen Abzugsgraben. Der Berieselungsbetrieb ist derartig geregelt, dass unter dreistündigem Wechsel jedesmal zwei Abtheilungen gleichmässig bewässert werden.

IV. 1. Auf der Zuckerfabrik Stöbnitz werden die Abwässer von den Schnitzelpressen in einen hochliegenden Oberflächencondensator gepumpt, dort durch den aus dem Vacuum abziehenden Brüden vorgewärmt, sodann abwechselnd nach zwei eisernen Kasten geleitet und darin mittels directen Dampfs unter Zusatz von 0,5 Proc. Kalk auf 80^0 angewärmt. Die angewärmten Wässer fliessen demnächst mit den von Rübentheilen befreiten Rübenwaschwässern, dem Diffusions- und Spülwasser in ein System von 15 Absatz- und Klärbehältern und vereinigen sich dort mit den Knochenkohlenhaus- und Kesselabblasewässern, welche schon vorher zum Absetzen von Kohlentheilchen und Schlämmen durch vier besondere Absatzbehälter geleitet worden sind. Die gesammten Schmutzwässer werden nach dem Absetzen und Klären in den gedachten 15 Bassins aus dem letzten Bassin mittels einer Centrifugalpumpe in einen Hochbehälter gehoben, fliessen von dort auf ein Gradirwerk und werden nach der Gradirung in einem Abzugsgraben nach längerem, etwa $^1/_4$stündigem Lauf auf eine etwa $4^1/_2$ ha grosse drainirte Wiese in wilder Berieselung (ohne wechselnde Anstauvorrichtungen) geleitet. Die in einer offenen Rösche angesammelten Drainabflüsse fliessen alsdann in den Klingebach und demnächst in die Geisel.

Das eigentliche Betriebswasser bildet das Wasser aus einer benachbarten Braunkohlengrube, nachdem es in einem flachen Teich möglichst geklärt worden ist. Ausserdem wird das über ein besonderes Gradirwerk geleitete Fallwasser theilweise zu Betriebszwecken, insbesondere zur Rübenwäsche und zur Diffusion sowie zur Kesselspeisung, wieder verwendet, und zwar zu letzterem Zwecke, nachdem es wegen seiner Neigung zur Kesselsteinbildung vor dem Speisen in Bottichen unter Anwärmung durch Dampf mit Kalk und Soda behandelt worden ist.

2. Auf der Zuckerfabrik Körbisdorf werden die von der Diffusion und den Schnitzelpressen kommenden Wässer und der Rest der Filtrirabsüsser abwechselnd in zwei eisernen Kasten unter Zusatz von 0,5 Proc. Kalk mittels Retourdampfs und directen Dampfs auf 80° angewärmt und laufen alsdann im Verein mit dem Rübenwaschwasser durch 11 unter zweckmässiger Ausnutzung der günstigen Höhenverhältnisse des Bodens angelegte Absatzbehälter (je 4,5 m lang, 3 m breit und 2 m tief). Das geklärte Wasser fliesst durch einen Fluder ab, während der abgesetzte Schlamm in einen neben den Absatzbehältern befindlichen grossen Sammelbehälter abgelassen wird, welcher keinen Abfluss hat und erst am Schlusse des Betriebsjahres entleert wird.

Aus dem Fluder tritt das geklärte Wasser nach Aufnahme des überschüssigen Betriebswassers (Braunkohlengrubenwasser) zunächst behufs weiterer Absetzung in zwei in der Nähe des Gradirwerks befindliche Behälter und vereinigt sich dann noch mit dem durch Überleitung über das Gradirwerk abgekühlten Fallwasser, soweit letzteres nicht in den Betrieb zurückgeht. Die vereinigten Wässer fliessen alsdann mit einer durchschnittlichen Temperatur von 25° in den Geiselbach. Die Kohlenhauswässer werden dagegen zunächst in mehrere kleine Behälter zum Ausscheiden der mitgeführten Kohlentheilchen und anderer mechanischer Verunreinigungen geleitet und laufen alsdann durch einen Kanal unter dem Geiselbach hindurch in einen Brunnen, aus welchem sie auf eine längs des rechten Ufers der Geisel sich hinziehende Wiesenfläche austreten. Nach der Angabe der Fabrikdirection ist von diesen etwa 75 ha grossen Wiesen der obere Theil, auf welchem der Brunnen sich befindet, drainirt.

Die genommenen Proben wurden von Degener und von M. Maercker untersucht; die Analysen des letzteren sind mit einem * versehen. Die Hauptergebnisse dieser Untersuchungen finden sich in der Tabelle S. 169.

Name und nähere Bezeichnung der einzelnen Wässer.

1. Altenau I. Gereinigtes ungradirtes Abwasser. Temperatur bei der Entnahme 70°.

2. Altenau II. Gereinigtes und gradirtes Abwasser mit ungereinigtem Fallwasser, Temperatur 20°.
3. Oschersleben I. Gereinigtes Abwasser vor Umspülung der Kühler, T. 71°.
4. Oschersleben II. Wasser vom Abflussgraben beim Gradirwerk, Temp. 20°.
5. Brunnenwasser für den Betrieb Oschersleben III.
6. Magdeburg A. I. Gereinigtes Abwasser vor Umspülung der Gegenstromkühler. Die Temperatur zu Beginn der in vier halbstündlichen Zwischenpausen erfolgten Probenahme betrug 70° und stieg bis auf 90°.
7. Magdeburg A. II. Gereinigtes Abwasser vom Gradirwerk, ohne Fallwasser. Temperatur, anfänglich 13°, sank bis auf 7°, offenbar, weil in der Fabrik viel Wasser gebraucht wird.
8. Magdeburg A. III. Gereinigtes Abwasser einschl. Fallwasser vor der Einleitung in den Schrotebach. Temperatur gleichmässig 0°.
9. Magdeburg B. I. Knochenkohlegährwasser, Temp. 26°.
10. Magdeburg B. II. Gereinigtes Abwasser vor der Einleitung in die Gegenstromkühler, Temp. 84 bis 85°.
11. Magdeburg B. III. Gereinigtes Abwasser nach Überleitung über das Gradirwerk, Temp. 9°.
12. Schackensleben Ia. Gereinigtes Abwasser vor der Einleitung in die Gegenstrom-Apparate, Temp. 72°.
13. Schackensleben Ib. Dasselbe, Temp. 88°.
14. Schackensleben Ic. Dasselbe, Temp. 89°.
15. Schackensleben IIa. Gereinigtes Abwasser nach Überleitung über ein Gradirwerk, correspondirend mit Probe Ia, Lufttemperatur.
16. Schackensleben IIb. Dasselbe, correspondirend mit Probe Ib und Ic. Lufttemperatur.
17. Schackensleben III. Teichwasser, enthaltend gereinigtes Abwasser und ungereinigtes Fallwasser.
18. Körbisdorf I. Betriebswasser (Grubenwasser), Temp. 12°.
19. Körbisdorf II. Gereinigtes Abwasser ohne Fall- und Kohlenhauswasser, Temp. 26°.
20. Körbisdorf III. Vereinigte Kohlenhauswässer (nach Gährung), Temp. 45°.
21. Gröbers I. Schmutzwasser nach Ablauf aus den Gährbassins und Kalkzusatz vor Ablauf auf die Rieselfelder ohne Fallwasser, Temp. 5°.
22. Gröbers II. Abflusswasser aus den Drains, Temp. 3°.
23. Stöbnitz I. Betriebswasser (Grubenwasser), Temp. 8°.
24. Stöbnitz III. Gereinigtes Abwasser nach der Berieselung ohne Fallwasser, Temp. 6°.
25. Landsberg I. Schmutzwasser vor Ablauf auf die Rieselfelder, Temp. 9°.
26. Landsberg II. Abflusswasser aus den Drains, Temp. 4 bis 5°.
27. Roitzsch. Betriebswasser.
28. Desgl. Schmutzwasser vor Einfluss in die Gährbehälter, Temp. 30,5°.
29. Desgl. Abflusswasser aus den Drains, Temp. 3°.

	Organische Substanz					Gelöster Stickstoff			Gesammtstickstoff	Schwefelsäure	Schwefelwasserstoff	Alkalität Ca O	Eindampfrückstand	Suspendirte unorganische Stoffe	Proteïnsubstanzen
	Suspendirt	Kohlensäure aus ihr mittels Ca O_3	gelöst: zur Oxydation nöthiger Sauerst.	gelöst: Verhältniss von C : O, O = 1	Rohrzucker	Ammoniak	Salpetrige Säure	Stickst. d. Verbrenn. mit Natronkalk							
1.	40	1900	1154	2,3	420	88,3	0,9	54,3	126,4	128	0	1065	5825	455	0
*	52					42			166,8	151	0	979	5370	173	
2.	191	994	642	2,9		11,9	1,8	59,0	65,6	22	0	132	2440	555	0
*	94					7,2			35,7	127	0	198	2673	447	
3.	3	956	492	1,28	76	80,9	0,2	8,2	75,2	121	0	458	2303	69	0
*	12					39,9			47,6	148	0	588	2205	28	
4.	85	765	358	1,06	1004	64,2	0,2	7	60	53	Sp.	0	1595	87	0
*	42					44,6			51,2	130	0	12	1595	20	
5.	1	30	1			5	0	3,6	8,6	230	0	0	1002	3	0
6.	16	894	170	0,52	640	21,5	0,1	11,7	29,7	0	0	588	3287	21	0
7.	26	1126	211	0,50	84	5,3	0,1	13,2	17,6	131	0	274	3200	96	0
*	14					17,8			27,6	139	0	575	3300	8	
8.	28	1074			740	7,7	0,1	15,3	21,6	137	0	229	3101	66	0
*	18					4,9			16,0	172	0	318	3345	26	
9.	242	359	189	1,3		34	0	26,5	54,5	142	Sp.	0	1598	95	0
10.	4	4026	478	0,45	64	21,4	0,3	25,4	42,4	153	0	496	6065	7	0
*	8					13,9			37,9	225	0	551	5785	7	
11.	35	2521	472	0,50	1280	—	1	25,4		155	0	152	6345	75	0
*	17					8,2			35,5	180	0	175	5020	42	
12.	81	804	45	0,41	0	42	1,4	16,3	55,2	41	0	429	3860	162	0
*	46					19,5			38,3	41	0	416	3770	40	
13.	30	1632	423	0,60	0	58	0,4	14,0	62,0	41	0	449	3630	75	0
*	19					18			36,1	47	0	424	3658	14	
14.	28	1655	1439	0,57	232	69	0,6	14,0	71,0	36	0	568	3608	76	0
*	15					40			56,9	36	0	575	3303	27	
15.	79	1551	400	0,58	0	Sp.	0,8	13,6	13,6	0	0	28	4782	167	0
*	50					7,7			30,7	81	0	171	4750	82	
16.	48	1026	349	0,70	64	Sp.	0,8	20,2	20,2	29	0	208	2941	100	0
*	23					9,2			27,9		0	237	3875	23	
17.	66	217	79	0,82	0	30,2	1,5	8	23,7	5	Sp.	128	1506	47	0
18.	62	22	4	0,49	0	Sp.	2,1	2,3	2,3	118	0	132	709	14	0
19.	16	512	141	0,38	0	4,1	1,8	15,0	18,5	17	0	42	1113	104	?
*	15					4,1			10,8	13	0				
20.	354	96	38	0,82	0	101	1	4,2	93,2	80	stark	176	2973	627	0
*												163	1185	53	
21.	92	165	26	0,48	Sp.	42,5	Sp.	7,4	42,4	95	stark	0	690	201	Sp.
22.	7	172	14	0,44	344	12	Sp.	3,9	13,9	56	Sp.	0	1243	12	0
*	7					6,8			13,8			0	1324	6	
23.	6	40	5	0,46	0	—	2,3	1,7		159	0	95	1082	19	0
24.	9	57	6	0,44	0	Sp.	2,7	2,2	2,2	254	0	120	600	4	0
*	6					9,2			12,7			0	815	2	
25.	31	37	19	1,20	Sp.	7,7	0,6	2,6	8,9	54	0	0	562	201	0
26.	14	28	9	0,76	Sp.	5,4	0,1	2,8	7,2	39	Sp.	0	506	31	0
*	6					3,5			6,2			0	718	9	
27.	1	15	1	0,38	0	1,3	0	1,4	2,7	47	0	0	1252	2	0
28.	87	131	67	1,3	0	16	0,1	1,3	14,9	0	Sp.	28	1173	129	?
29.	5	29	4	0,42	Sp.	9,8	0	2,3	10,4	43	Sp.	0	486	27	0
*	3					4,0			6,7			0	666	2	

Die mikroskopische Untersuchung der Abwässer wurde von Prof. F. Cohn in folgender Weise ausgeführt:

Die verschiedenen Proben, welche in grossen, mit eingeschliffenem Glasstöpsel verschlossenen Glasgefässen ankamen, wurden eine Zeit lang, in der Regel 24 Stunden, ruhig sich selbst überlassen, wobei gröbere Verunreinigungen des Wassers sich absetzten und sodann chemische Reaction, Farbe, Durchsichtigkeit, Geruch des Wassers, Menge, Farbe, Beschaffenheit des Absatzes notirt, endlich Wasser und Absatz mikroskopisch analysirt. Mit letzterer Untersuchung wurde durch mehrere Wochen, bei den zuerst Anfang Januar angekommenen Proben $2^1/_2$ Monate, fortgefahren, zuerst meist täglich, dann in mehr oder minder langen Zwischenräumen, und auf diese Weise die Veränderungen ermittelt, welche das Wasser von selbst (durch sogenannte Selbstreinigung) in seinem makroskopischen und mikroskopischen Verhalten erleidet. Hierbei kamen zur Beobachtung nicht bloss diejenigen Organismen, welche beim Empfang des Wassers in solcher Menge entwickelt waren, dass sie der Wahrnehmung nicht entgehen konnten, sondern auch diejenigen, welche nur spärlich oder nur als Keime vorhanden waren, nachträglich aber, nachdem das Wasser sich in Bezug auf die Menge der Nährstoffe oder in seinem sonstigen chemischen Verhalten verändert hat, zu massenhafter Vermehrung gelangen. Ein Theil der Organismen sammelt sich allmählich an der Oberfläche des Wassers und bildet schwimmende Häutchen, ein anderer Theil mit gesteigertem specifischen Gewicht, insbesondere Sporen und Dauerzellen, setzt sich am Boden ab, während das Wasser selbst sich allmählich mehr oder minder vollständig von Organismen reinigt.

Da durch die blosse mikroskopische Beobachtung sich nicht immer erkennen lässt, ob die im Wasser vorkommenden Organismen noch lebens- und entwickelungsfähig sind, so wurde das Experiment zu Hülfe genommen. Eine erprobte mineralische Bakteriennährlösung, der mit Rücksicht auf Hefepilze Zucker zugefügt wurde (Pasteur'sche Nährlösung), wurde in ausgeglühte Reagenscylinder derart vertheilt, dass ein jeder etwa 10 g Lösung erhielt, hierauf wurden die Cylinder im Papin'schen Topf $^1/_2$ Stunde lang gekocht, um früher vorhandene Keime zu tödten, ihre Öffnungen sodann mit desinficirter Watte verstopft und die Cylinder in einem Brutkasten bei 25 bis 30° 3 bis 4 Tage belassen, innerhalb welcher Zeit diejenigen Cylinder, in denen noch entwickelungsfähige Keime vorhanden waren, sich trübten und beseitigt werden konnten. In die übrigen, vollständig sterilisirten Cylinder wurden mit ausgeglühter Pipette (für jeden Versuch eine besondere) aus den Wasserproben je 5 Tropfen zur Nährlösung zugefügt, der Watteverschluss wieder angebracht und die inficirten Cylinder in den Brutkasten zurückgestellt. Blieb die Nährflüssigkeit klar, so war der Beweis geliefert, dass die zugefügten Tropfen aus betreffender Wasserprobe keine entwickelungsfähigen Keime enthielten; im entgegengesetzten Fall trübte sich die Nährlösung und zwar um so rascher, je reicher an Keimen die zugefügten Wassertropfen gewesen, in der Regel nach 48, einige schon nach 24 Stunden, andere erst nach 3 und mehr Tagen; die Trübung nahm von Tag zu Tag zu, an der Oberfläche bildete sich eine grünliche Schleimschicht, oder eine dicke, oft gekräuselte Kahmhaut, in einzelnen Fällen trat Entwickelung von Gasblasen ein, zum Theil sehr energische, und die Flüssigkeit nahm prägnanten Butter- oder Milchgeruch an (in Folge von Buttersäuregährung).

Ausser der mineralischen (Pasteur'schen) Nährlösung wurde auch eine Lösung von Malzextract in destill. Wasser (1 : 10) in derselben Weise angewendet; doch ist Malzextract schwieriger und nur durch längeres Kochen unter erhöhtem Dampfdruck zu sterilisiren und oft entwickeln sich Heubacillen und Schimmelpilze noch nach mehreren Tagen in gekochter Malzextractlösung. Mit Rücksicht darauf, dass der Absatz der Wasserproben oft Keime von Organismen enthält, welche im Wasser selbst gar nicht oder nur sehr spärlich vorkommen, wurden für jede Probe die zur Infection der Nährlösungen dienenden Tropfen theils aus dem Wasser nahe der Oberfläche, theils aus dem Niederschlag entnommen, wobei sich in der That oft herausstellte, dass die mit ersterem inficirten Reagenscylinder klar blieben, die mit dem Absatz inficirten sich trübten. Im Allgemeinen wurden von jeder Wasserprobe zum mindesten 8 Versuche (gleich viele mit Pasteur'scher und Malzextractlösung, von jeder zur Hälfte mit dem Wasser und dem Niederschlag) angestellt, bei zweifelhaftem Resultate aber die doppelte bis 4fache Zahl.

Die Wiedergabe der so erhaltenen Resultate hat keine praktische Bedeutung, da die Wasserproben erst 3 bis 4 Tage nach der Entnahme ankamen, also vor der eigentlichen Untersuchung mindestens 4 bis 5 Tage in verschlossener Flasche gehalten wurden, während sie in Wirklichkeit stets der Einwirkung des atmosphärischen Sauerstoffes u. dgl. ausgesetzt sind. Diese grundverschiedenen Verhältnisse sind aber von gewaltigem Einfluss auf die Lebensfähigkeit der niederen Organismen. Es genüge daher, die Angaben über die Wirkung des Kalkes anzuführen:

1. Durch den Zusatz der Base werden die meisten in Fäulnissprocessen sich entwickelnden Organismen, insbesondere Micelpilze und Infusorien dauernd beseitigt, weil vollständig getödtet; sie entwickelten sich daher auch nicht in dem neutral gewordenen Abwasser.

2. Bakterien dagegen werden durch den Zusatz der Base nicht, oder doch nicht vollständig getödtet, sondern nur ihre Vermehrung in dem alkalischen Wasser unmöglich gemacht; auch nachdem das Wasser neutral geworden, findet in ihm selbst nur eine geringe Vermehrung der Bakterien, kein intensiver, mit Fäulnissgeruch u. s. w. verbundener Fäulnissprocess statt; in Nährlösungen jedoch bewirkt das neutrale Wasser Bakterientrübung.

3. Dagegen enthält der Absatz auch im alkalischen Wasser entwicklungsfähige Keime von Bakterien, welche in Nährlösungen sich sofort reichlich vermehren; sobald das Wasser neutral geworden, vermehren sich die Keime im Absatz selbst sehr reichlich, so dass dieser eine ergiebige Quelle für Fäulnisserregung abgiebt.

4. Auch an der Oberfläche des Wassers in dem krystallinischen Häutchen vermehren sich die Bakterien, sobald das Wasser neutral reagirt, wenn es auch nie zur Bildung eigentlicher Bakterienschleimhäute kommt.

5. Die im Wasser enthaltenen fäulnissfähigen organischen Stoffe werden

durch den Zusatz der Base nicht derart verändert, dass dieselben zu späterer Zersetzung durch Fäulniss unfähig gemacht würden; vielmehr können dieselben im weiteren Verlauf des Reinigungsverfahrens in solche Verhältnisse gelangen, wo dieselben der intensivsten Fäulniss unterliegen.

Die Commission hat sich nun in dem den betr. Ministern eingereichten Commissionsbericht vom $\frac{\text{19. October 1881}}{\text{4. Februar 1882}}$ zunächst in folgender Weise ausgelassen.

Ein Reinigungsverfahren kann, — wie sie als leitenden Gesichtspunkt für die Beurtheilung der einzelnen Verfahren voranstellt — einmal aus allgemeinen Gründen nur dann als praktisch brauchbar bezeichnet werden, wenn es unter gewöhnlichen Verhältnissen, d. h. ohne Aufwendung unverhältnissmässig grosser Kosten in Ansehung der Herrichtung und des Betriebes und ohne peinliche Controle über die gehörige Functionirung des Reinigungsapparates gegenüber einem beträchtlichen Abwasserquantum, anwendbar erscheint. Abgesehen hiervon muss es ferner selbstverständlich eine genügende Garantie für eine ausreichende Reinigung oder Unschädlichmachung des Abwassers darbieten, um empfohlen werden zu können. In letzterer Beziehung wird davon ausgegangen werden dürfen, dass die Abflusswässer aus Rohzuckerfabriken wie anderes unreines Wasser hauptsächlich deshalb auf die Umgebung und namentlich die Wasserläufe belästigend einwirken, weil sie regelmässig sowohl fäulnisserregende mikroskopische Organismen, als auch namentlich gewisse organisch-chemische Körper enthalten, welche nicht allein den ersteren, sondern auch sonst in der Luft, bez. im Wasser vorhandenen Mikroorganismen das Material zur Ernährung und Fortpflanzung gewähren. Es wird daher ein Reinigungsverfahren nach beiden Richtungen hin reagiren müssen und nur dann als vollkommen bezeichnet werden können, wenn es danach gelingt, nicht allein die im Abwasser enthaltenen belebten oder lebensfähigen Mikroorganismen zu vernichten, sondern auch die für ihre Ernährung und Fortpflanzung diensame organisch-chemische Substanz im Wesentlichen zu beseitigen oder in ihrer Wirksamkeit dauernd zu binden. Jedes Reinigungsverfahren dagegen, welches diesen Erfolg überhaupt nicht oder nur einseitig bezüglich der im Abwasser befindlichen Mikroorganismen oder der ihnen diensamen Nährlösung erreicht, ist als mehr oder minder unvollkommen zu erachten. Sofern endlich keinem der geprüften Reinigungsverfahren ein absoluter Erfolg beiwohnen sollte, wird ferner dasjenige Verfahren vor den anderen den Vorzug verdienen, welches bei möglichst einfachen Mitteln zum mindesten einen bleibenden Erfolg hinsichtlich der Beseitigung oder wesentlichen Verminderung der als Nährlösung der Mikroorganismen diensamen organischen Substanz erzielt, weil mit deren Beseitigung oder Verminderung die Möglichkeit der Fortdauer der inficirenden Organismen selbst aufgehoben, bez. vermindert und danach weiteren Fäulnissprocessen mehr oder minder vorgebeugt wird.

Von diesen Gesichtspunkten ausgehend, hat nun die Commission, nach eingehender näherer Beleuchtung der Vorzüge und Mängel der einzelnen Verfahren in ihrem Berichte, ihr Schlussgutachten auf

Grund eigener Beobachtungen und der Gutachten der drei Sachverständigen dahin zusammengefasst:

1. Von keinem der geprüften Reinigungsverfahren ist eine absolute Reinigung oder Unschädlichmachung der Abwässer aus Rohzuckerfabriken zu gewärtigen.

2. Relativ verdient ein rationell eingerichtetes und betriebenes Überrieselungs- oder Aufstauverfahren nach vorgängiger natürlicher Abgährung der Abwässer, wie solches nach dem System des Culturingenieurs Elsässer auf den Zuckerfabriken Roitzsch und Landsberg eingerichtet ist, am meisten empfohlen zu werden, sofern dazu geeignete Ländereien zu Gebote stehen, weil durch ein derartiges Verfahren bei verhältnissmässiger Einfachheit des Betriebes und in Anbetracht der nicht erheblichen Kosten der ersten Einrichtung und der geringen Kosten des Betriebes ein günstiger Reinigungseffect namentlich in Ansehung der organisch-chemischen Substanz erzielt worden.

3. Ein noch höherer Reinigungseffect ist voraussichtlich durch das combinirte, hinsichtlich der Einrichtungs- und Betriebskosten aber weit theurere Verfahren der Zuckerfabrik Stöbnitz zu erwarten. Da dasselbe indessen bisher nur auf dieser Fabrik zur Durchführung gelangt ist, so wird es sich empfehlen, hierüber noch weitere Erfahrungen zu sammeln.

4. Auf das W. Knauer'sche Reinigungsverfahren kann erst in zweiter Linie nächst dem zu 2 erwähnten Verfahren hingewiesen werden, weil gegenüber dem weit grösseren Aufwande an Anlage- und Betriebskosten, sowie in Anbetracht der erschwerten Handhabung des Betriebes selbst und der darüber zu führenden Controle nach den Erhebungen der chemischen Sachverständigen der Reinigungseffect hinsichtlich der organisch-chemischen, fäulnissfähigen Substanz hinter dem ersteren Verfahren zurücksteht.

Ob die dauernde uneingeschränkte Wiederverwendung des nach dem System von W. Knauer gereinigten Wassers im Fabrikbetriebe für einzelne Zweige des Fabrikbetriebes ohne Nachtheil zu ermöglichen ist, erscheint nach den bisherigen Erfahrungen zweifelhaft.

5. Die Reinigungsverfahren, welche in Gröbers in theilweiser Anlehnung an das System des Prof. A. Müller und in Körbisdorf verfolgt werden, stehen in der Wirkung hinter den vorerwähnten Verfahren zurück und können schon deshalb nicht empfohlen werden.

Von der Königlichen technischen Deputation für Gewerbe in Berlin, welcher die Minister das gesammte Untersuchungsmaterial zur Begutachtung haben zugehen lassen, ist folgendes Gutachten abgegeben worden.

Der von der Commission ad 1 geäusserten Auffassung, dass eine absolute Reinigung des Wassers durch keins der in Rede stehenden Verfahren erreicht wird, können wir uns anschliessen. Dadurch ist jedoch u. E. nicht ausgeschlossen, dass ein den Verhältnissen entsprechendes Resultat erzielt werden kann.

Was die weiteren Schlüsse der Commission betrifft, so glauben wir die Erwägung der grösseren oder geringeren Kosten, welche das eine oder das andere Verfahren verursachen wird, vor der Hand bei Seite lassen zu sollen und kommen, indem wir nur die Wirksamkeit der befolgten Reinigungsmethoden vergleichen, zu anderen Resultaten als die Commission.

Das ad 2 in den Vordergrund gestellte Elsässer'sche Verfahren, welches auf Abgährung der Wasser und sogenannter Berieselung beruht, hat, wie die chemischen Untersuchungen zeigen, den Erfolg, eine verhältnissmässig grosse Menge der organischen und unorganischen Bestandtheile aus den Abflüssen der Zuckerfabriken zu entfernen. Die Überleitung der in Gährung versetzten Abwässer über dazu bestimmte Bodenflächen verdient aber, wie der Mikroskopiker richtig hervorhebt, nicht als „Berieselung" bezeichnet zu werden. Denn bei der letzteren ist die Mitwirkung einer lebenden Vegetation vorausgesetzt, und diese findet in dem gegebenen Falle kaum statt, weil der Betrieb der Zuckerfabriken wesentlich in die Winterzeit fällt. Die Folge der Überleitung ist also nur eine Absorption der in den Abflüssen befindlichen Stoffe und diese ist, wie die Zahlen erweisen, eine nicht unbedeutende. Dabei wird jedoch das in den Flüssigkeiten anzunehmende und durch mikroskopische Untersuchung nachgewiesene organische Leben nicht zerstört, sondern nur dem Umfange nach vermindert. Das so behandelte Wasser fliesst daher im Zustande der Fäulniss ab; es enthält Pilze und Keime der verschiedensten Art und erregt Fäulnisserscheinungen in anderen Flüssigkeiten.

Durch die allgemeine Einführung eines solchen Verfahrens würde man also den Bezirk der Zuckerfabriken mit einer grösseren Zahl von Flächen durchziehen, auf welchen ein vom sanitären Standpunkte aus nicht unbedenklich erscheinendes organisches Leben fortdauert, sowie Abflüsse erhalten, welche zwar verhältnissmässig arm an organischen Stoffen sind, aber leicht wieder Fäulnisserscheinungen zeigen, bez. hervorrufen.

Dieses Resultat ist u. E. so unerwünscht, dass wir das Elsässer'sche Verfahren unter Berücksichtigung der thatsächlichen Verhältnisse trotz seiner angenommenen Billigkeit nicht empfehlen können.

Das ad 3 von der Commission erwähnte, bisher nur auf der Zuckerfabrik Stöbnitz beobachtete Verfahren beruht auf Behandlung der Abflüsse mit Kalk bei 80° und nachheriger Überleitung auf Bodenflächen.

Da die erstere Behandlung das Wesen des Knauer'schen Verfahrens ausmacht, so dürfte diese Modification im Zusammenhange mit dem letzteren Verfahren selbst zu betrachten sein, welches nun folgend ad 4 von der Commission besprochen wird.

Die von Knauer angegebene Behandlung der Abflüsse mit kaustischem Kalk bei höherer Temperatur hat, wie a priori anzunehmen war und durch sämmtliche Untersuchungen bestätigt wird, die Wirkung, alle lebenden Organismen zu zerstören. Man hat also nach dieser eingreifenden Behandlung mit wesentlich anders beschaffenen Flüssigkeiten zu rechnen und nur zu bedenken, dass die in denselben, wie zahlenmässig bewiesen, noch in erheblicher Menge vorhandene organische Substanz unter Umständen die Trägerin neuen Lebens werden kann, welches die aus der Luft oder anders woher stammenden Keime etwa hervorrufen.

Die Untersuchungen haben nun ferner klargestellt, dass die so veränderten Flüssigkeiten sich weiter so passiv verhalten, so lange denselben die alkalische

Reaction erhalten bleibt und die auf der Zuckerfabrik Stöbnitz mit besonders gutem Erfolge versuchte Modification des Knauer'schen Verfahrens lehrt ausserdem, dass auch eine blosse Absorption durch Bodenflächen für die in bezeichneter Weise ihres gefährlichen Charakters beraubte organische Substanz genügt.

In jedem einzelnen Falle wird also eine befriedigende Lösung der Aufgabe erzielt werden, wenn die nach Knauer's Angabe zersetzten Flüssigkeiten entweder grösseren Wasserläufen zugeführt werden können, bevor sie die erhaltene alkalische Reaction wieder gänzlich verlieren — was event. durch die allmähliche Einwirkung der Kohlensäure der Luft geschieht — oder wenn denselben die Bodenflächen für einfache Absorption der grössten Menge organischer Substanz zu bieten sind, oder endlich, wenn die gereinigten Wässer, wie es im Laufe der Untersuchungen zuweilen mit Erfolg geschehen ist, im Betriebe wieder zu benutzen sind.

Zu einer von Staats wegen zu erlassenden Vorschrift ist freilich die nöthige Klarheit noch nicht vorhanden. Auch ist zuzugeben, dass grössere Kosten mit solchen Modificationen des in Rede stehenden Verfahrens verknüpft sein können. Dabei eröffnet sich jedoch andererseits die Aussicht, dass eine Ersparniss insofern möglich wird, als die bisher angenommene Temperatur von 80° nicht unbedingt erforderlich bleibt. Denn die theoretischen Erörterungen und mitgetheilten Erfahrungen des Professors Dr. Cohn, nach welchen bei Mitwirkung des kaustischen Kalkes auch schon geringere Hitzegrade den beabsichtigten Erfolg herbeiführen, werden dadurch bestätigt, dass thatsächlich zuweilen durch Nachlässigkeit bei niederen Temperaturen gearbeitet worden ist, ohne dass dies im Resultate bemerklich geworden wäre.

Was endlich die ad 5 geäusserte Ansicht der Commission betreffs anderer Verfahren betrifft, so können wir dieser nur beitreten.

Demnach scheint uns durch das Knauer'sche Verfahren diejenige Grundlage gewonnen zu sein, auf welcher weiter zu arbeiten ist.

Die zweite Denkschrift berichtet über die Ergebnisse der im Betriebsjahr 1884/85 angestellten amtlichen Versuche über die Verfahren von Nahnsen, Oppermann, Röckner-Rothe, Hulwa und Elsässer; das Verfahren von Al. Müller war bereits allgemein verlassen, das von Knauer wurde nur noch vereinzelt verwendet. Die Ortsbesichtigung seitens der erwähnten Commission erstreckte sich für das Verfahren von Nahnsen auf folgende 5 Zuckerfabriken:

Die Zuckerfabrik Schöppenstedt verarbeitet täglich 3150 hk Rüben nach dem Diffusionsverfahren und täglich 100 hk Melasse mittels 5 Osmogenen. Die Reinigung der Säfte geschieht mit Knochenkohle (täglicher Verbrauch von 140 hk) und deren Regenerirung durch Gährung. Als Betriebswasser dient das Wasser des Flüsschens Altenau, minutlich etwa 3,64 cbm; zur Reinigung gelangen die sämmtlichen Schmutzwässer: Rübenwaschwasser nach Abscheidung grober Rübentheile durch ein Gitter, Abpresswasser, Knochenkohlenhauswasser, Osmosewasser u. dgl. Auf 1000 hk verarbeitete Rüben sind ursprünglich 40 k des Müller-Nahnsen'schen Präparats und 40 k Kalk, also täglich je 120 hk gerechnet; es hat sich aber herausgestellt, dass zur Erzielung einer hinreichenden Klärung des Wassers die 4fache Menge Kalk angewendet werden musste.

Die mit den Fällungsmitteln versetzten Schmutzwässer durchfliessen eine Reihe von 3 grösseren und 11 kleineren Absatzbehältern, von welchen je ein grösserer und 5 kleinere regelmässig behufs Aushebung der in ihnen niedergeschlagenen Schlämme ausgeschaltet werden und fliessen durch einen etwa 1 km langen Graben nach der Altenau ab.

Die Zuckerfabrik Wendessen verarbeitet täglich 1150 hk Rüben nach dem Macerationsverfahren; die Säfte werden über Knochenkohle (täglich etwa 115 hk) filtrirt und diese auf gewöhnliche Weise durch Gährung gereinigt. Das Betriebswasser von minutlich 1,79 cbm wird aus der Altenau und aus Brunnen entnommen. Die Reinigung erstreckt sich auf sämmtliche Schmutzwässer mit Ausnahme der Fallwässer, welche zu etwa $^2/_3$ nach der Abkühlung direct in die Altenau abgeführt und zu $^1/_3$ wieder im Betrieb verwendet werden. Nachdem die Schmutzwässer zur Abscheidung der Schlammtheilchen u. dgl. einen gemauerten Behälter von 5 Abtheilungen von je 3,5 m Länge, 1,5 m Breite und 1,75 m Tiefe durchflossen haben, werden dieselben mit dem Präparat und Kalkmilch versetzt und gelangen in 4 Behälter von zusammen 260 cbm, von denen regelmässig nur die Hälfte in Benutzung ist; aus dem letzten derselben fliesst das Wasser in einem offenen, 200 m langen Graben nach der Altenau. Auch hier sollten anfänglich auf je 1000 hk Rüben 40 k Kalk verwendet werden, jedoch hat sich hier herausgestellt, dass für die Klärung die sechsfache Menge Kalk erforderlich war, so dass täglich etwa 2 hk Präparat und 6 hk Kalk zur Verwendung gelangten.

Die Zuckerfabrik Cochstedt verarbeitet täglich 1000 hk Rüben nach dem Diffusionsverfahren und annähernd 75 hk Melasse nach dem Steffen'schen Abscheideverfahren. An Stelle der Filtration der Säfte über Knochenkohle ist Schwefelung eingeführt. Die Laugen der Melasseverarbeitung betragen angeblich täglich 60 cbm, ihr Ablauf erfolgt je nach der Entleerung der Sammelkästen. Sämmtliche Schmutzwässer erhalten hier den Zusatz der Reinigungsmittel kurz nach ihrer Vereinigung vor Abscheidung der Schlämme aus Bottichen ohne mechanische Rührvorrichtung. Zur Fällung werden täglich benutzt 50 k Präparat und 560 k Kalk. Die Abscheidung des Schlammes geschieht in 7 Absatzbehältern.

Die Zuckerfabrik Irxleben verarbeitet täglich 1750 hk Rüben nach dem Diffusionsverfahren und 50 hk Melasse in 5 Osmogenen. Die Säfte werden durch Schwefelung gereinigt. Die Wässer von der Rübenwäsche, den Schnitzelpressen, den Spülungen und der Osmose fliessen vereinigt, ohne dass die grösseren Rübentheile zurückgehalten werden, in einen sehr grossen Behälter, gerathen hier in starke Zersetzung und Fäulniss und erst dann werden in 24 Stunden 72 k Präparat und 700 k Kalk zugesetzt. In 5 in das Schlammbassin eingemauerten kleinen Behältern erfolgt das Absetzen der Niederschläge, welche von Zeit zu Zeit durch ein Baggerwerk in das grosse Bassin zurückgeschöpft werden.

Das so gereinigte und geklärte Wasser wird durch einen offenen gemauerten Kanal in die hier noch wenig Wasser führende Schrote geleitet. Während das Schmutzwasser vor dem Eintritt in die Reinigungsstation sich in intensivster

Fäulniss befindet, ist das gereinigte im Kanal klar, gelb gefärbt und stark alkalisch, was wiederum bei dem Eintritt in die Schrote eine starke Ausscheidung von kohlensaurem Calcium zur Folge hat. Die Schrote, etwa 4 km weiter abwärts, unmittelbar oberhalb des Dorfes Niederndodeleben, zeigte sich vollständig algenfrei, reagirte neutral und überhaupt zufriedenstellend, wobei allerdings berücksichtigt werden muss, dass sie während ihres Laufes von Irxleben aus reichliche natürliche Zuflüsse erhalten hat.

Die Zuckerfabrik Schackensleben hatte früher das Knauer'sche Verfahren. Sie verarbeitet jetzt 2100 hk Rüben in 24 Stunden, hat aber keine Melasseentzuckerung. Zur Reinigung der Säfte wird Knochenkohle (7 bis 8 Proc.) verwandt, deren Wiederbelebung durch Gährung, aber ohne Salzsäure erfolgt.

Die sämmtlichen Schmutzwässer (mit Ausnahme der Fallwässer, welche direct auf das Gradirwerk geleitet werden) gehen zur Schlammabsonderung abwechselnd in die tiefliegenden vom Knauer'schen Verfahren her vorhandenen 4 Behälter, dann werden 3 bis 4 hk Kalk und 80 k Präparat zugesetzt.

Für das Oppermann'sche Verfahren (vergl. S. 83) wurden folgende drei Fabriken gewählt:

Die Zuckerfabrik Minsleben verarbeitet in 24 Stunden 2750 hk Rüben im Diffusionsverfahren. Die Säfte werden über Knochenkohle filtrirt, deren Wiederbelebung ohne Gährung durch Kochen unter Zusatz von Salzsäure erfolgt. Die Rübenwaschwässer, Diffusions- und Schnitzelpresswässer erhalten nach ihrer Vereinigung mit einem Theile der Knochenhauswässer und dem grössten Theil des Fallwassers vom Vacuum Zusatz von Eisenchlorür, welches an Ort und Stelle aus Eisenspähnen und Salzsäure hergestellt wird, ferner Kalk: für 1000 hk Rüben 10 bis 15 k Eisenspähne zur Bildung von Chlorür und 2 bis 3 hk Kalk.

So behandelt fliessen die Wässer mit einer durchschnittlichen Temperatur von 31° (wegen des ungradirt hinzugekommenen Fallwassers) in einem unterirdischen Kanale nach den Schlammstationen, welche aus 2 gleichen Systemen von je 3 Behältern und einer Schlammpumpe bestehen.

Der 2. Reinigungsabtheilung werden vorwiegend die Ammoniakhaltenden Wässer aus dem Kohlenhause, die Kühlwässer von der Sostmann'schen Elution und die übrigen Spül- und Tageswässer der Fabrik zugeführt. Hier besteht der Zusatz aus Kalk und 2,5 bis 5 k Chlormagnesium und soll damit ein Niederschlag von phosphorsaurem Ammoniummagnesium erzielt werden. Von dem letzteren aus fliessen endlich sämmtliche Wässer vereinigt nach einem nochmaligen Zusatz von Eisenchlorür nach 3 Klärbehältern und in den Mühlbach ab.

Die Zuckerfabrik Aderstedt verarbeitet täglich 3000 hk Rüben im Diffusionsverfahren und 100 bis 110 hk Melasse im verbesserten Substitutionsverfahren. Die Säfte werden über Knochenkohle filtrirt, die durch Gährung mit nachfolgendem Waschen mit Salzsäure regenerirt wird. Der Gesammtverbrauch an Knochenkohle beträgt 9 Proc. des Rübengewichtes. Sämmtliche Schmutzwässer der Rohzuckerfabrik vereinigen sich mit den Substitutionslaugen in einer Rösche und erhalten zunächst einen Zusatz von Kalkmilch. Zur Regelung desselben im Verhältniss zu den Wasserquanten sowohl, als zur Erzielung einer innigen Mischung derselben ist in der Rösche ein leichtes eisernes Schaufelrad eingehängt, welches durch einen Krummzapfen mit einem Strahlapparate verbunden ist, welcher die Kalkmilch einspritzt. Unmittelbar hinter dieser Stelle mündet ein zweiter Kanal, in welchem mit dem Ablauf von den Laveurs gelöste schwefelsaure Thonerde zufliesst, und endlich erfolgt hiernach noch ein Zusatz einer gemischten Lösung von schwefelsaurem Magnesium mit Silicaten, und zwar in 24 Stunden für je 1000 hk Rüben 2 bis 3 hk gebrannter Kalk, 20 k schwefelsaures Magnesium, 16 k schwefelsaure Thonerde und 35 bis 40 k Kieselerdehydrat. Die so behandelten Schmutzwässer fliessen in ein grosses Schlammbecken und von hier in den Bach.

Die Zuckerfabrik Stössen verarbeitet in 24 Stunden 1800 hk Rüben mit Diffusion. Zur Filtration der Säfte wird Knochenkohle verwendet, 234 hk täglich oder 13 Proc. des Rübengewichtes; die Wiederbelebung derselben geschieht durch Gährung und nachfolgende Wäsche unter Zusatz von Salzsäure. Zum Abfluss kommen täglich 2 Gährbehälter von zusammen 304 hl Inhalt einschliesslich etwa 1 hl Salzsäure. Die Reinigung erstreckt sich auf alle Schmutzwässer ausschliesslich der Fallwässer.

Nach den ursprünglichen Angaben Oppermann's sollten unter Berücksichtigung der Zusammensetzung des zu dem Zwecke voruntersuchten Betriebswassers und der Betriebsart als Desinfectionsmittel neben Kalk und schwefelsaurem Magnesium auch schwefelsaures Eisenoxydul, schwefelsaure Thonerde und Silicate zur Verwendung kommen. Es ist hiervon abgewichen worden, und wurden bei Besichtigung nur Kalkmilch, ein Gemisch von Kieserit und Eisenvitriol zugesetzt. Die Rübenwaschwässer fliessen zur Schlammabscheidung durch mehrere gemauerte Behälter, ohne einen Zusatz zu erhalten. Die Diffusions- und Schnitzelwässer erhalten im Siedehause, die Kohlen-, Gähr- und Waschwässer im Knochenhause für sich den Zusatz von je 20 k schwefelsaurem Magnesium und 7,5 k Eisenvitriol. Alle drei Wasserläufe vereinigen sich in einem Kanale, wobei ihnen noch die Jauchewässer aus den Stallungen und Regenwässer des Öconomiehofes zufliessen. Hiernach kommen sie zur Kalkstation, erhalten in 24 Stunden 200 k Kalk als Zusatz, dessen Regelung je nach der Menge des durchfliessenden Wassers durch einen Schwimmerapparat erfolgt, und fliessen so in den Schlammfänger.

Die Tageskosten der Reinigungen auf den 3 besuchten Fabriken stellen sich ohne Rücksicht auf die Unkosten für Beseitigung der Schlämme durchschnittlich in 24 Stunden für 1000 hk Rüben auf 8 Mark.

Für das Rothe-Röckner'sche Verfahren (vgl. S. 105) wurde die Zuckerfabrik Rossla besucht.

In derselben werden in 24 Stunden 1650 hk Rüben mit Diffusion und unter Schwefelung der Säfte verarbeitet. Ausnahmsweise kommt bei der Saftreinigung Knochenkohle zur Verwendung, dann jedoch nur etwa 1 Proc. des Rübengewichtes, deren Regenerirung vorkommenden Falls durch Gährung und nachfolgende Waschung mit salzsäurehaltigem Wasser geschieht. Die Diffuseure werden mit Wasser abgedrückt. Die sämmtlichen Gebrauchswässer — im Ganzen in 24 Stunden 3300 cbm — vereinigen sich unmittelbar vor der Fabrik in einem gemeinsamen Abflusskanale, fliessen mit einer Temperatur von 35° über einen in einer Erweiterung des letzteren eingelegten 7 mm maschigen eisernen Rost zum Abfangen der groben Rübentheile und erhalten dann einen Zusatz von einem wesentlich aus schwefelsaurem Magnesium bestehenden Präparate und von Kalk (nämlich täglich 4 hk schwefelsaures Magnesium und 12 hk Kalk), wonach sie in den Röckner'schen Apparat treten. Der Apparat hatte 8 m Höhe und nahezu 2 m Durchmesser und war mit ihm ein mechanisches Rührwerk zur Lösung der Chemikalien, sowie ein Paternosterwerk zum Heben der zu Boden gesunkenen Niederschläge verbunden. Die gereinigten Wässer fliessen, da sie noch fein vertheilte Schlammtheile enthalten, vom Apparate in 2 Klärbehälter zum weiteren Abscheiden der letzteren und von hier durch den allgemeinen Abflussgraben nach dem Helme.

Die Reinigung der Fabrikabwässer durch Kalk allein geschieht in folgenden zwei Fabriken:

Die Zuckerfabrik Lützen verarbeitet in 24 Stunden gegen 4500 hk Rüben mit Diffusion und 275 hk Melasse nach dem Substitutionsverfahren. Die Reinigung der Säfte erfolgt durch Schwefelung, doch kommen bei der Filtration noch 2 bis 3 Proc. des Rübengewichts Knochenkohle zur Anwendung. Als Schmutzwässer kommen in Betracht:

a) die Abflüsse von der Rübenwäsche, Diffusion und Knochenkohlenwäsche, welche in einem Gerinne vereinigt dem Schlammbassin zugehen,
b) die Fallwässer,
c) die Substitutionslaugen (annähernd 70 cbm in 24 Stunden) mit ungefähr 2 Proc. Zucker, 2,3 Proc. anorganischer und 1,9 Proc. organischer Substanz.

Die Reinigung geschieht durch Zusatz überschiessender Mengen Kalk und Aufstauung des Wassers in sehr grossen Schlammbehältern, um das Schmutzwasser möglichst lange der Einwirkung des Kalkes auszusetzen. Die Behälter haben einen Fassungsraum von zusammen etwas über 40000 cbm und beträgt die tägliche Abführung an Schmutzwasser zur Reinigung mindestens 4000 cbm. Der tägliche Verbrauch an Kalk in der Fabrik beträgt 125 hk; hiervon in der Substitution zur Bildung des Saccharates 80 hk, während 7,5 hk als Zuckerkalk in die Lauge übergehen. Der nach Abrechnung der zur Saftscheidung erforderlichen Menge verbleibende Rest von 20 bis 22 hk befindet sich im Pressschlamme; dieser wird dem Fallwasser zugesetzt und mit demselben dem ersten Behälter zugeführt. Da diese Abtheilung im oberen Geschoss des Fabrikgebäudes liegt, so wird durch das Herabstürzen des Wassers in das Bassin eine innige Vermischung des Kalkes mit dem unreinen Wasser erzielt. Die Schlammabscheidung ist sehr rasch, so dass die Wässer beim Übertritt in den zweiten Behälter schon vollständig klar sind. Aus diesem letzteren gelangt ein Theil des Wassers nach einer Schleuse, von welcher aus die Rübenschwemme gespeist wird. Der übrige Theil des gereinigten Wassers wird in einem offenen Graben dem Flossgraben, oberhalb der Vereinigung mit den städtischen Abwässern, zugeführt. In dem Flossgraben findet sehr bald nach Einfluss der Fabrikwässer eine reichliche Ausscheidung eines leichten Schlammes von kohlensaurem Calcium statt.

In der Zuckerfabrik Wendessen wurde die Fällung mit Kalk allein im Vergleich mit der durch das Müller-Nahnsen'sche Präparat + Kalk geprüft; anfänglich hatte man täglich 5 hk verwendet, jedoch stellte sich heraus, dass bei dieser Menge das Wasser milchig trübe abfloss; man nahm daher nur 4 hk. Ein unverkennbarer Übelstand scheint der Commission bei diesem Verfahren darin zu liegen, dass die gereinigten Wässer mit einer übergrossen Alkalinität in die Bachläufe gelangen. Der Kalkzusatz betrug in Lützen in 24 Stunden für je 1000 hk verarbeiteter Rüben 4 bis 5 hk, in Wendessen 3 bis 4 hk und hierin bestehen allerdings die einzigen Kosten des Verfahrens, die in Lützen nicht einmal voll in Anrechnung gebracht werden dürfen, weil der überschüssige Kalkaufwand schon an und für sich Bedingung des Substitutionsverfahrens ist.

Die Reinigung der Fabrikabwässer durch das Elsässer'sche Verfahren kam zur nochmaligen Prüfung:

Zuckerfabrik Roitzsch (vgl. S. 163). In der Betriebsweise der Fabrik sind Aenderungen nicht eingetreten, nur die Menge der Rübenverarbeitung ist auf 2600 hk gestiegen und bei der Säftereinigung wird für den Dünnsaft die Schwefelung, bei dem Dicksaft Knochenkohle in Menge von 3 Proc. des Rübengewichtes angewendet. Die Rieselanlage ist ebenfalls dieselbe geblieben. Statt dass aber früher die Abwässer in Bassins einer Vergährung unterworfen wurden, so fanden jetzt die Wässer auf ihrem Wege nach den Rieselflächen nicht Zeit, in Gährung oder Fäulniss überzugehen; die in den Behältern aufsteigenden Gasblasen entspringen den in den Behältern abgesetzten Schlämmen und nicht dem durchlaufenden Wasser.

Die Commission war daher nach der äusseren Besichtigung einstimmig der Ansicht, dass ein so gereinigtes Wasser ohne jedes Bedenken einem jeden, auch dem kleinsten Wasserlaufe übergeben werden könne und dass die seit der früheren Besichtigung stattgehabte 4jährige Benutzung der Rieselanlage ihre Wirksamkeit ganz bedeutend erhöht habe.

Als zweites Beispiel für das Elsässer'sche Berieselungsverfahren wählte die Commission die Zuckerfabrik Wahren & Co. in Querfurt, R.-B. Merseburg, wo zugleich eine Fölsche'sche Bassinanlage vorhanden ist. Die Fabrik verarbeitet in 24 Stunden gegen 2450 hk Rüben im Diffusionsverfahren mit Schwemmsystem. Die Säfte werden über Knochenkohle (Verbrauch 9 bis 10 Proc.) filtrirt. Die Wiederbelebung der letzteren erfolgt mit Gährung unter Anwendung von Säure und Nachspülung mit Condenswasser.

Das Betriebswasser wird zu $^7/_{10}$ aus dem Querne-Bache entnommen und ist dasselbe sehr unrein. Den Rest des Betriebswassers liefern die Riesel- und Brunnenwässer. Die Fallwässer werden über ein Gradirwerk geführt und lediglich abgekühlt in den Querne-Bach abgegeben. Die übrigen Abwässer werden in einem Kanal vereinigt und durch 24 gemauerte Behälter geführt, deren jeder 3,5 m im Geviert misst. Die Behälter lassen sich einzeln ausschalten und durch Ziehen von am Boden angebrachten Schiebern in den Schlammsammelbehälter entleeren, aus welchem ein Baggerwerk den Schlamm in eine Rinne hebt, die ihn in den grossen Schlammteich befördert. Dieser letztere liegt hoch, so dass das noch mitgehobene Wasser zeitweise nach dem Behälter 17 abgelassen werden kann. Der Schlamm wird hierdurch gut entwässert, während die aus dem Erdbassin ablaufenden Wässer eine vollkommene Befreiung von suspendirten Stoffen noch nicht zeigten. Diese werden nun aus dem Brunnen unter dem Pumpenhaus mit Lufttemperatur auf den höchsten Punkt der Rieselanlage gedrückt.

Die Rieselanlage umfasst etwa 8,5 ha Wiesenland und ist jetzt 3 Jahre in Wirksamkeit. Die Bodenbeschaffenheit der ganzen Anlage ist nicht gleichartig; sandiger Lehm und thoniger Lehm sind unregelmässig von Streifen Kalksteinknack durchsetzt. Die Vegetation auf den Rieselfeldern war nicht unterbrochen. Die Anlage hat 2 Drainmündungen, deren vereinigte Ausflüsse nach dem Betriebsbrunnen ablaufen, um in der Fabrik als Betriebswasser wieder benutzt zu werden. Der obere Abfluss zeigte sich geruchlos aber weisslich getrübt, während der untere vollkommene Klarheit und Farblosigkeit zeigte.

In den Fölsche'schen Bassins liegt nach dem Urtheile der Commission für eine nachfolgende Berieselung kein grosser Vortheil; im Übrigen hält dieselbe die kreisrunde Anordnung um ein Centralbassin und zwar mit einem inneren und äusseren Polygone für practisch werthvoll. Die Schlammausscheidungsanlagen werden besonders da sehr gute Dienste leisten, wo es auf eine schnelle Entfernung des Schlammes ankommt und haben neben geringen Betriebskosten den Vortheil, dass die Trennung des Schlammes auf verhältnissmässig kleinem Raum erzielt werden kann.

Die Commission ist weiter der Ansicht, dass eine Berieselungsanlage augenscheinlich einiger Jahre bedarf, um in den Zustand vollkommener Wirksamkeit zu gelangen, theils weil erst nach längerer Zeit die Benarbung der Flächen eine genügend dichte wird und theils weil die über den Drains liegende Erde ebenfalls längere Zeit bedarf, um die dichte Structur des gewachsenen Bodens wieder zu erhalten.

Was die Kosten der besichtigten Rieselanlagen betrifft, so werden die Zinsen des Anlagecapitals und die Instandhaltung der Anlage — in Querfurt zum Theil, in Roitzsch reichlich durch den erhöhten Ertrag der Wiesen gedeckt, während die Kosten des Betriebes sich auf den Tagelohn eines einzigen Rieselwärters beschränken.

Für die chemischen Untersuchungen hatten Al. Herzfeld und C. R. Teuchert folgende Methoden vereinbart:

1. Beobachtung des Aussehens, der Farbe und des Geruchs des Wassers direct nach Empfangnahme.

2. Beobachtung des Aussehens, der Farbe und des Geruchs nach einer Woche.

3. Bestimmung des Eindampfrückstandes im Liter. $^1/_4$ bis 1 l Wasser werden in einer Platinschale verdampft und der Rückstand nach dem Trocknen bei 120 bis 130^0 gewogen.

4. Bestimmung des Glühverlustes des Eindampfrückstandes. Der erhaltene Eindampfrückstand wird über einem Bunsen'schen Einbrenner ohne vorherige Anwendung von kohlensaurem Ammonium schwach geglüht und gewogen; alsdann der Glühverlust durch Abziehen des Glührückstandes vom Eindampfrückstand berechnet.

5. Suspendirte Substanz. 100 cc bis 1 *l* des Wassers werden durch ein gewogenes Filter filtrirt und bei 110° getrocknet und gewogen, das Filter wird verbrannt, die Asche nach Abzug der vom Papier herrührenden als

6. anorganische suspendirte Substanz, der Glühverlust als

7. organische suspendirte Substanz in Rechnung gestellt.

8. Kohlensäure, aus der organischen Substanz durch Oxydation mit chromsaurem Kalium und Schwefelsäure. Es wurde beschlossen, bei Bestimmung derselben genau nach der von Degener[59]) gegebenen Vorschrift zu verfahren[60]). Daraus sollte berechnet werden

9. Verhältniss von Sauerstoff und Kohlenstoff unter der Annahme, dass der Kohlenstoff als Rohrzucker vorhanden sei. Die Oxydation desselben würde alsdann nach der Gleichung $C_{12}H_{22}O_{11} + 24\,O = 12\,CO_2 + 11\,H_2O$ vor sich gehen und auf 1 Äq. Kohlenstoff 2 Äq. Sauerstoff gebraucht werden; aus derselben Gleichung ersieht man, dass 12 Äq. Kohlensäure 1 Äq. Rohrzucker entsprechen; mittels dieses Verhältnisses sollte

10. die entsprechende Menge Rohrzucker aus der durch Oxydation der organischen Substanz erhaltenen Kohlensäure berechnet werden.

11. Gesammtstickstoff mit Natronkalk. 2 *l* Wasser werden nach dem Ansäuern mit Salzsäure eingedampft, im Rückstand nach Will und Varrentrap der Stickstoff bestimmt.

12. Ammoniak. 1 bis 3 *l* des Wassers werden mit Salzsäure durch Eindampfen concentrirt, im Rückstand das Ammoniak durch Austreiben mit Kalilauge bestimmt.

13. Qualitative Prüfung auf Salpetrigsäure. Dieselbe wurde mit Jodkalium und Stärkekleister in der angesäuerten Flüssigkeit angestellt und dabei während 10 Minuten beobachtet, ob Reaction eintrat.

14. Schwefelsäure wurde in bekannter Weise in 200 cc des Wassers als schwefelsaures Baryum bestimmt.

15. Eine Kalkbestimmung in den Wässern lag nicht in dem ursprünglichen Versuchsplan. Derselbe wurde jedoch nachträglich in den ersten Proben durch directes Fällen in 200 cc des natürlichen Wassers, später in dem Glührückstand nach Entfernung des Eisens und der Thonerde bestimmt und seine Menge berechnet.

16. Das freie Alkali wurde bestimmt und als Kalkalkalinität in Rechnung gestellt.

17. Schwefelwasserstoff. 250 cc des Wassers wurden mit ammoniakalischer Silberlösung versetzt, um Schwefelwasserstoff als Schwefelsilber zu fällen,

---

[59]) Z. d. Ver. f. Rübenzucker 1882, 62.

[60]) Herzfeld bemerkt zu dieser Untersuchung, dass hierdurch auch die flüchtigen Fettsäuren oxydirt werden und dass besonders die Hälfte des vorhandenen Chlores als Kohlensäure mitgewogen wird. — Dass übrigens die Berechnung auf Rohrzucker zu widersinnigen Resultaten führt, geht daraus hervor, dass z. B. im Stössener Abwasser das gereinigte Wasser zwanzigmal mehr Zucker enthalten soll als das ungereinigte.

letzteres in Salpetersäure gelöst, in Chlorsilber übergeführt, dieses gewogen und daraus der vorhandene Schwefelwasserstoff berechnet.

18. Eiweiss. Auf Proteïnstoffe wurde mit Millon'schem Reagens geprüft und dazu 100 cc Wasser verwendet. Ausgeführt ist die Reaction in der Weise, dass man die Probe mit Schwefelsäure deutlich sauer machte, einige Tropfen des Reagens zusetzte, schwach erwärmte und 24 Stunden stehen liess.

Die verwendeten Fällungsmittel hatten folgende Zusammensetzung:

	Nahnsen:		
Wasser	31,40	bis	38,61 Proc.
Thonerde und etwas Eisenoxyd	9,00	-	12,52
Kalk	0,05	-	1,65
Schwefelsäure	18,61	-	27,99
In Salzsäure unlöslich . . .	20,95	-	38,06

	Oppermann:			Rothe-Röckner:
Wasser (und Verlust) .	18,84	bis	31,65 Proc.	23,26 Proc.
Eisenoxyd + Thonerde	Spur	-	0,73	0,45
Magnesia	19,63	-	23,72	20,83
Kalk.	2,67	-	4,88	5,58
Schwefelsäure . . .	40,65	-	50,74	47,65
In Salzsäure unlöslich	3,59	-	4,96	2,23

Die Zuckerfabrik Aderstedt verwandte nach Oppermann's Verfahren noch

	Schwefelsaure Thonerde			Kieselsäureabfall		
Wasser			39,86 Proc.			29,89 Proc.
Thonerde + Eisenoxyd.	11,60	bis	12,11	1,55	bis	2,55
Kalk	0,37	-	0,74	0,28	-	2,31
Schwefelsäure	28,32	-	30,34	1,84	-	1,91
Kieselsäure. . . . . } In Salzsäure unlöslich . }	17,32	-	20,38			58,47
						8,07

Die bei der Untersuchung der Abwasserproben erhaltenen wesentlichen Ergebnisse sind in der Tabelle S. 184 u. 185 zusammengestellt; neben den von Herzfeld (H) erhaltenen wurden von den Teuchert'schen (T) nur die bez. suspendirten Stoffe, der aus der durch Chromsäure erhaltenen Kohlensäure berechneten Zuckers und des Stickstoffes angeführt. (Überall mg im Liter; + bedeutet vorhanden.)

Wenn auch ein Theil der recht erheblichen Unterschiede in den Befunden der beiden Chemiker der Probenahme und der Methode zur Last gelegt werden mag, so wird doch der grösste Theil darauf zurückgeführt werden müssen, dass die Proben in den beiden Laboratorien ungleich lange Zeit aufbewahrt wurden, bevor sie untersucht wurden. Wenn dadurch schon die Ergebnisse beider Chemiker so gewaltig beeinflusst wurden, so verliert die ganze Arbeit jede Beweiskraft, da sämmtliche Proben erst nach längerem Stehen, somit besonders die ungereinigte in einem mehr oder weniger fortge-

[Fortsetzung auf S. 186.]

		Verdampfrückstand		Suspendirte Stoffe				Organisch mit CrO_3 als Kohlenst.
		Gesammt	Glühverlust	Gesammt		Glühverlust		
		H	H	H	T	H	T	H
Nahnsen	Schöppenstedt . .	2006	1210	13475	2356	1875	788	86
	- ger. .	2058	1350	181	175	52	62	314
	Wendessen	1230	584	1094	567	218	108	22
	ger. . .	1583	890	119	170	40	57	67
	Cochstedt, ohne Endl.	6612	4068	2224	857	186	174	431
	- mit Endl.	14670	8286	1478	1889	303	364	1504
	- ger. . .	7740	4952	96	171	35	83	676
	Irxleben	3066	1234	873	455	270	226	97
	- ger. . . .	3656	1048	200	152	74	62	60
	Schackensleben . .	3098	1823	1825	1774	495	496	467
	- ger. .	4465	2370	76	140	4	68	416
Wendessen		701	258	364	155	88	52	18
- nur Kalkrein. .		916	488	146	110	44	42	157
Oppermann	Minsleben	542	314	2898	545	312	128	15
	- ger. . .	665	290	162	91	39	21	10
	Aderstedt	1564	820	5550	1843	590	434	93
	- ger. . .	1442	700	103	153	16	34	49
	Stössen	2440	1280	5225	1698	555	329	55
	- ger. . . .	5344	3570	183	150	95	89	1020
Rossla		444	100	950	979	45	154	12
- ger.		902	290	36	71	4	15	63
Lützen		2036	1166	2510	328	300	94	334
- ger.		2248	1172	151	0	51	0	282
Roitzsch		940	526	2910	1160	545	734	32
- ger.		560	90	28	7	16	1	33

Desgl. berechnet als Zucker		Stickstoff mit Natronkalk		Stickstoff als NH_3		Salpetrigsäure	Schwefelsäure	Kalk	Alkalität	Schwefelwasserstoff	Eiweiss
H	T	H	T	H	T	H	H	H	H	H	H
204	500	25	47	9	39	0	115	395	s	+	+
745	720	45	30	15	19	0	145	185	0	+	+
52	88	32	10	13	16	0	96	203	s	+	+
160	617	22	29	13	18	+	143	300	123	0	+
1024	1138	206	183	16	29	0	118	623	4	+	+
3573	5252	570	581	55	30	0	116	1885	1758	3	+
1606	2450	242	232	23	28	+	107	555	310	+	0
229	169	93	13	56	60	+	27	385	56	4	+
143	304	47	19	25	46	0	95	973	728	+	0
1109	985	38	20	19	20	0	27	385	s	0	0
988	1592	55	13	43	38	0	77	1055	630	0	0
42	39	14	6	10	12	0	103	165	11	0	+
372	359	14	4	10	15	+	104	122	6	0	0
36	89	11	4	2	2	0	25	115	0	+	+
23	227	15	4	10	13	+	24	173	74	0	0
220	61	18	10	7	14	0	263	220	s	+	+
117	224	19	7	12	18	0	282	304	238	0	0
130	473	62	28	40	39	0	161	376	s	8	+
2423	2960	182	29	41	49	+	129	802	338	2	+
29	42	11	4	6	12	+	116	98	0	0	+
149	159	12	3	6	10	+	204	272	73	0	0
793	898	12	29	5	8	+	53	340	579	+	+
670	688	11	36	5	6	+	42	444	407	+	+
77	70	28	3	24	31	0	80	106	56	+	+
78	7	4	6	3	1	+	65	173	0	0	0

schrittenen Zersetzungszustande untersucht wurden. Die Fischversuche Herzfeld's sind daher von vorn herein werthlos.

Die mikroskopische Untersuchung der Wasserproben wurde auch dieses Mal von F. Cohn ausgeführt. Dass derselbe in den Abwässern nur verhältnissmässig wenig verschiedene Arten von Mikroorganismen fand, diese aber in ungeheurer Anzahl, ist wohl dadurch zu erklären, dass während der mehrtägigen Aufbewahrung der Proben in geschlossener Flasche die wenigen unter solchen Verhältnissen widerstandsfähigen Organismen die andern überwuchert bez. vernichtet haben. Diese Untersuchungen haben daher keine praktische Bedeutung. Bemerkt möge nur werden, dass Cohn vermuthet, dass die am meisten charakteristische Fermentation, welche bei der Fäulniss der Abwässer der Zuckerfabriken stattfindet, nicht wie bei anderen fauligen Wässern auf der Zersetzung der eiweissartigen, stickstoffhaltigen, sondern höchstwahrscheinlich auf der Gährung stickstofffreier Verbindungen, insbesondere der Kohlehydrate beruht.

Für die Beurtheilung der Wirkung dieser Reinigungsverfahren verlieren die S. 162 bis 186 besprochenen Versuche noch mehr dadurch an Bedeutung, dass die Proben des ungereinigten und gereinigten Wassers nicht einander entsprachen, da keine Rücksicht darauf genommen ist, wie lange Zeit das Wasser zum Durchfliessen der Klärbehälter gebrauchte. Da nun leider das Chlor nicht bestimmt wurde, so fehlt auch jeder Anhaltspunkt zur Schätzung der Abweichung oder Übereinstimmung der Proben. Schlüsse von Bedeutung können daher aus diesen Versuchen nicht gezogen werden.

Die Jahresberichte der K. preussischen Gewerberäthe für 1888 und 1889 enthalten folgende Angaben über Zuckerfabrikabwässer:

Die Zuckerfabrik Roitzsch reinigte i. J. 1888 ihr Abwasser nach dem Elsässer'schen Rieselverfahren[61]). — Nach Frief verarbeitete die Zuckerfabrik zu Niclasdorf im Betriebsjahre 1887/88 täglich 4500 hk Rüben, welche 250 cbm Abwasser ergaben. Dieses fliesst durch 6 gemauerte Vorklärbehälter von je 4 m Länge, 4 m Breite und 2 m Tiefe. Dieselben sind so vereinigt, dass jeder zum ersten oder letzten gemacht oder ausgeschaltet werden kann, sobald er mit Sinkstoffen (Ackererde, Sand, Rübenschwänze u. dgl.) gefüllt ist. Das so vorgeklärte Wasser wird nun nach Hulwa's Angaben (vgl. S. 88) mit entsprechenden Reagentien versetzt und durchfliesst dann eine Reihe von 18 gemauerten Klärbehältern von je 3,3 m Breite, 4 m

---

[61]) Fischer's Jahresb. 1883, 1187; Zft. d. landw. Ver. d. Prov. Sachsen 1888, 99.

Länge und 2 m Tiefe, um den Schlamm abzusetzen. Nun durchläuft das Wasser noch 4 Absatzteiche von je 8 m Breite, 12 m Länge und 2 m Tiefe und wird schliesslich noch auf eine 18 ha grosse drainirte Fläche zur Berieselung geleitet. Nach Frief ist dieses eine der vorzüglichsten Anlagen Schlesiens. Derselbe verlangt für die Berieselung nach mechanischer Abscheidung der ersten Schlämme für je 1000 hk Rüben in 24 Stunden eine Fläche von 8 ha oder aber ein systematisches Fällungsverfahren. — Derselbe berichtet, dass die Zuckerfabrik in Fröbel ihre Abwässer durch eine 2000 m lange Rohrleitung auf die Felder pumpt; die erzielten wesentlich besseren Ernten bieten eine reichliche Verzinsung der Anlagekosten.

Nach Sack (Ost- und Westpreussen) erscheinen die Beschwerden über die Schädigung der Fischzucht durch die Abwässer einiger Zuckerfabriken im R.-Bez. Danzig nicht ganz ungerechtfertigt. Einige Rieselflächen waren zu klein, um die grossen Abwassermengen wirksam zu verarbeiten und unschädlich zu machen. Die Ausräumung der Absatzbehälter war nicht immer regelmässig, „auch erwies sich die Zahl der Windungen, in welchen die Abwässer diese Behälter durchflossen, nicht als genügend gross, um ein vollständiges Ausscheiden der Sinkstoffe zu ermöglichen“. (Vgl. jedoch S. 77.)

Nach Sprenger (Magdeburg) werden die Abwässer der Zuckerfabriken am besten durch Berieselung gereinigt, sobald nur genügend grosse Flächen verwendet werden. Die dadurch erzielten vorzüglichen Heuernten decken im Durchschnitt die Kosten. Wo keine geeigneten Flächen zu beschaffen sind, oder wo die Fabriken einen Theil ihrer Abwässer wieder in den Betrieb zurücknehmen, werden chemische Fällungen bevorzugt. Hierbei ist es wesentlich, dass der Zusatz der Reagentien selbstthätig erfolgt, da Arbeiter besonders nachts schlecht überwacht werden können. Die damit bei sorgfältiger Wartung zu erzielenden Erfolge werden durch nicht genügende Räumung der Absatzgruben beeinträchtigt, sowie dadurch, dass man auf die Entfernung von Rübenschwänzen, Blättern u. s. w. nicht genügend Werth legt. Diese Pflanzenreste gehen aber in den Absatzgruben in Fäulniss über, so dass die aufsteigenden Gasblasen das Absetzen der erzeugten Niederschläge verhindern. Eine Zuckerfabrik versetzt die Abwässer mit gebranntem Dolomit und mit Scheideschlamm; das Wasser setzt in einem Sammelteich die festen Stoffe leicht ab, das klar abfliessende Wasser reagirt stark alkalisch.

K. Müller (Hannover) tadelt, dass die meisten Zuckerfabriken den mit Rübenschwänzen, Blättern, Schnitzeln u. dgl. durchsetzten Schlamm meist erst im Sommer entfernen, so dass die organischen Massen in Fäulniss übergehen. Er empfiehlt, durch Siebe u. dgl. alle

Pflanzentheile abzusondern und dann das Wasser in Klärbehältern absetzen zu lassen.

Auch von einigen anderen Gewerberäthen wird die Berieselung als das zuverlässigste Reinigungsverfahren für Zuckerfabrikabwässer empfohlen[62]).

Die Zuckerfabriken Neustadt, Oberglogau und Reinschdorf versetzen das Abwasser mit Kalk, dann mit Kieserit und lassen absetzen. Die tägliche Reinigung von etwa 4000 cbm Abwasser der Zuckerfabrik Oberglogau kostet:

20 hk Kalk	20,00 M.
4 - Kieserit	8,64 -
Arbeitslohn für 4 Arbeiter . .	7,00 -
	35,64 M.

1 cbm Wasser kostete somit 89 Pf.

Verwendet wurden ferner die Verfahren von Knauer[63]), Oppermann (vgl. S. 83), Liesenberg (vgl. S. 85), Müller-Nahnsen (vgl. S. 101) und Röckner-Rothe (vgl. S. 105). —

Versuche von H. Bodenbender[64]) ergaben, dass der unzersetzte Zucker bei Gegenwart von etwas Ätzkalk viel leichter durch den Sauerstoff der Luft oxydirt wird als die sich bei der fauligen Gährung aus dem Zucker bildende Milchsäure, Buttersäure u. dgl. Demnach sollte die sogenannte Gährung der Knochenkohle behufs deren Wiederbelebung unterbleiben und an deren Stelle ein Auskochen und Abspülen mit Wasser treten, wie solches thatsächlich in sehr vielen Fabriken mit bestem Erfolge geschieht. Ferner wäre darauf zu achten, dass die von den Rübenwäschen, der Diffusion, den Filterpressen abfliessenden wie überhaupt die sämmtlichen Wässer, welche organische Stoffe und darunter hervorragend Zucker enthalten, nur kurze Zeit in den Absatzgruben verweilen, damit alle Gährungs- und Fäulnissprocesse möglichst vermieden werden. Das beste Mittel zur Reinigung dieser Abflüsse aus Zuckerfabriken ist die richtig ausgeführte Berieselung geeigneter Ackerflächen. Wo diese nicht ausführbar ist, sollte das sogenannte Fallwasser, welches Spuren von Ammoniak und Zucker enthält und etwa 50° warm ist, über ein Gradirwerk geleitet werden, worauf man es ohne Schaden in den Fluss ablassen kann. Das Wasser aus der Rübenwäsche, der Saftstation, der Knochenkohlewäsche und sonstiges Spül- und Tagewasser, wird gemein-

---

62) Vgl. Neue Zft. f. Rübenz. 4, 138; Zft. d. deutsch. Ver. f. Rübenz. 1882, 59.

63) D.R.P. No. 6211; Fischer's Jahresb. 1880, 741; ungünstig beurtheilt in Z. d. deutsch. Ver. f. Rübenz. 1880, 569, 925 u. 1077.

64) Zft. d. deutsch. Ver. f. Rübenz. 1881, 479; vgl. das. 1871, 604 u. 937; 1877, 51; Fischer's Jahresb. 1881, 969.

schaftlich durch einige kleine Absatzbehälter geleitet. Von hier gelangt es in eine Grube, welche durch einen Lattenrost derart geschlossen ist, dass das Wasser von unten durch denselben aufsteigen muss, so dass die aufschwimmenden Theile zurückgehalten werden, worauf das Wasser noch zwei Behälter mit Reisern und Koks durchfliessen muss. Das so geklärte Wasser wird nun mit Kalkmilch in geringem Überschuss versetzt, absitzen gelassen, durch einige mit Koks gefüllte Behälter geführt und schliesslich auf ein Gradirwerk gepumpt. Nachfolgende Tabelle zeigt den Gehalt des Fallwassers und des Kühlwassers aus der Elution (I), der übrigen genannten gemischten Wässer vor der Kalkbehandlung (II) und beider Wässer gemischt vom Gradirwerk (III) (mg in Liter):

	I	II	III
Gesammtrückstand	303	795	310
Unorganische Stoffe	207	425	106
Kieselsäure	18	17	15
Kalk	93	587	69
Eisenoxyd und Thonerde . . .	3	3	3
Schwefelsäure	34	42	33
Chlor	70	68	67
Alkalien als Chloralkalien gew. .	150	207	130
Magnesia	13	13	15
Organische Stoffe	96	370	106

Nachfolgende Zusammenstellung zeigt den Gehalt von Wasser, welches dem Ilseflusse oberhalb der Zuckerfabrik Wasserleben entnommen war (I), von Wasser (II), welches dem Flusse entnommen war, nachdem demselben die gereinigten Abwässer der Fabrik zugeführt und das vermischte Wasser $^1/_2$ Stunde geflossen war und von Wasser (III) unterhalb der Zuckerfabrik Osterwieck der Ilse entnommen.

	I	II	III
Suspendirte Stoffe	31	21	21
Im filtrirten Wasser:			
Mineralische Stoffe	105	106	130
darin Kalk (Ca O)	41	26	55
Glühverlust	36	15	35
Organische Stoffe, bestimmt durch ubermangansaures Kali . .	169	184	192
Ammoniak	Sp.	Sp.	Sp.
Salpetrigsäure	Sp.	Sp.	Sp.
Salpetersäure	0	0	0
Gesammtstickstoff	0,6	1,5	1,8

König (a. a. O. S. 279) untersuchte (eingesandte) Zuckerfabrikabwässer vor und nach der Reinigung nach Röckner-Rothe, Nahnsen und Hulwa[65]) (mg im Liter):

	Suspendirte Stoffe			Gelöste Stoffe							
	Organische	Unorganische	Stickstoff	Mineralstoffe	Organische Stoffe (Glühverlust)	Zur Oxydation erforderlicher Sauerstoff	Organischer Stickstoff	Ammoniak	Phosphorsäure	Kali	Kalk
Röckner											
Abw.	770	3663	40	553	355	115	15	5	10	34	198
Gerein. . . .	Sp.	Sp.	0	657	367	150	21	Sp.	Sp.	22	271
Nahnsen											
Abw.	350	963	27	905	520	126	24	25	—	57	185
Gerein. . . .	30	10	2	1525	328	264	28	18	—	—	—
Hulwa											
Abw.	580	4178	76	403	277	202	26	—	—	66	62
Gerein. . . .	0	0	0	700	280	304	26	—	—	45	220
Abw.	735	1076	52	559	348	84	18	—	—	—	200
Gerein. . . .	0	0	0	2059	1069	303	33	—	—	—	869

Ob die Proben einander entsprachen und in welchem Zustande der Zersetzung sie untersucht wurden, lässt sich nicht erkennen; um so dankenswerther ist es, dass König hier auch einige Schlammanalysen mittheilt. Der nach dem Nahnsen'schen Verfahren erhaltene, abgepresste Niederschlag enthielt:

Wasser	33,38	Proc.
Organisch	14,61	
— darin Stickstoff .	0,45	
Mineralstoffe	52,01	
Phosphorsäure	0,74	
Kalk	21,07	

[65]) Zu dem Verfahren gehören nach Angaben Hulwa's drei in der Kälte sich vollziehende Operationen, und zwar:

1. Eine Scheidung und Fällung des Schmutzwassers mittels eines Pulvers von neuer und eigenthümlicher Zusammensetzung. (Ein Salzgemisch von Eisen-, Thonerde- und Magnesiapräparaten, dazu Kalk mit besonders präparirter Zellfaser).
2. Eine Saturation der geklärten, stark alkalischen Flüssigkeit mittels Kohlensäure.
3. Der Zusatz von sehr geringen Mengen von Schwefligsäure zu der saturirten, schwach alkalischen bis neutralen Flüssigkeit behufs besserer Conservirung derselben (vgl. S. 88).

Nach dem hier angegebenen Hulwa'schen Verfahren erhaltene Schlammproben enthielten:

	I Porös, schwammig in Stücken	II Porös, schwammig in Presskuchen	III Erdig, dunkel	IV Erdig, weisser Presskuchen	V dunkel	VI hell
Wasser . . .	45,36	27,27	32,69	4,53	28,04	22,18
Organ. Stoffe .	13,28	22,08	23,70	11,26	10,36	11,24
Mit Stickstoff .	0,53	0,66	0,67	0,37	0,34	0,41
Mineralstoffe .	41,36	50,65	43,61	84,21	61,60	66,58
In letzteren:						
Kalk	21,32	27,60	21,88	19,10	8,61	9,55
Kali	0,10	0,11	0,10	0,26	0,28	0,28
Phosphorsäure	0,89	0,66	1,28	0,27	0,40	0,46
Kieselsäure	4,84	3,41	4,79	48,22	4,29	4,45
Sand + Thon					36,21	38,72

Napravil[66]) fällte das Abwasser einer Zuckerfabrik mit Kalkmilch; der erhaltene Schlamm hatte im Durchschnitt folgende Zusammensetzung:

Wasser	67,8 Proc.
Unlöslich	10,4
Calciumcarbonat	9,7
Phosphorsäure	0,6
Stickstoff	0,2
Organisch	4,7

Der aus dem Abwasser von 3 Zuckerfabriken nach dem Süvern'schen Verfahren (S. 84) erhaltene Schlamm enthielt nach Stohmann:

	I	II	III
Phosphorsäure	0,37	0,18	0,20
Stickstoff	0,12	0,16	0,09
Kali	0,23	0,21	0,06
Kalk	6,23	9,17	6,56
Thonerde und Eisenoxyd.	2,64	2,40	1,37
Sand und Erde	26,05	24,29	10,64
Wasser	56,98	55,15	75,69
Organische Stoffe, Magnesium u. dgl.	7,38	8,44	5,39

Der Stickstoffgehalt — und damit der Düngerwerth — dieser Niederschläge ist demnach sehr gering.

Sehr beachtenswerth sind die Mittheilungen von H. Schultze[67]) über neuere Erfahrungen mit der Berieselung. Die Untersuchung verschiedener Zuckerfabrikabwässer vor und nach der Berieselung ergab (mg im Liter):

66) Organ. f. Rübenz. 1875, 503.

67) Magdeburgerztg. 1891.

		Datum der Probenahme	Trocken-rückstand	Glühverlust	Suspendirt	Gesammt-stickstoff	Ammoniak-stickstoff	Phosphor-säure	Kali	Kalk	Schwefel-wasserstoff
Hessen, vor	der Berieselung	19./11. 89	1432	582	546	42,1	19,9	14	54	204	Vorh.
- nach		19./11. 89	888	114	20	7,3	1,2	2	13	306	0
- vor		3./12. 89	1490	748	553	47,4	25,3	11	56	189	Vorh.
- nach		3./12. 89	857	117	22	5,8	1,3	3	14	275	0
- vor		22./12. 90	1014	362	184	36,7	5,0	7	51	177	Vorh.
- nach		22./12. 90	923	104	21	4,8	0,2	1	9	280	0
- vor		15./ 1. 91	963	387	157	31,8	5,0	6	44	175	Vorh.
- nach		15./ 1. 91	938	200	27	9,6	0,4	2	12	287	0
Mattierzoll, vor		3./12. 89	1131	420	150	23,6	12,2	9	44	280	Sp.
- vor		23./12. 90	1279	581	152	24,9	2,5	7	55	180	0
- nach		23./12. 90	924	110	20	6,3	0,8	2	19	272	0
Uefingen, vor		8./12. 90	13033	1681	11143	41,2	3,3	16	64	249	0
Rühland & Co., vor		31./ 1. 91	2390	1367	352	38,4	2,5	11	93	300	Vorh.
Hessen, Abfl. a. d. Absatzbehälter		15./ 1. 91	953	375	103	15,7	0,7	5	40	175	Erhebl.
dasselbe		22./ 1. 91	1001	412	86	17,2	0,7	5	41	179	desgl.
Hessen, Abfl. a. d. Kohlenwäsche		15./ 1. 91	979	412	241	50,3	13,2	16	42	169	0
dasselbe		22./ 1. 91	1128	461	241	47,4	13,2	10	47	186	0

Salpetersäure und Salpetrigsäure konnten nirgends nachgewiesen werden.

Die Fabriken arbeiteten sämmtlich nach dem Diffusionsverfahren; mit Knochenkohle reinigten Mattierzoll 1889/90 und Hessen 1889/90 und 1890/91. Es verarbeiteten täglich Rüben: Mattierzoll 3600 bez. 3613 hk, Hessen 3917 bez. 4000 hk, Rühland und Üfingen je 2500 hk. Abflusswässer gaben stündlich ab Mattierzoll 212 cbm, Hessen 208 cbm, Rühland & Co. 24 cbm und Üfingen 126 cbm. Sämmtliche Fabriken besassen Klärbassins, und dass eine leidliche Klärung erreicht wurde, zeigt der verhältnissmässig geringe Gehalt an suspendirten Stoffen in den Abflusswässern. Dieselben waren ausnahmslos sehr reich an Kali und Stickstoff, während der Gehalt an Phosphorsäure erheblich zurücktritt. Es berechnen sich so z. B. bei Rühland & Co. die täglich abfliessenden Mengen von Kali auf 53 k, von Stickstoff auf 22 k, von Phosphorsäure auf 7,5 k; bei Mattierzoll von Kali auf 252 k, von Stickstoff auf 123 k, von Phosphorsäure auf 41 k; bei Hessen von Kali auf 250 k, von Stickstoff auf 197 k, von Phosphorsäure auf 50 k. Das macht für die Betriebszeit gewaltige Mengen, welche bei einzelnen Fabriken ein Düngerkapital von 20000 M. repräsentiren können. Zudem sind bei Fabriken, welche osmosiren, die Effluvien noch bedeutend gehaltreicher. Wenn daher die Abflusswässer unbenutzt abfliessen, so ist dies sicher ein grosser Fehler. Auch die meisten Fabriken, welche berieseln, haben zu kleine Flächen, um eine einigermaassen befriedigende Ausnutzung der Pflanzennährstoffe erzielen zu können. Nach den Anforderungen der Gewerberäthe genügen 3 bis 4 ha für 500 hk täglich verarbeiteter Rüben, um die Abwässer derart zu reinigen, dass sie ohne Bedenken den öffentlichen Wässern wieder zugeführt werden können; zur Verwerthung der Düngestoffe in landwirthschaftlicher Beziehung könnte dagegen die Fläche vielfach verfünf- und versechsfacht werden. — Die meisten Fabriken lassen die Abwässer sich in einem sogenannten Absatzbassin klären, in denen sich Erde von der Rübenschwemme, Rübenschwänze, Schnitzelstücke u. dgl. ablagern, und welche (nach Schultze) meistens durch mephitische Ausdünstungen von Schwefelwasserstoff die Umgebung belästigen. Die Gegenwart von reichlichen Mengen organischer, zuckerhaltiger Stoffe, sowie die stets warme Temperatur des Wassers in jenen Bassins befördert die Pilzbildungen in der ausgezeichnetsten Weise. Es ist anzunehmen, dass hierdurch die Wirkung der Rieselfelder beeinträchtigt wird. Man sollte darauf bedacht sein, die nicht gelösten organischen Substanzen möglichst rasch der Berührung mit dem sie auslaugenden Wasser zu entziehen (S. 187). In durchaus befriedigender Weise wird dies in der Zuckerfabrik Stöbnitz erreicht, wo ein System von Behältern es ermöglicht, denjenigen, welcher sich mit dem Schlamm gefüllt hat, auszuschalten, um denselben darauf durch ein Baggerwerk zu reinigen, wobei der Schlamm zum raschen Abtrocknen in einen abgesonderten grossen Behälter übergeleitet wird. Auch die Anlagen von Elsässer, welche bei sieben braunschweiger Zuckerfabriken Eingang gefunden haben, werden gelobt.

Brauereien, Spiritusfabriken.

Abwasser einer Mälzerei enthielt nach O. Reinke[68]):

	gewöhnliches Ablaufwasser	geklärt durch Rieselwiesen nach dem Verfahren Elsasser, dem Bache zufliessend
Gesammtrückstand	2131	1606
Glührückstand	1501	1261
Kieselsäure	15	7
Kalk	290	211
Magnesia	39	46
Kali, Natron	651	449
Ammoniak	19	15
Salpetrigsäure	0	0
Salpetersäure	0	0
Phosphorsäure	44	11
Chlor	116	109
Schwefelsäure	147	119
Schwefelwasserstoff	deutlich	gering
Chamäleonverbrauch	nicht zu bestimmen, da der Verbrauch zu hoch	
Mikroskopischer Befund. . .	viel Gerinnsel, Pflanzenreste, Stäbchen, Coccen, Hefe	oft Gerinnsel, Hefe, Bakterien

Abwasser von Brauereien, auch ohne Mälzerei, besteht wesentlich aus Spülwasser, fault leicht, enthält meist schon Milchsäure, Essigsäure u. dgl., welche angeblich den Cement der Kanäle angreifen[69]), ist aber meist ziemlich verdünnt. König (a. a. O. S. 231) theilt folgende Analysen mit:

---

[68]) Wochenschr. f. Brauer. 1889, 434.

[69]) Zft. f. Biolog. 3, 300.

1 Liter enthält:	Hefenwasser	Gerste-weichwasser	Spülwasser		Schwank-wasser
Gesammtabdampfrückstand	1432	2200	2535	1378	1847
Glühverlust	771	808	1180	610	1014
Stickstoff in Form von Ammoniak . . .	—	—	21	12	—
desgl. in organischer Verbindung . .	17	13	19	22	33
Chlor	81	143	37	30	19
Phosphorsäure	14	43	20	36	20
Schwefelsäure	92	199	110	31	78
Kalk	226	200	421	64	258
Magnesia	30	83	81	99	59
Kali	25	439	79	83	66
In Säure unlöslich	16	34	446	321	282

Wiederholt ist beobachtet, dass Brauereiabwässer die Entwickelung von Leptomitus lacteus begünstigen. Göppert beobachtete, dass sich in der Weistritz eine ungeheure Masse der kleinen Pilzalge Leptomitus lacteus entwickelte, nachdem die Abwässer einer Rübenspiritusfabrik in den Fluss abgelassen wurden. Das Wasser ging unter Entwickelung eines sehr ekelhaften Geruches in Fäulniss über und war zu jeder häuslichen und technischen Verwendung untauglich. Dieselbe Erscheinung zeigte sich in einem Bache, welcher das Abwasser einer Spiritusrectification aufgenommen hatte. Das Bachwasser entwickelte Schwefelwasserstoff und einen stark fauligen Geruch. Durch Behandlung mit Kalk wurde diese Erscheinung beseitigt[70]).

In der Nähe von Hannover war durch die Undichtigkeit eines Abdampfofens Rübenschlempe in den Boden gedrungen und hatte das Wasser eines benachbarten Brunnens völlig verdorben. Dasselbe war trübe, hatte einen unangenehmen fauligen Geruch, reagirte sauer und enthielt viel Ammoniak, Buttersäure und andere Fäulnissproducte.

Nach F. Schwackhöfer[71]) hatte das Abwasser einer grösseren Brauerei vor und nach der Fällung mit Kalkmilch folgende Zusammensetzung (mg im Liter):

---

70) Vgl. Nordd. Brauereiztg. 1884, 1219; Dingl. 127, 233; 146, 427; 222, 493.

71) Mitth. d. Österr. Vers.-Stat. f. Brauerei 1889, Hft. 2.

	vor der Reinigung	nach der Reinigung
Suspendirt	979	256
Davon Mineralsubstanz	196	66
Organische Substanz	783	190
Gelöst	2071	2415
Glührückstand	627	699
Glühverlust	1444	1716
Sauerstoff zur Oxydation erforderlich	195	146
Stickstoff in organischer Bindung	19	17
Ammoniak	5	4
Salpetersäure	0	0
Salpetrigsäure	24	20
Phosphorsäure (i. unfiltrirten Wasser)	41	0
Schwefelsäure	85	80
Schwefelwasserstoff	0	0
Kalk gebunden	242	195
Ätzkalk	0	111

Die Brauerei Hütteldorf bei Wien reinigt das Abwasser nach den Angaben von Luhe und Egernuss[72]) durch Mischen mit Kalk und aufsteigende Filtration.

Abwasser einer Brauerei, welches nach Röckner-Rothe und einer andern, welches nach Nahnsen gereinigt wurde, enthielt nach König:

	Suspendirte Stoffe			Gelöste Stoffe						
	Unorganische	Organische	In letzteren Stickstoff	Mineralstoffe (Glührückstand)	Organische Stoffe (Glühverlust)	Zur Oxydation erforderlicher Sauerstoff	Stickstoff	Phosphorsäure	Kali	Kalk
Röckner:										
Ungereinigt	23	173	7	331	240	86	15	9	21	128
Gereinigt	Sp.	Sp.	0	2276	512	162	13	3	25	838
Nahnsen:										
Ungereinigt	135	362	43	825	345	173	14	14	100	155
Gereinigt	13	13	Sp.	955	553	264	24	Sp.	92	175

Das Abwasser einer Hamburger Brauerei wurde nach B. Schneider[73]) mit Kalk, Eisenvitriol und Ammoniakwasser versetzt, dann auf Landflächen geleitet.

[72]) Dingl. 222, 493.

[73]) Bayerische Bierbr. 1877, 59.

Das Abwasser von Spiritusbrennereien wird mit Erfolg zur Berieselung angewendet[74]).

Schlächtereien und Fettverarbeitung.

Schlächtereien geben sehr unreines Abwasser, da ein grosser Theil des Inhaltes der Eingeweide und des Blutes fortgespült wird. Grössere Städte haben jetzt allgemein Schlachthäuser, in welchen meist der grösste Theil des Blutes auf Albumin und Blutmehl verarbeitet wird. Die Zusammensetzung des Abwassers der Schlachthäuser schwankt demnach ganz bedeutend. Das Abwasser des Hannoverschen Schlachthauses ist oft nur wenig verunreinigt, an den Hauptschlachttagen, besonders wenn die Schlachthallen gespült werden, fliessen grosse Mengen eines durch Dünger, Blut u. dgl. sehr stark verunreinigten Wassers ab, welches durch die dunkelblutige Farbe und die zahllosen beigemengten Fett- und kleinen Fleischreste nur noch ekelhafter wird[75]).

Bei Schlachthausabfällen ist zu berücksichtigen, dass sie Milzbrandsporen enthalten können. Koch[76]) führt nun aus, dass ausser den von der Körperoberfläche vermittelten Infectionen die übergrosse Mehrzahl der Milzbrandfälle auf eine Infection durch das Wasser zurückzuführen ist. Koch hat festgestellt, dass die Milzbrandbacillen auch auf zahlreichen Pflanzenstoffen (z. B. Kartoffeln und Rübenarten) zur Entwickelung und zur Sporenbildung gelangen, dass die Milzbrandsporen durch mehrmonatliche Aufbewahrung in reinem Leitungswasser weder ihre Fortpflanzungsfähigkeit noch ihre Infectionskraft einbüssen. Man kann sich das Leben der Milzbrandbacillen so vorstellen, dass sie in sumpfigen Gegenden, an Flussufern u. dgl. sich alljährlich in den heissen Monaten auf ihnen zusagenden pflanzlichen Nährstoffen, aus den von jeher daselbst abgelagerten Keimen entwickeln, vermehren, zur Sporenbildung kommen und so von neuem zahlreiche, die Witterungsverhältnisse und besonders den Winter überstehende Keime am Rande der Sümpfe und Flüsse bez. in deren Schlamm ablagern. Bei höherem Wasserstande und stärkerer Strömung des Wassers werden dieselben mit den Schlammmassen aufgewühlt, fortgeschwemmt und an den überflutheten Weideplätzen auf den Futterstoffen abgesetzt; sie werden hier mit dem Futter von dem Weidevieh aufgenommen und erzeugen dann die Milzbrandkrankheit.

---

[74]) Fischer's Jahresb. 1881, 969.

[75]) Vgl. Dingl. 116, 80; Correspondenzbl. d. niederrhein. V. f. öff. Ges. 1872, 175; 1874, 173; Viertelj. f. öffentl. Ges. 1872, 333; 1874, 26.

[76]) Mitth. a. d. Kaiserl. Gesundheitsamt (1881) Bd. 1, 49.

Nach einer Flugschrift von F. A. R. Müller & Cp. schickte der Magistrat von Waldenburg zwei Proben Schlachthausabwasser vor und nach der Reinigung nach Pat. 31864 an Prof. J. König. Nach dem am 4. Dec. 1889 erstatteten Gutachten enthielt 1 *l* Wasser mg:

	Suspendirte Stoffe			Gelöste Stoffe								
	Unorganische	Organische	Darin Stickstoff	Unorganische (Glührückstand)	Organische (Glühverlust)	Darin Stickstoff	Zur Oxydation erforderlicher Sauerstoff: in alkalischer Lösung	Zur Oxydation erforderlicher Sauerstoff: in saurer Lösung	Kalk	Magnesia	Chlor	Schwefelsäure
Unger. . .	475	697	75	577	757	135	179	205	105	58	106	271
Gereinigt .	Sp.	Sp.	—	95	45	21	17	17	24	18	35	34

Verf. zeigte bereits früher[77]), dass diese Proben einander gar nicht entsprechen können — denn wo soll Chlor und Schwefelsäure geblieben sein — dass somit die Analyse garnichts beweist.

Oft ist mit den Schlachthäusern auch die Gewinnung von Fett aus Abfällen aller Art, krankem Vieh u. dgl. verbunden, indem diese Reste unter Dampfdruck ausgekocht werden. Die dabei erhaltene übelriechende Fleischbrühe ist stark fäulnissfähig[78]).

Das bei der Gewinnung von Knochenfett durch Dämpfen oder Auskochen erhaltene Abwasser ist ebenfalls stark fäulnissfähig. Viel weniger bedenklich ist das Abwasser aus Fabriken, welche mit Benzin entfetten.

Bei der Reinigung der Fette und Öle durch Behandeln mit Schwefelsäure u. dgl. entstehen ebenfalls sehr unreine Abwässer; die engl. Commission fand im Durchschnitt von 5 Analysen im Liter solcher Abwasser:

Organischen Kohlenstoff . . .	442 mg
- Stickstoff	78
Ammoniak	195
Chlor	298
Suspendirt organische Stoffe .	541
Arsen	0,5

[77]) Zft. f. angewandte Chem. 1890, 55 u. 64. Wenn z. B. hier in Hannover am Montag oder Donnerstag etwa um 5 Uhr nachmittags die Schlachthallen gespült werden, so strömt in wenigen Minuten eine so gewaltige Masse Blut, Koth u. dgl. zur Reinigungsanlage, dass hier gleichzeitig am Zu- und Abfluss genommene Proben gar nicht vergleichbar sind.

[78]) Dingl. 10, 282; 136, 225; 140, 232; 143, 217; Wagner's Jahresber. 1855, 392; 1856, 382; 1864, 627.

Gerbereien und Leimfabriken.

Abwasser der Gerbereien enthält meist grosse Mengen faulender Stoffe; die englische Commission fand z. B. in:

	Erschöpfte Gerbflüssigkeit	Kalkflüssigkeit einer Gerberei
Organ. Kohlenstoff . .	31822 mg	2059 mg
- Stickstoff . . .	363	534
Ammoniak	108	258
Gesammtstickstoff . .	452	746

Zum Enthaaren wird vielfach Schwefelnatrium, nur noch selten Auripigment[79]) mit Kalk angewendet, was bei Beurtheilung des Abwassers zu berücksichtigen ist. Nach W. Eitner[80]) ist die Verwendung von Auripigment durch das Schwefelnatrium entbehrlich geworden. Gefährlich sind dagegen die Häute von an Milzbrand, Rotz u. dgl. verendeten Thieren, da diese pathogenen Mikroorganismen gewöhnliche Äscherbrühen ohne Schaden vertragen. Lohgerbereien belästigen meist mehr als Weissgerbereien[81]).

Der Bericht für 1889 der preuss. Gewerberäthe enthält folgende bez. Mittheilungen: Nach Göbel (Schleswig) liessen Gerbereien, welche Operment verwenden, das stark arsenhaltige Abwasser einfach in die Strassengossen abfliessen. Jetzt müssen alle Gerbereien diese Abwässer mit Eisenvitriol versetzen und 24 Stunden abklären lassen, den erhaltenen Niederschlag so vergraben, dass er das Grundwasser nicht verunreinigt. Nach v. Rüdiger (Frankfurt und Potsdam) wird die kleine Elster durch die 75 Gerbereien in Kirchhain, welche jährlich 573 000 Schaffelle verarbeiten, stark verunreinigt, da der Fluss nur 0,5 cbm Wasser die Secunde führt, so dass die Anwohner bis zu der 4 km abwärts gelegenen Stadt Dobrilugk arg belästigt werden. Es ist nun den Gerbereien auferlegt, den Elsterfluss mindestens viermal jährlich gründlich zu reinigen. Die Verhandlungen über die Beseitigung der Gefahr, welche durch die Übertragung der Milzbrand-

[79]) Reichardt beobachtete, wie Rindvieh, Enten und Fische durch ein Bachwasser vergiftet wurden, welches die arsenhaltigen Abwässer einer Gerberei aufnahm. Der Schlamm des Baches enthielt bis 0,6 Proc. Arsen; vgl. Reichardt: Grundlagen 1880 S. 110; Viertelj. f. öffentl. Ges. 1873, 160 u. 323; H. Fleck: 12. u. 13. Jahresb. 1884, 11.

[80]) Der Gerber 1890, 73; Fischer's Jahresb. 1890, 1182.

[81]) Vgl. Ferd. Fischer: Handbuch der chemischen Technologie (1889) S. 156 u. 162.

keime aus den Fellen kranker Schafe für Menschen und Thiere in der Umgebung Kirchhains besteht, haben nur ergeben, dass praktisch durchführbare Mittel zur Beseitigung der Milzbrandansteckung noch nicht bekannt sind (vgl. S. 197). —

Die Schädlichkeit arsenhaltiger Abwässer für den Pflanzenwuchs zeigte Nobbe[82]).

Der North-River nimmt das Abwasser von 62 Gerbereien auf; das Flusswasser enthielt nach Angabe des Gesundheitsrathes von Massachusetts im Liter:

Organische Stoffe	412 mg
Albuminoidammon	2
Ammoniak	6
Chlor	1080

König (a. a. O. S. 228) macht folgende Angabe über die Abwässer einer Schaffellgerberei verbunden mit Lederfärberei: Die Klärung der Abgänge mit Kalk und sonstigen Fällungsmitteln hatte nur geringen Erfolg; dagegen wurden durch die verbrauchte Gerberlohe, durch welche man die Abgangwässer filtriren bez. sich senken liess, bessere Resultate erzielt. An den Tagen der Probenahme wurden gebraucht und liefen ab: Rothe und gelbe Anilinfarben, sowie vorwiegend die Brühe vom Walkfass, in welchem sumakgegerbte Schafleder gereinigt und gewalkt wurden. Das ungereinigte und durch gebrauchte Gerberlohe gereinigte Wasser enthielt (mg im Liter):

	Suspendirte Stoffe			Gelöste Stoffe						
	Unorganische	Organische	Stickstoff in letzteren	Mineralstoffe (Glührückstand)	Organische Stoffe (Glühverlust)	Zur Oxydation erforderlicher Sauerstoff	Stickstoff	Phosphorsäure	Kali	Kalk
1. Probe										
Unger. .	451	4285	146	1608	2959	1694	22	Sp.	231	304
Gerein. .	0	212	3	509	587	608	15	Sp.	101	191
2. Probe									Schwefelsäure	
Unger. .	3236	9401	247	2541	2327	2640	25	56	939	413
Gerein. .	55	251	11	662	963	1008	11	8	255	161

„Das gereinigte Wasser war allerdings bei der ersten Probenahme noch schwach gefärbt und zeigte nach mehrwöchentlichem Stehen einen stark fauligen Geruch; indess ist die Wirkung der gebrauchten

[82]) Landw. Versuchsstat. (1884) 30, 382.

Lohe auf die Reinigung unverkennbar und bedeutend; dieselbe dürfte Schmutzstoffe vorwiegend mechanisch zurückhalten, die Farbstoffe dagegen wie sonstige organische Fasern auf sich niederschlagen."

Wo sind aber Kali und Schwefelsäure geblieben?

Leimfabriken[83]). Bei Herstellung von Knochenleim aus mit Benzin entfetteten Knochen entsteht nur wenig fäulnissfähiges Abwasser, erheblich mehr bei dem alten Kochverfahren, noch mehr bei Herstellung von sog. Lederleim[84]).

Verarbeitung der Faserstoffe.

Wollfabriken geben Massen von Schmutzwasser beim Waschen, Walken, Färben und Drucken.

Rohwolle enthält nach Schulze und Märcker[85]) 7,2 bis 14,7 Proc. Wollfett, 2,9 bis 23,6 Proc. Schmutz und 20,5 bis 23 Proc. Wollschweiss. Der in kaltem Wasser lösliche Wollschweiss besteht vorzugsweise aus den Kaliseifen der Öl- und Stearinsäure, mit wenig Essigsäure, Baldriansäure, Schwefelsäure, Phosphorsäure, Chlorkalium, Ammoniumsalzen u. s. w. Die Trockensubstanz der wässerigen Auszüge enthält 58,9 bis 61,9 Proc. organische Stoffe und 0,02 bis 4,08 Proc. kohlensaures Kalium; F. Hartmann[86]) fand 2,9 Proc. Kaliumcarbonat. Wollschweissasche besteht dem entsprechend vorwiegend aus kohlensaurem Kalium[87]). Bei der in Deutschland noch allgemein üblichen Rückenwäsche wird nicht nur der grösste Theil des Schmutzes mit geringen Mengen von Wollfett entfernt, es geht auch der an Kalium und Stickstoff reiche Wollschweiss für Landwirthschaft und Industrie verloren.

Nach den Untersuchungen der englischen Commission sind die Wollwäschereiabwässer sehr unrein. Nach Angabe derselben erfordert die Herstellung von 500 Stück Tuch etwa 16 hk Soda, 60 cbm Harn, 30 hk Seife, 20 hk Öl, 10 hk Leim, 23 hk Schweineblut und eben soviel Schweinekoth, 20 hk Walkerde, 200 hk Farbwaaren, 20 hk Alaun oder Weinstein und liefert noch 80 hk Wollfett und Schmutz. Von diesen Stoffen bleibt nur ein sehr geringer Theil auf dem fertigen

---

83) Vgl. Ferd. Fischer: Handbuch der chemischen Technologie S. 1068.

84) Dingl. 141, 467; 144, 140; 174, 426; 215, 284; Wagner's Jahresber. 1856, 367; 1857, 111; 1876, 1075; Biedermann's Centralbl. f. Agricult. 1876, 92; Zft. f. angew. Chem. 1890, 503.

85) Wagner's Jahresb. 1866, 531.

86) Hartmann: Über den Fettschweiss der Schafwolle (Göttingen 1868).

87) Wagner's Jahresb. 1878, 431.

Tuch zurück, fast die ganze Masse wird fortgeschwemmt. Ähnlich sind die Abwässer der Teppichfabriken, während die der Flanellfabriken noch stärker verunreinigt sind, wie nachfolgende Analysen zeigen:

Industrieabwässer. Wolle-, Baumwolle- und Seidenfabriken	Gelöst: Organischer Kohlenstoff	Gelöst: Organischer Stickstoff	Gelöst: Ammoniak	Gelöst: Stickstoff als Nitrate und Nitrite	Gelöst: Gesammtstickstoff	Gelöst: Chlor	Gelöst: Arsen	Gelöst: Gesammtgehalt	Suspendirt: Gesammtgehalt	Suspendirt: Darin organische Stoffe
Wasser, wie es zur Schafwäsche fliesst	3	1,2	0,7	3,9	5,6	—	—	307	Spur	—
Dasselbe nach der Schafwäsche . .	258	39,4	19,1	0	55,2	—	—	1810	1164	519
Abwasser ein. Wollwäscherei . . .	1325	98,8	546,1	0	548,5	—	Sp.	10994	34826	26116
Abwasser einer Flanellwäsche . . .	4463	911,8	800,1	0	1570,7	1600	0	12480	20794	17334
Abwasser ein. Wolldeckenfabrik . .	1207	195,1	9,4	0	202,8	356	0,04	6780	3746	3142
Abwasser der Teppichfabrik zu Rochdale	149	9,3	11,4	—	18,7	—	0,12	1031	—	—
Abwasser a. 15 Wollenfabr., Durchschn.	648	103,8	116,5	0,4	200,1	219	0,11	3370	4748	3724
Abwasser a. 5 Baumwollfab., Durchschn.	42	3,0	1,3	0	4,0	49	0,34	502	260	190
Abwasser einer Seidenfabrik . . .	15	1,5	0,3	—	1,7	—	0,12	265	—	—
Kanalwasser, welch. die Abflüsse einiger Wollenfabriken aufgenommen . .	380	137,3	257,2	0	349,2	400	0	2272	432	355

H. Fleck (a. a. O. S. 11) fand in einem Wollwaschwasser 2008 mg schwebende und 46490 mg gelöste Stoffe; letztere bestanden aus (mg im Liter):

Organische Stoffe	38773
Doppelkohlensaures Ammonium .	1009
Chlornatrium	925
Schwefelsaures Natrium	1352
Kieselsaures -	499
Kohlensaures -	546
Kali (von Fett gebunden) . . .	3386

Nach dem Abscheiden des Wollfettes durch Zusatz von Chlorcalcium enthielt das Wasser:

Fettsäure	787
Ätzammoniak	32
Kali } an Fettsäure geb.	417
Ammoniak } an Fettsäure geb.	157
Organ. Substanzen chemisch-indifferenter Art, putrider Natur	2387
Schwefelsaures Calcium	764
Schwefelsaures Magnesium	243
Chlornatrium	2537
Kieselsaures Natrium	37
Schwefelsaures Natrium	2792
Schwefelsaures Kalium	3386

Nach Buisine[88]) entwickelt sich im Wollschweisswasser innerhalb weniger Tage viel Ammoniak, flüchtige Säuren, Trimethylamin u. dgl. Er schlägt vor, die so gebildete Essigsäure zu gewinnen; im nördlichen Frankreich sollen auf diese Weise jährlich 10000 hl Essigsäure gewonnen werden können.

In Deutschland wird das Wollschweisswasser jetzt wohl von allen Fabriken eingedampft und auf Potasche verarbeitet[89]). Auf die Gewinnung von Wollfett bez. Lanolin sei ebenfalls verwiesen[90]).

Beim Fällen der Waschwässer, welche aus Wollwäschereien oder Kämmereien herstammen und vorwiegend Wollfett, Seife und kohlensaures Alkali enthalten, durch Chlorcalcium empfiehlt W. Graff (D.R.P. No. 41557) Zusatz von Salzsäure, zu dem Zwecke, die Bildung von kohlensaurem Kalk in dem Niederschlag zu verhindern.

Aus Seifenwasser werden durch Zusatz von Säure oder besser von Kalk die Fettsäuren abgeschieden und wieder auf Seife oder zu Leuchtgas verarbeitet[91]). Auf neuere bez. Patente sei verwiesen[92]).

Das Abwasser der Putzfaden-Wäscherei in Lössnitz ist nach dem Bericht der sächsischen Gewerbeinspectoren für 1889 sehr trübe, übelriechend; es enthält im Liter 608 mg schwebende Stoffe und 522 mg Fette und Öle und erfordert zur Oxydation 186 mg Permanganat. Bei der leicht eintretenden Fäulniss entwickelt es einen geradezu abscheulichen Gestank.

---

88) Compt. rend. 104, 1292; 105, 641; Bull. soc. chim. 48, 639; Fischer's Jahresb. 1888, 1176.

89) Ferd. Fischer: Verwerthung der städtischen und Industrieabfallstoffe (Leipzig 1875) S. 144; ders.: Handbuch der chemischen Technologie (Leipzig 1889) S. 381; Dingl. 215, 215; 218, 484; 229, 446.

90) Fischer's Jahresb. 1883, 1185; 1888, 1130; 1889, 1184; 1890, 1099 u. 1161.

91) Ferd. Fischer: Verwerthung der städtischen und Industrieabfallstoffe S. 144.

92) Fischer's Jahresb. 1881, 968; 1885, 1191; 1886, 1045; 1888, 1175.

Abwasser von Federreinigungs-Anstalten enthält nach J. N. Zeitler[93]) viel faulende Stoffe; 4 Proben vor (a) und nach der Filtration (b) durch Papier:

1. eine Probe aus dem Waschbottich, nachdem die Federn 12 Stunden mit Wasser in demselben in Berührung waren;

2. eine Probe, nachdem die Federn 5 Minuten lang in der obengenannten Waschtrommel gewaschen waren;

3. eine Probe, nachdem die Federn 20 Minuten im Waschapparat sich befanden und

4. eine Probe, nachdem dasselbe 45 Minuten der Fall war.

	Gesammt-rückstand	Glührückstand	Glühverlust	$Al_2O_3 + Fe_2O_3$	CaO	MgO	$KMnO_4$-Verbr.	Cl	NH_3	SO_3	N_2O_5	Organischer Stickstoff
1 a.	515	226	289	23	21	15	188	95	24,7	28	1,08	—
b.	220	129	91	9	17	10	169	95	23,5	28	1,06	—
2 a.	229	115	114	11	18	8	78,0	31	11,6	21	0,47	11,4
b.	117	76	41	3	18	6	39,9	30	10,2	20	0,40	6,0
3 a.	161	94	67	6	21	8	73,4	22	8,2	21	0,36	—
b.	93	63	30	2	20	5	57,2	22	6,8	19	0,32	—
4 a.	87	52	35	4	20	4	7,8	6	1,6	14	0,11	2,9
b.	62	44	18	2	19	4	2,6	6	1,6	14	0,11	1,5
5 a.	273	122	126	11	2	9	86,8	39	11,5	21	0,50	7,1
b.	123	78	45	4	18	6	67,1	38	10,5	21	0,47	3,7

Die ausgenutzten Seifenbäder der Seidenfärbereien versetzt G. Gianoli (L'Industria 1887, 59) noch heiss mit Eisenvitriollösung, sammelt das an der Oberfläche der Flüssigkeit sich abscheidende Gemenge von Eisenseife, Fettsäuren und aus der Seide stammenden Stoffen und erhitzt dasselbe mit Schwefelsäure von 15° B. Die so erhaltenen Fettsäuren werden zur Herstellung von Seife verwendet, die schwefelsaure Eisensulfatlösung zur Fällung neuer Mengen Seifenwasser.

Flachsrösten. Die Lein- und Hanffaser enthält ziemlich viel Eiweissstoffe, welche bei der Röste der Gespinnstpflanzen unter Bildung grosser Mengen Buttersäure, wenig Propion- und Essigsäure und sehr unangenehm riechender Gase in Lösung gehen. Sestini[94]) fand in 1 *l* Röstwasser 44 Milligrammäq. Säure (entspr. 3872 mg Buttersäure $C_4H_8O_2$), 6140 mg gelöste Stoffe und darin 663 mg Stickstoff. Der-

[93]) Zft. f. angew. Chem. 1891, 216.

[94]) Landw. Vers. 1874, 441.

artige Abwässer verunreinigen demnach die Flussläufe in hohem Grade[95]). Nach E. Reichardt[95]) sterben die Fische in dem durch Flachsrösten verunreinigtem Wasser durch Mangel an Sauerstoff.

Färbereien, Bleichereien.

Die bei der Färberei und Zeugdruck verwendeten Beizen und anderen Chemikalien, sowie die Farbstoffe[97]) werden keineswegs vollständig von den Faserstoffen zurückbehalten, geben vielmehr, besonders bei Mitverwendung von Farbhölzern, stark verunreinigte Abwässer. Analysen der mehrfach erwähnten englischen Commission[98]) ergaben z. B.:

Färbereien, Druckereien und Bleichereien	Gelöst								Suspendirt	
	Organischer Kohlenstoff	Organischer Stickstoff	Ammoniak	Stickstoff als Nitrate und Nitrite	Gesammtstickstoff	Chlor	Arsen	Gesammtgehalt	Gesammtgehalt	Darin organische Stoffe
Abwasser aus Farbeküpen zum Wollefärben	489,7	33,2	4,9	0	37,3	—	—	1076	1020	779
Abwasser aus einer Druckerei, wie es in den Etherow fliesst	17,9	4,3	0,9	0	5,0	3	—	762	260	207
Abwasser aus einer Färberei und Bleicherei	48,2	2,4	0,4	0	2,7	45	0,5	434	490	354
Abwasser von Färberei, Druckerei, Bleicherei (Durchschn. aus fünf Fabriken)	42,3	3,0	1,3	0	4,0	49	—	502	260	190
Kanalwasser einer Druckerei .	27,1	2,8	0,4	0	3,1	—	0,2	368	148	114
Desgl. einer anderen Druckerei	10,5	1,2	0,2	0	1,4	43	1,6	397	19	10
Abwasser einer Färberei nach dem Absitzenlassen	32,8	3,4	2,8	0,6	6,4	66	0	705	73	36
Dasselbe nach der Filtration durch Sand und nach der Berieselung	12,5	3,0	2,7	2,0	7,3	55	0	621	0	0
Bach, wie er zu einer Druckerei gelangt	2,5	0,2	0	0	0,2	11	0	60	0	0
Bach, wie er dieselbe nach dem Durchseihen und Absetzen verlässt	69,9	3,1	0,4	0	3,4	28	0,3	358	99	73

95) Vgl. Wagner's Jahresb. 1855, 277; 1856, 290.

96) Arch. Pharm. 219, 46.

97) Vgl. Ferd. Fischer: Handbuch der chemischen Technologie S. 988.

98) Report of the Commiss.; Ferd. Fischer: Verwerthung der städtischen und Industrieabfallstoffe S. 141.

König (a. a. O. S. 326) fand im Abwasser:

mg im Liter	Roth- und Blauholzfärbereien			Türkisch-Rothfärberei	Aus einer Fabrik für Appretur und Druckerei
Abdampfrückstand trocken	4476	1206	820	228	703
Organische Stoffe	1346	—	—	—	—
Zur Oxydation derselben erforderlicher Sauerstoff	—	94	129	5	43
Stickstoff in organischer Verbindung	—	21	15	Sp.	13
Chlor	—	—	43	35	152
Schwefelsäure	1651	229	115	8	46
Eisenoxyd	111	—	—	—	—
Eisenoxydul	—	159	87	—	51
Kalk	269	82	108	36	77
Magnesia	61	—	—	—	—
Kali	72	—	—	—	—
Natron	554	—	—	—	—

H. Fleck[99]) fand im Abwasser einer Indigoküpenfärberei viel Zinkoxyd. Das Wasser der Mulde, welche die Abwässer einer grösseren Stadt aufgenommen hatte, enthielt vor (I) und hinter einem Dorfe (II) mit mehreren Färbereien (im Liter mg):

		I	II
Gelöst	Schwefelsaures Calcium	256	288
	Kohlensaures Calcium	53	26
	Kohlensaures Magnesium	79	78
	Kohlensaures Natrium	80	68
	Kochsalz	162	118
	Schwefelammonium	91	94
	Organische Substanzen	360	196
Suspendirt		18200	1270

Die schwebenden Stoffe hatten folgende procentische Zusammensetzung:

	I	II
Steinkohlenstaub und Faserstoffe	34,50	67,13
Sand und Phosphat	47,64	23,25
Schwefelkupfer	1,37	0,70
Schwefelzink	0,51	0,02
Schwefeleisen	15,95	8,41

99) 12. u. 13. Jahresbericht S. 14 u. 16.

Die Metallsalze der Färbereiabwässer waren somit durch die faulenden Stoffe bez. Schwefelammonium als Schlamm niedergeschlagen. In entsprechender Weise enthielt der Schlamm von den Böschungen des zu einem an Färbereien reichen Dorfe gehörigen Pleissenufers:

0,195	Proc.	Kupfer	sämmtlich als Schwefelverbindungen
0,018	-	Blei	
0,025	-	Arsenik	
7,730	-	Eisen	

ausserdem

2,870	-	Fett
0,220	-	Anilinviolett
88,942	-	Sand, Thon und Humussubstanzen.

Das Flusswasser selbst enthielt keine Farbstoffe und Metallsalze gelöst; in solchen Fällen sind somit auch die Schlammablagerungen zu berücksichtigen.

Die Abwässer der Färbereien, Bleichereien und Wäschereien von W. Spindler bei Berlin, täglich etwa 10000 cbm, werden in grossen Behältern gesammelt, mit Kalkmilch und Chlormagnesium versetzt, dann filtrirt.

Das Wasser einer Baumwollfärberei, täglich etwa 15000 cbm, wird in 3 verschiedene Behälter geleitet. Der eine derselben nimmt alle von der Krapp-, Garancine- oder Alizarinfärberei herrührenden Verunreinigungen auf. In den zweiten Behälter fliessen alle meist mit Farbstoffen geschwängerten Seifenflüssigkeiten. Derselbe ist in zwei Hälften getheilt, wovon jede etwa 120 cbm Flüssigkeit fasst. Die in der einen Hälfte eingelaufene Seifenflüssigkeit wird mit Chlorcalcium unter Zugabe von etwas Kalk versetzt, wodurch alle färbenden, fettigen und faserigen Substanzen niedergeschlagen werden. Über Nacht lässt man absitzen, um den andern Tag das Klare abzulassen, während der im Behälter zurückbleibende Niederschlag in ein hölzernes Fass gebracht und mit Salzsäure zersetzt wird. Der Gesammtinhalt des Fasses kommt sodann auf ein Flanellfilter; die ablaufende Chlorcalciumlösung wird wieder zum Niederschlagen einer neuen Menge Seifenflüssigkeit benutzt; die auf dem Filter zurückbleibende, fettige, schmutzige, gefärbte Masse aber wird in Fässer gefüllt und verkauft. Der dritte Behälter nimmt alle nicht für die beiden angeführten Behälter bestimmten Abflusswässer auf, Waschwässer, saure und alkalische, sowie die ausgebrauchten Holzflotten. Hier neutralisiren sich die Säuren und Alkalien gegenseitig, oder wird der Neutralisation nach Bedürfniss durch Zusatz von Salzsäure oder von Soda nachgeholfen. Gleichzeitig setzen sich die Farbstoffe vollständig zu Boden[100]).

[100]) Manufacturist 1877, 552.

E. Hankel[101]) hat einige Laboratoriumsversuche über die Klärung der Abfallwässer aus Färbereien angestellt; Absetzen durch Ruhe allein führt nicht zum Ziele, dagegen ist die Klärung mit Kalk befriedigend, indem meistens nach 24 Stunden eine genügende Klärung erreicht wurde. Als ein sehr geeignetes Klärungs- und Entfärbungsmittel erwies sich auch der Torf, indess bietet er den Übelstand, dass die Abfallwässer nur sehr langsam durch das Torffilter hindurchgehen.

Die Abwässer der Bleichereien bestehen hauptsächlich aus alkalischen und seifehaltigen Flüssigkeiten mit Chlorcalcium, schwefelsaurem Calcium und Spuren von Chlorkalk[102]). Fleck fand im Abwasser einer Bleicherei:

Fett (freie Fettsäure 15 mg) . .	28 mg
Natriumsulfat	363
Calciumsulfat	96
Chlornatrium	49

König (a. a. O. S. 500) fand:

Suspendirt	3036
Gelöst	4615
Darin Kalk	2510
Chlor	1553.

Papierfabriken.

Das bei der Verarbeitung von Hadern (Lumpen) fallende Abwasser kann unter Umständen Krankheitskeime (Milzbrand u. dgl.) enthalten.

Bei der Herstellung von Zellstoff aus Esparto entsteht sehr stark verunreinigtes Abwasser, wie nachfolgende Analysen der englischen Commission zeigen:

	Gelöst							Suspendirt	
	Organischer Kohlenstoff	Organischer Stickstoff	Ammoniak	Stickstoff als Nitrate und Nitrite	Gesammtstickstoff	Chlor	Gesammtgehalt	Gesammtgehalt	Darin organische Stoffe
Espartoflüssigkeit einer Papierfabrik	9388,4	770,4	11,2	0	779,6	—	40380	—	—
Der North Esk . . .	4,4	0,5	0,1	0	0,5	11	139	3	—
Ders., nachdem er 8 Papierfabriken berührt hat	10,8	1,0	0,1	0	1,0	19	198	169	117

[101]) Laboratoriumsversuche zur Klärung der Abwässer der Färbereien (Glauchau 1884).

[102]) Vgl. Fischer: Handbuch der chemischen Technologie S. 982.

Die damit verunreinigten Flüsse bedecken sich, namentlich unterhalb eines Wehres, oft mehrere Kilometer weit mit dichtem Schaum. Auch über das Abwasser von Strohstoff und Holzzellstoff wird geklagt[103]).

König (a. a. O. S. 289) theilt folgende Analysen mit:

1 Liter enthält	Suspendirt		Gelöst				
	Organische mg	Unorganische mg	Im Ganzen mg	Organische mg	Organ. Stickstoff mg	Kalk mg	Schwefelsäure mg
Strohpapierfabrik	668	189	8387	4671	90	—	—
desgl.	146	4	—	2267	79	973	—
desgl.	516	232	480	170	13	155	—
Holzpapierfabrik	192	201	688	257	—	160	169
desgl.	252	265	620	112	—	—	—
Strohpappen	322	781	—	258	36	—	—

Während diese Abwässer meist stark alkalisch reagiren, enthält das Abwasser beim Sulfitverfahren Calciumsulfit. Nach A. Frank enthalten die Kochlaugen im Liter mg:

Kalk	7400
Schwefelsäure	1200
Schwefligsäure	14740
Chlor	70
Phosphorsäure	50
Kieselsäure	150
Magnesia und Alkalien	400
Organische Stoffe	bis 60000

Die organischen Stoffe enthalten bis 2 Proc. Traubenzucker. Vielfach ist die Ableitung der Abwässer aus Sulfitstofffabriken in die Flüsse vollständig untersagt[104]).

Abgenutzte Bleichlaugen von Papierfabriken enthielten nach Karmrodt[105]):

	I	II	III
Freie Salzsäure	57600	53750	50700
Eisenchlorid	46500	40300	37950
Manganchlorid	142500	76900	78200
Chlor	21300	Wenig	Wenig
Chlorcalcium	Wenig	6650	7760

103) Corresp. d. niederrhein. Ver. f. öff. G. 1873, 110.

104) Papierztg. 1883, 1634; Österr. Sanit.-Beamte 1888, 12; Zft. f. angew. Chem. 1890 S. 503.

105) Z. landw. Ver. Rheinpr. 1861, 387.

Das Abwasser der verschiedenen Papierfabriken ist somit ungemein verschieden zusammengesetzt, je nachdem Hadern oder Zellstoff aus Holz mit Natron oder Schwefligsäure gewonnen wird[106]). Die mit Natron arbeitenden Fabriken verdampfen meist die Kochlauge zur Wiedergewinnung des Natrons.

Ungereinigtes Abwasser kann recht lästig werden. Der Forellenbach bei Hillegossen enthielt z. B. vor und nach dem Einfluss der ungereinigten Abwässer einer Lumpen und Holz verarbeitenden Papierfabrik nach König:

	Suspendirte Stoffe		Gelöste Stoffe				
	Organische	Unorganische	Im Ganzen	Organische	Kalk	Schwefelsäure	Chlor
Oberhalb der Fabrik	0	0	376	35	147	96	12
Unterhalb der Fabrik . . .	70	95	554	179	152	119	16

Fleck (Bericht 1884, 17) fand in dem Abwasser einer Strohstofffabrik auch Gallussäure und Humusverbindungen. Muldewasser enthielt vor (I) und nach Aufnahme (II) dieses Abwassers:

	I	II
Organische Substanz	15	57 mg
Schwefelsaures Calcium . . .	27	189
Kohlensaures - . . .	—	49
Kohlensaures Magnesium . . .	10	21
Salpetersaures - . . .	3	11
Kohlensaures Natrium	—	198
Kieselsaures -	—	57
Chlornatrium	—	261
Kohlensaures Ammonium . . .	Spur	42

Der Bericht des sächsischen Ministeriums des Innern vom 30. April 1881[107]) bemerkt:

„Die in den Abgangswässern schwimmenden Papierstofffasern können, namentlich wenn sie in wasserarme Flüsse gelangen, schon dadurch, dass sie das Wasser trüben, die Verwendbarkeit desselben beeinträchtigen; überdies können

[106]) Vgl. Ferd. Fischer: Handbuch der chemischen Technologie (1889) S. 1038; Hannov. land.- u. forstwirthsch. Ztg. 1884, 393.

[107]) Civiling. 1883, 226.

sie, indem sie der allmählichen Zersetzung unterliegen, die Entwickelung pflanzlicher und thierischer Organismen (Pilze, Vibrionen u. s. w.) begünstigen und erscheint es sonach unzweifelhaft geboten, die thunlichste Entfernung derselben aus den Abflüssen der Fabriken anzustreben. Vornehmlich aber ertheilen die stark gefärbten, zur Schaumbildung geneigten, der Fäulniss rasch unterliegenden Flüssigkeiten, welche aus den Stroh- und Lumpenkochern hervorgehen, den Effluvien der Papierfabriken den Charakter der Widerwärtigkeit und ihr hoher Gehalt an unorganischen und organischen, theils gelösten, theils in Suspension befindlichen Stoffen verunreinigt die Flüsse, in welche sich solche Abfallwässer ergiessen, oft auf weite Strecken in empfindlichster Weise.

Als eine weitere Hauptquelle der Verunreinigung der Flusswässer wurden die aus den Strohkochern hervorgehenden, an aufgelösten organischen Substanzen und an Natron reichen Laugen bezeichnet. Es gelingt nicht, die gelösten Substanzen annähernd vollständig durch Fällungsmittel niederzuschlagen, doch erhält man durch Verdampfen der Lauge und Calciniren des Verdampfungsrückstandes eine Masse, die sich in Folge ihres beträchtlichen Gehaltes an Soda gut verwenden lässt und deren Werth von den Herstellungskosten je nach Umständen nicht erreicht oder nicht wesentlich überschritten wird. Zwar hatte man mit dem Übelstande zu kämpfen, dass sich bei der Calcination, beziehentlich während des letzten Verglimmens der beigemengten organischen Substanzen äusserst übelriechende, giftige, die Nachbarschaft arg belästigende Gase entwickelten, doch ist durch den von Siemens construirten Verdampfungs- und Calcinirofen, wie er gegenwärtig in der Thode'schen Fabrik in Hainsberg functionirt, auch diese Schwierigkeit vollständig überwunden worden. Allerdings wird sich die Herstellung der ziemlich kostspieligen Siemens'schen Verdampfungsanlage nur da empfehlen, wo die Strohstoffkocherei in ausgedehnterem Maasse betrieben wird. . . .

Da die aus den Lumpenkochern kommenden, mit allerhand Schmutzstoffen beladenen Laugen einen verwerthbaren Verdampfungsrückstand nicht liefern, erscheint ihre Verdampfung schwer ausführbar. Beim ruhigen Stehen klären sie sich schwer und behalten ihre dunkle Farbe, doch hat sich ein Mitglied der technischen Deputation durch directe Versuche überzeugt, dass nach Zusatz geringer Mengen von Kalkwasser und verschiedenen Salzlösungen unter Abscheidung gefärbter Niederschläge rasch eine Klärung und mehr oder minder vollständige Entfärbung der Flüssigkeiten eintritt. Als Salzlösungen dienten bei den Versuchen Chlormagnesiumlösung, sowie auch die in den Chlorentwickelungsgefässen rückständig bleibende Manganlösung. Hiernach ist zu erwarten, dass die in Klärbassins angesammelten Laugen durch Zusatz geeigneter Salzlösungen, eventuell unter gleichzeitiger Zufügung von Kalkmilch, unter allen Umständen eine wesentliche Verbesserung ihrer Beschaffenheit erfahren können.

Da indessen der Gehalt der in Rede stehenden Laugen je nach dem beim Kochen der Lumpen in Anwendung gebrachten Verfahren wesentlich variiren muss, so kann das in Anwendung zu bringende Fällungsmittel weder der Qualität noch der Quantität nach ein für allemal festgestellt werden, vielmehr wird der Versuch im concreten Falle entscheiden müssen."

Der Bericht der preussischen Gewerberäthe für 1887 enthält u. A. folgende Mittheilung:

„Im Aufsichtsbezirk Trier-Aachen beschwerte man sich in einer Stadt, durch deren Strassen ein aus einem Gebirgsfluss abgeleiteter Mühlgraben mit ziemlich starkem Gefälle fliesst, dessen Wasser wesentlich zum Spülen der Rinnsteine benutzt wird, darüber, dass dasselbe durch oberhalb der Stadt gelegene Papierfabriken und Kunstbleichen, deren Wasserräder durch den erwähnten Mühlgraben getrieben werden, stark verunreinigt werde. Die genaue Besichtigung ergab, dass allerdings durch die neun oberhalb der Stadt gelegenen, theilweise recht bedeutenden Fabriken jährlich eine ziemlich grosse Menge von festen und flüssigen Abgängen in den Graben geführt wird. Nach sorgfältig angestellter Berechnung waren dies

12 550 hk	Abgänge von Lumpen, Stroh u. s. w.,
510 -	erdige Farbstoffe,
350 -	Ätzkalk,
4 388 -	Soda,
2 500 -	Manganchlorürlauge,

ausserdem die löslichen Theile von 6 000 hk Chlorkalk. Es stellte sich indess heraus, dass sich die festen Stoffe auf dem weiten Wege von über 8 km von der obersten Fabrik an bis zur Stadt grösstentheils niederschlagen und durch eine zweimal im Jahr regelmässig vorgenommene, sorgfältige Reinigung des Mühlgrabens entfernt werden, anderntheils aber auch selbst die flüssigen Abgänge, Manganchlorürlauge, Soda und dünne Chlorkalklösungen, durch ihre chemischen Wechselwirkungen den schädlichen Einfluss zum Theil aufhoben. In Folge dessen war das Wasser des Mühlgrabens bei dem Eintritt in die Stadt fast klar und konnte, zumal es mit gutem Gefälle fliesst, als zur Rinnsteinspülung völlig geeignet angesehen werden. Dagegen fand sich bei weiterer Untersuchung, dass die Quellen der Verunreinigungen in der Stadt selbst, namentlich in den Abgangwässern einer ganzen Anzahl erst in jüngster Zeit ohne die gesetzlich vorgeschriebene Genehmigung errichteter Schlächtereien zu suchen waren."

Nach dem Bericht für 1889 sollten Holzstofffabriken für je 500 hk trocknen Rohstoff jährlicher Production mindestens 30 cbm Absatzbehälterraum haben. Die Siebe der Stofffänger sollten mindestens 300 Öffnungen auf 1 qc haben, wobei aber noch viel feiner Holzstoff hindurchgeht, welcher dann noch in den Klärbehältern gesammelt werden muss. Die Schuricht'schen Filter sind zweckmässig[108]), wenn auch nicht völlig genügend; der gewonnene Stoff deckt die Kosten dieser Reinigung. Sehr belästigend sind die Abwässer der Cellulosefabriken; das einzige Mittel, dieselben hinreichend unschädlich zu machen, ist die Ableitung in einen stets wasserreichen Fluss. Von Räther wurden 2 Strohpapierfabriken veranlasst, ihre Abwässer zu reinigen. Die eine hat in zwei Reihen je 10 Gruben

108) Vgl. Fischer's Jahresb. 1883, 1187.

von 2,62 m im Geviert und etwa 1 m Tiefe; das darin vorgeklärte Wasser dient zur Berieselung. Die zweite hat 11 Gruben von je 3 m Breite, 4 m Länge und 1 m Tiefe; das Wasser wird nicht völlig geklärt. —

Das Abwasser der Strohpapierfabrik von Drewsen[109]) wird vortheilhaft zur Berieselung angewendet. Das Abwasser einer Strohpapierfabrik zu Münster, täglich etwa 300 cbm, gelangt nach König[110]) unter Zusatz von Kalkwasser in Klärteiche und fliesst dann über eine 7,5 a grosse Wiese; Analysen ergaben im Durchschnitt:

1 Liter Wasser enthält		Direct aus der Strohpapierfabrik abfliessendes Wasser mg	Aus den Klärteichen abfliessendes Wasser, auffliessend für die Wiese mg	Von der Wiese abfliessend mg
Suspendirte Schlammstoffe		1464	976	611
Zur Oxydation der gelösten organischen Stoffe erforderlicher Sauerstoff . .		1134	677	433
Sauerstoff	cc	4	2	3
Kohlensäure	mg	125	443	582
Kalk	-	973	729	650
Kali	-	93	113	109
Salpetersäure	-	32	17	12
Stickstoff in Form von Ammoniak	-	4	3	3
Organisch gebundener Stickstoff	-	79	54	36
Phosphorsäure	-	9	2	1

Reinigungsverfahren englischer Papierfabriken beschreibt Wolff[111]).

Die Reinigung der Abwässer aus Fabriken vom braunen Holzstoff ist besonders im Sommer schwierig[112]). Bei Anfertigung von braunem Holzschliff laufen die Koch- und Waschwässer in Klärbehälter, in welchen sich die mechanisch beigemengten Stoffe absetzen, die durch das Dämpfen des Holzes gelösten Stoffe bleiben in Lösung, durchdringen das Erdreich in der Umgebung der Fabrik und gelangen ebenso leicht in das Flusswasser wie in die Brunnen. Sind diese Extractstoffe einige Zeit der Luft ausgesetzt, so erleiden sie durch den Sauerstoff eine Umsetzung; ein Theil geht in schwer löslichen Humus über, und ein anderer Theil löst sich in kaltem Wasser, scheidet sich aber bei wärmerer Temperatur wieder aus. Im Frühjahr, wenn ausserhalb der Fabrik das Wasser noch kalt ist, bleiben

[109]) Hannov. land- u. forstwirthsch. Ztg. 1881, 465.

[110]) Landw. Jahrb. 1885, 234.

[111]) Eulenberg's Vierteljahrsschr. 39 Hft. 1 u. 2.

[112]) Papierztg. 1889, 1286 u. 1336.

diese Stoffe gelöst, scheiden sich aber, wenn das Wasser in der Fabrik wärmer (etwa 8 bis 12⁰) wird, auf den Röhren und Gefässen in Form eines schleimigen Überzugs ab. Wenn die Witterung auch aussen wärmer wird, erfolgt die Abscheidung auch ausserhalb, wie man an vorhandenen Klärvorrichtungen sehen kann. Die Annahme, dass der schleimige Überzug aus Harz bestehe, trifft nicht zu; Harz kann nur in geringen Mengen darin sein und würde sich auch mit den unlöslichen Stoffen abscheiden. Wenn die Erscheinung im Sommer an den Apparaten vorkommt, können sich auch fein vertheilte Algen an den Wandungen abscheiden. Die Erscheinung wird dort, wo sie einmal auftrat, von Jahr zu Jahr stärker, da das ganze Erdreich von den Stoffen durchdrungen wird. Man kann den Missstand vermindern, wenn man das Abwasser zuerst mit etwas Kalkmilch versetzt, um die organischen Säuren zu beseitigen, und später mit etwas Alaun zur Abscheidung der Humusstoffe und des etwa in Lösung gegangenen Harzes. Die hauptsächlichsten Stoffe aber, welche sich erst unter Einwirkung der Luft bilden, lassen sich nicht entfernen, werden vielmehr nur durch die Umsetzung entfernt, welche fliessendes Wasser durch die Luft erfährt, die man aber in der Fabrik nur durch Eindampfen und Verbrennen des Rückstandes erzielen könnte. Wenn Klärbehälter vorhanden sind, ist zu versuchen, die Reinigung dort vorzunehmen; die abgeschiedenen Stoffe werden sich alsdann in grossen Flocken mit dem braunen Holzstoff vermischen und den schleimigen Ansatz an den Apparaten vermindern.

Fizzia[113]) empfiehlt, das Abwasser der Cellulosefabrik in Rattimau nach dem Verfahren von Wohanka & Co. zu reinigen. Dasselbe besteht in einer Entfernung der mechanischen und chemischen Verunreinigungen durch Eisenoxydhydrat, Kammersäure, verdünnte Wasserglaslösung und darauf folgenden Zusatz von Kalkmilch, Absetzenlassen, worauf eine Nachreinigung der geklärten Wässer dadurch ausgeführt wird, dass aus dem Rauchkanale Essengase angesaugt und in die vorgereinigten Abwässer gedrückt werden. Endlich ist nochmals Kalkzusatz zu geben.

Die beim Sulfitverfahren erhaltenen Abwässer fällt A. Frank mit Kalkmilch, um Calciummonosulfit zu gewinnen und saugt durch die geklärte Lauge Schornsteingase, um noch gelöstes Sulfit zu Sulfat zu oxydiren und überschüssigen Kalk als Carbonat zu fällen. Das Verfahren wird gelobt[114]).

[113]) Österr. Med. Beamte 2, 102.

[114]) Vgl. Fischer's Jahresb. 1887, 1177.

5. Reinigung des für häusliche und gewerbliche Zwecke bestimmten Wassers.

Das in der Natur vorkommende Wasser der Quellen (S. 8), Brunnen (S. 12) und Flüsse (S. 24) enthält oft Stoffe, welche seine Verwendung für häusliche und gewerbliche Zwecke erschweren oder sogar unmöglich machen, welche daher vor seiner Verwendung abzuscheiden sind.

Reines Wasser erhält man nur durch Destillation[1]), welche aber fast nur für Laboratorien und Schiffe in Frage kommt.

Sehr oft enthält das Brunnen- bez. Grundwasser Eisencarbonat

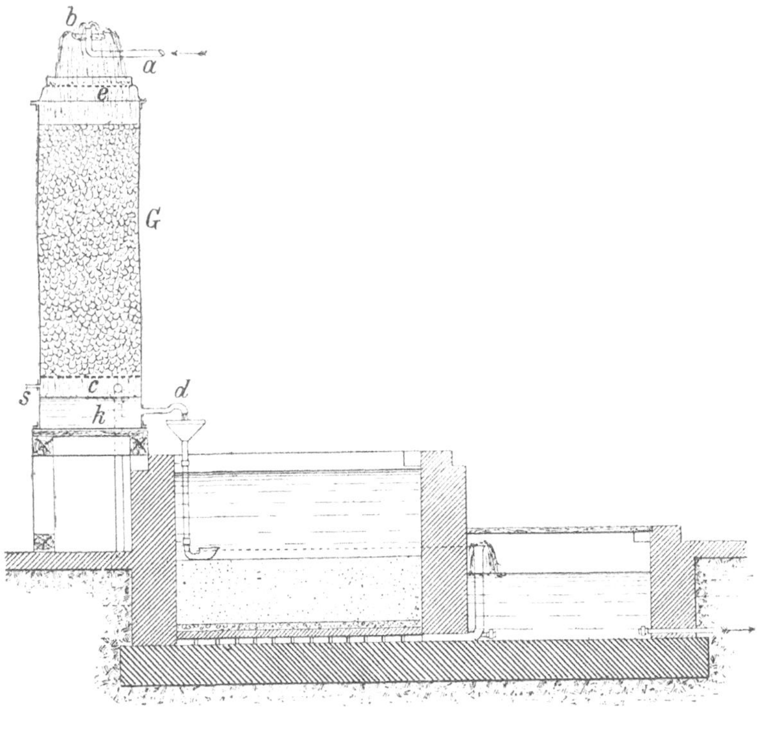

Fig. 18.

gelöst, welches beim Stehen an der Luft als Ferrihydrat ausfällt und das Wasser besonders für den Hausgebrauch (S. 38), Bleichereien (S. 47), Papierfabriken (S. 49), Gährungsgewerbe (S. 44) u. s. w.

1) Vgl. Ferd. Fischer: Chemische Technologie des Wassers (Braunschweig 1878) S. 200.

unbrauchbar macht. Um solches Wasser für die Wasserversorgung von Städten u. dgl. verwendbar zu machen, empfiehlt C. Piefke[2]), dasselbe der atmosphärischen Luft auszusetzen, dann zu filtriren. Das durch Rohr *a* (Fig. 18) zugeführte Wasser fliesst in eine Schale *b*, fällt von hier glockenförmig ausgebreitet auf die gelochte Platte *e*, welche es gleichmässig auf die Koksfüllung des Cylinders *G* vertheilt. Die 1,5 bis 2 m hohe Koksstückenschicht ruht auf dem Siebboden *c*. Das der bei *s* eintretenden atmosphärischen Luft entgegenrieselnde Wasser sammelt sich in der Abtheilung *k* und fliesst durch Rohr *d* auf ein Sandfilter. Das Ferrocarbonat verliert die Kohlensäure und wird als Ferrihydrat ausgeschieden.

Versuche mit Brunnenwasser (I) ergaben am Ausfluss des Lüfters *G* (II) und am Ausfluss des Filters (III) folgende Gehalte:

	Das Wasser enthielt mg im Liter		Für 1 qm Grundfläche des Lüfters stündlich verrieselte Wassermenge	Zeit, in welcher das Wasser den Lüfter durchströmte	Für 1 qm Filterfläche stündlich abfiltrirte Wassermenge
	Eisenoxydul	freie Kohlensäure	*l*	Secunden	*l*
I	2,17	29,0			
II	0,26	17,0	2300	30	500
III	0,10	11,0			
I	1,82	25,0			
II	0,30	13,0	2300	30	500
III	0,15	8,0			
I	2,88	42,0			
II	0,60	18,0	7000	13	600
III	0,20	12,0			
I	2,94	49,0			
II	0,50	30,0	6000	15	600
III	0,15	12,5			

Die Filtrate waren tadellos und dauernd klar.

Fällung. Die Reinigung des für Städte u. dgl. bestimmten Wassers durch Fällungsmittel hat nur dann praktische Bedeutung, wenn das Wasser viel Calcium- bez. Magnesiumbicarbonate enthält, so dass durch Zusatz von Kalkwasser die Härte wesentlich vermindert wird[3]), ohne andere Stoffe dafür hineinzubringen; etwaige Krankheitskeime werden dadurch selbstverständlich nicht beseitigt. Wo die Bleiröhren von freie Kohlensäure enthaltendem Wasser angegriffen werden, da empfiehlt sich die Verwendung von kohlensaurem Kalk[4]).

[2]) Zft. f. angew. Chem. 1890, 712; 1891, 250.

[3]) Vgl. Ferd. Fischer: Chemische Technologie des Wassers S. 198.

[4]) Fischer's Jahresb. 1887, 1127; 1888, 570.

Für die verschiedenen technischen Zwecke, für Dampfkesselspeisewasser (S. 41), Wäschereien u. dgl. kommt besonders die sog. Härte in Frage, d. h. die Bicarbonate von Calcium und Magnesium, schwefelsaures Calcium und Chlormagnesium. Die Bicarbonate werden durch Erwärmen oder Kalkmilch gefällt; die bleibende Härte wird am besten durch Soda entfernt:

$$Ca\,SO_4 + Na_2\,CO_3 = Na_2\,SO_4 + Ca\,CO_3$$

wie Verf. ausführlich gezeigt hat[5]). Besonders ist trotz aller sog. chemischen Gutachten[6]) vor allen sog. Kesselsteinmitteln zu warnen.

Filtration. Der Gebrauch, trübes Wasser zu filtriren, also die suspendirten Stoffe zu entfernen, in der irrigen Meinung, dass klares Wasser nun auch unschädlich sei, ist längst bekannt. Die Filter der Alten bestanden aus künstlichen Steinen, Muscheln u. s. w. Plinius erwähnt Becher, in denen das Wasser durch Wolle filtrirt wurde, und Avicenna lässt das Wasser mehrmals aus einem Gefäss in das andere durch Wolle hinüberleiten, um es dadurch zu reinigen.

Ganz besonders zahlreich sind die in den letzten 50 Jahren vorgeschlagenen Filtrirvorrichtungen zur Reinigung und Klärung von Wasser für den Hausgebrauch, für Schiffe, auf Reisen u. s. w. Man lässt das Wasser durch die verschiedensten thierischen und pflanzlichen Stoffe, durch Kohle, Eisen, Steine, Sand u. dgl., von oben nach unten hindurchfliessen oder von unten nach oben darin aufsteigen, oder aber man presst das Wasser durch die filtrirenden Stoffe hindurch. Von der näheren Besprechung dieser Filter[7]) kann hier um so mehr abgesehen werden, als ihre Wirkung keineswegs den gemachten Versprechungen genügt[8]). Von neueren Versuchen möge der von Link[9]) erwähnt werden. Derselbe stellte vergleichende Versuche an mit dem Filter von Piefke, welcher Cellulose in Wasser vertheilt auf die Siebböden der Filterkammern bringt. Selbst ein neues Filter beseitigte

---

5) Ferd. Fischer: Chemische Technologie des Wassers S. 208 bis 279 (S. 279, Z. 2 v. o. muss es heissen 80 g Schwefelsäure statt 40 g); inzwischen ist aber Soda so billig geworden, dass diese allen anderen Stoffen vorzuziehen ist. Vgl. Fischer's Jahresb. 1880, 730; 1881, 852; 1882, 949; 1883, 1024; 1884, 1081; 1885, 941; 1886, 881; 1887, 1131; 1888, 572 u. 831; 1889, 532; 1890, 578.

6) Fischer's Jahresb. 1881, 852; 1882, 950; 1883, 1030.

7) Ferd. Fischer: Chemische Technologie des Wassers S. 148; Dingl. 228, 421; Fischer's Jahresb. 1880, 732; 1881, 851; 1882, 949; 1883, 1023; 1884, 1077; 1885, 939; 1886, 877; 1888, 571; 1889, 520 u. 532; 1890, 579.

8) Fischer: Chemische Technologie des Wassers S. 194.

9) Archiv d. Pharm. 224, 392; Fischer's Jahresb. 1886, 877.

die Trübung nur theilweise, die Mikroorganismen gar nicht. Dann wurden Wasserproben untersucht, welche durch einen im praktischen Gebrauch befindlichen Apparat filtrirt worden waren. Das nicht filtrirte Teichwasser war milchig getrübt und enthielt zahlreiche Algen. In dem filtrirten Wasser war eine Abnahme dieser Trübungen nicht zu bemerken. Die chemische und bakterioskopische Untersuchung beider Wasserproben ergab:

	mg im Liter					Zur Entwicklung gelangte Mikroorganismen in 1 cc Wasser
	Reducirtes Kalium-permanganat	Salpetersäure	Salpetrigsäure	Ammoniak	Chlor	
Nicht filtrirtes Wasser . .	34,8	0	0	Spur	35,5	220
Filtrirtes Wasser	35,8	0	0	Spur	35,5	1170
Nicht filtrirtes Wasser . .	45,9	0	0	Spur	29,1	820
Filtrirtes Wasser	46,1	0	0	Spur	29,1	5150

Ferner gab nach Plagge ein Wasser vor dem Filtriren 2800, nach dem Filtriren durch Knochenkohle 7000 Colonien, ferner vor dem Filtriren 38000, nach dem Filtriren durch Eisenschwamm 18 bis 24000 Colonien.

Besonders ist hervorzuheben, dass die angeblich „keimdichten Filter“ von Breyer[10]) aus Asbest und von Pasteur und Chamberland[11]) praktisch unbrauchbar sind.

Kübler[12]) zeigt von letzterem, dass es zu wenig filtrirtes Wasser liefert und dieses nur einige Tage keimfrei, wie unter andern folgende 6 Tage dauernde Versuchsreihe mit ununterbrochener Filtration zeigt:

Tage	Menge des Filtrats	Anzahl der Bakterien in 3 Tropfen	
		unfiltrirt	filtrirt
1	10 Liter	6930	0
2	11	5280	0
3	7	5670	0
4	6	8400	12
5	7,5	6000	1370
6	6	∞	∞

10) Fr. Breyer: Der Mikromembranfilter. Ein neues technisches Hilfsmittel zur Gewinnung von pilzfreiem Wasser (Wien 1885).

11) Fischer's Jahresb. 1885, 940; vgl. 1886, 878.

12) Zft. f. Hyg. 8, 48.

Obgleich somit stündlich nur 350 cc filtrirten, enthielt das Filtrat nach 6 Tagen schon unzählig viel Bakterien.

Wichtig für viele Städte ist die Sandfiltration. Die Einrichtung der Filteranlagen bis 1878 hat Verf. früher[13]) besprochen. Hier möge daher nur die bedeutendste Anlage Deutschlands, die für Berlin, in ihrem heutigen Zustande, nach den Angaben des Ingenieurs derselben, C. Piefke[14]), besprochen werden, da sich an diese die zweifellos sorgfältigsten Versuche und Beobachtungen über die Wirkung der Sandfiltration knüpfen, welche bisher gemacht sind.

Das alte Berliner Wasserwerk am Stralauer Thore hat seit dem Jahre 1873 eine Filterfläche von 37067 qm und ist in 11 Abtheilungen zerlegt. Die Anlage ist für höchstens 60000 cbm täglich berechnet, hat aber an einzelnen Tagen schon 80000 cbm Wasser liefern müssen. Drei Filter von zusammen 9000 qm Fläche sind frostsicher überwölbt.

Für die Herstellung der Umfassungs- bez. Scheidemauern sind hartgebrannte Ziegelsteine den Bruchsteinen vorzuziehen. Hinter den Umfassungsmauern und unter der aus Beton hergestellten Sohle der Filter ist ein sorgfältig hergestellter Thonschlag von etwa 0,3 m Dicke angebracht, wie in Fig. 19 bis 21 angedeutet ist. Die überdeckten Filter (Fig. 21) sind mit Lichtschächten versehen, welche jedoch im Winter mit Holzdeckeln bedeckt werden müssen.

Die Filterschichten haben folgende Zusammensetzung:

feiner scharfer Sand . .	559 mm
grober Sand	51
feiner Kies	152
mittlerer Kies	127
grober Kies	76
kleine Feldsteine . . .	102
grosse Feldsteine . . .	305
	1372 mm

Als Sammler für das filtrirte Wasser dient ein über der Sohle aufgemauerter Kanal, der sich über die ganze Länge des Filters von einer Stirnmauer bis zur gegenüberliegenden erstreckt (s. Längsschnitt, Fig. 19). Der Kanal ist oben durch ein wasserdichtes, halbkreisförmiges Gewölbe geschlossen; seine Höhe und Breite sind einander gleich und so bemessen, dass der Querschnitt ein Rohr von 0,61 m aufnehmen kann. (Vgl. Querschnitt, Fig. 20.) Die Wangen des Kanales haben auf beiden Seiten am Grunde, wo sie auf der Sohle auf-

---

13) Fischer: Chemische Technologie des Wassers (Braunschweig 1878) S. 164 bis 190.

14) Zft. f. Hygiene 8, Sonderabdr.

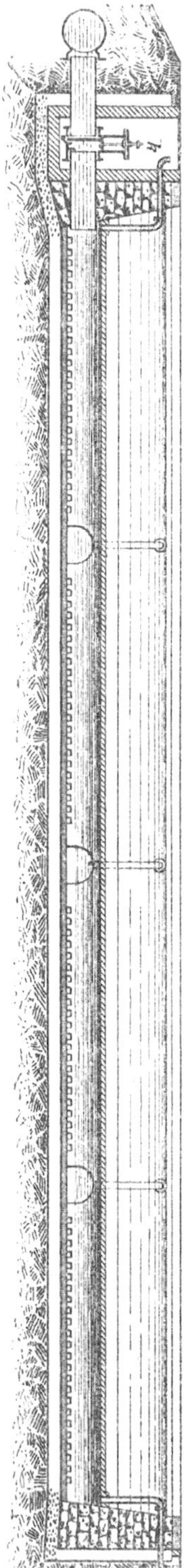

Fig. 19.

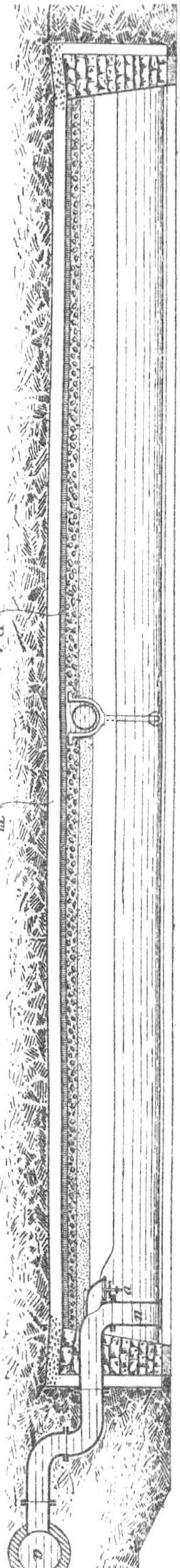

Fig. 20.

stehen, zahlreiche Öffnungen, welche das filtrirte Wasser einlassen. Die Öffnungen sind hergestellt durch Auslassen einzelner Steine in der untersten Ziegelschicht. Bei Filtern, deren Grundrissform mehr quadratisch als länglich ist, werden gewöhnlich noch mehrere kleinere, vom Hauptkanal rechtwinklig abzweigende Seitenkanäle angeordnet (vgl. Fig. 19).

Am Ende eines jeden Kanales ist auf den Scheitel ein 10 cm weites Rohr aufgesetzt und nach oben bis über die Wasserfläche in den Luftraum hinein verlängert (s. Fig. 19). Die Ausmündung in's Freie ist gegen Verstopfung durch ein Gitter geschützt. Ohne eine solche Einrichtung würde die Luft, welche nach dem Entleeren eines Filters die Kanäle ausfüllt, beim Wiedereindringen des Wassers nicht vollständig entweichen können, sondern zum grossen Theil darin stehen bleiben, was in seiner Wirkung einer bedeutenden Verengung des Kanales gleich käme und unter Umständen Störungen hervorrufen könnte.

Fig. 21.

Wo der Hauptkanal die Stirnwand trifft, durch welche das filtrirte Wasser das Filter verlassen soll, ist sie durchbrochen und durch die Durchbruchsstelle ein 61 cm weites Rohr geschoben (s. Fig. 19 und 24). Dasselbe schliesst sich genau an den Sammler an und leitet das filtrirte Wasser in einen nach dem Reinwasserbehälter führenden Rohrstrang über. Um die Verbindung des Filters und des Reinwasserbehälters nach Belieben aufheben und wieder herstellen zu können, ist in das Rohr ein Keilschieber *k* eingeschaltet.

Bei der Zuführung des Wassers ist darauf zu achten, dass kein Strom entsteht, der im Stande ist, den Sand von seiner Lagerstelle fortzuspülen und etwa ja den Kies freizulegen. Deshalb ist das Zuführungsrohr, nachdem es durch die Stirnwand hindurchgeführt worden, knieförmig umgebogen und seine Mündung nach oben gerichtet (Fig. 23). Die freie Ausmündung liegt in gleicher Höhe mit der Oberfläche der Sandschicht, deren unmittelbar benachbarte Theile mit einer breiten Lage Bretter bedeckt sind, über welchen das heftig wirbelnde Wasser zur Ruhe kommt, ehe es sich weiter über die Sandfläche ausbreitet. Ein in das Zuführungsrohr *l* eingesetzter, durch einen Einsteigeschacht zugänglicher Schieber *t* regelt die zufliessende Wassermenge und sperrt erforderlichenfalls den Zufluss ganz ab.

Da es nicht immer gelingt, den Schieber *t* so zu stellen, dass er genau ebensoviel Wasser zuführt, als durch den Reinwasserschieber *k* abfliesst, so ist der Wasserspiegel im Filter mancherlei Schwankungen ausgesetzt. Dem Überfliessen des Wassers über den Rand des Filters wird vorgebeugt durch einen sog. Überlauf, ein ziemlich weites, oben offenes Rohr *u* (Fig. 20), welches bis zu dem Stande reicht, welcher vom Wasser nicht überschritten werden darf. Unten steht

Fig. 22.

es mit einem tiefliegenden ausserhalb des Filters vorbeiziehenden Abflusskanal *a* durch ein Knierohr in Verbindung.

Das Sandfilter muss entleert werden, wenn in Folge zu grosser Schlammansammlung an der Oberfläche des Sandes die Durchlässigkeit des letzteren so stark vermindert ist, dass das Filter weit hinter

Fig. 23.

seiner Normalleistung zurückbleibt. Das Ablassen des über dem Sande stehenden Wassers wird vollzogen mit Hilfe eines am Überlauf sitzenden Tellerventils *v*. Die freizulegende Öffnung befindet sich in einiger Tiefe unter der Sandoberfläche. Das Ablaufen des Wassers wird dadurch erleichtert, dass man der Oberfläche des Sandes nach der Abflussstelle zu einige Neigung gibt. Zum Ablassen des letzten Wassers dient der sog. Sandhahn (Fig. 22 und 24).

Die Reinigung eines Filters besteht im Abschippen der auf der Oberfläche des Sandes angesammelten Schmutzschicht. In den wärmeren Jahreszeiten sind es vorzugsweise nadel- und schuppenförmige Algen, welche das Filter schnell undurchdringlich oder „todt" machen, wie der Ausdruck lautet. Sie kommen im unfiltrirten Spreewasser in solchen Massen vor, dass dieses in langen Schauröhren seine Durchsichtigkeit vollständig einbüsst. Die Algen legen sich auf der Sandoberfläche zu einem zarten Häutchen zusammen, dessen Dichtigkeit wahrscheinlich durch Wachsthum noch befördert wird, und verkürzen nicht selten die Perioden in unerträglicher Weise. Im Sommer 1889 arbeiteten die Filter des Stralauer Werkes bisweilen nur 5 Tage lang bei einer durchschnittlichen stündlichen Filtrationsgeschwindigkeit von 50 bis 60 mm. Nach dem Ablassen fand man eine nicht mehr als papierdicke Lage von Algen über das Filter ausgebreitet. Im Herbst und Winter sind die abfiltrirten Stoffe mehr schlammiger

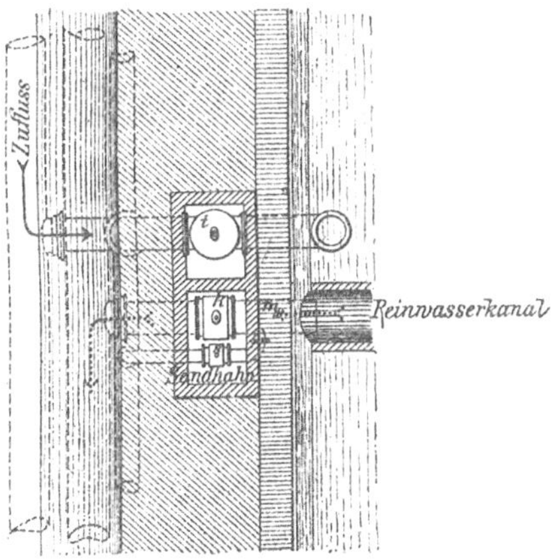

Fig. 24.

Natur; die Perioden werden viel länger und die Schmutzansammlungen fallen bedeutender aus. Für die Reinigung bleibt sich das im Ganzen gleich, jedenfalls muss die den Sand verlegende Schicht vollständig abgeräumt werden; ausserdem auch noch die ganze obere Partie des Sandes, soweit dieselbe dem Auge von Schmutz durchdrungen erscheint, herauszunehmen, ist unzweckmässig, da nach Piefke's Beobachtungen ein Filter fast ebenso leicht weiter arbeitet, wenn man von der Sandschicht nur 10 oder 15 mm abnimmt, statt der 30 oder 40, die im Ganzen etwa schmutzig gefärbt erscheinen. Ausserdem würde man den über die Wirkungsweise eines Filters (S. 242) ausgesprochenen Ansichten zuwiderhandeln, wenn man die verdichteten oberen Theile, denen grade das stärkste Filtrationsvermögen innewohnt, jedes Mal beim Reinigen entfernen wollte. Abgesehen von den schädlichen Folgen, die ein solches Verfahren für die Filtration mit sich brächte, würden daraus noch sehr erhebliche und unnütz vergeudete Mehrkosten entspringen, weil unverhältnissmässig grössere Sandmassen, als thatsächlich geboten, aus dem Filter herauszuschaffen wären.

An dieser Reinigung ist zu tadeln, dass bei ihrer Ausführung die Sandkörner in eine zu grosse Bewegung gerathen. Der freigelegte Sand gibt unter den Füssen der Arbeiter nach, es entstehen Unebenheiten, welche wieder ausgeglichen werden müssen, und einzelne Reste des Schlammes werden durch die Schaufeln verschmiert. Die unvermeidliche Reibung der Sandkörner unter einander verletzt die gelatinösen Hüllen, mit denen sich dieselben allmählich umgeben, und in denen zahlreiche Bakterien ansässig sind. Viele davon verlieren ihren Halt und lösen sich los oder werden so gelockert, dass sie vom Wasserstrom leicht erfasst und hinweggeführt werden. Die beobachtete Zunahme der Mikroorganismen im filtrirten Wasser nach vollzogener Reinigung des Filters ist zum Theil mit auf diesen Umstand zurückzuführen (vgl. S. 243).

Beim Anfüllen des gereinigten Filters beginnt man damit, dass man den Reinwasserschieber ein wenig öffnet und filtrirtes Wasser im langsamen Strome in das Filter zurückfliessen lässt, bis nicht allein das Porenvolumen der Kiese und Sande ausgefüllt, sondern auch die Oberfläche der Sandschicht noch 20 bis 30 cm hoch bedeckt ist; man nennt dieses das Anlassen. Unfiltrirtes Wasser darf man dazu nicht verwenden, weil es in unreinem Zustande in den Reinwasserbehälter übergehen und sowohl dort wie in den tiefen Schichten des Filters mancherlei Unreinigkeiten zurücklassen würde. Nach und nach würden die grobporigen Schichten, da sie niemals oder höchstens nach sehr langen, viele Jahre umfassenden Zeiträumen gereinigt werden, sich in einen wahren Stapelplatz für Schmutz verwandeln. Beim Anlassen der Filter hat man ferner die Vorsicht zu gebrauchen, dass der vom Wasser nach oben verdrängten Luft Zeit zum ruhigen Entweichen bleibt. Verfährt man dabei zu eilig, so geräth die Luft unter stärkere Pressung, vermöge deren sie den Sand an den Stellen, wo er weniger widerstandsfähig ist, durchbricht und kleine Krater aufwirft. Dass die dadurch hervorgerufenen Unebenheiten die Reinigung erschweren, ist von untergeordneter Bedeutung, wohl aber verrathen sie nachträglich durch das tiefe Eindringen von Schmutz, dass überall da, wo sie sich befinden, der Sand stark aufgelockert und übermässig durchlässig ist. Die Filterfläche arbeitet in Folge dessen nicht an allen Stellen gleichmässig.

Sobald das Filter wieder vollständig mit Wasser gefüllt ist und in seine neue Periode eintreten soll, ist es gerathen, auf das erste Filtrat zu verzichten und dieses in den Abzugskanal abzuleiten. Man öffnet deshalb nicht sogleich den Reinwasserschieber, sondern statt seiner den sog. Sandhahn (Fig. 23) und schliesst denselben nicht eher, bevor nicht die gesammte Wassermenge, welche zwischen dem Filterboden und der Sandoberfläche steht, mindestens ein oder zwei Mal gewechselt hat, worüber etwa ein Tag vergeht. Darnach erst wird der Reinwasserschieber aufgemacht und das Filter auf richtigen Gang gestellt. Kommt es nicht darauf an, wie lange man mit der Inbetriebsetzung wartet, so empfiehlt es sich, nach der ersten Füllung einen Tag Zeit zum Absetzen zu gewähren, damit gleich vom ersten Augenblick an, wo das Wasser in abwärts gerichtete Bewegung versetzt wird, ein schwaches Häutchen auf der Sandoberfläche vorhanden sei. Ein so behutsames Arbeiten hat indessen sehr grosse Reserveflächen zur Voraussetzung. Entleeren, Reinigen, Anlassen, Füllen und Vorbereiten eines Filters nehmen zusammen mehrere Tage in Anspruch. Je grösser nun ein Filter angelegt ist, desto weniger ist es für den Betrieb längere Zeit hindurch entbehrlich. Hätte z. B. die 37000 qm umfassende Filterfläche des Berliner Wasserwerkes vor dem Stralauer Thore statt 11 einzelner und von einander unabhängiger Abtheilungen deren nur 4 von je 9250 qm Flächengrösse, so würde beim Reinigen eines einzigen Behälters die Filterfläche sofort auf 75 Proc. ihres Gesammtbetrages zusammenschrumpfen. Nun ereignet es sich aber nicht selten, dass gleichzeitig mehrere Behälter ausser Betrieb gesetzt werden müssen. Da der Ersatz des beim Reinigen eines Filters herausgeschafften Sandes nicht sofort, sondern erst nach öfterer Wiederholung des Reinigens geleistet wird, so muss endlich der Zeitpunkt kommen, wann das Filter einer frischen Beschickung mit Sand bedarf. Auch diese Arbeit dauert um so länger, je grösser die einzelne Abtheilung ist; sie ist gewöhnlich nicht unter einer Reihe von Wochen ausführbar, und sucht man sie durch Einstellung einer sehr grossen Anzahl Arbeiter zu beschleunigen, so gestaltet sie sich öconomisch sehr unvortheilhaft, weil erfahrungsmässig die Arbeitspausen, die beim Ordnen der Colonnen, beim Füllen und Auskippen der Karren entstehen, mit der Zahl der Arbeiter erheblich an Länge zunehmen. Es ist ferner nicht ausgeschlossen, dass irgend ein Behälter nach langen Diensten überhaupt unbrauchbar wird und einer zeitraubenden Ausbesserung unterworfen werden muss.

Im Monat Juni 1888 wurden von dem Stralauer Werk durchschnittlich täglich 50000 cbm Wasser gefördert und 3400 qm Filterfläche todt gearbeitet, ziemlich so viel, wie die Durchschnittsgrösse eines Filters beträgt. Man kann also sagen, es war täglich ein Filter zu reinigen. Da das Reinigen einschl. Ablaufen zwei volle Tage in Anspruch nimmt, so waren immer vom vorhergehenden Tage noch weitere 3400 qm ausser Thätigkeit. Ferner blieb den ganzen Monat hindurch ein 3000 qm-Filter wegen Ergänzung der Sandschicht ausgeschaltet; es fehlte mithin täglich eine Fläche von 9800 qm oder 27 Proc. der Gesammtfläche, und so viel musste an Reserve verfügbar sein. Diese befand sich aber fortwährend in den angegebenen drei Zuständen der Vorbereitung, weniger als drei Abtheilungen durfte sie folglich gar nicht haben, d. h. eine Flächengrösse von 9800 : 3 = 3266 qm für Filter war das zulässige Maass. — Der Bedarf an Reservefläche steigert sich ausserordentlich, wenn die Perioden von sehr kurzer Dauer sind. Im Spätsommer 1889 waren bei verhältnissmässig schwacher Förderung häufig täglich zwei Filterbehälter zu reinigen, und zur Verfügung des Betriebes standen von den 11 Filterbehältern regelmässig nur 7. Das Verhältniss der Reservefläche zur wirksamen stellte sich auf 4 : 7, obgleich die dringend nothwendige Auffüllung schon stark erschöpfter Filterbehälter unterlassen und auf gelegenere Zeiten aufgeschoben wurde. Die Beispiele betreffen allerdings Verhältnisse, die sich anderswo nicht sobald wiederholen werden, aber sie weisen unwiderleglich auf die Zweckmässigkeit grosser Reserveflächen unter Feststellung mässiger Abgrenzungen für die einzelnen Filterbehälter hin.

Piefke legt grossen Werth auf gleichmässigen Gang eines Filters, d. h. darauf, dass es mit unveränderter Geschwindigkeit die ganze Periode hindurch arbeitet. Die vorhandenen Vorrichtungen zur Regelung verfehlen aber ihren Zweck, wenn man überhaupt in die Nothwendigkeit versetzt wird, den Gang der Filter ändern zu müssen. Da kein genügend grosser Reinwasserbehälter in Stralau vorhanden ist, so schwankte die Filtrationsgeschwindigkeit z. B. am 7. Juni zwischen 30 und 160 mm.

Bei der von Piefke eingeführten Sandwäsche (von welcher Fig. 25 den Grundriss, 26 den Querschnitt und Fig. 27 den Schnitt AB zeigen) wird der schmutzige Sand durch einen am Trichter x stehenden Arbeiter vermittels einer Schaufel in kleinen aber regelmässigen Posten in die Trommel eingeworfen und durch die doppelgängige Spirale s (Fig. 28), deren Windungen nach dem vorderen Ende zu allmählich grössere Neigung annehmen, nach vorn geschraubt, entgegen einem Wasserstrome, der sich durch die Trommel in der Richtung des Pfeiles hindurchbewegt. Zahlreiche Stifte (gegen 1200 Stück) und einzelne zwischen die Windungen der Spirale eingesetzte Schaufeln durchwühlen den Sand und bewirken, dass sich die Schlammtheilchen loslösen und zertheilen, wobei sie vermöge ihrer

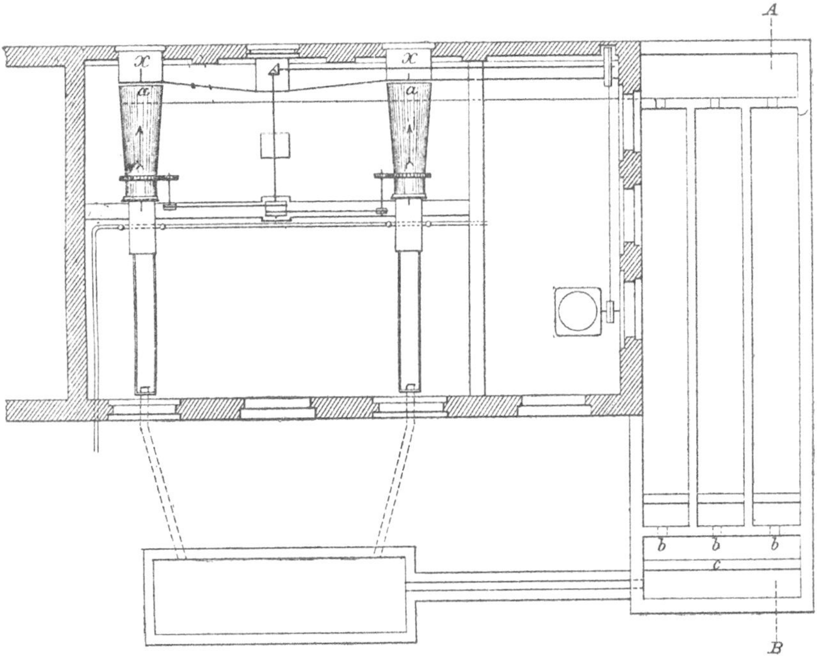

Fig. 25.

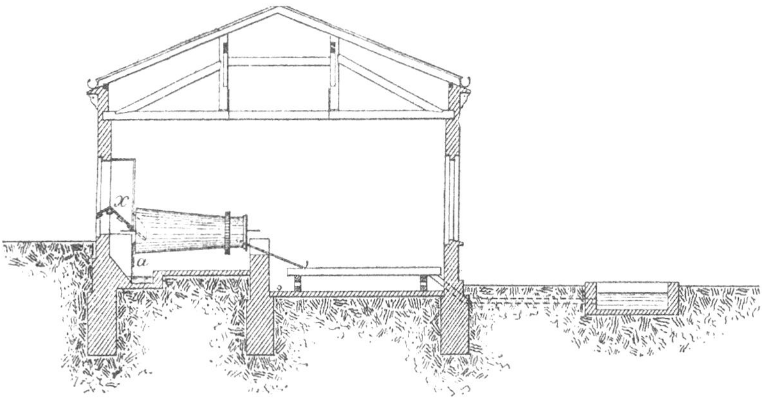

Fig. 26.

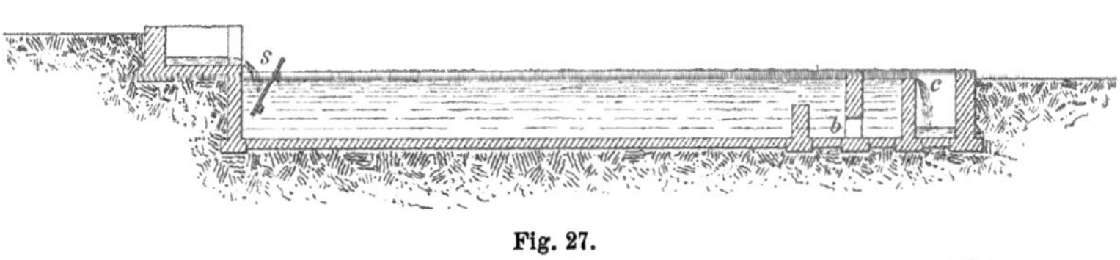

Fig. 27.

Unfähigkeit, schnell niederzusinken, vom Wasserstrom mit fortgerissen werden. Der Sand wird also allmählich reiner, je weiter er nach vorn gedrängt wird. In nahezu reinem Zustande fällt er schliesslich in den Kropf *k*. Dieser enthält eine Anzahl schräg gestellter, becherförmiger Schaufeln, welche den Sand aus dem Wasserbade herausheben und beim Durchlaufen der oberen Hälfte ihres Kreises auf das Austrageblech werfen. Damit nicht gleichzeitig schmutziges Wasser aus der Trommel herausbefördert werde, ist sie am vorderen Ende, wo das Wasser eintritt, durch einen Ring geschlossen, dessen Breite grösser als die Höhe der Spirale ist. Das vorgeschraubte Wasser staut sich an demselben und muss in Folge dessen immer wieder über die Spirale zurückfliessen. Ferner sind die Elevatorschaufeln gelocht, so dass das mit dem Sande zusammen gefasste Wasser während der Hebung abtropfen kann. Durch die weite runde Öffnung, welche der Stauring rund um die Trommelaxe freilässt, ist das Austrageblech in schräger Richtung hindurchgeführt und vermittelt die Verbindung

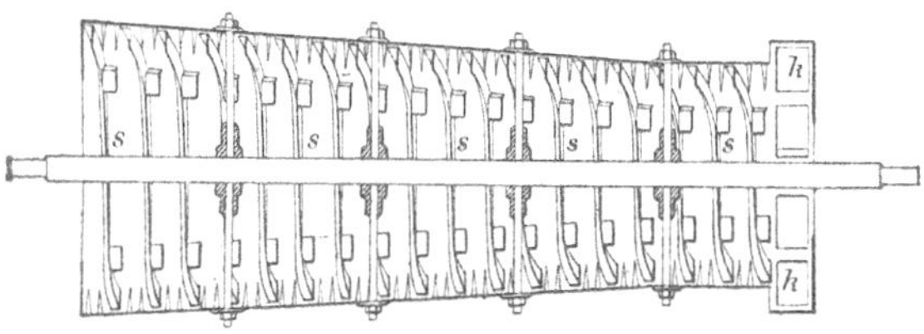

Fig. 28.

nach aussen. Der darauf niederfallende Sand rutscht herab und wird, ausserhalb der Trommel angelangt, von den Strahlen einer kräftigen Brause erfasst, um einer gründlichen Abspülung unterworfen zu werden. Um diese erfolgreich durchzuführen, geht der weitere Weg über eine schiefe Ebene, auf welcher sich zahlreiche Hemmnisse der geradlinigen Fortbewegung des Wassers und des Sandes entgegenstellen und beide zwingen, unter wiederholtem, heftigem Anprall im Zickzack herabzulaufen. Die heftig wirbelnden Wassermassen spülen die letzten noch anhaftenden Schmutztheilchen vom Sande ab und reissen sie mit sich fort, während dieser gereinigt im Sammelherde zur Ruhe kommt und von einem Arbeiter mit der Schaufel ausgehoben wird. Wenn der Sand ausschliesslich durch Stoffe, welche sich leicht im Wasser zu einem feinen Schlamm zerrühren, verunreinigt ist, kann man schiefe Ebene und Sammelherd weglassen und die Trommel direct in davor gestellte Wagen austragen lassen.

Das mit dem ausgewaschenen Schmutze beladene Wasser läuft

bei *a* aus der Waschtrommel heraus und fällt in eine gemauerte Rinne, die es in die polizeilich vorgeschriebenen Klärbehälter fortleitet. Wird die Trommel ungleichmässig oder zu stark beschickt, wird mehr Sand hineingeworfen, als zwischen den Windungen eines Spiralganges binnen einer Umdrehung Unterkunft findet, so wirft der Wasserstrom den Überschuss selbstthätig heraus. Der Arbeiter ist demnach ganz ausser Stande, die quantitative Leistung des Apparates nach seinem Belieben zu verändern oder über die durch die Umdrehungszahl festgesetzte Grenze zu steigern. Der einzige, ihm erlaubte Eingriff ist, dass er bei Störungen die Riemenvorgelege auslösen und sofortigen Stillstand herbeiführen kann.

Die beiden Waschtrommeln des Stralauer Werkes haben bei 3 m Länge einen mittleren Durchmesser von 1 m und enthalten neun ganze Spiralgänge; sie machten in der ersten Zeit ihres Betriebes sieben Umdrehungen die Minute und lieferten dabei stündlich je 2 cbm gewaschenen Sand. Die zunehmende Verunreinigung des Sandes in Folge Verschlechterung des Spreewassers und die mit der Zeit höher gespannten Anforderungen an die Reinheit des Sandes bewogen zu einer Verminderung der Umdrehungszahl und in Verbindung damit zu einer Herabsetzung der Production bis auf 1,5 cbm für Trommel und Stunde. Die Kosten für das Waschen belaufen sich seitdem (einschl. Maschinenbetrieb) auf rund 1 M. für 1 cbm Sand. An Waschwasser wird gewöhnlich auf 1 cbm Sand 10 cbm Wasser verbraucht, die Unkosten dafür fallen wenig in's Gewicht, da das Wasser in unfiltrirtem Zustande zur Verwendung gelangt und nur um wenige Meter gehoben wird. Der Kraftbedarf für die Trommel berechnet sich ungefähr auf 1,5 Pferdekr.

Es hat sich die Nothwendigkeit herausgestellt, bei der Verarbeitung stark verunreinigten Sandes die Anzahl der Umdrehungen, welche die Waschtrommel in 1 Minute macht, zu vermindern. Je langsamer diese sich dreht, desto langsamer schiebt die Spirale den Sand vor und die Leistung nimmt in entsprechendem Grade ab. Dabei wird aber der Zufluss von Waschwasser nicht geschmälert, es fliesst vielmehr durch die Trommel in der Zeiteinheit immer dieselbe Wassermenge hindurch, gleichviel ob sie langsam oder schnell gedreht wird, viel oder wenig Sand austrägt. Auf das Waschen des Sandes muss also um so mehr Wasser verwendet werden, je unreiner er ist. Die Verminderung der Umdrehungsgeschwindigkeit hat weiter zur Folge, dass sich der Aufenthalt des Sandes im Waschapparat verlängert. Dasselbe würde man auch bewirken können, wenn man den Trommelkörper entsprechend verlängerte und hätte alsdann den Vortheil, die Production immer in gleicher Höhe zu erhalten.

Im Sommer 1889 wurde aus den Filtern beim Reinigen ein stark verschmutzter Sand herausbefördert. Der Umlauf der Trommel wurde nach und nach auf drei Umdrehungen die Minute herabgesetzt und die Wasserzufuhr nach Möglichkeit verstärkt; der Sand wurde zwar allmählich reiner, musste aber von weiterer Verwendung ausgeschlossen bleiben. Es blieb daher nichts übrig, als den Sand nach der ersten Waschung zum zweiten Male durch die Trommel zu schicken, wobei diese normalen Gang (6 Umdrehungen die Minute) und Wasserzufluss beibehielt. Der zweimalig gewaschene Sand war von grosser Reinheit. Langer Weg, auf welchem doppelt so viel Lanzen wie sonst den Sand durcharbeiteten, und reichliche Wasserzufuhr (mit Vermeidung heftig reissender Geschwindigkeit) hatten zu diesem Resultate verholfen. Wäre dabei nicht ein und dieselbe Trommel zweimal benutzt worden, sondern hätten zwei Trommeln hintereinander gestanden, der Art, dass der Sand aus der ersten unmittelbar in die zweite übertragen wurde, so würden sich die Kosten für das vollendete Waschen um nichts vertheuert haben. Lange Trommeln sind ferner angezeigt, wo man es mit feinkörnigem Sande zu thun hat. Genügend durchgearbeitet muss er unbedingt werden, gleichviel welche Wegstrecke er zurückzulegen hat, und dazu gehören viel Lanzen. Auf dem langen Wege dürfen dieselben weiter auseinandergestellt werden, der Sand durchläuft daher den Apparat ruhiger und ist vor dem Fortspülen durch den Wasserstrom besser geschützt.

Von dem die Aufsicht über die Sandwäsche führenden Betriebsbeamten wird der gewaschene Sand täglich auf seine Reinheit geprüft; er schüttet einfach eine Probe gewaschenen Sandes in ein Gefäss aus weissem Glase, rührt dieselbe in Wasser ein und sieht darnach, ob dieses, nachdem sich der Sand wieder zu Boden gesetzt hat, klar geblieben oder merklich getrübt ist. Etwaige Trübungen zeigen an, dass mehr Sorgfalt auf das Waschen zu verwenden und der Gang der Maschine zu verlangsamen ist. Ein so rohes Verfahren gibt allerdings keinen hinreichenden Aufschluss darüber, in wie weit die Leistung der Sandwäsche mit dem Gesammtumfange ihrer Aufgabe sich deckt. Zu dieser Ermittelung wurden wiederholt 500 g sowohl vom schmutzigen wie vom gereinigten Sande entnommen, mit je 1 *l* sterilen Wassers in eine verstöpselte Flasche gefüllt und 5 bis 10 Minuten lang kräftig durchgeschüttelt; von dem Spülwasser wurde darauf 1 cc mit sterilem Wasser 100fach verdünnt und von der Verdünnung 1,0 bez. 0,5 cc zum Giessen der Platten verwendet:

1 k Sand enthielt entwickelungsfähige Keime

Datum	Vor dem Waschen	Nach dem Waschen
1. Februar 1886 . . .	6298 Millionen	50 Millionen
2. - - . . .	7940 -	
3. - - . . .	5948 -	61 -
4. - - . . .	7586 -	
5. - - . . .	6538 -	
7. April - . . .	6300 -	61,6 -
8. - - . . .	4320 -	73,6 -
Durchschnitt	6420 Millionen	61,3 Millionen

Darnach hat der Sand beim Waschen von der Gesammtmenge der Bakterien mehr als 99 Proc. verloren und etwas weniger als 1 Proc. festgehalten. Der an den Sandkörnern haften gebliebene Rest von Keimen dürfte zu grossen Bedenken keine Veranlassung geben; denn erstens bildet er quantitativ eine verschwindende Verunreinigung und zweitens sitzt er augenscheinlich sehr fest, so fest, dass er erst nach lange anhaltendem Schütteln sich loslöst. Von der am 1. Februar untersuchten Probe gewaschenen Sandes, in der gegen 50 Millionen Keime in 1 k gefunden worden waren, wurde das Spülwasser vollständig abgegossen, darauf die Probe noch zwei Mal wie zuerst behandelt und vom Wasser der dritten Spülung wieder unter 100facher Verdünnung Platten gegossen. Über 9 Millionen Keime in 1 k Sand wurden abermals gefunden, und sie verschwanden auch nicht ganz nach sechsmaliger Wiederholung des Versuches. Es erscheint auch gar nicht einmal wünschenswerth, dass der Sand durch das Waschen in einen an Sterilität grenzenden Zustand versetzt werde. Was er von der gelatinösen, durch Bakterien erzeugten Hülle festzuhalten vermag, wollen wir ihm gar nicht rauben. Hauptsache ist, dass er von den organischen (und anorganischen) Verunreinigungen, welche im Vergleiche zu den Mikroorganismen plumpe und gewichtige Massen ausmachen, möglichst vollkommen befreit werde. Die Prüfung auf Bakterien kann dabei als Richtschnur genommen werden.

Noch vor wenigen Jahren durften die Abwässer der Sandwäsche unterhalb der Wasserwerke in die Spree abgelassen werden; seitdem jedoch jedwede Verunreinigung der Wasserläufe streng untersagt ist, musste davon Abstand genommen werden[15]). Ein Anschluss an die Kanalisation war bislang nicht möglich und so blieb nichts anderes übrig, als eine besondere Reinigung der Schmutzwässer vorzunehmen.

---

[15]) Vgl. Fischer's Jahresb. 1886, 879.

Die in Betracht kommenden Mengen betragen etwa täglich 250 cbm, nämlich so viel, wie durch die Trommeln fliesst, wogegen das wenig verunreinigte Spülwasser von der Behandlung ausgeschlossen bleiben darf. Die Reinigung geschieht durch Aluminiumsulfat. Da die Ausscheidung des Aluminiumhydrates in stark verdünnten Lösungen viel langsamer vor sich geht als in concentrirten, so kann, je längere Zeit dazu gewährt wird, um so geringer die Menge des Zusatzes bemessen werden. Das äusserste Grenzverhältniss blieb schliesslich 12000 Th. Wasser, 1 Th. Aluminiumsulfat; weniger erwies sich auch bei langem Warten als unzureichend. Um das richtige Mischungsverhältniss inne zu halten, wird das Aluminiumsulfat als Lösung von bestimmtem Gehalt in ein angemessenes Gefäss gegossen und der Abflusshahn so gestellt, dass die Entleerung binnen einer gewissen Zeit erfolgt. Die Vermischung der Lösung mit dem Wasser findet statt, bevor dieses in die Klärbehälter eintritt. Das Wasser aus dem Ablagerungsbehälter tritt statt durch einen gewöhnlichen Überlauf durch eine am Grunde der Stirnmauer befindliche weite Öffnung *b* (Fig. 27) aus, gelangt darauf in eine davor liegende Kammer, wo es wieder emporsteigt und dann erst über den in der Höhe des normalen Wasserstandes angebrachten Überfall *c* in den Abzugskanal herabfällt. Damit durch die Öffnung *b* kein niedergeschlagener Schlamm weggeführt werde, ist quer über den Behälter, parallel zur Stirnmauer und etwa 1 m davon entfernt, eine niedrige Mauer gezogen behufs sicherer Abgrenzung der Schlammschicht. Die Oberkante dieser Mauer liegt 0,5 m tief unter dem normalen Wasserstande bez. unter dem Überfall bei *c*. In Folge dessen füllt das darüber abziehende Wasser einen grossen Querschnitt aus, seine Geschwindigkeit ist ausserordentlich gering und der Austritt aus dem Behälter erfolgt ohne jede Beunruhigung der tieferen Wasserschichten.

Die Klärbehälter sind länglich gestaltet und an der dem Abfluss gegenüberliegenden Schmalseite befindet sich die durch eine Schütze verschliessbare Zuflussstelle. Durch den Anprall an eine vorgestellte Holzwand *s* wird die Geschwindigkeit des Wassers aufgehoben und es breitet sich darauf in langsamem, gleichmässigem Strome aus. Es hat sich gezeigt, dass ein sechsstündiger Aufenthalt des Schmutzwassers genügt, wenn die secundliche Geschwindigkeit des Stromes bei einer Wassertiefe von 0,75 bis 1 m 1 mm nicht übersteigt. Der angesammelte Schlamm wird von Zeit zu Zeit mit einer Schlammpumpe ausgepumpt und abgefahren; er enthält mindestens 95 Proc. Wasser, was ihm selbst durch Pressen nicht entzogen werden kann. Die zu bewegenden Massen sind daher bedeutend und fallen bei den Kosten des Verfahrens erheblich in's Gewicht. Letztere belaufen sich für 1 cbm Schmutzwasser gewöhnlich auf 4 Pf., wovon $^2/_5$ auf Zusätze und $^3/_5$, also der grössere Theil, auf Transport zu rechnen sind.

Das Waschen des Sandes wird durch die Verpflichtung zur Reinigung der Abwässer in empfindlichem Grade vertheuert. Die Steigerung der Kosten für 1 cbm Sand beträgt, wenn derselbe sehr verschmutzt ist und viel Wasser auf seine Reinigung verwendet werden muss, 30 und sogar 40 Pf. Doch ist dieser Kostenaufschlag immer noch belanglos im Vergleiche zu den Ausgaben, welche das fortwährende Anschaffen neuen und das Wegschaffen des alten Filtrirmaterials verursachen würde.

Die Auffüllung der Filterbetten wird vorgenommen, sobald die Sandschicht nur noch die Hälfte ihrer ursprünglichen Dicke besitzt. Während der obere Sand in beständiger Bewegung ist, verbleibt der untere viele Jahre lang unangetastet an seinem ursprünglichen Platze liegen, bis die Ergiebigkeit zu sehr abnahm, so dass auch dieser untere Sand gewaschen werden musste. Die bakteriologische Untersuchung des Sandes (durch Schütteln mit Wasser und Prüfen des Spülwassers) aus einem 10 Jahre und einem 30 Jahre betriebenen Filter ergab in 1 k folgende Keimmengen (Millionen):

	10jährig Millionen	30jährig Millionen
Entnommen an der gereinigten Oberfläche	735	1586
Entnommen 100 mm unter derselben	191	1751
- 200 - - -	150	1873
- 300 - - -	91	795
Kies an der Grenzfläche	68	305

Diese Versuche zeigen, wie stark die Tiefschichten mit der Zeit von Mikroorganismen übervölkert werden. Möge auch die Wahrscheinlichkeit dafür sprechen, dass es unschuldige Wasserbakterien seien, so sterben sie doch ab, hinterlassen einen schleimigen, stickstoffhaltigen Rückstand und bereiten mit Hilfe hinzukommender anderer Verunreinigungen den Sand bez. Kies immer mehr zu einem Nährboden vor, der für die Fortexistenz pathogener Gäste zunehmende Aussicht gewährt. Dem Einreissen solcher Zustände kann vom hygienischen Standpunkte aus nicht gleichgültig zugesehen werden. Man wird sich dazu entschliessen müssen, obwohl es in der hergebrachten Praxis nie geschah, nach gewissen, durch Erfahrungen zu ermittelnden Perioden, das gesammte Filtrirmaterial aus den Filtern herauszunehmen und zu reinigen.

Die erhöhte Sorgfalt, welche dem Filterbetrieb allmählich gewidmet wurde, ist natürlich auf die Kosten desselben nicht ohne Einfluss geblieben. Dadurch, dass man auf das erste Filtrat verzichtet und den Druck über eine nach Möglichkeit niedrig gezogene Grenze nicht hinaussteigen lässt, hat sich die Ertragsfähigkeit eines Filters für jede Periode vermindert, und durch das Ausgraben der unteren Sandlagen haben die zu reinigenden Sandmassen zugenommen. In Folge dessen sind die unmittelbaren Betriebskosten für 1000 cbm filtrirten Wassers um etwa 30 Proc. gestiegen und stellen sich heut auf mehr als 3 M., wohingegen günstig gelegene Werke für dieselbe Leistung nur 1 M. aufwenden. Sparsamkeitsrücksichten haben an so vortheilhaftem Resultate in der Regel einen gewissen Antheil und ob dabei dem Hauptinteresse: das Wasser nach besten Kräften herzustellen, immer in jeder Beziehung Rechnung getragen wird, begegnet mit Recht gelindem Zweifel.

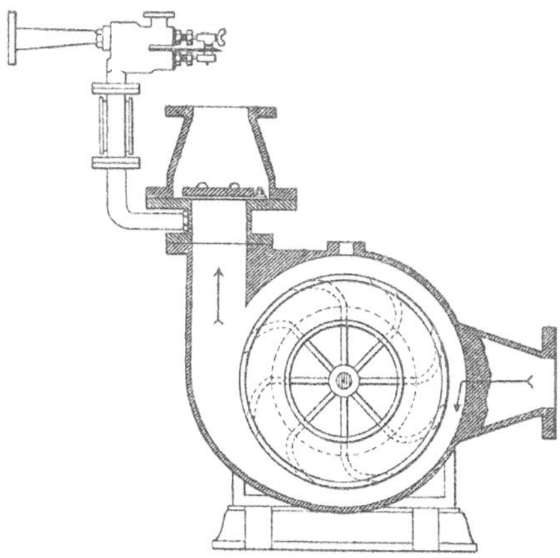

Fig. 29.

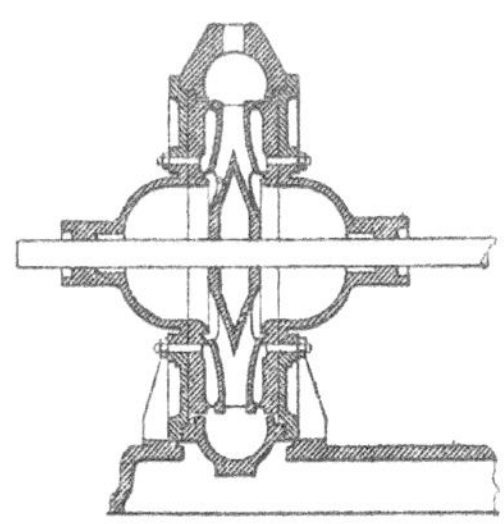

Fig. 30.

Erwähnenswerth ist schliesslich noch, dass neuerdings zum Heben des Wassers auf die Filter verbesserte Centrifugalpumpen verwendet werden (Fig. 29 und 30). Durch Anbringung von Dampfstrahlgebläsen, welche die in der Pumpe sich etwa sammelnde Luft vor dem Anlassen und während des Ganges jeder Zeit mit Leichtigkeit zu entfernen gestatten, hat man eine ihrer Einführung früher sehr im Wege gewesene Schwierigkeit überwinden gelernt. —

Das Filterwerk in Tegel, welches mit der ziemlich constanten Filtrationsgeschwindigkeit von 100 mm arbeitet, befördert das filtrirte Wasser nach drei gewaltigen, auf einer Anhöhe bei Charlottenburg gelegenen Behältern von zusammen 37890 cbm Inhalt. Aus dieser Sammelstelle schöpfen die Druckpumpen und befriedigen den Bedarf in der Stadt, wie er sich fühlbar macht. Am 21. August 1889, an einem Tage, wo viel Wasser gebraucht wurde, wurden in Charlottenburg durchschnittlich stündlich 3342 cbm Wasser fortgeschafft; in den 7 Stunden von 12 Uhr nachts bis 5 Uhr früh und 10 bis 12 Uhr vor Mitternacht blieb die Förderung hinter dem Durchschnitt zurück, da nur 9496 cbm Wasser gepumpt wurden, während von Tegel $3342 \times 7 = 23394$ cbm ankamen. Die Unterbringung des Überschusses im Betrage von $23394 - 9496 = 13898$ cbm vollzog sich bei der Grösse der Hochbehälter mit Leichtigkeit. Es hat fast den Anschein, als ob die Charlottenburger Behälter grösser bemessen worden seien, als der Zweck der Ausgleichung erforderte. Vom bakteriologischen Standpunkt könnte man dagegen einwenden, dass jeder nicht unbedingt gebotene Verzug des Wassers auf seinem Wege nach den Verbrauchsstellen zu vermeiden sei. Die Behälter sind deshalb so geräumig angelegt worden, um im Falle einer grösseren Betriebsstörung in Tegel, welche unter Umständen ja doch augenblicklich mit gänzlicher Stockung der Förderung verbunden sein könnte, immer noch über einen für mehrere Stunden ausreichenden Wasservorrath zu verfügen. Jene Bedenken sind nicht so schwerwiegend, dass man ihnen den Vorrang vor einer weisen Vorsichtsmassregel einräumen müsste. Denn hängt die Unschädlichkeit eines Wassers erst davon ab, dass man etwaigen pathogenen Keimen keine Zeit zur Vermehrung lässt, so ist dasselbe ja doch schon von der Quelle aus mit Infectionsstoffen behaftet, und eine etwas schnellere Beförderung wird seinen Werth nicht sonderlich heben.

Der Tegeler Filterbetrieb ist somit vor den Beeinflussungen durch Verbrauchsschwankungen in ausreichendstem Maasse geschützt. Nachdem hierfür gesorgt worden, blieb noch übrig, die von dem Gesammtwerke aufzubringende Leistung den einzelnen Filtern in gleichmässiger Weise zu übertragen, damit sie nicht verschiedenartig in Anspruch genommen würden und bei irgend einem Theile der Filterfläche die festgesetzte Grenze der Maximalgeschwindigkeit überschritten werde. Dazu dient eine von Gill erfundene Construction, welche jetzt allgemeine Anwendung findet. Das filtrirte Wasser gelangt aus dem Sammelkanal *c* (Fig. 31 und 32) in die zweitheilige Vorkammer *k* und fliesst aus derselben durch den breiten aber niedrigen Schlitz *s* frei aus. Soll durch diese Öffnung stündlich ein und dieselbe Wassermenge ausfliessen, so ist nur nöthig, sie immer gleich tief unter Wasser zu halten.

Für jede Wassermenge, welche man dem Filter in der Zeiteinheit abzapfen will, lässt sich nach den Regeln der Hydraulik die entsprechende Tiefe *t* ohne Umständlichkeiten berechnen. Gewöhnlich arbeiten die Tegeler Filter mit 100 mm Geschwindigkeit und leisten also bei 2000 qm Flächengrösse stündlich 200 cbm. Da der Schlitz *s* ziemlich breit bemessen ist, genügen schon wenige Centimeter Druck, um eine solche Wassermenge regelmässig in der Stunde abzuführen. Nachdem für die angegebene Normalleistung die Tiefe *t* ein für alle Mal berechnet ist, wird sie markirt und für den Bassinwärter leicht erkennbar gemacht. Mit der Wassertiefe vor dem Überlauf (dem Schlitz) ändert sich nämlich gleichzeitig der Stand eines in dem Rohr *r* eingeschlossenen Schwimmers. Die von demselben ausgehende und über Rollen nach einer festen Scale geleitete Kette trägt an dem herabhängenden Ende einen wagerechten Zeiger, welcher alle vom Schwimmer ausgeführten Bewegungen übereinstimmend (nur in umgekehrter Richtung) mitmacht. Er befindet sich in der Mitte der Scale, wenn der Wasserstand auf normaler Höhe angelangt ist, und steigt oder sinkt, je nachdem jener fällt oder wächst. Die Scale ist so angebracht, dass sie dem Bassinwärter beim Betreten der überbauten Vorkammer sofort in die Augen fällt; ein Blick auf den Zeiger genügt, um ohne Weiteres zu erkennen, ob ein Filter den vorgeschriebenen Gang beibehalten oder in ein zu schnelles oder zu langsames Tempo gerathen ist.

Fig. 31.

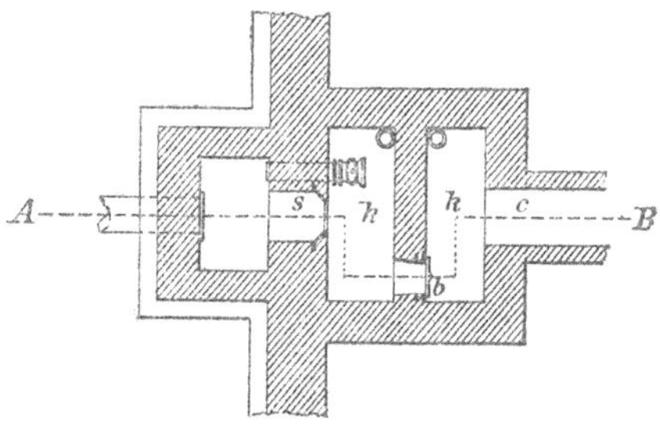

Fig. 32.

Der normale Wasserstand über dem Schlitz *s* liegt in einer Tiefe *t* unter dem Wasserstande in den Filtern, welche gleich ist dem Maximaldruck, den man beim Betriebe der Filter zulassen will. Da dieser nun aber fast 1 m beträgt, so darf er erst gegen Ende der Periode, nachdem die Durchlässigkeit der Filter bedeutend nachgelassen hat, vollständig in Anwendung kommen; vorher muss er zum grössten Theil durch künstlich geschaffene Hemmnisse ausgeglichen werden. Zu dem Ende ist die Vorkammer durch eine gemauerte Scheidewand in zwei Abtheilungen zerlegt, die unter einander vermittels einer am

Grunde angebrachten, durch einen Schieber *b* verschliessbaren Öffnung mit einander verbunden wird. Wird der Schieber nur wenig geöffnet, so muss das Wasser durch den freigelegten, engen Spalt mit grosser Geschwindigkeit hindurchfliessen, auf deren Erzeugung der überschüssige, für die Filtration entbehrliche Druck verwendet wird. In der ersten Abtheilung der Kammer herrscht daher nicht wie in der zweiten ein gleichmässiger Wasserstand, derselbe nimmt von einer hoch liegenden oberen Grenze an allmählich ab, bis er zuletzt fast um den vollen Betrag (*t*) unter dem Stande in den Filtern steht. Die Abnahme wird wiederum durch einen Schwimmer angezeigt. Die grossen Vorzüge der Tegeler Regulirkammer gegenüber der primitiven Ausrüstung der Stralauer Filter bestehen darin, dass der Bassinwärter beim Nachstellen des Reinwasserschiebers stets eine Controle auszuüben vermag, ob er zu viel oder zu wenig Wasser aus den Filtern herauslässt, denn letzteres wird ja fortwährend einer directen Messung unterworfen. Mit einer solchen Einrichtung ist man sehr wohl im Stande, ein Filter in gleichmässigem Gange zu erhalten.

Bei Beurtheilung der Wirkung der Filtration ist zu berücksichtigen die Oxydation der organischen Stoffe und die Abscheidung der schwebenden Stoffe, einschl. der Bakterien.

Oderwasser erhielt nach Hulva (vgl. S. 65) vor und nach der Filtration durch das Breslauer Wasserwerk im Durchschnitt von 24 Analysen:

	Oderwasser	Reinwasserbehälter	
		Durchschnitt	Höchstwerthe
Organisch (als $KMnO_4$)	20,26	14,94	24,96
Ammoniak	0,08	0,06	0,36
Albuminoidammon	0,30	0,15	0,36
Salpetersäure	0,88	0,84	1,15
Salpetrigsäure	0,03	0,01	0,03
Chlor	8,2	8,0	12,4

Wie die vom filtrirten Wasser mit angegebenen gefundenen Höchstwerthe zeigen, enthält das Wasser zuweilen recht viel organische Stoffe, nämlich 125 mg (entspr. 25 mg $KMnO_4$).

Magdeburger Wasserwerk. Nach dem Betriebsbericht wurden 6095071 cbm Wasser filtrirt und hierfür die 6 Filter 118 Mal gereinigt; im Winter reichte ein Filter 18 bis 24 Tage, im Sommer dagegen nur 12 Tage aus. Es wurde durchschnittlich alle $3^1/_2$ Tage im Winter und alle 2 Tage im Sommer ein Filter gereinigt. 1 qm Filterfläche lieferte im Monatsdurchschnitt in 24 Stunden 2,41 bis

3,04 cbm, im Jahresmittel 2,66 cbm Wasser. Die Zusammensetzung des Wassers vor und nach der Filtration war (mg im Liter):

Jahr	Gesammt-härte	Magnesia	Schwefel-säure	Chlor	Fester Rückstand	Organische Stoffe	Organische Keime in 1 cc Wasser
			Elbwasser.				
1885/86	12,3	59	90	220	677	37	274
1886/87	10,3	11	55	151	515	81	440
1887/88	9,2	37	76	166	547	53	182
			Filtrirt.				
1885/86	13,3	59	95	246	729	32	158
1886/87	11,8	42	79	186	619	71	234
1887/88	9,9	56	90	206	673	42	116

Die Proben entsprechen einander offenbar nicht ganz.

P. F. Frankland[16]) untersuchte das Wasser der Londoner Wasserwerke; von diesen liefert bekanntlich nur das von Kent Brunnenwasser, die übrigen filtrirtes Wasser aus Themse und Lea. Die bakteriologische Untersuchung nach dem Verfahren von Koch ergab für je 1 cc Wasser folgende Anzahlen von Colonien:

Art des Wassers	Jan.	Feb.	März	April	Mai	Juni
Themse						
Themse unfiltrirt	45400	15800	11415	12250	4800	8300
Chelsea	159	305	299	91	59	60
West Middlesex	180	80	175	47	19	145
Southwark	2270	284	1562	77	29	94
Grand Junction	4894	208	379	115	51	17
Lambeth	2587	265	287	209	136	129
Lea						
Lea unfiltrirt	39300	20600	9025	7300	2950	4700
New River	363	74	95	60	22	53
East London	224	252	533	269	143	445
Tiefbrunnen.						
Kent (Brunnen direct) . .	—	5	44	7	8	4
Kent (district)	43	149	38	47	101	39

[16]) Journ. Soc. Chem. Ind. 1887, 316.

Art des Wassers	Juli	Aug.	Sept.	Oct.	Nov.	Dec.	Mittel
Themse.							
Themse unfiltrirt	3000	6100	8400	8600	56000	63000	20255
Chelsea	59	303	87	34	65	222	146
West Middlesex	45	25	27	22	47	2000	234
Southwark	380	60	49	61	321	1100	524
Grand Junction	14	12	17	77	80	1700	630
Lambeth	155	1415	59	45	108	305	475
Lea.							
Lea unfiltrirt	5400	4300	3700	6400	12700	121000	19781
New River	46	55	17	10	32	400	102
East London	134	243	165	97	248	280	253
Tiefbrunnen.							
Kent (Brunnen direct) . .	12	9	5	82	12	11	18
Kent (district)	48	13	25	344	196	66	92

Einrichtung und Betrieb der Filter ergibt sich aus folgender Zusammenstellung:

Namen der Gesellschaft	Tägliche Versorgung im Durchschnitt cbm	Nutzbarer Aufspeicherungsraum cbm	Stündliche Ergiebigkeit der Filter auf 1 qm l	Dicke der feinen Sandschicht der Filter m	Monatliche Erneuerung der Filterbetten (geschätzt). Gerein. Fläche in Theilen der Gesammtoberfläche
Chelsea	43158	636020	85,6	1,37	0,59
West Middlesex .	58150	533802	73,3	0,99	0,90
Southwark . . .	90405	299838	73,3	0,91	0,90
Grand Junction .	64056	293023	85,6	0,76	0,81
Lambeth . . .	64510	581504	97,8	0,91	0,50

Die Wirkung der Sandfilter des Wasserwerkes der Stadt Zürich bespricht A. Bertschinger[17]).

Bei den Filtern entnommene Wasserproben ergaben:

---

[17]) Viertelj. d. Naturf.-Ges. in Zürich 1889; Zft. f. angew. Chem. 1889, 546.

	Zahl d. Untersuchungen	Organische Substanz	Ammoniak	Albumin.-Ammoniak	Bakterienzahl
Unfiltrirtes Seewasser aus dem Schacht bei den Filtern					
1. Quart.	7	19,7	0,006	0,036	345
2. -	9	18,0	0,006	0,040	198
3. -	29	18,5	0,009	0,038	161
4. -	6	20,4	0,013	0,041	120
Durchschnitt	51	18,8	0,009	0,039	188
Filtrirtes Brauchwasser					
a) aus dem Pumpwerk im Letten					
1. Quart.	7	16,5	0,003	0,024	18
2. -	8	14,3	0,003	0,024	25
3. -	16	14,8	0,003	0,022	18
4. -	6	15,7	0,003	0,023	20
Durchschnitt	37	15,2	0,003	0,023	19
b) aus dem Leitungsnetz					
1. Quart.	4	17,8	0,009	0,028	16
2. -	9	14,7	0,003	0,026	35
3. -	0	—	—	—	—
4. -	12	15,6	0,003	0,022	41
Durchschnitt	25	15,6	0,004	0,024	35

Es findet daher auch eine erhebliche Reinigung des Wassers im chemischen Sinne statt.

Das Wasser der Berliner Werke wurde von Wolffhügel[18]) und Koch[19]) bakteriologisch untersucht. Von Koch wurden die Proben jeden Dienstag 1. am Stralauer Werk an der Schöpfstelle, 2. daselbst nach der Filtration im Reinwasserbehälter, 3. am Tegeler Werk an der Schöpfstelle, 4. daselbst nach der Filtration im Reinwasserbehälter entnommen. Nebenstehende Tabelle gibt die Anzahl der durch das Gelatineculturverfahren in je 1 cc Wasser gefundenen Organismen.

18) Arbeiten a. d. Kaiserl. Gesundheitsamte (Berlin 1886; J. Springer) S. 1.

19) R. Koch: Bericht über die Untersuchungen des Berliner Leitungswassers (Berlin; J. Springer) 1887.

Tag der Untersuchung	Stralauer Werke		Tegeler Werke	
	Spreewasser		Seewasser	
	unfiltrirt	filtrirt	unfiltrirt	filtrirt
1885				
Juni 2	5475	42	118	16
9	7980	22	117	39
16	6100	33	115	76
23	6100	41	1325	194
30	4400	53	880	44
Juli 7	3500	28	verungl.	42
14	7200	200	1896	120
21	110740	1656	13220	49
28	2640	54	1500	48
August 4	2310	70	900	28
11	3600	65	1100	434
18	1800	36	179	50
25	11900	26	4410	21
September 1	3360	184	600	17
8	960	1000	1220	100
15	4500	44	158	56
22	9200	44	130	55
29	1120	30	111	31
October 6	3192	36	160	24
13	1204	25	519	29
20	2178	36	174	18
27	4840	24	173	10
November 3	8500	80	128	82

Tag der Untersuchung	Stralauer Werke		Tegeler Werke	
	Spreewasser		Seewasser	
	unfiltrirt	filtrirt	unfiltrirt	filtrirt
1885				
November 10	2520	42	250	32
17	6000	52	60	51
24	31500	167	251	78
December 1	9000	117	65	10
8	2700	220	440	210
15	5880	180	1290	1500
22	5600	34	86	260
29	4000	20	149	110
1886				
Januar 5	4500	95	80	38
12	1400	40	170	12
19	1100	94	92	36
26	29000	100	54	60
Februar 2	20000	80	13600	24
9	5900	7	15	6
16	1250	10	30	2
23	1280	8	14	8
März 2	1010	8	57	3
9	3680	112	225	19
16	14400	210	440	70
23	32700	145	16500	66
30	100000	2300	50000	104

In chemischer Beziehung wurde der Gehalt an Chloriden und Kalk wenig durch die Filtration geändert, während der Gehalt an organischer Substanz und Ammoniak erheblich vermindert wurde. Die Crenothrix scheint aus der Berliner Wasserleitung vollständig verschwunden zu sein.

Die sorgfältigsten Versuche über die Wirkung der Sandfilter wurden von C. Piefke[20]) ausgeführt. Bei Verwendung eines völlig sterilisirten Filters trat statt der erwarteten Verminderung eine ausserordentliche Vermehrung der Mikroorganismen ein, die erst nach einer längeren Reihe von Tagen ein wenig wieder nachliess. Hatte der Druck, der auf das Filter wirken musste, um eine Filtrirgeschwindigkeit von 0,1 m zu unterhalten, die Grösse von 0,8 m erreicht, so wurde die Filtration unterbrochen und der an der Sandoberfläche angesammelte Schmutz entfernt. Bei Wiederingangsetzung des Filters wiederholten sich dieselben Erscheinungen, indessen schon minder auffällig als in der ersten Periode. Die dritte und vierte Periode lieferten ebenfalls noch gänzlich unbrauchbares Wasser, und erst bei Schluss der fünften Periode fing das Filter an leidlich zu arbeiten, aber es verging lange Zeit, ehe es sich mit einem alten Filtèr messen konnte.

Kennzeichnend für das mit sterilem Sande erzielte Filtrat war ausser der grossen Anzahl von Mikroorganismen noch die etwas mangelhafte Klarheit. In Schauröhren von 800 mm Höhe war es im Vergleich zu gut filtrirtem Leitungswasser stumpf und hatte die ursprünglich stark bräunliche Färbung des Spreewassers fast unverändert beibehalten. Der zu den ersten Versuchen verwendete Sand war ein ziemlich grobkörniger gewesen, es wurden nun auch die feinen und feinsten Sande derselben Prüfung unterzogen, das Resultat blieb aber im Ganzen dasselbe. Die sterilen feinkörnigen Sande brauchten ebenso wie die grobkörnigen Monate, bevor sie ein bei bakterioskopischer Prüfung annähernd befriedigendes Filtrat lieferten.

Mit der Besserung, die in dieser Beziehung allmählich eintrat, ging ersichtlich Hand in Hand eine stetige Vervollkommnung der chemischen Reinigung des Wassers. Während dasselbe anfangs fast unverändert den sterilen Sand verliess, wurde später mehr und mehr eine Abnahme der Oxydirbarkeit bemerkbar. Es dauerte jedoch ziemlich lange, ehe das sterile Filter dem Wirkungsgrade eines reifen näher kam:

---

20) Zft. f. Hyg. Sonderabdr.; Fischer's Jahresb. 1890, 579; vgl. das. 1884, 1077.

Art des untersuchten Wassers	Oxydirbarkeit (verbr. Theile $KMnO_4$ auf 1 Liter)				
	22./12.	23./12.	28./12.	5./1.	15./1.
Unfiltrirtes Spreewasser	23,0	22,6	22,9	21,3	26,3
Wasser aus einem sterilen Filter	24,0	22,8	22,0	18,9	23,2
Wasser aus einem reifen Filter	19,0	19,4	19,0	17,5	20,4
	7./10.	10./10.	17./10.	30./10.	13./11.
Unfiltrirtes Spreewasser	31,0	25,2	24,5	25,3	30,9
Berliner Leitungswasser	22,3	19,4	20,2	19,9	22,3
Wasser aus einem sterilen Filter nach zwei Monaten Betriebszeit	28,9	23,8	22,5	22,1	26,2

Nachdem sich bei dem sterilen Filter die Anzeichen einer erwachenden chemischen Reaction gemehrt hatten, wurde dasselbe angehalten und auf seinen Zustand untersucht. Man fand die ganze, fast 1,5 m dicke Sandschicht bis unten hin von zahlreichen Bakterien besetzt, indessen noch lange nicht in dem Maasse, wie bei einem schon längere Zeit betriebenen Filter.

Der vom Wasser mitgeführte Sauerstoff unterlag in allen Filtern der Absorption, zuerst sehr reichlich, nach und nach weniger. In dieser Hinsicht machten auch die sterilen Filter keine Ausnahme. Da aber in den sterilen Filtern trotz starker Sauerstoffabsorption nicht eher eine Verminderung der organischen Substanzen stattfand, als bis sich zahlreiche Mikroorganismen eingenistet hatten, so wirkt während der kurzen Zeit, die für den Filtrationsprocess gegeben zu sein pflegt, der Sauerstoff direct fast gar nicht auf das Wasser ein, und findet — wenn überhaupt — höchstens durch Vermittelung der Bakterien eine Verwerthung. Die chemische Wirkung eines Filters beruht demnach auf seinem Bakteriengehalt. Ist aber die Anzahl der angesammelten Mikroorganismen das Entscheidende, so wird die am stärksten davon erfüllte Schicht unter sonst gleichen Umständen auch die grösste Wirkung hervorbringen.

Fassen wir als die Aufgabe der Filtration nicht schlechthin eine das Auge befriedigende Klärung auf, sondern zugleich eine Veredlung des Wassers im chemischen und bakteriologischen Sinne, so weist die Gesammtheit der an sterilen Sanden gemachten Beobachtungen darauf hin, dass der Sand allein dazu nicht ausreicht, sondern dass wir uns dabei derselben unscheinbaren Lebewesen zu bedienen haben, mit deren Hülfe in der Natur die Zersetzung der verschiedenartigsten organischen Stoffe vollzogen wird. Der Sand kommt nur soweit in Frage, als er eine vortreffliche Herberge für Bakterien abgibt und ihnen einen festen Halt gewährt, so dass sie an derselben Stelle ihr Werk fortbetreiben können.

Der sterile Sand wird ohne Zweifel von den Bakterien mit Leichtigkeit durchwandert; ihr massenhaftes Auftreten im entgegengesetzten Falle aber ist nur unter der Annahme erklärlich, dass sie aus dem bakterienreichen Sande an der unteren Grenze, wo er dem Kies auflagert, durch den Wasserstrom herausgespült wurden. Demnach muss die Filtration am besten verlaufen, wenn in den oberen Schichten des Sandes viel, in den unteren dagegen wenig Bakterien, nicht mehr als der Sand bei mässigen Wassergeschwindigkeiten festhalten kann, enthalten sind.

Die während des Filtrirens auf der Oberfläche der Sandschicht sich ansammelnde Schmutzdecke ist der Hauptsitz der Bakterien. Wird sie beim Reinigen des Filters nebst dem unmittelbar darunter folgenden, dem Auge verschmutzt erscheinenden Sande entfernt, so kommen damit gerade die am stärksten verdichteten Theile in Wegfall, denen man eine besondere Wichtigkeit zuschreiben muss. Bevor nicht die Verdichtung der obersten Zone annähernd wiederhergestellt ist, muss daher die Leistung des Filters etwas mangelhaft sein. Das beweisen in der That die Ergebnisse der bakteriologischen Prüfung nach jeder Filterreinigung; es vergehen immer mehrere Tage, ehe die Nachwirkungen ganz vorüber sind, und sie verlieren sich um so später, je weiter noch die Sandschicht von dem sogenannten „reifen" Zustand entfernt ist.

Da die im Sande angesammelten Bakterien ohne Zweifel um so kräftiger auf das Wasser reagiren, je länger dasselbe im Sande verweilt, so ist die Zeit, die auf das Filtriren verwendet wird, nicht gleichgültig. Sie hängt ab sowohl von der Filtrationsgeschwindigkeit wie von der Länge des zurückzulegenden Weges und lässt sich also verlängern, entweder durch Verzögerung der Geschwindigkeit oder durch Verdickung der Sandschicht[21]).

---

[21]) Zwar ist es in der Praxis üblich, unter Geschwindigkeit des Filtrirens die Höhe der Wassersäule zu bezeichnen, welche durch ein Filterbett binnen einer Stunde versinkt. Da die versinkende Wassersäule im Sande nur das Porenvolumen ausfüllt, so erfährt sie dabei eine Verlängerung, deren Betrag um so grösser ausfällt, je mehr die freien Querschnitte abnehmen. Um also die Umsetzung der Geschwindigkeit im Sande zu bestimmen, muss man vorher das Porenvolumen kennen. Filtrirt man z. B. mit 100 mm stündlicher Geschwindigkeit und hat der zur Anwendung gebrachte Sand 25 Proc. Porenvolumen, so

Für die **mechanische Reinigung** der Wässer eignen sich dicke Schichten jedenfalls besser als dünne, da sie mehr Aufhängepunkte darbieten als letztere. Ist ein Wasser durch viele und sehr feine Körperchen wie Thon stark getrübt, so muss vor allen Dingen mit Hülfe der Schlammdecke filtrirt werden. Sehr lange Filterwege kann man ja überdies in einem künstlichen Filter nicht herstellen; denn da die Baukosten mit der Tiefe des Filters sehr bedeutend zunehmen, ist man gerade bezüglich dieser auf das Äusserste beschränkt und darf nicht über das unbedingt Nothwendige hinausgehen. Suspendirte Thontheilchen übertreffen an Kleinheit noch bei Weitem die Mikroorganismen. Ein thonhaltiges Wasser enthält nach mehrtägigem Stehen in 1 cc noch viele Millionen von Körperchen, die zum grössten Theil mikroskopisch unmessbar klein sind. Legen sie sich auf der Oberfläche des Filters zu einer Decke zusammen, so ist ihr Zusammenhang ein äusserst lockerer, während Mikroorganismen vermöge ihrer Klebrigkeit einen gewissen Verband unter einander eingehen. Letztere würden, wenn in grosser Zahl vorhanden, wohl im Stande sein, als Bindemittel einige Dienste zu leisten, doch hat man darauf nur in Ausnahmefällen zu rechnen. Um den schwachen Zusammenhang der einzelnen Elemente der Decke nicht zu stören, müsste mit kleinsten Geschwindigkeiten gearbeitet werden. Das führt aber zu praktischen Unmöglichkeiten. Die Beseitigung feiner Trübungen gelingt daher meist weniger vollkommen, als die Unterdrückung der Bakterien. Namentlich an Orten, die auf die Verwerthung lehmhaltigen Flusswassers angewiesen sind, macht sich gewöhnlich oder doch zu gewissen Zeiten die Mangelhaftigkeit des Klärungsvermögens der Sandfilter bemerkbar, indem das Wasser einen bläulichen Schein zu behalten pflegt und ein mattes Aussehen besitzt. Sofern man sicher ist, dass das Opalisiren von Resten indifferenter Stoffe herrührt, mag man es als ein verhältnissmässig geringfügiges Übel in den Kauf nehmen. Immer-

---

bewegt sich das Wasser durch den Sand mit $4 \cdot 100 = 400$ mm stündlicher Geschwindigkeit.

Die theoretischen Untersuchungen über das Porenvolumen haben für dasselbe bekanntlich nur zwei Grenzwerthe (26 Proc. bei dichtester Lagerung und 47 Proc. bei lockerster) feststellen können. Ausserdem setzen dieselben ein Material, bestehend aus durchaus gleichartigen kugeligen Elementen, voraus, wie es in der Natur nirgends vorkommt. Die Abweichungen von der Regelmässigkeit hinsichtlich Grösse und Gestalt der Körner sind nach geologischem Ursprung und mineralischer Zusammensetzung der Sande sehr verschieden; für den in Berlin verwendeten Sandergibt sich z. B. ein Porenvolumen von 31,4 bis 34 Proc. Wendet man daher eine stündliche Filtrirgeschwindigkeit von 200 mm an, so erlangt das Wasser im Sande eine Geschwindigkeit von 600 mm.

hin aber wird der Wunsch rege bleiben, diesen Schönheitsfehler zu beseitigen.

Zu den Schönheitsfehlern wird von den Hygienikern auch gerechnet der grössere oder geringere Gehalt der filtrirten Wässer an aufgelöster organischer Substanz, was aber, wie Piefke mit Recht hervorhebt, nicht richtig ist, da von der chemischen Beschaffenheit grossentheils diejenigen Eigenschaften des Wassers abhängen, welche der Geschmack als besondere Vorzüge empfindet und die zu seinem Genusse einladen. Niemand würde z. B. gern das Spreewasser geniessen, wenn nichts anderes als die Algen und Mikroorganismen daraus entfernt würden, wohingegen es nach sorgfältiger Filtration ein leidlich wohlschmeckendes Wasser ist.

Die Thatsache, dass in sterilen Filtern trotz kräftiger Sauerstoffabsorption keine nennenswerthe Oxydirung der aufgelösten organischen Stoffe stattfindet, wies darauf hin, dass dauernde und belangreiche chemische Reactionen allein von den im Sande angesammelten Bakterien ausgehen. Demgemäss sind die kräftigsten Reactionen von den Zonen zu erwarten, welche der Hauptsitz der Bakterien sind, also von den oberen, wohingegen in den tieferen im Verhältniss zu der geringeren Zahl der von ihnen beherbergten Bakterien die chemischen Wirkungen aller Wahrscheinlichkeit nach sich vermindern werden. Ihre Bestätigung fand diese Vermuthung bei der Vergleichung der Ergebnisse der Versuchsfilter, welche Sandschichten von verschiedener Dicke enthielten. Zur Schichtung wurde bei allen dreien dasselbe Material, nämlich mässig bakterienhaltiger Sand aus der unteren Lage eines schon längere Zeit im Betriebe befindlichen grossen Filters verwendet. Ausserdem wurden sie alle auf denselben Gang (50 mm die Stunde) gestellt. Nachdem man sicher sein konnte, dass die vom Einfüllen herrührenden schädlichen Nachwirkungen vorüber waren, wurde das Filtrat der einzelnen Filter möglichst zu gleicher Zeit nebst dem unfiltrirten Spreewasser untersucht:

Datum	Oxydirbarkeit, $KMnO_4$				Sauerstoffgehalt des Wassers in cc			
	unfiltrirtes Spreewasser	Versuchsfilter IV, Dicke der Sandschicht 700 mm	Versuchsfilter I, Dicke der Sandschicht 1400 mm	Versuchsfilter VIII, Dicke der Sandschicht 600 mm	unfiltrirtes Spreewasser	Versuchsfilter IV, Dicke der Sandschicht 700 mm	Versuchsfilter I, Dicke der Sandschicht 1400 mm	Versuchsfilter VIII, Dicke der Sandschicht 600 mm
22./12.	23,0	19,0	17,6	—				
23./12.	22,6	14,4	18,2	16,8				
28./12.	22,9	19,0	16,7	17,8				
5./1.	21,3	17,5	16,8	16,2	7,4	3,9	0,7	1,2
15./1.	26,3	20,4	18,8	—	7,9	4,8	3,1	—
13./2.	18,1	—	14,1	14,5	7,3	3,2	3,7	—
25./2.					6,6	—	—	1,7

Man könnte glauben, dass die Erschlaffung der chemischen Wirkung in den tieferen Theilen der Sandschicht an dem starken Zutritt des Sauerstoffs in der oberen Zone gelegen habe. Wäre diese Auffassung die richtige, so müsste ein Filter, bei welchem das durchlaufende Wasser das Porenvolumen nicht vollständig ausfüllt, sondern nur an den Sandkörnern herabrieselt, an Wirksamkeit jedes andere übertreffen, da die durch Absorption hervorgebrachten Verluste an Sauerstoff von der überall im Sande circulirenden Luft mit Leichtigkeit würden gedeckt werden. Dieses ist jedoch nicht der Fall, wie bez. Versuche ergaben.

Es ergab sich also, dass die chemische Wirkung der tieferen Schichtenglieder schwächer und schwächer wurde, und dass nach Reduction der organischen Substanz auf einen gewissen Betrag keine weitere Verminderung derselben durch Bakterien mehr herbeigeführt wurde. Da dieses nicht an etwaigem Sauerstoffmangel gelegen haben kann, so bleibt als einzig möglicher Grund der übrig, dass schliesslich die Nährstoffe ausgegangen sind. Auf die Consumenten der niederen Zonen kamen nur die Reste davon, und jede tiefere Zone empfing weniger als die vorangegangene obere, bis endlich für die unterste so gut wie nichts mehr übrig blieb. Wir können demnach behaupten: der nach hinlänglich ausgedehnter Filtration im Wasser noch zurückbleibende, nahezu constante Rest von organischer Substanz besitzt keinen Nährwerth mehr und ist folglich nicht gährungs- oder fäulnissfähig. So stellt sich uns die Filtration, nach ihrer chemischen Seite betrachtet, vorwiegend als Gährungsprocess dar, und darin beruhen sowohl ihre Vorzüge wie ihre naturgemässen Beschränkungen. Sie entfernt gerade denjenigen Theil der organischen Stoffe aus dem Wasser, den der Chemiker als verdächtig bezeichnet, und dessen Beseitigung er als wünschenswerth hinstellt, sie ist dagegen machtlos gegen gefestete und nicht vergährbare Stoffe. Am 28./12. war z. B. die Oxydirbarkeit des unfiltrirten Spreewassers 22,9 mg $KMnO_4$, der constante Rest, welcher nach sehr langsamer und lange währender Filtration verblieb, hatte die Oxydirbarkeit 16,7 mg $KMnO_4$. An gährungsfähiger Substanz war somit eine Menge vorhanden, welche sich durch die Oxydirbarkeit $22{,}9 - 16{,}7 = 6{,}2$ mg $KMnO_4$ kennzeichnen lässt.

Nicht Absorption, nicht Oxydation, sondern Consumption ist der massgebende Factor bei der Sandfiltration, auf den wir unser Augenmerk zu lenken haben, wenn wir auf Verbesserung des Wassers ausgehen. Auf den ersten Blick will es bedauerlich erscheinen, dass der Sand im Vergleich zu anderen Filtrirmaterialien mit so schwachem Absorptionsvermögen ausgerüstet ist. Im Grunde genommen ist das jedoch weit eher ein Vortheil als ein Nachtheil. Würde sich die Sandschicht mit organischer Substanz stark beladen, so würde sie allmählich den Charakter eines Nährbodens annehmen und in sich selbst massenhaft Bakterien hervorbringen, und zwar in allen ihren Theilen, die untersten Theile nicht ausgenommen. Abgesehen von diesem Übelstande würden nachhaltige Wirkungen von der Absorption ja doch nicht zu erwarten sein; diese kann dauernd nur aufrecht erhalten werden durch Oxydation und sinkt nach kurzer Zeit auf das äusserst winzige Maass zurück, welches die geringfügige Energie des spärlich vertretenen Sauerstoffs ermöglicht. Es ist daher vortheilhafter, dass es zu erheblichen Absorptionen bei Anfang des Filtrirens nicht erst kommt. Ganz ähnliche Nachtheile wie durch Absorptionen entstehen durch übermässig schnelles Filtriren. Zur Fäulniss geneigte Körperchen werden dabei massenhaft bis tief in die Sandschicht hineingetrieben, und ob die faulenden Substanzen dieses oder jenes Ursprungs sind, ändert an den schädlichen Folgen nichts. Was Absorption und Oxydation gemeinschaftlich nicht vermögen, leisten uns mit Leichtigkeit die Bakterien, und indem sie das Wasser unaufhörlich mit sich bringt, liegt darin die sichere Gewähr, dass die reinigende Kraft des Filters nicht zum Erlahmen kommt.

Die Aufzehrung der Nährstoffe hängt ausser von der Anzahl der Bakterien auch von der Zeit ab, die diesen zur Einwirkung auf dieselbe Wassermenge belassen wird. Es ist daher von Wichtigkeit, dass das Wasser längere Zeit in der bakterienreichen oberen Zone verweile. Was in dieser versäumt wird, lässt sich in den tieferen nur zum geringen Theile nachholen. Die Vorbedingung einer gründlichen Reinigung des Wassers im chemischen Sinne ist also wiederum Verlangsamung der Filtration, wohingegen die Verdickung der Schicht diesen Zweck nur wenig fördert und bei langsamen Geschwindigkeiten überhaupt einen überflüssigen und lästigen Ballast schafft. Eine Schicht von 1400 mm Dicke leistete fast genau dasselbe wie eine andere von 2100 mm Mächtigkeit, und die erstere übertraf wiederum verhältnissmässig um wenig eine solche, die nur 700 mm stark war, ja eine aus recht reifem Sande gebildete Filterschicht vernichtet schon bei 600 mm Dicke die gesammte gährungsfähige Substanz. Zu bemerken ist, dass die angeführten Resultate bei der ausserordentlich langsamen Filtrirgeschwindigkeit von 50 mm die Stunde erhalten worden; sie verschlechterten sich sofort beim Übergange zu grösserer Geschwindigkeit. Das Spreewasser hatte z. B. am 17./2. 1889 eine Oxydirbarkeit von 20,6 mg $KMnO_4$. Zwei kleine Versuchsfilter mit je 700 mm dicker Sandschicht wurden damit gespeist, der Art, dass das eine stündlich 50 mm, das andere 200 mm Wassersäule abfiltrirte. Beim Filtrat des langsam arbeitenden Filters betrug die Oxydirbarkeit nur noch 13,9 mg, bei dem des 4 Mal schneller laufenden dagegen 18,2 mg $KMnO_4$.

Um die Wirkung der Sandfilter auf pathogene Bakterien zu prüfen, wurden von C. Piefke und C. Fränkel[22]) zwei Filter von 2,1 m Höhe und 0,75 m Durchmesser genau nach dem Muster der grossen Sandfilter mit 10 cm haselnussgrossen Steinen, 8 cm grobem Kies, 10 cm feinem Kies und 60 cm scharfem Sand beschickt. Das zu filtrirende Wasser wurde mit Bacillus violaceus versetzt, weil dieser leicht zu erkennen ist. Bei einer Versuchsreihe wurde z. B. Filter *A* mit 300 mm stündlicher Geschwindigkeit, entsprechend einer täglich abfiltrirten Wassermenge von 2880 *l*, Filter *B* mit 100 mm stündlicher Geschwindigkeit, entsprechend täglich 960 *l* Wasser 30 Tage lang geprüft. Alle Versuche ergaben, dass die Sandfilter kein keimfreies Wasser erzeugen, dass namentlich der Anfang einer jeden Periode, der das Filter noch in undichtem Zustande antrifft, und das Ende, welches unter der Pressung der oberflächlichen Sandschichten, vielleicht auch dem Durchwachsen der Bakterien durch den Filterkörper zu leiden hat, gefährliche Zeiten sind; dass die Menge der im Filtrat auftretenden Mikroorganismen unmittelbar abhängig ist einmal von der Menge der im unfiltrirten Wasser vorhandenen Keime und zweitens von der Geschwindigkeit, mit der die Filtration von Statten geht.

Nun wurde das zu filtrirende Wasser mit Typhus- und Cholerabakterien versetzt, so dass dasselbe über 100000 Keime enthielt. Vom 13. bis 24. August z. B. wurde Filter *A* auf 300 mm Filtrirgeschwindigkeit eingestellt, Filter *B* auf 50 mm. Die Untersuchung ergab:

Filtr. Wasser aus Filter *A*					Filtr. Wasser aus Filter *B*				
1 cc enthielt entwickelungsfähige Keime				verbrauchter Druck	1 cc enthielt entwickelungsfähige Keime				verbrauchter Druck
insges.	viol.	typh.	chol.	mm	insges.	viol.	typh.	chol.	mm
220	—	—	—	140	—	—	—	—	34
3500	58	9	14	147	420	4	—	—	35
1120	60	9	—	179	190	5	4	—	37
430	8	3	1	210	92	10	1	—	42
290	38	14	18	245	220	1	3	2	43
480	50	15	9	300	43	6	—	—	47
110	22	14	56	360	63	1	3	—	53
120	20	14	12	425	42	0	4	—	68
620	16	58	6	505	92	0	0	—	74
290	8	10	2	638	102	0	1	—	79
210	6	4	6	806	43	3	0	1	87
1300	2	4	—	973	100	1	1	—	105
	288	154	124			31	17	3	

[22]) Zft. f. Hyg. 8, Sonderabdr.

Eine andere Versuchsreihe mit geringen Filtrirgeschwindigkeiten ergab die in folgender Tabelle zusammengestellten Ergebnisse:

1889	Unfiltrirtes Wasser: 1 cc enthielt entwickelungsfähige Keime				Filtrirtes Wasser aus Filter *A*: 1 cc enthielt entwickelungsfähige Keime				Filter *A*: stündl. Filtr.-Geschw.	Filter *A*: verbrauchter Druck	Filtrirtes Wasser aus Filter *B*: 1 cc enthielt entwickelungsfähige Keime				Filter *B*: stündl. Filtr.-Geschw.	Filter *B*: verbrauchter Druck
	insges.	viol.	typh.	chol.	insges.	viol.	typh.	chol.	mm	mm	insges.	viol.	typh.	chol.	mm	mm
Sept. 16.	3080	?	30	zahlr.	35	0	0	1	25	43	118	0	3	1	50	60
- 17.	14490	80	160	-	19	0	0	0	25	57	71	0	1	3	50	78
- 18.	5620	?	55	-	31	0	0	0	25	74	202	0	1	0	50	100
- 19.	5000	?	—	-	32	0	0	1	25	77	119	0	1	0	50	100
- 20.	5291	155	—	-	108	0	0	2	25	78	117	1	0	1	50	102
- 21.	18000	1380	20	-	60	0	1	2	25	78	66	1	0	4	50	102
- 22.	2460	40	21	-	33	0	1	0	25	78	89	0	0	0	50	103
- 23.	19315	1430	150	-	144	0	1	0	25	78	113	1	0	4	50	103
- 24.	38050	3330	65	-	34	0	2	1	25	79	118	1	3	2	50	104
- 25.	19700	1324	100	1000	88	0	0	1	25	79	296	1	2	3	50	104
- 26.	19400	1870	180	1200	73	0	1	1	25	79	453	5	10	16	50	105
- 27.	65200	800	450	zahlr.	147	0	1	1	25	79	680	4	9	6	50	105
- 28.	117000	1400	200	-	53	0	3	0	25	79	219	2	8	4	50	107
- 29.	139130	550	300	-	381	0	0	0	25	79	167	2	5	3	50	108
- 30.	101200	1900	400	-	57	0	1	0	25	80	180	3	2	1	50	110
Oct. 1.	44500	10400	473	-	49	0	0	0	25	81	125	2	2	1	50	110
- 2.	55000	2450	376	-	20	0	1	0	25	83	194	2	6	2	50	111
- 3.	30150	1050	450	800	55	1	1	1	25	84	150	1	2	2	50	111
- 4.	53200	600	650	200	68	1	2	0	25	84	93	0	0	0	50	113
- 5.	50500	1113	700	zahlr.	49	1	0	0	25	85	102	2	1	1	50	113
- 6.	53200	725	330	400	310	0	0	0	25	85	154	1	2	8	50	114
- 7.	29200	2700	200	zahlr.	42	0	0	0	25	86	128	20	12	12	50	115
- 9.	42800	9100	?	?	91	0	0	0	25	87	110	12	10	9	50	116
- 11.	69300	6025	500	400	237	5	0	0	25	88	158	9	13	10	50	117

Somit sind die Sandfilter keine keimdicht arbeitenden Apparate; weder die gewöhnlichen Wasserbakterien noch auch Typhus- und Cholerabacillen werden von denselben mit Sicherheit zurückgehalten. Die Menge der in das Filtrat übergehenden Mikroorganismen ist abhängig von der Anzahl der im unfiltrirten Wasser vorhandenen und von der Schnelligkeit der Filtration. Anfang und Ende einer jeden Periode sind besonders gefährliche Zeiten, weil im ersteren Falle die Filter noch nicht ihre volle Leistungsfähigkeit erlangt haben, im letzteren die Pressung der oberflächlichen Filterschichten, vielleicht auch das selbstständige Durchwachsen der Bakterien durch diese ein Abwärtssteigen der Mikroorganismen begünstigen.

Es ist eine schwer zu beantwortende Frage, wie viel Zeit die Mikroorganismen wohl gebrauchen, um ein Sandfilter zu durchdringen, dass aber die Fortbewegung dieser Körperchen nicht mit der Schnelligkeit erfolgt, mit welcher die Wassertheilchen versickern, ist unzweifelhaft. Selbst im besten — oder wenn man will ungünstigsten — Falle werden Stunden, ja Tage vergehen, ehe die auf die Oberfläche der Sandschicht etwa gerathenen Bakterien sich im Filtrat bemerklich machen, und ausserdem wird dieses Ereigniss nicht mit einem Schlage, nicht in einer genau umschriebenen Frist in die Erscheinung treten, sondern ganz allmählich ablaufen. Die Mikroorganismen wandern in dem Filterkörper nicht alle mit der gleichen Geschwindigkeit, einige setzen sich hier, andere dort an jenem Sandkorn für einige Zeit fest, um dann die unterbrochene Fahrt eine Strecke weit wieder aufzunehmen, und wenn ein ganzes Rudel Bakterien gemeinschaftlich auf die Reise gegangen ist, so werden die einen dem Gros weit vorauseilen, andere als Nachzügler eintreffen und es wird schliesslich ganz undeutlich werden, dass alle aus dem gleichen Herkunftsorte stammen und denselben zur nämlichen Zeit verlassen haben. Häufen sich gar die Widerstände im Filter, so werden diese Verhältnisse sich noch schärfer entwickeln, und in der That kann man obigen Versuchen an verschiedenen Stellen die Beobachtung entnehmen, dass auf der Höhe einer Filtrationsperiode bei mittlerer Geschwindigkeit etwa 48 Stunden vergehen, ehe eine Veränderung in der Zusammensetzung des unfiltrirten Wassers, beispielsweise die Zunahme der blauen Keime oder das Auftauchen ausserordentlich grosser Mengen einer wilden Bakterienart in der Beschaffenheit des Filtrats hervortritt. (Vgl. Z. f. angew. Chem. 1890, 237).

Auf die Menge der die Filter durchdringenden Bakterien ist somit von Einfluss die Anzahl der im unfiltrirten Wasser bereits vorhandenen und besonders die Schnelligkeit der Filtration. Für Spreewasser wären womöglich 50 mm nicht zu überschreiten.

Auf jeden Fall sind die Sandfilter, selbst wenn ihr Betrieb von berufenster und sachkundigster Hand geleitet wird, doch nicht im Stande, eine vollständige Sicherheit für ausreichende Säuberung des Trinkwassers von schädlichen, infectiösen Stoffen zu geben. Mag man auch die Wahrscheinlichkeit des Überganges pathogener Bakterien in das Filtrat als eine sehr geringfügige hinstellen, mag man hervorheben, dass so gewaltige Mengen von gefährlichen Mikroorganismen, wie sie in obigen Versuchen verwendet wurden, um den Durchtritt durch die Filter zu erzwingen, unter natürlichen Verhältnissen niemals vorkommen werden, so muss man doch zunächst die Möglichkeit eines derartigen unglücklichen Zufalls unbedingt zugeben. Die Menge des untersuchten Filtrates betrug jedesmal nur 1 cc, war ein verschwindend kleiner Bruchtheil der Gesammtmenge, und wenn sich hier nur wenige pathogene Keime entdecken lassen, so werden daraus doch, auf das Ganze berechnet, recht erhebliche Zahlen, die genügen, um die ausgedehnteste Epidemie zu veranlassen. Nimmt man endlich an, dass die Bakterien sich innerhalb des Filters vermehren und durch dasselbe hindurchwachsen können, so vermag schon ein einziger Anfangskeim auf diesem Wege schliesslich das grösste Unheil anzurichten.

Die gegen diese Ausführungen auf der Versammlung des Vereins der Gas- und Wasserfachmänner von Lindley, E. Grahn, Kümmel u. A.[23]) ausgesprochenen Bedenken sind bedeutungslos, umsomehr Piefke[24]) auf's Neue nachgewiesen hat, dass Sandfilter nicht keimdicht sind. Es gibt demnach überhaupt keine keimdichten Filter. (Vgl. S. 218).

---

[23]) J. f. Gasbel. 1890, 501; Fischer's Jahresb. 1890, 582.

[24]) J. f. Gasbel. 1891, 207.

6. Gesetzliche Bestimmungen über die Verunreinigung der Flüsse.

Die mehrfach erwähnte englische Commission stellt in ihrem ersten Berichte (London 1870) die Forderung, dass Flüssigkeiten nicht in die Wasserläufe eingelassen werden dürfen, welche:

a) im Liter mehr als 30 mg suspendirte unorganische oder 10 mg suspendirte organische Stoffe enthalten;
b) im Liter mehr als 20 mg organischen Kohlenstoff oder 3 mg organischen Stickstoff in Lösung enthalten;
c) bei Tageslicht eine bestimmte Farbe zeigen, wenn sie in einer Schicht von 30 mm Tiefe in ein Porzellangefäss gebracht werden;
d) im Liter mehr als 20 mg eines Metalles mit Ausschluss von Kalium, Natrium, Calcium und Magnesium in Lösung enthält;
e) im Liter, gleichviel ob gelöst oder suspendirt, mehr als 0,5 mg metallisches Arsen, als solches, oder in irgend einer Verbindung enthalten;
f) nach ihrer Ansäuerung mit Schwefelsäure im Liter mehr als 10 mg freies Chlor enthalten;
g) im Liter mehr als 10 mg Schwefel in Form von Schwefelwasserstoff oder als lösliches Sulfid enthalten;
h) im Liter mehr Säure enthalten, als 2 g Chlorwasserstoffsäure entsprechen;
i) im Liter mehr Alkali enthalten, als 1 g Ätznatron entsprechen.

Das englische Gesetz vom 15. Aug. 1876 verbot jede Einführung fester und flüssiger Abfallstoffe. Das neue englische Gesetz von 1886 enthält nach Humperdinck (König a. a. O. S. 596) folgende wesentliche Bestimmungen:

1. Diese Acte soll für alle Zwecke als die Flussreinigungsacte vom Jahre 1886 bezeichnet werden.

2. Jegliche Person, welche in irgend einen Fluss irgend welche feste oder flüssige Körper wirft, oder es verursacht oder erlaubt, dass solche hineingebracht werden, oder hineinfallen oder hineinfliessen derart, dass eine solche Handlung entweder für sich allein oder in Verbindung mit anderen ähnlichen Handlungen der nämlichen oder irgend einer anderen Person den gehörigen Abfluss des Wassers beeinträchtigt, oder das Flussbett verändert oder das Wasser verunreinigt, macht sich einer Verletzung dieser Acte schuldig. . . . .

Jede Person, welche einem auf Grund der vorstehenden Bestimmung erlassenen Befehle nicht Folge leistet, hat dem Kläger oder derjenigen anderen Person, welche das Gericht dazu bezeichnet, eine fünfzig Pfund des Tags nicht übersteigende Summe für jeden Tag zu zahlen, während dessen er die Ausführung des Befehls vernachlässigt, wie solches das Grafschaftsgericht, der Oberjustizhof oder der Richter, welche den Befehl erlassen, näher bestimmen; ein solches Strafgeld kann in derselben Weise beigetrieben werden, wie jede andere vom Gericht als fällig anerkannte Schuld. Sofern Jemand dabei beharrt, den Bestimmungen eines solchen Befehls während der Zeitdauer von nicht weniger als einem Monat, oder einer anderen Zeitdauer von weniger als einem Monat, wie solche im Befehle bestimmt sein mag, nicht zu gehorchen, so kann das Grafschaftsgericht, das Obergericht oder der Richter — abgesehen von der Strafe, welche deshalb auferlegt werden mag — eine oder mehrere Personen beauftragen, den Befehl zur Ausführung zu bringen und alle Kosten, welche solcher oder solchen Personen dadurch erwachsen, desgleichen der Betrag, welcher von dem Grafschaftsgericht, Obergericht oder Richter zuerkannt sein mag, sollen als eine Schuld erachtet werden, welche der oder den mit der Ausführung des Befehles betrauten Personen von dem Verklagten gebührt und welche dementsprechend durch das Grafschaftsgericht oder Obergericht beigetrieben werden kann. . . . .

7. Jeder, welcher freiwillig oder auf Anordnung eines Gerichts die Reinigung von festen oder flüssigen Körpern vor deren Einlassen in den Fluss beabsichtigt oder damit beschäftigt ist, hat bei der Ortsverwaltungsbehörde die nachgedachte Bescheinigung schriftlich nachzusuchen. Der Gesuchsteller muss die Mittel bezeichnen, welche er zur Reinigung der betreffenden Gegenstände zu verwenden beabsichtigt oder bereits verwendet und die Behörde hat — sofern ihr die Mittel genügen oder sofern der Gesuchsteller andere von der Behörde gebilligte Mittel für die Reinigung adoptirt — unter solchen Bedingungen (einschliesslich aller durch den Antrag hervorgerufenen Kosten), wie solche von der Behörde vorgeschrieben werden, eine Bescheinigung darüber auszustellen, dass geeignete Mittel für die Reinigung verwendet worden sind oder verwendet zu werden im Begriffe stehen. Die Vorzeigung einer solchen Bescheinigung nebst Beweis, dass deren Bestimmungen und Bedingungen beobachtet und ausgeführt sind, soll vor allen Gerichten und in allen unter dieses Gesetz fallenden Processen wegen Beeinträchtigung des Wasserabflusses, Änderung des Flussbettes oder Verunreinigung des Flusses durch solche Körper, wie solche in der Bescheinigung erwähnt oder in Bezug genommen sind, als entscheidende Antwort gelten. Jedoch kann die Behörde nach Ablauf von drei Jahren vom Anfange der Benutzung solcher Mittel ab gerechnet, sofern der Benutzende der Behörde genügend nachweist, dass die gebilligten oder angenommenen Mittel für die Reinigung solcher Gegenstände unwirksam sind, eine derartige Bescheinigung wieder aufheben.

Verzeichniss von Flüssigkeiten, welche nach dieser Flussacte in Flüsse geleitet werden dürfen.

Klasse I. In Flüsse, deren Wasser für den Wasserbedarf von Städten oder Dörfern verwendet wird.

a) Jede Flüssigkeit, welche in Sinkbecken von ausreichender Grösse mindestens 6 Stunden vollständiger Ruhe ausgesetzt, oder welche, nachdem sie auf diese Weise dem Absetzen der Sinkstoffe unterworfen worden ist, nicht mehr als einen Gewichtstheil trockener organischer Substanz in 100000 Th. der Füssigkeit suspendirt enthält, oder welche — sofern sie dem Absetzen der Sinkstoffe nicht unterworfen worden ist — nicht mehr als 3 Th. trockener Mineralstoffe oder 1 Th. trockener organischer Substanz in 100000 Th. Flüssigkeit enthält.

b) Jede Flüssigkeit, welche in 100000 Th. nicht mehr als 2 Th. Kohlenstoff oder $^1/_3$ Th. Stickstoff aufgelöst enthält.

c) Jede Flüssigkeit, welche in 100000 Th. nicht mehr als 2 Th. irgend eines Metalles — ausgenommen Calcium, Magnesium, Kalium und Natrium — aufgelöst enthält.

d) Jede Flüssigkeit, welche in 100000 Th. nicht mehr als 0,05 Th. metallischen Arsens enthält, sei es in Auflösung, sei es suspendirt oder in einer chemischen oder anderweiten Verbindung.

e) Jede Flüssigkeit, welche nach Ansäuerung mit Schwefelsäure in 100000 Th. nicht mehr als 1 Th. freien Chlors enthält.

f) Jede Flüssigkeit, welche in 100000 Th. nicht mehr als 1 Th. Schwefel in Form von Schwefelwasserstoff oder einer anderen löslichen Schwefelverbindung enthält.

g) Jedes Wasser, welches eine Säure oder eine äquivalente Menge Alkali enthält, welche gebildet wird bei Zufügung von nicht mehr als 2 Th. Salzsäure oder trockener caustischer Soda zu 100000 Th. destillirten Wassers.

h) Jede Flüssigkeit, welche nicht eine Haut von Petroleum oder öligen Kohlenwasserstoffen an ihrer Oberfläche zeigt, oder welche in 100000 Th. destillirten Wassers nicht mehr áls 0,05 Th. solchen Öles suspendirt enthält.

Klasse 2. In Flüsse, deren Wasser **nicht** für den Wasserbedarf von Städten oder Dörfern verwendet wird.

a) Jede Flüssigkeit, welche in Sinkbecken von genügender Grösse mindestens 6 Stunden lang vollständiger Ruhe ausgesetzt worden ist und welche nicht mehr als 5 Th. trockener mineralischer Substanz oder 2 Th. trockener organischer Stoffe in 100000 Th. der Flüssigkeit suspendirt enthält.

b) Jede Flüssigkeit, welche in 100000 Th. nicht mehr als 2 Th. Kohlenstoff oder 1 Th. Stickstoff aufgelöst enthält.

c) Jede Flüssigkeit, welche nach Ansäuerung mit Schwefelsäure in 100000 Th. nicht mehr als 2 Th. freien Chlors enthält.

d) Jede Flüssigkeit, welche in 100000 Th. nicht mehr als 2 Th. Schwefel in Form von Schwefelwasserstoff oder einer anderen löslichen Schwefelverbindung enthält.

e) Jede Flüssigkeit, welche mehr Säure enthält, als in 100000 Th. destillirten Wassers enthalten ist, welchem nicht mehr als 10 Th. Salzsäure zugesetzt werden.

f) Jede Flüssigkeit, welche nicht mehr Alkali enthält, als 100000 Th. destillirten Wassers aufweisen, welchem 2 Th. trockener caustischer Soda zugesetzt werden.

g) Jede Flüssigkeit, welche auf ihrer Oberfläche nicht eine Haut von Petroleum oder öligen Kohlenwasserstoffen zeigt, oder welche in 100000 Th. destillirten Wassers nicht mehr als 0,05 Th. solchen Öles suspendirt enthält.

Zusammengestellt mit dem badischen Fischereigesetz (S. 54) ergeben sich folgende Grenzwerthe (mg im Liter):

	England			Fischereigesetz	
	Commission 1870	Gesetz von 1886 I	II	Allgemein	Rhein
Suspendirte Stoffe, organ.	10	10	20	100000	100000
- - unorgan.	30	30	50	—	—
Organ. Kohlenstoff	20	20	20	—	—
- Stickstoff	3	3	10	—	—
Metalle	20	20	—	1000	5000
Arsen	0,5	0,5	—	1000	5000
Chlor	10	10	20	0	0
Schwefel (als H_2S oder lösl. Sulfid)	10	10	20	1000	5000
Freie Säure (als HCl ber.)	2000	20	100	1000	5000
Alkalien (als Na OH ber.)	1000	20	20	1000	5000
Erdöl (oder Kohlenwasserstoff)	—	0,5	0,5	0	0
Wasser (auch reines) über 50°	—	—	—	0	0

Zu dem Bundesgesetz der Schweiz über die Fischerei vom 18. Aug. 1875 und 18. Mai 1877 wurde am 13. Juli 1886 folgende Vollziehungsverordnung erlassen:

Art. 1. Es ist verboten, Fischgewässer zu verunreinigen oder zu überhitzen: a) Durch feste Abgänge aus Fabriken und Gewerken. Bei Flüssen, welche bei mittlerem Wasserstand 80 m und darüber breit sind, dürfen solche Stoffe nur in einer Entfernung von 30 m vom Ufer abgelagert und eingeworfen werden. b) Durch Flüssigkeiten, welche mehr als 10 Proc. suspendirte oder gelöste Substanzen enthalten. c) Durch nachbenannte Flüssigkeiten, in welchen die Substanzen in einem stärkeren Verhältniss als 1 : 1000, in Flüssen von wenigstens der in a bezeichneten Breite in einem stärkeren Verhältniss als 1 : 200 enthalten sind, Säuren, Salze schwerer Metalle, alkalische Substanzen, Arsen, Schwefelwasserstoff, Schwefelmetalle, Schwefligsäure. Die zulässigen Quantitäten derjenigen Verbindungen, welche bei ihrer Zersetzung Schwefelwasserstoff bez. Schwefligsäure liefern, sind in dem für letztere angegebenen Verhältniss von 1 : 1000 bez. 1 : 200 entsprechend zu berechnen. Wo immer thunlich, sind die hier angeführten Flüssigkeiten durch Röhren oder Kanäle abzuleiten, die bis in den Strom des eigentlichen Wasserlaufes reichen und unter dem Niederwasser ausmünden, jedenfalls aber so zu legen sind, dass eine Verunreinigung der Ufer ausgeschlossen ist. d) Durch Abwasser aus Fabriken und Gewerken, Ortschaften u. dgl., welche feste, fäulnissfähige und bereits in Fäulniss übergegangene Substanzen von obiger Concentration enthalten, sofern dieselben vorher nicht durch Sand- oder Bodenfiltration gereinigt worden sind. Die Einleitung solcher Substanzen unter obigem Maasse der Concentration hat so zu geschehen, dass keine Ablagerung im Wasserlauf stattfinden kann. Ferner sollten diese Flüssigkeiten, wo immer thunlich, in der unter c Absatz 3 angegebenen Weise abgeleitet werden. e) Durch freies Chlor oder chlorhaltige Wässer oder Abgänge der Gasanstalten und Theerdestillationen, ferner durch Rohpetroleum oder Producte der Petroleumdestillation. f) Durch Dämpfe oder Flüssigkeiten in dem Maasse, dass das Wasser die Temperatur von 25° erreicht.

Art. 2. Der Grad der Concentration ist bei den unter Art. 1b angegebenen Flüssigkeiten 2 m, bei den unter c, d und e und ferner mit Bezug auf Erhitzung bei den unter f aufgeführten 1 m unterhalb ihrer Einlaufstelle in öffentliche Gewässer zu controliren.

Art. 3. Über Anwendung gegenwärtiger Verordnung auf Fabrikkanäle, welche mit öffentlichen Fischgewässern in Verbindung stehen, beschliesst die zuständige kantonale Behörde, unter Vorbehalt der Genehmigung des eidgenössischen Handels- und Landwirthschaftsdepartements. Grundsätzlich sind diejenigen Kanäle, welche flussaufwärts keine Verbindung mit öffentlichen Fischgewässern besitzen, bis zu derjenigen Grenze flussabwärts, welche in jedem einzelnen Falle die competente Behörde bezeichnen wird, den Bestimmungen gegenwärtiger Verordnung nicht unterstellt. Die Erstellung neuer Fabrikkanäle ist mit Bezug auf die Bestimmungen gegenwärtiger Verordnung der Prüfung der zuständigen Behörde unterworfen. In jedem einzelnen zu behandelnden Falle sind die Rechte der Fischerei in den betreffenden Fabrikkanälen in Berücksichtigung zu ziehen. Betreffend die Ableitung aus landwirthschaftlichen und gewerblichen Anlagen, welche am 1. März 1876 (Datum des Inkrafttretens des Bundesgesetzes über die Fischerei) bereits bestanden, bleiben den Kantonsregierungen und dem Bundesrath diejenigen Competenzen gewahrt, welche ihnen nach dem dritten Absatz des Art. 12 zustehen. Bezüglich aller Ableitungen spätern Datums setzen die Kantonsregierungen, unter Vorbehalt der Genehmigung des eidgenössischen Handels- und Landwirthschaftsdepartements, das Nöthige fest.

Abgesehen von der besseren Bestimmung über den Zulass von heissem Wasser sind hier dieselben Grenzwerthe wie S. 54: freies Chlor ist völlig untersagt, während Wasser mit 5 g Schwefligsäure oder mit 5 g Arsen ruhig abgelassen werden kann. Mit den bisherigen Erfahrungen (S. 52) über Fischwasser sind diese Bestimmungen nicht zu rechtfertigen, noch weniger können sie allgemeine Gültigkeit beanspruchen.

Im Königreich Sachsen hat das K. Ministerium des Innern die Kreishauptmannschaften angewiesen[1]), auf möglichste Beschränkung der Verunreinigung von fliessenden Gewässern hinzuwirken, vorwiegend:

1. ihre besondere Aufmerksamkeit denjenigen Anlagen zuzuwenden, mit deren Betrieb eine solche Einführung von festen Stoffen und von Flüssigkeiten in einen Wasserlauf verbunden ist, welche das Wasser in letzterem in einer den gemeinen Gebrauch desselben wesentlich beeinträchtigenden oder der menschlichen Gesundheit nachtheiligen Weise verunreinigen oder eine derartige bereits vorhandene Verunreinigung noch vermehren kann. Zu dem Ende haben die Ver-

[1]) Sächsische Landw. Zeitschrift 1886 S. 118.

waltungsbehörden, gleichviel ob Beschwerden vorliegen oder nicht, von Zeit zu Zeit, mindestens aber in jedem Jahre einmal, durch eigenen Augenschein über den Zustand der Wasserläufe sich zu überzeugen und ausserdem die Bezirksärzte und Gewerbeinspectionen, sowie die ihnen untergeordneten Organe zu ersuchen, bez. zu veranlassen, ihnen jede Wahrnehmung mitzutheilen, welche eine abhelfende Entschliessung erheischt.

Die Besichtigung der Wasserläufe wird am zweckmässigsten zu Zeiten geringen Wasserstandes vorzunehmen sein.

2. Die Einführung fester Stoffe in einen Wasserlauf, gleichviel welchen Ursprunges dieselben sind, ob sie von gewerblichen Anlagen oder Gemeindeschleusen oder sonst woher stammen, ist unbedingt zu untersagen, wenn solche zur Verunreinigung des fliessenden Wassers geeignet sind.

3. Ist mit dem Betriebe einer bestehenden Anlage eine Verunreinigung des fliessenden Wassers durch Zuführung von Flüssigkeiten verbunden, so haben die Verwaltungsbehörden dafür zu sorgen, dass deren Besitzer solche Massnahmen vorkehren, welche nach dem jeweiligen Stande der Wissenschaft getroffen werden können, um den bestehenden Übelständen abzuhelfen oder sie wenigstens auf das thunlichst zulässige Maass zu beschränken. Es sind jedoch, wie bereits in der Verordnung vom 28. März 1882 verfügt worden, an die betreffenden Anlagen unter schonender Wahrnehmung der Industrie, wie auch der Landwirthschaft, nur solche Anforderungen zu stellen, welche mit einem nutzbringenden Betriebe derselben vereinbar sind.

So oft es die Verhältnisse gestatten, mithin nicht eine sofortige, keine Zögerung zulassende Anordnung auf Beseitigung oder Beschränkung des vorhandenen Übelstandes erforderlich ist, besonders aber in allen wichtigen Fällen hat die Verwaltungsbehörde vor Fassung hauptsächlicher Entschliessung nicht nur mit den amtlichen Organen: dem Bezirksarzte und dem Gewerbeinspector, nach Befinden auch dem Wasserbauinspector, sich in's Vernehmen zu setzen, sondern auch, wenn dies geboten oder doch wünschenswerth erscheint, einen auf dem einschlagenden Gebiete speciell vertrauten Sachverständigen, z. B. bei chemischen Vorgängen einen Chemiker, und ausserdem Männer des praktischen Lebens mit ihren Gutachten zu hören, welche selbst Industrielle, bez. Landwirthe, über die Bedürfnisse wie über die Leistungsfähigkeit der einschlagenden industriellen, bez. landwirthschaftlichen Branche genau unterrichtet und, zugleich unter Berücksichtigung der lokalen Verhältnisse, zu beurtheilen im Stande sind, was von den Anlagebesitzern billiger Weise verlangt und was von diesen geleistet werden kann.

Zweckmässig erscheint es, dafern der Verwaltungsbehörde nicht schon besonders hierzu geeignete Personen zur Verfügung stehen, sich wegen Bezeichnung solcher Berufsgenossen an die in den Handels- und Gewerbekammern, sowie in dem Landesculturrathe bestehenden geordneten Vertretungen der gewerblichen, bez. landwirthschaftlichen Interessen des Landes zu wenden, sei es für den einzelnen Fall, oder im Voraus für eine Reihe von Fällen.

4. Bei neuen Anlagen, welche die Wasserläufe durch Abfallwässer zu verunreinigen geeignet scheinen, ist im Allgemeinen daran festzuhalten, dass sie entweder gar nicht oder nur dann zu gestatten sind, wenn die Unternehmer in genügender Weise nachweisen, dass sie solche Einrichtungen zu treffen gemeint

und im Stande seien, vermöge derer dieser Effluvien ungeachtet der gemeine Gebrauch des Wassers nicht beeinträchtigt werde. Hiervon wird nur in ganz besonderen Fällen eine Ausnahme nachgelassen werden können, wie z. B. wenn bei Grenzflüssen durch die bereits vorhandene Verunreinigung des fliessenden Wassers der gemeine Gebrauch desselben bereits ausgeschlossen ist.

5. Die unter 3 und 4 getroffenen Vorschriften haben auch auf die Zuführung von Flüssigkeiten aus Gemeindeschleusen, wodurch die Verunreinigung eines Wasserlaufes herbeigeführt wird, sinngemässe Anwendung zu finden.

6. Die Verwaltungsbehörden sind auf Grund des § 2_1 des A.-Gesetzes vom 28. Januar 1835 bez. nach dem Gesetze, Nachträge zu dem Gesetze über die Ausübung der Fischerei in fliessenden Gewässern vom 15. October 1868 betreffend, vom 16. Juli 1874 nicht nur berechtigt, sondern auch verpflichtet, ihre auf gegenwärtiger Verordnung beruhenden Verfügungen mit Nachdruck durchzuführen und zu dem Ende die ihnen erforderlich erscheinenden Zwangsmittel zur Anwendung zu bringen, namentlich Strafen anzudrohen und zu vollstrecken.

7. Der bei Ausführung dieser Verordnung entstehende Kostenaufwand ist, dafern derselbe nicht den Betheiligten auf Grund bestehender besonderer Vorschriften oder allgemeiner Grundsätze zur Last fällt, als Polizeiaufwand auf die Kasse der betreffenden Verwaltungsbehörden zu übertragen.

Wenn in einzelnen der eingegangenen gutachtlichen Berichte die Einsetzung von ständigen technischen Bezirkscommissionen empfohlen worden ist, welche von den unteren Verwaltungsbehörden in allen die Verunreinigung der Wasserläufe betreffenden Fällen vernommen werden sollen, so hat man Bedenken tragen müssen, dieser Anregung weitere Folge zu geben, da abgesehen davon, dass sich im Voraus wegen der eintretenden Vielgestaltigkeit der einzelnen Fälle, die naturgemäss die Beurtheilung verschiedener Categorien von Sachverständigen erheischen, die Zusammensetzung einer solchen Commission nicht wohl mit Sicherheit bestimmen lässt, die Mitwirkung eines solchen Organs bei allen Vorkommnissen, gleichviel ob dieselben dringlicher Natur sind oder nicht, oder ob sie wichtig sind oder nicht, oft einen unverhältnissmässigen Zeit- und Kostenaufwand herbeiführen würde, wodurch der Sache selbst eher geschadet, als genützt werden dürfte.

Dazu kommt, dass wenigstens für die Recursinstanz ein derartiges Organ bereits vorhanden ist: die technische Deputation des Ministerium des Innern, bei der schon regulativmässig besteht, dass sie nach ihrem Ermessen geeignete Persönlichkeiten, besonders aus dem praktischen Gewerbestande, zur Berathung hinzuziehen oder als sachverständige Zeugen hören kann, und die auch angewiesen worden ist, von dieser Ermächtigung bei Beurtheilung von an sie gelangenden Fragen über Verunreinigung von Wasserläufen so oft es wünschenswerth erscheint Gebrauch zu machen.

Als massgebend ist in Deutschland jetzt die Anschauung des Reichsgerichtes anzusehen. Nach dessen Entscheidung vom 19. April 1882 ist jede Zuleitung von Abwässern, mit Ausnahme der natürlichen Quell- und Regenwässer, unzulässig. Dieser, die Industrie ungemein hindernde Standpunkt ist in den folgenden Entscheiden wieder verlassen:

Das Reichsgericht V. C.S. hat in Sachen K. c/a. V. (N. V. 334, 85) durch Erkenntniss vom 2. Juni 1886 das Urtheil der Berufungsinstanz, wonach

> Beklagte für nicht berechtigt erklärt war, Wasser und andere Flüssigkeiten ausser Regen- und Quellwasser oberhalb der Uferstrecke des Klägers dem S .... bache zuzuführen und ihr eine derartige Zuführung untersagt war,

auf Revisionsbeschwerde der Beklagten aufgehoben und die Sache zur anderweiten Verhandlung und Entscheidung in die Berufungsinstanz zurückgewiesen, indem es wörtlich ausführt:

In der Sache erklärt der Berufungsrichter die Beklagte für nicht berechtigt, dem S .... bach, unstreitig einem Privatflusse, oberhalb der Uferstrecke des Klägers von ihrer Fabrik und von ihren Colonien Sch. und Kr. aus Wasser und andere Flüssigkeiten ausser Regen- und Quellwasser zuzuführen. Ob die zuzuführenden Stoffe dem Kläger schädlich seien, erachtet er für gleichgültig und erstreckt eben deshalb sein Verbot nicht nur auf diejenigen Zuleitungen aus den Etablissements der Beklagten, welche den nächsten Anlass zur Klage gegeben haben, sondern dem weitergehenden Antrage des Klägers entsprechend auf alle Zuleitungen von diesen Etablissements aus mit Ausnahme des Quell- und Regenwassers.

Das Reichsgericht hat sich in wiederholten Entscheidungen der in der Doctrin und Praxis des Preussischen Landrechts verbreitetsten Auffassung angeschlossen, dass das Eigenthum der Privatflüsse unter den aus ihrer Natur und den positiv gesetzlichen Bestimmungen sich ergebenden Einschränkungen den Ufereigenthümern je für ihre Uferstrecke zusteht, namentlich in den bei Gruchot, Beiträge etc. Bd. 27 S. 148 und Bd. 29 S. 873 abgedruckten Entscheidungen vom 19. April 1882 und vom 27. Sept. 1884, in dem ersteren auch der dermalige Stand der Lehrmeinungen über diese Frage erschöpfend dargestellt ist, ebenso beispielsweise in der Entscheidung vom 3. Febr. 1883 in der Sache Oberröblingen wider Boyk V. 617, 82, in welcher die Klage gegen unzulässige Immissionen als Negatorienklage des unterhalb liegenden Uferbesitzers bezeichnet und hiernach der Gerichtsstand geregelt ist. Es liegt keine genügende Veranlassung vor, diesen einmal gewonnenen Rechtsstandpunkt aufzugeben.

Wenn nun auch in diesem Eigenthum am Privatflusse ein Eigenthum an der, der ausschliesslichen Herrschaft des Einzelnen durch die Natur entzogenen fliessenden Wasserwelle nicht enthalten ist, das Eigenthum sich somit auf das Eigenthum am Bette und auf eine gewisse Verfügungsbefugniss über den von dem vorüberfliessenden Wasser eingenommenen Raum und über das jeweilige vorüberfliessende Wasser selbst beschränken muss, so folgt doch aus dem Eigenthum auch in dieser Gestaltung das Recht, unbefugte Eingriffe jedes Dritten, insonderheit auch des oberliegenden Uferbesitzers abzuwehren, und zwar dieses ohne den besonderen Nachweis, dass durch solche Eingriffe dem Eigenthümer ein Nachtheil zugefügt wird, und unabhängig von den aus der Zufügung eines Nachtheils entstehenden besonderen Rechtsfolgen.

Aus diesen Vordersätzen und aus der weiteren Ausführung, dass aus den Vorschriften des positiven Rechts über die Entwässerung und die Gewährung der Vorfluth sich ein Recht, dem Privatflusse Wasser oder sonstige Flüssigkeiten durch künstliche Leitung zuzuführen, sich nicht begründen lasse, ziehen die oben angeführten Entscheidungen des Reichsgerichts den Schluss, dass der Uferbesitzer jeder oberhalb seines Besitzes stattfindenden Zuleitung, ausser der des auf natürlichem Wege zufliessenden Wassers, zu widersprechen befugt sei. Die durch den gegenwärtigen Streitfall veranlasste wiederholte Prüfung hat indessen zu der Überzeugung geführt, dass dieser Schluss nicht ohne jede Einschränkung aufrecht erhalten werden kann.

Allerdings besteht keine positive Rechtsvorschrift darüber, in welchem Umfange der oberliegende Uferbesitzer oder derjenige, welcher, ohne selbst Uferbesitzer zu sein, mit diesem im Einverständniss handelt, dem unterhalb liegenden Uferbesitzer gegenüber ein Recht hat, des Flusses als Ableitungskanals sich zu bedienen. Das Gesetz über die Benutzung der Privatflüsse vom 28. Febr. 1843 insbesondere regelt diese Frage nicht. Neben seinen ausführlichen Bestimmungen, welche die Ordnung der Benutzung des Wasservorraths, insbesondere zur Bewässerung bezwecken, spricht es in seinen §§ 3—6 nur einige die Zuführung fremder Stoffe aus Rücksichten auf das Gemeinwohl beschränkende Verbote aus, welche von der Polizeibehörde zu handhaben und welche, wie auch der Berufungsrichter mit Recht annimmt, für die Privatrechte der Uferbesitzer nicht massgebend sind. Mangels einer positiv rechtlichen, unmittelbar anwendbaren Vorschrift kann aber nur von der aus der Sache selbst sich ergebenden Erwägung ausgegangen werden, dass der private ebenso wie der öffentliche Fluss innerhalb seines Zuflussgebietes der von der Natur gegebene Recipient ist, nicht bloss für das aus dem Boden und von dessen Oberfläche von selbst abfliessende Wasser, sondern vermöge der Bedingungen, unter denen menschliche Ansiedelung und Bodenbenutzung naturgemäss vor sich gehen muss, auch für dasjenige Wasser, das aus wirthschaftlichen Gründen künstlich fortgeschafft werden muss, wie nicht minder für mancherlei Stoffe, welche dem wirthschaftlich benutzten Wasser sich beimengen und vor dessen Ableitung nicht wieder ausgeschieden werden können. Die Benutzung der Flüsse zu einer derartigen Ableitung ist älter, als die Bildung irgend welcher Rechtsnormen über das Eigenthum von Flussläufen; sie ist in gewissem Maasse unvermeidlich und unentbehrlich, und die Verpflichtung, sie zu gestatten, gehört insoweit zu den, durch „die Natur bestimmten Einschränkungen des Eigenthums“ an den Flussläufen, denen jeder sich unterwerfen muss (Allgemeines Landrecht Th. I Tit. 8 § 25). Bei fortschreitender Bevölkerungsdichtigkeit und Industrie kann allerdings die Benutzung der Flüsse als Ableitungskanäle eine Ausdehnung gewinnen, welche die berechtigten Interessen Anderer gefährdet. Bei öffentlichen Flüssen und bei derjenigen Benutzung von Privatflüssen, welche das Gemeinwohl beeinträchtigt, ist es eine der polizeilichen Aufgaben des Staats, die erforderlichen Grenzen zu ziehen. Bei der Collision mit privatrechtlichen Interessen, wie es die des unterhalb liegenden Uferbesitzers sind, muss das Princip den Ausschlag geben, dass die Ausschliesslichkeit und Willkürlichkeit des Gebrauchsrechts des einen Eigenthümers ihre nothwendige Begrenzung findet in der dem andern Eigenthümer ebenfalls zustehenden Ausschliesslichkeit und

Willkürlichkeit (Entscheidung des Preussischen Obertribunals Bd. 23 S. 259). So wenig es sich mit der Ausschliesslichkeit und Willkürlichkeit des Gebrauchsrechts des oberliegenden Eigenthümers vertragen würde, wenn ihm die Benutzung seines Eigenthums am Flusslaufe zu jeder dem Unterliegenden irgendwie berührenden Immission versagt sein sollte, so wenig ist es mit den Rechten des Unterliegenden vereinbar, dass er jede beliebige Immission zu dulden habe. Es würde auch mit dem Grundsatze der Ausschliesslichkeit des Eigenthumes nicht zu vereinbaren sein, wenn dem Unterliegenden zur Begründung des Einspruches gegen eine Immission neben der Berufung auf sein Eigenthum noch der Nachweis einer besonderen Schadenszufügung auferlegt werden sollte. Wohl aber leitete aus jenem Princip schon das römische Recht in einem anderen Falle, in welchem naturgemäss die freie Verfügung eines Eigenthümers über sein Grundstück nicht ohne jede Rückwirkung auf andere Grundstücke bleiben kann, nämlich soweit es sich um den an und für sich jedem Eigenthümer freistehenden Gebrauch der Luftsäule über seinem Grundstücke handelt, den Satz ab, dass der Eigenthümer eines Grundstücks Alles das von dem Eigenthümer des Nachbargrundstücks dulden muss, was als regelmässige Folge der gemeingebräuchlichen Eigenthumsausübung erscheint, wie mässigen Rauch, Staub u. dgl., während er zum Widerspruche berechtigt ist, wenn die Überleitung derartiger Stoffe durch die Luft in ungewöhnlichem Maasse, etwa als Folge eines besonderen aussergewöhnlichen Gebrauches des Nachbargrundstücks geschieht.

Vgl. fr. 8 § 5 seqq. D. in servitus vindic. 625 und dort Citirte; — Windscheid, Pandecten Bd. I S. 525; — Seuffert, Entscheidungen Bd. 34 No. 181 und dort Citirte und diesem Satze hat auch die Wissenschaft und Praxis des Preussischen Rechts sich angeschlossen; — Dernburg, Preussisches Privatrecht Bd. I S. 549; — Förster-Eccius, Preuss. Privatrecht Bd. III S. 157; — Entscheidungen des Obertribunals Bd. 23 S. 252.

Die Anwendung des gleichen Grundsatzes auf die Zuleitungen durch Vermittelung des fliessenden Wassers führt dahin, dass der dadurch betroffene unterhalb liegende Uferbesitzer sich diejenigen Zuleitungen, mögen sie in einer blossen Vermehrung des Wasservorraths oder in der Beimengung fremder Stoffe bestehen, gefallen lassen muss, welche das Maass des Regelmässigen, Gemeinüblichen nicht überschreitet, selbst wenn dadurch die absolute Verwendbarkeit des ihm zufliessenden Wassers zu jedem beliebigen Gebrauche irgendwie beeinträchtigt wird — und insofern erleidet die Äusserung in dem Erkenntnisse des Reichsgerichts vom 21. April 1880, dass der Unterliegende reines und brauchbares Wasser zu beanspruchen habe, Entsch. Bd. II S. 210, eine Modification —, dass dagegen der Unterliegende jeder dieses Maass überschreitenden Zuleitung als einem Eingriffe in sein Eigenthum zu widersprechen befugt ist. Dass eine über das Gemeinübliche hinausgehende Zuleitung von Wasser oder von fremden Stoffen, wenn schon keine direct nachweisbare Beschädigung, so doch eine über das, was als natürliche Folge des Zusammenlebens anzusehen ist, hinausgehende, somit ungebührliche Belästigung des unterliegenden Uferbesitzers mit sich bringt, also eine Verletzung des Eigenthumsrechts dieses Letzteren ist, muss der Regel nach ohne Weiteres angenommen werden. Für den Ausnahmefall würde dem

Oberliegenden der Nachweis frei bleiben, dass seine, wenn auch ungebräuchliche Zuleitung den Unterliegenden nicht, oder nicht anders, wie der ganz gemeinübliche Gebrauch des Flusses belästige, dass also der Unterliegende von seinem Widerspruchsrechte ohne jede wirkliche Verletzung eigener Interessen, d. h. zur Chikane des Oberliegenden (vergl. Allgemeines Landrecht Theil I Titel 8 § 28) Gebrauch machen wolle.

Ob eine bestimmte Art der Zuleitung zu einem Flusse nach Stoff und Umfang das Maass des Gemeinüblichen überschreite, kann nur nach den thatsächlichen Umständen des Einzelfalles beurtheilt werden. Im vorliegenden Falle geht daher der Berufungsrichter unbedingt zu weit, wenn er, von denjenigen Zuleitungen aus der Fabrik und den Colonien der Beklagten, welche die Klage zunächst veranlasst haben, ganz absehend, der Beklagten jede Zuleitung von anderem als Quell- und Regenwasser zu dem S . . . . bache, also auch jede Zuführung von Wasser und fremden Substanzen, wie sie die gemeinübliche Benutzung des Bachlaufes mit sich bringt, untersagt. Aber auch die bei der Ortsbesichtigung vorgefundenen Zuleitungen hat der Berufungsrichter in Consequenz seiner Annahme, dass jede künstliche Zuleitung unstatthaft sei, einer Beurtheilung nach Maass und Art nicht unterworfen; und wenngleich nach der in dem Thatbestande des Berufungsurtheils enthaltenen Beschreibung die Zuleitung der Abwässer aus den Colonien Sch. und Kr. allem Anscheine nach das Gemeinübliche überschreitet, so ist doch für das aus der Fabrik der Beklagten in den Bach gelangende Wasser das Gleiche aus der allein festgestellten Thatsache, dass es beim Eintritte in den Bach (— nicht etwa bei der Berührung mit den Grundstücken des Klägers —) dampfte, in keiner Weise zu entnehmen. Die Aufhebung des Berufungsurtheils und eine anderweitige Prüfung der Sache nach den vorentwickelten Gesichtspunkten erschien daher geboten.

Reichsgerichtsentscheidung (V. Civilsenat) vom 18. Sept. 1886, betreffend die Zuleitung von Abfallwässern in die Flüsse.

Thatbestand. Der Kläger ist Eigenthümer von Grundstücken, welche unmittelbar an dem Ufer der Emscher liegen. Beinahe eine halbe Meile des Wasserweges oberhalb leitet der Beklagte seine Grubenwässer in den sog. Markengraben. Dieser vereinigt sich 1600 m weiter unterhalb mit der Berkel, welche sich nach dem Durchlaufen einer Strecke von nahezu 1000 m in die Escher ergiesst.

Der Kläger beantragt:

1. Den Beklagten nicht für befugt zu erachten, den Grubenwässern seiner Zeche in der Art Abfluss in die Emscher zu gewähren, dass es zu den Grundstücken des Klägers und den darauf befindlichen Gräben gelangen kann.
2. Den Beklagten zu verurtheilen, Anstalten zu treffen, dass dieser Zufluss zu den Grundstücken des Klägers aufhöre.

Der Kläger stützt diesen Anspruch in der Klage lediglich auf sein Eigenthum als Adjacent der Emscher und die Behauptung, dass dieselbe dort, wo sie seine Grundstücke erreiche, noch mit den Grubenwässern des Beklagten vermischt sei. In der Berufungsinstanz hat er behauptet, die Menge des gehobenen und abgeführten Wassers betrage im Winter mindestens 200 cbm. Der erste Richter hat abgewiesen, indem er ausführt, den Unterbesitzern eines Privatflusses stehen nicht das Eigenthum am Flussbette, sondern nur ein gewisses Nutzungsrecht an dem Flusse zu. Dass er bezüglich des letzteren durch den Beklagten beeinträchtigt werde, habe Kläger nicht dargethan.

Abändernd hat der Berufungsrichter nach dem Klageantrage erkannt, indem er auf Grund der von ihm angeordneten Beweisaufnahme feststellt, dass die Grubenwässer da, wo die Emscher die Grundstücke des Klägers bespült, noch nachweisbar seien. Die Entscheidung beruht im Übrigen auf den in dem Urtheil dieses Senats vom 19. April 1882 — Gruchot 27 S. 148 — aufgestellten Grundsätzen und Folgerungen. Nachdem diese in dem neueren Urtheil desselben Senats in Sachen Krupp c/a Vester V 334/85, welches demnächst in der Sammlung der reichsgerichtlichen Entscheidungen zum Abdruck gelangen wird, die nothwendige Einschränkung erlitten haben, konnte auch die durch die Revision des Beklagten angefochtene Entscheidung nicht aufrecht erhalten werden.

Es ist in Übereinstimmung mit den Ausführungen des zuletzt bezeichneten Erkenntnisses davon auszugehen, dass der unterhalb liegende Uferbesitzer eines Privatflusses nicht jeder von oberhalb erfolgenden künstlichen Zuleitung von Flüssigkeiten in diesen, sondern nur insofern und insoweit widersprechen könne, als dadurch, sei es durch Vermehrung des Wassers oder durch Beimischung fremder Stoffe, das Maass des gemeinüblichen und regelmässigen Gebrauchs des Privatflusses als Recipient von Flüssigkeiten, welche aus wirthschaftlichen Gründen künstlich fortgeschaft werden müssen, überschritten wird.

Dass eine solche Überschreitung vorliege, hat der Kläger darzuthun, sie bildet das nothwendige Fundament seines Anspruchs. Die Prüfung, ob sie als vorhanden anzunehmen, nach den behaupteten Umständen des Falles, insbesondere mit Rücksicht auf das angebliche Quantum des in den Markengraben von dem Beklagten eingeleiteten Grubenwassers, der Grösse der Entfernung von dem Einflusspunkte bis zu den Grundstücken des Klägers, der in der Emscher, abgesehen von der Zuführung durch den Beklagten, enthaltenen Wassermenge oder der Beschaffenheit der Grubenwässer an sich. Diese Prüfung ist rein thatsächlicher Natur und entzieht sich der Aufgabe des Revisionsrichters.

Der Berufungsrichter hat aber eine solche Prüfung noch nicht vorgenommen, auch den Parteien keine Veranlassung geboten, die Sache unter dem Gesichtspunkte zu verhandeln, der, wie oben angegeben, für die Entscheidung maassgebend sein muss. Zum Zwecke solcher neuer Erörterung und anderweiten Entscheidung war die Sache in die Vorinstanz zurückzuverweisen.

In dem Erkenntniss des Reichsgerichts, 5. Civilsenat, vom 5. Febr. 1887 bez. die Zuckerfabrik Melno heisst es:

„Es ist in Übereinstimmung mit den Ausführungen dieser neueren Erkenntnisse davon auszugehen, dass der unterhalb liegende Uferbesitzer eines Privatflusses nicht jeder von oberhalb erfolgenden künstlichen Zuleitung von Flüssigkeiten in diesen, sondern nur insofern und insoweit widersprechen könne, als dadurch, sei es durch Vermehrung des Wassers, sei es durch Beimischung fremder Stoffe das Maass des gemeinüblichen und regelmässigen Gebrauchs des

Privatflusses als Recipienten von Flüssigkeiten, welche aus wirthschaftlichen Gründen künstlich fortgeschafft werden müssen, überschritten wird. Weiter muss aber auch gemäss § 28 Theil I Titel 8 Allgemeinen Landrechts dem Oberliegenden der Nachweis frei bleiben, dass seine wenn auch ungebräuchliche Zuleitung den Unterliegenden nicht oder nicht anders wie der ganz gemeinübliche Gebrauch des Wassers, belästige, dass also der Unterliegende von seinem Widerspruchsrechte ohne jede wirkliche Verletzung eigener Interessen, d. h. zur Chikane des Oberliegenden, Gebrauch machen wolle."

Über die Aufnahme des **Wasserrechtes** in das neue **bürgerliche Gesetzbuch** macht **Hager**[2]) u. a. folgende Bemerkungen:

Art. 39 des Entwurfs eines Einführungsgesetzes zum bürgerlichen Gesetzbuch bestimmt: „Unberührt bleiben die landesgesetzlichen Vorschriften, welche dem Wasserrecht angehören, mit Einschluss des Mühlenrechts, des Flötzrechts und des Flössereirechts, sowie der Vorschriften zur Beförderung der Bewässerung und Entwässerung der Grundstücke und der Vorschriften über Anlandungen, entstehende Inseln und verlassene Flussbetten."

Dabei hat man übersehen, dass ein Stück Wasserrecht in dem § 850 gefunden werden kann. Derselbe lautet: „Der Eigenthümer eines Grundstückes hat die nicht durch unmittelbare Zuleitung erfolgende Zuführung oder Mittheilung von Gasen, Dämpfen, Rauch, Russ, Gerüchen, Wärme, Erschütterungen und dergleichen insoweit zu dulden, als solche Einwirkungen entweder die regelmässige Benutzung des Grundstückes nicht in erheblichem Maasse beeinträchtigen oder die Grenzen der Ortsüblichkeit nicht überschreiten."

Da die Zuführung von „Gasen", „Gerüchen", „und dergleichen" auf Nachbargrundstücke sehr häufig durch das Zuleitungsmedium des Wassers vorkommt, so muss nach Ausführung des Verf. die obige Bestimmung über die Duldungspflicht des Grundstücksnachbars auf solche, durch Wasserläufe bewirkte Immissionen Anwendung finden.

Das Princip, das dem § 850 zu Grunde liegt, ist dasselbe, welches das Reichsgericht (V. Civilsenat) zuerst in einem Erkenntniss vom 2. Juni 1886 angenommen und seitdem bei Entscheidung von Immissionsprocessen festgehalten hat. Das Reichsgericht nahm damit den schon im römischen Recht (l. 8 § 6 D. 5, 8) begründeten Satz an, „dass der Eigenthümer eines Grundstücks alles das von dem Eigenthümer des Nachbargrundstücks dulden muss, was als regelmässige Folge der gemeingebräuchlichen Eigenthumsausübung erscheint, wie mässigen Rauch, Staub u. dgl., während er zum Widerspruche berechtigt ist, wenn die Überleitung derartiger Stoffe durch die Luft in ungewöhnlichem Maasse, etwa in Folge eines besonderen aussergewöhnlichen Gebrauches des Nachbargrundstückes geschieht".

Die ohne Bedenken Seitens des obersten Gerichtshofes auf die Zuleitungen durch Vermittelung des fliessenden Wassers ausgedehnte Anwendung dieses

---

[2]) C. Hager: Uber die Aufnahme des Wasserrechtes in das bürgerliche Gesetzbuch mit besonderer Rücksicht auf die Frage der Flussverunreinigung durch Fabrikabwässer. (Berlin, Puttkammer & Mühlbrecht.) Pr. 1,50 M.

Grundsatzes führt, wie es in jener Entscheidung heisst, dahin, „dass der dadurch betroffene, unterhalb liegende Uferbesitzer sich diejenigen Zuleitungen, mögen sie in einer blossen Vermehrung des Wasservorrathes oder in der Beimengung fremder Stoffe bestehen, gefallen lassen muss, welche das Maass des Regelmässigen, Gemeinüblichen nicht überschreiten".

Um in diesen Grenzen die Pflicht der Duldung der durch die Wasserläufe bewirkten Immissionen im Besonderen zu rechtfertigen, führt das Reichsgericht noch an, dass der Wasserlauf „innerhalb seines Zuflussgebietes der von der Natur gegebene Recipient ist, nicht bloss für das aus dem Boden und von dessen Oberfläche von selbst abfliessende Wasser, sondern vermöge der Bedingungen, unter denen menschliche Ansiedelung und Bodenbenutzung naturgemäss vor sich gehen muss, auch für dasjenige Wasser, das aus wirthschaftlichen Gründen künstlich fortgeschafft werden muss, wie nicht minder für mancherlei Stoffe, welche dem wirthschaftlich benutzten Wasser sich beimengen und vor dessen Ableitung nicht wieder ausgeschieden werden können".

Verf. bespricht nun die Grundsätze des in den verschiedenen deutschen Staaten geltenden Wasserrechts und meint, in das Reichscivilgesetzbuch würden sich zur Aufnahme folgende Sätze eignen:

I. Das frei fliessende Wasser ist für den Gebrauch der Gesammtheit bestimmt.

II. Derselbe ist Jedermann auszuüben gestattet, insoweit es ohne besondere Anlage und ohne rechtswidriges Betreten fremden Grund und Bodens geschehen kann.

III. Der Gebrauch darf nur geschehen mit Rücksicht auf die öffentliche Wohlfahrt, die Rechte Dritter und ohne nutzlose Verschwendung des Wassers.

IV. Benutzungsrechte, deren Ausübung bleibende Anlagen erfordert, oder den Gemeingebrauch ausschliesst oder einschränkt, oder den Lauf oder die Beschaffenheit des Wassers ändert, können nur durch behördliche Genehmigung erworben werden.

V. Im Privateigenthum des Grundbesitzers befindet sich das in Teichen-Brunnen, Cisternen u. dgl. eingeschlossene Wasser, das auf einem Grundstück entspringende, sowie darauf sich natürlich sammelnde Wasser, sowie die Abflüsse dieser und der geschlossenen Wässer, so lange sie noch auf dem Ursprungsgrundstück fliessen.

Als einer der belangreichsten Fortschritte würde sich nach Annahme der obigen Grundsätze die in IV vorgeschlagene Concessionirung für alle bleibenden Anlagen in und am Wasser erweisen. Sie wäre vorzüglich geeignet, die Wasserwirthschaft zu sichern. „Kein Recht verdient seinen Namen, welchem nicht die volle Sicherheit der Existenz innewohnt; ohne diese Sicherheit ist eine precäre Befugniss vorhanden, welche nicht geeignet ist, die Grundlage einer dauernden Untersuchung, einer nachhaltigen Bewirthschaftung zu werden. Und nur das Concessionsprincip ist im Stande, die erforderliche Sicherheit zu verschaffen.

Der Concessionirung geht nach § 17 ff. der Reichsgewerbeordnung ein öffentliches Aufgebot und Verhandlung mit den Widerspruchsberechtigten voraus und mit der Ertheilung der Concession werden die Grenzen der Rechtsausübung und die zulässigen Einwirkungen der Anlage auf die Aussenwelt festgesetzt (§ 18).

Gegen Industrien, welche sich des fliessenden Wassers zur Fortführung ihrer Effluvien bedienen, würde dem Widerspruch der Flussanlieger somit nur dann stattzugeben sein, wenn die durch die Abfallwässer hervorgebrachte Veränderung des Wassers die festgesetzten Grenzen überschreitet.

Aber auch in diesem Falle gewährt die Concession einen mächtigen Schutz; denn sie hat nach § 26 der Gewerbeordnung im Gefolge, dass Privatklagen gegen die genehmigte Anlage niemals auf Einstellung des Betriebes, sondern nur auf Schadloshaltung, zunächst aber auf Herstellung von Einrichtungen abzielen kann, welche den Klagegrund beseitigen. (Vgl. S. 276.)

Die Nothwendigkeit der Concessionirung für Anlagen, durch welche die Beschaffenheit des fliessenden Wassers geändert wird, ergibt sich aus § 864 des Entwurfs eines bürgerlichen Gesetzbuches, welcher besagt: „Anlagen, deren Benutzung eine unzulässige Einwirkung auf ein Nachbargrundstück zur Folge hat, dürfen nicht hergestellt oder gehalten werden“.

7. Selbstreinigung der Flüsse.

Die in die Flussläufe gelangten Unreinigkeiten sind manchen Umsetzungen unterworfen. Calciumbicarbonat verliert Kohlensäure und fällt als Carbonat aus, Eisenbicarbonat als Hydrat. Metallsalze werden als Carbonate, Hydrate, in faulendem Wasser als Sulfide u. s. w. gefällt. Solche Schlammablagerungen sind nicht immer unbedenklich (vgl. S. 207). Bleich-Chlor wird in unschädliche Chloride, Sulfite werden in Sulfate übergeführt.

Wichtiger ist die Umsetzung der organischen Stoffe. Die mehrfach erwähnte englische Commission hat durch Untersuchung der englischen Flüsse (vgl. S. 63) und durch Versuche im Laboratorium gefunden, dass die Oxydation der organischen Stoffe namentlich bei Temperaturen unter 17° äusserst langsam vor sich geht, so dass kein Fluss Englands lang genug ist, auf diese Weise die organischen Stoffe unschädlich zu machen. Im Winter werden die Flüsse nur durch Absetzen der suspendirten Stoffe theilweise gereinigt. Der abgesetzte Schlamm enthält oft 30 Proc. stickstoffhaltige organische Stoffe, welche im Sommer wieder in faulige Gährung übergehen, stinkende Gase entwickeln, die grosse Massen schwarzen Schmutzes mit sich zur Oberfläche reissen und dadurch den Fluss für Auge und Nase unerträglich machen. Dagegen glaubt Tidy[1]), dass Abwässer,

[1]) Chem. News 41, 143.

welche in ein fliessendes Wasser übertreten, in diesem ihre organischen Verunreinigungen schon nach einiger Zeit verlieren, wenn die Masse des Flusswassers genügt, um eine entsprechende Verdünnung des hinzutretenden Abfallwassers zu bewirken. E. Frankland[2]) bestreitet dieses.

Pettenkofer[3]) nimmt besonders für die Isar eine kräftige Selbstreinigung in Anspruch, welche mindestens 40 cbm Wasser in der Secunde an München vorüberführt, während die Münchener Kanäle höchstens 0,5 cbm Schmutzwasser liefern, welches schon jetzt über die Hälfte der sämmtlichen Fäcalien Münchens enthält. Isarwasser oberhalb (I) und unterhalb (II) Münchens enthielt (mg im Liter):

	I	II
Suspendirt	13,0	12,7
Abdampfrückstand . .	219,2	224,0
Chlor	1,96	2,94
Sauerstoffverbrauch . .	2,42	2,48

Pettenkofer meint daher, „dass man gewöhnliches Sielwasser sammt Fäcalien unbedenklich in jeden Fluss oder Bach einleiten dürfe, dessen Wassermenge mindestens das 15fache von der Menge des Sielwassers, und dessen Geschwindigkeit keine geringere, als die des Sielwassers ist. Unter diesen Umständen tritt stets die nöthige Verdünnung und Selbstreinigung des Wasserlaufes nach kurzen Strecken ein.“ — Das ist doch wohl zu viel behauptet.

Dass thatsächlich die organischen Stoffe in Wasserläufen mehr oder weniger rasch abnehmen, zeigen die Beobachtungen von Hulwa (S. 65), Fleck (S. 70), A. Müller[4]), J. H. Long[5]) u. A.[6]). Nach Long verschwanden auf der Strecke zwischen Bridgeport nach Lockport auf 1 engl. Meile Länge 1,44 Proc. freies Ammon und 1,52 Proc. Albuminoidammon, berechnet auf die bei Bridgeport vorhandene Menge. Zwischen Lockport und Joliet verschwinden auf je eine Meile 8,06 Proc. freies Ammon und 9,75 Proc. Albuminoidammon, berechnet auf die bei Lockport mitgeführten Mengen.

Pariser Kanalwasser geht nach Ch. Lauth[7]) für sich bald in

---

[2]) J. Chem. Soc. 1880, 506 u. 517.

[3]) Arch. Hygiene 12, 269; Journ. f. Gasbel. 1890, 415; 1891, 377; Deutsche Bauztg. 1891, 210.

[4]) Landw. Vers. 16, 263; 20, 391.

[5]) Amer. Chem. J. 10, 27; Zft. f. angew. Chem. 1888, 477.

[6]) Deutsch. Viertelj. f. öffentl. Gesundh. 1878, 574.

[7]) Compt. rend. 84, 617.

Fäulniss über; wird aber atmosphärische Luft hindurchgeleitet, so werden die Stickstoffverbindungen ohne stinkende Fäulniss löslich. Ein solches Wasser enthielt im Liter vor (I) und nach der Behandlung mit Luft (II) folgende Stickstoffmengen:

	I	II
Unlöslicher Stickstoff .	14,70	8,05
Löslicher Stickstoff . .	20,65	26,95
Stickstoff als Nitrat . .	1,17	1,12
- - Ammoniak	8,40	14,00
Gesammtstickstoff . .	38,00	38,00

Diese Löslichmachung des Stickstoffes und Überführung in Ammoniak, ohne Nitrirung, wird noch durch Kalk beschleunigt. Die Entwickelung der im Kanalwasser enthaltenen Algen, Pilze (Penicillium) und Infusorien (Euglena, Paramecium) wird durch das Einleiten von Luft ungemein begünstigt; stinkende Gase treten hierbei nicht auf. Auch W. Wallace[8]) beobachtete ähnliche Umsetzungen.

Nach Warrington[9]) geschieht die Zersetzung der organischen Stoffe nicht durch einfache Sauerstoffabsorption, sondern durch Bakterien und chlorophyllhaltige Organismen. Auch die Analysen von W. N. Hartley (1883) von Flusswasser oberhalb und unterhalb bedeutender Wasserfälle sprechen gegen einfache Oxydation:

mg im Liter	Wasser aus dem Dargle River an dem 120 m hohen Powerscourt-Fall		Wasser aus dem Caraweystick-Fluss an den 235 m abfallenden Kaskaden bei Glenmalure			
			Winterproben		Sommerproben	
	Oberhalb des Falles	Unterhalb des Falles	Oberhalb des Falles	Unterhalb des Falles	Oberhalb des Falles	Unterhalb des Falles
Organischer Kohlenstoff	9,46	9,44	2,85	2,87	10,60	11,70
Stickstoff	0,72	0,77	0,24	0,23	0,54	0,53
Ammoniak	0,01	0,01	—	—	Spur	Spur
Stickstoff als Nitrate und Nitrite .	—	—	0,04	0,04	—	—

Die Versuche von Piefke (S. 243) bestätigen diese Ansicht. Durch das sog. „Lüften" von Abwasser (S. 80) kann daher wohl Schwefelwasserstoff oxydirt, Ammoniak ausgetrieben werden, auf eine nennenswerthe Verminderung der organischen Stoffe ist nicht zu rechnen.

8) Chem. News 43, No. 1106.

9) Chem. News 41, 265.

Nach Piefke wird die Wasserreinigung durch Bakterien, nach O. Löw[10]) durch Algen, nach Emich[11]) durch verschiedene Organismen bewirkt; letztere Ansicht ist für Flussläufe jedenfalls die richtigere.

Nach Bechamp (1869) wird Gyps durch Fäulnissorganismen zu Schwefelcalcium, Eisensulfat zu Schwefeleisen reducirt; nach Cohn[12]) werden die Sulfate durch Algen und Bakterien reducirt. Nach Olivier[13]) werden Sulfate auch von manchen Spaltalgen reducirt.

Die Oxydation von Ammoniak zu Salpetersäure wird nach Schlösing und Müntz[14]) nur in Bakterien haltigem, nicht in sterilisirtem Boden bewirkt. Warington[15]), Esmarch[16]), Uffelmann[17]), Heräus[18]) u. A.[19]) bestätigten dieses. Die Bildung von Salpetrigsäure in ammoniakhaltigem Wasser findet nach J. E. Enklaar[20]) nicht statt, wenn das Wasser vorher gekocht wird. Die Salpetrigsäure bildet sich durch Oxydation des Ammoniaks unter dem Einfluss von Mikroben, welche sich schnell in Wasser vermehren, welches Calciumcarbonat und organische Stoffe enthält, und getödtet oder doch unwirksam gemacht werden durch die Gegenwart freier Säure.

Anderseits gibt es Mikroorganismen, welche beim mangelnden Luftzutritt Nitrate reduciren zu Nitrit, Ammoniak oder selbst zu Stickstoff, wie Gayon oder Dupetit[21]), Dehérain, Maquenne[22]) und Heräus[23]) gezeigt haben. Letzterer beschreibt u. a. eine Stäbchenart im Spreewasser, welche bei nur geringem Gehalt an Ammoniumcarbonat oder Chlorammonium eine Spur von Ammoniak in Nitrit überführte, bei Anwesenheit von Nitraten reducirte sie auch bei reichlichstem Luftzutritt die Nitrate zu Nitrit und Ammoniak. Bei gleichzeitiger Anwesenheit von Ammoniak und Nitrat wurde immer zuerst das besser nährende Ammoniak assimilirt und höchstens Spuren

---

10) Arch. Hygiene 12, 261.
11) Fischer's Jahresb. 1884, 1225; vgl. das. 1890, 583.
12) Cohn: Beiträge zur Biologie der Pflanzen 1876, Hft. 3 S. 156.
13) Compt. r. 95 No. 19.
14) Compt. r. 77, 203 u. 353; 84, 301; 89, 891; 101, 65.
15) Journ. Chem. Soc. 1885, 637.
16) Zft. f. Hyg. 1, 297.
17) Arch. Hygiene 4, 82.
18) Zft. f. Hyg. 1, 193.
19) Vgl. Fischer's Jahresb. 1888, 468; 1889, 1206; 1890, 511 u. 1186.
20) Fischer's Jahresb. 1890, 573.
21) Compt. rend. 95, 644 u. 1365.
22) Compt. rend. 95, 691.
23) Zft. f. Hyg. 1, 193.

von Nitrat zu Nitrit reducirt; erst nach Verbrauch des Ammoniaks wurde die Salpetersäure vollständig reducirt.

Die Oxydation organischer Stoffe zu Kohlensäure ist nach Wollny[24]) und Dehérain[25]) ebenfalls auf die Thätigkeit von Mikroorganismen zurückzuführen.

Besonders in stark verunreinigtem Wasser wird ausserdem Sumpfgasfäulniss, Milchsäuregährung, Harnstoffgährung[26]) u. dgl. eintreten.

In wieweit sich in unreinem Flusswasser Ptomaine bilden, ist noch nicht festgestellt.

Nach den Untersuchungen von Prausnitz[27]) enthält das Wasser des Hauptsieles von München, welches in die Isar mündet, etwa 198000 Keime im Cubikcent., während die Isar oberhalb München nur etwa 220 enthält. Nach Einmündung des Sieles und eines Stadtbaches fanden sich in der Isar durchschnittlich 15231, im Ismaning (13 km unterhalb München) 9111, bei Erching (22 km unterhalb München) 4796, in Freising (33 km unterhalb München) 3602, in Landshut (72 km unterhalb München) 1243. Nach Pettenkofer (s. o.) enthielt im März 1891 die Isar bei Thalkirchen 10164, bei Bogenhausen vor Einmündung des Münchener Hauptsieles 69000 Keime. Oberhalb Augsburg hatte der Lech •291, die Wertach 1139, unterhalb Augsburg 11938 Keime. Der Neckar hatte am 31. März 1891 oberhalb Stuttgart 7580, unterhalb aber unzählige Keime. Schlatter (S. 68) fand allmähliche Abnahme der Keime in der Limmat. Lissauer[28]) meint, die Keime setzen sich einfach zu Boden, was bez. der Krankheitskeime wenig tröstlich wäre, da sie bei jeder stärkeren Bewegung wieder weiterfliessen würden. Bei der ungemeinen Kleinheit der Keime[29]) ist ein Absetzen auch nur in ruhigem Wasser anzunehmen. Wie sich die Krankheitskeime dabei benehmen, ist noch fraglich.

Die Selbstreinigung des Flusswassers hängt daher offenbar von den verschiedensten Umständen ab: Art und Menge der Stoffe, fördernde oder hemmende Wirkung anwesender unorganischer Stoffe, Temperatur des Wassers, Beschaffenheit der Flussufer, Stauwerke oder

---

[24]) Landw. Versuchsst. 25, 390.

[25]) Compt. r. 98, 377; 99, 45.

[26]) Bull. soc. chim. 32, 127; Compt. r. 85, 1252; 99, 877; Zft. f. Hyg. 1, 193.

[27]) Hygienische Tagesfragen Bd. 9 u. 10 (München, Rieger).

[28]) Zft. f. angew. Chem. 1889, 688.

[29]) Nach Fol und Dunant (Rev. d'hygiène et pol. san. 1885) füllen erst 1000 Milliarden Bakterien 1 cc. Nach Nägeli wiegen 30000 Millionen Bakterien getrocknet erst 1 mg.

freier Lauf bez. erschwerte oder beförderte Einwirkung der atmosphärischen Luft u. s. w., alles Umstände, welche noch wenig erforscht sind.

---

8. Beurtheilung von Wasser.

Bei der Beurtheilung von Wasser ist stets zu berücksichtigen, dass es in der Natur überhaupt kein **reines** Wasser gibt. Selbst Regenwasser (S. 3 bis 7) oder Quellwasser (S. 7 bis 19) enthält bereits Stoffe — Bestandtheile der Atmosphäre oder des Bodens —, welche vor seiner Verwendung zu manchen Zwecken (z. B. Laboratorien) entfernt werden müssen. Man kann daher überall nur von technisch-reinem Wasser reden, d. h. ein Wasser ist rein, wenn es für den beabsichtigten Zweck brauchbar ist.

Wasser für häusliche Zwecke, besonders Trinkwasser soll frei sein von giftigen Metallen und von Krankheitskeimen (S. 29 bis 40). Ob dieses der Fall ist, lässt sich nur durch chemische und mikroskopische Untersuchung unter Berücksichtigung der örtlichen Verhältnisse feststellen, nicht auf Grund der Untersuchung einer eingesandten Probe. Werthlos ist die bakteriologische Untersuchung von Wasserproben, welche einige Zeit aufbewahrt wurden (S. 37), von geringem Werth Keimzählungen einer Wasserprobe überhaupt, da die Anzahl der Keime ungemein wechselt (S. 36). Z. B. fand neuerdings J. Tils[1]) in den Leitungen Freiburgs an verschiedenen Tagen sehr venschiedene Zahlen für die in 1 cc Wasser enthaltenen entwickelungsfähigen Bacillen. Das Wasser aus den Röhren der Schlossbergleitung (sog. Grundwasserquellen) lieferte z. B. am

29. Juni	. . . .	333 Colonien
3. Juli	. . . .	23
6.	. . . .	14
13.	. . . .	17
17.	. . . .	17
20.	. . . .	613
24.	. . . .	12

---

[1]) Zft. f. Hyg. (1891) 9, 282.

Das der Mösleleitung (Quelle) am

1. Juni	11 Colonien
5.	24
11.	648
13.	177
15.	67
19.	52
24.	1070
26.	10
29.	450

M. Rubner[2]) fand in dem Wasser eines sonst nicht benutzten Brunnens in 7 Monaten 850 bis 1620 Keime. Versuche ergaben, dass in Brunnen eine fortwährende Vermehrung der Wasserkeime stattfindet, dass aber diese Zunahme der Keime durch ein gleichzeitiges Absetzen derselben nicht wahrnehmbar wird. Dem entsprechend enthält der Bodenschlamm der Brunnen eine gewaltige Menge von Keimen, welche ihre Lebenskraft nicht verloren haben. Wird das Wasser aufgerührt, so vertheilen sich die Keime im Wasser, erst nach etwa 8 Tagen Ruhe ging die Anzahl derselben wieder auf die vor dem Aufrühren vorhandene zurück.

Die Probenahme erfordert also grosse Vorsicht. Will man überhaupt bakteriologische Untersuchungen ausführen, so ist das Verfahren von Cramer empfehlenswerth, welcher flachbodige niedrige Kolben aus weissem dünnen Glas nach Erlenmeyer's Form verwendet. In diesen werden 3 bis 4 cc Nährgelatine sofort bei der Probenahme mit 0,1 bis 0,5 cc Wasser versetzt. Nach dem Erkalten auf ebener Unterlage kann die unter Baumwollschluss gehaltene Flasche erforderlichenfalls verschickt werden.

Dass auch die chemische Beschaffenheit eines Brunnenwassers bedeutenden Schwankungen unterliegt, wurde bereits S. 19 erwähnt (vgl. S. 40). — Welcher Unfug noch immer mit handwerksmässigen Wasseranalysen ausgeübt wird, wurde bereits[3]) hervorgehoben.

Für die Untersuchung und Beurtheilung von Abwasser macht Verf.[4]) folgende Vorschläge:

1. Probenahme: Die Proben sind von einem mit der Art des fraglichen Betriebes vertrauten sachverständigen Chemiker zu entnehmen. Werden die Proben von einem andern Chemiker untersucht, so wird das Gutachten von beiden gemeinschaftlich abgegeben.

Die Entnahme einer einzigen Probe ist nur dann zulässig, wenn

---

[2]) Arch. Hygiene 11, 365.

[3]) Zft. f. angewandte Chem. 1889, 464; 1890, 461.

[4]) Zft. f. angewandte Chem. 1890, 64 u. 694.

die Beschaffenheit des fraglichen Wassers immer gleichmässig ist, was nur selten der Fall sein wird. Sonst sind so viel Einzelproben zu nehmen (und diese getrennt oder zusammengemischt zu untersuchen), dass das Endergebniss den thatsächlichen Verhältnissen voll und ganz entspricht. Besonders bei Beurtheilung von Reinigungsverfahren ist die Probenahme so einzurichten, dass die genommenen Proben einander wirklich entsprechen.

Bei der Probenahme soll der Sachverständige alle näheren Umstände: die äussere Beschaffenheit des Wassers, Geruch, Menge der Zuflüsse, Beschaffenheit des Wasserlaufes, in welche sich dieselben ergiessen, Umgebung u. s. w. berücksichtigen. Es ist dringend zu empfehlen, an Ort und Stelle einen oder mehrere charakteristische Bestandtheile des Wassers in kurzen Zwischenräumen zu bestimmen (z. B. Chlor) oder doch zu schätzen (z. B. Ammoniak), um darnach die Probenahme mit einzurichten.

Bei Kläranlagen ist auch stets der Niederschlag zu untersuchen, was dadurch geschehen kann, dass aus dem Mischraume Proben mit dem gesammten noch darin schwebenden Niederschlage herausgeholt werden. Der Gehalt des so erhaltenen Niederschlages muss dem Unterschiede in der Zusammensetzung des zu- und abfliessenden Wassers entsprechen. Ist das nicht der Fall, so war Probenahme oder Analyse falsch.

2. Untersuchung: Die Proben sind in dem Zustande zu untersuchen, in welchem sie genommen sind.

Kann daher die Bestimmung der veränderlichen Bestandtheile (Ammoniak, Organisch) nicht ausgeführt werden, bevor Zersetzungen eintreten würden, so sind diese durch Aufbewahren in Eis, unter Umständen auch durch Erhitzen des vom Niederschlage getrennten Wassers in verschlossener Flasche u. dgl. Mittel entsprechend zu verzögern.

Im Wasser, sowie im Niederschlage sind zu bestimmen:

1. Trockenrückstand bei 110°,
2. Glühverlust,
3. Chlor (als Controle),
4. Schwefelsäure,
5. Kalk und Magnesia,
6. Phosphorsäure,
7. Stickstoff als Nitrate und Nitrite,
   - als Ammoniak,
   - gesammt, nach Kjeldahl,
8. Organisches (d. $KMnO_4$, u. U. auch Kohlenstoff mit Chromsäure und mikroskopische Prüfung),

9. Alkalität, freie Säuren, Metalle, Schwefelwasserstoff, Schwefligsäure u. dgl.

Die Bestimmungen 1 bis 5 sollten jedesmal, 7 und 8 überall da, wo organische Abfälle in Frage kommen, ausgeführt werden, während z. B. bei Sodafabriken statt dessen die Bestimmungen unter 9 zu machen sind; 6 hat Bedeutung für die Beurtheilung des Düngerwerthes[5]).

Ist die Zusammensetzung und Menge eines Abwassers festgestellt, so sind für die Entscheidung, ob die Ablassung in einen öffentlichen Flusslauf zulässig ist, die S. 256 besprochenen Grenzwerthe keineswegs ausreichend. Fliesst z. B. das Abwasser I (Gesetz v. 1886) in einen Bach, welcher nur 5 bis 10 Mal soviel Wasser enthält, so wird das Bachwasser trotzdem für die meisten Zwecke unbrauchbar, während das den milderen Bedingungen entsprechende (II) bei millionenfacher Verdünnung völlig verschwindet. Für fäulnissfähige Abwässer ist ferner die Jahreszeit (z. B. Zuckerfabriken), das Gefälle des Wassers, Stauwerke u. dgl. von sehr grossem Einfluss. Es ist ferner zu berücksichtigen, zu welchen Zwecken das Flusswasser verwendet werden soll; für häusliche Zwecke, für Gährungsgewerbe u. dgl. sind besonders die faulenden organischen Stoffe, für Wäschereien, Dampfkesselbetrieb u. dgl. die Härte, für Färbereien, Bleichereien u. dgl. ausserdem die Metallsalze zu berücksichtigen u. s. w. So bequem daher Grenzwerthe für Abwässer auch für den „grünen Tisch“ sein mögen, für den Fachmann sind sie ganz unannehmbar. Ob eine (erhebliche) Belästigung oder eine Schädigung durch ein gewerbliches Abwasser stattfindet, wie diese Übelstände zu vermeiden sind, lässt sich nur unter Berücksichtigung aller näheren Umstände durch sachverständige Chemiker entscheiden.

Welche Unzuträglichkeiten entstehen, wenn derartige Fragen schematisch behandelt werden, zeigt z. B. die Fischereiordnung S. 54 u. 256. Man sollte darnach glauben, dass nur die Abwässer der chemischen Industrie schädlich werden könnten, während die Landwirthschaft durch Wiesenbewässerung, Flachsrotten u. dgl., Mühlen durch Stauwerke, Sägespäne[6]), besonders aber durch die mörderischen Turbinen mindestens ebenso bedenklich für die Fischzucht sind als die chemische Industrie (vgl. S. 55). Wer will es ferner vertheidigen,

---

[5]) Vgl. Zft. f. angew. Chem. 1890, 102.

[6]) Dass Sägespäne die Fische schwer schädigen, ist eine alte Erfahrung. So verbietet D. Meiern (Arcana et curiositates oeconomicae, 1706 S. 539) den Sägemühlen: „dass keine Sägespäne in's Wasser fallen, sintemahl die Fisch-Wasser dadurch verödet und verwüstet werden“.

dass Wässer von 50^0 oder jedes Abwasser, welches auch nur Spuren freies Chlor enthält, nicht einmal in den Rhein abgelassen werden sollen, während die Ablassung eines Wassers mit 1 g Arsen im Liter selbst in kleine Bäche zulässig sein soll? (Vgl. S. 257.)

Es muss also jedenfalls festgestellt werden, welche Veränderung das betreffende Bach- oder Flusswasser durch das fragliche Abwasser erleidet und ob dadurch die bisherige Verwendung desselben erschwert oder gar gehindert wird.

Wird Niemand durch den Einlass des Abwassers benachtheiligt, so kann selbstverständlich von einer Reinigung desselben abgesehen werden. Findet aber eine Schädigung statt, so muss dieselbe verhütet — das Abwasser also gereinigt werden — oder vergütet werden. Will z. B. eine Fabrik oder ein Bergwerk Gyps oder Magnesia haltiges Wasser in einen Bach leiten, dessen Wasser zum Waschen und Färben von Faserstoffen, oder zum Speisen von Dampfkesseln verwendet wird, so ist leicht festzustellen, wie viel Seife bez. Soda dadurch mehr erforderlich ist als bisher. Ob es dann vortheilhafter ist, den so wirklich festgestellten Schaden zu verhüten oder zu vergüten, ist Sache der Betheiligten. Keinesfalls ist es gerechtfertigt, eine bereits bestehende Fabrik behördlich zu schliessen, oder von ihr ganz unzweckmässige, ja unausführbare[7]) Massregeln zu verlangen (vgl. S. 142 und 262).

Besonders ist noch hervorzuheben, dass städtische Abwässer sehr oft Krankheitskeime[8]) enthalten (vgl. S. 75), auch bei (angeblichem) Ausschluss der festen Stoffe (vgl. S. 61), dass aber gewerbliche Abwässer — abgesehen von Gerbereien (S. 199) und Schlachthäusern — überhaupt keine Krankheitskeime[9]) enthalten

---

[7]) Auf der Versammlung des Vereins für Rübenzuckerindustrie in Halle (vgl. dessen Zeitschrift 1876, 887) kam die Forderung des Fabrikinspectors Süssenguth zur Verhandlung, die Abwässer aus dem Kohlenhause auf das Brennmaterial zu leiten und zu verbrennen. Sehr richtig bemerkt Engel dazu, dass in einigen Fabriken die Kohlen durch die Wassermenge fortschwimmen würden.

[8]) Knüppel (Z. Hyg. 1891 B. 10, 367) bespricht die Erfahrungen der englischen ostindischen Ärzte, wonach in zahlreichen Fällen Cholera durch den Genuss von Wasser, welches durch Abgänge Cholerakranker verunreinigt war, übertragen wurde.

[9]) Dr. Rupprecht (Deutsche Wochenschr. f. Gesundheitspfl. 1884, 39) behauptet, dass durch das Abgangwasser einer Zuckerfabrik auch ein Brunnen in solcher Weise verunreinigt wurde, dass nach Genuss des Wassers desselben in einer Familie typhöse Krankheiten auftraten; das Brunnenwasser enthielt alle diejenigen Mikroorganismen, nämlich Diatomaceen, speciell Diatomellen, die auch

können[10]), dass somit Ärzten kein massgebendes Urtheil über Industrieabwässer zusteht, sondern nur dem technisch erfahrenen Chemiker (vgl. S. 154).

Da ein völliger Ausschluss der menschlichen Abgänge von den Flüssen nicht zu erzielen ist, es aber keine keimdichten Filter gibt (S. 252), so ist und bleibt eine Flusswasserversorgung — auch bei bester Selbstreinigung (S. 268) — nur ein Nothbehelf[11]). Nur Quellen und Brunnen können zuverlässig gutes Wasser liefern (S. 40). Die Sorge um die Reinhaltung der Flüsse wird zuweilen arg übertrieben.

Überblickt man die vorliegenden Angaben über die Reinigung von Abwasser, so ergibt sich, dass die meisten derselben unbrauchbar sind. Dass die Versuche in Frankfurt (S. 99) werthlos, die Ergebnisse der Zucker-Commission (S. 162 bis 186) nicht annähernd der aufgewendeten Arbeit entsprechen, wurde bereits hervorgehoben (vgl. S. 150). Besonders vorsichtig muss man bei Beurtheilung der über patentirte oder geheimgehaltene Verfahren gemachten Angaben sein, wie der Vergleich der Mittheilungen bez. Müller-Nahnsen (S. 101, 184, 190, 196, 198), Hulwa (S. 88 u. 190), Röckner-Rothe (S. 104, 190, 196) u. s. w. einerseits und die sorgfältigen Versuche von Proskauer (S. 106 bis 114) andererseits ergibt. Das eigentlich wirksame Mittel bei allen Fällungsverfahren ist doch der Kalk (vgl. S. 81 u. 114)[12]). Da Industrieabwässer (abges. v. Gerbereien) keine Krankheitskeime enthalten, so ist für diese auch kein Kalküberschuss erforderlich (S. 108), da es gar keinen Zweck hat, auch die unschuldigen Bakterien zu vernichten. Die Reinigung städtischer Abwässer durch Fällung ist von zweifelhaftem Erfolg (S. 108). Jedenfalls macht jedes Fällungsverfahren Kosten, ohne irgend welchen Ertrag zu liefern.

Abwässer organischer Natur, besonders städtische Kanalwässer (S. 114 bis 130), desgl. von Stärkefabriken (S. 145 und 161), Zucker-

---

der das Zuckerfabrikabgangwasser aufnehmende, etwa 3 m entfernte Fluss zeigte. — Seit wann können Diatomaceen Typhus erzeugen?

[10]) Die Schlusssätze des Vereins zur Wahrung der Interessen der chemischen Industrie Deutschlands (Zft. f. angew. Chem. 1889, 497) könnten hier schärfer gefasst sein.

[11]) Welchen Zufälligkeiten eine Flusswasserversorgungsanlage ausgesetzt ist, zeigt u. a. die am 1. Nov. 1877 durch die Papierfabrik in Salach verursachte Verunreinigung des Neckars, welche eine tagelange Schliessung der Wasserleitung in Stuttgart erforderlich machte. (Wochenschr. d. österr. Ing. Arch. Ver. 1877, 214.)

[12]) Die Form der Absatzbehälter hängt von örtlichen Verhältnissen ab (vgl. S. 77, 88, 101, 102 u. 105).

fabriken (S. 164, 187 und 192), Papierfabriken (S. 213) und dergl. werden am sichersten und meist auch am billigsten durch Berieselung gereinigt (S. 127). Allerdings haben Fränkel und Piefke (S. 250), Ogier und Grancher[13]), sowie Emmerich[14]) nachgewiesen, dass durch Sandfilter Bakterien nicht völlig zurückgehalten werden. Pasteur erblickt in den Rieselfeldern sogar die grössten Gefahren für die Gesundheit. Er sagte in der Sitzung des Conseil d'hygiène et de salubrité de la Seine am 9. März 1888: „Die Hygiene hat die Aufgabe, mit allen ihr zu Gebot stehenden Mitteln die Keime der infectiösen Krankheiten zu vernichten oder ihre schlimmen Wirkungen zu verhüten. Aber was schlägt man vor? Man schlägt nicht vor, sie in's Meer zu führen, wo sie nicht mehr schaden können, man beabsichtigt vielmehr, sie von Jahr zu Jahr in immer grösseren Mengen anzuhäufen auf Feldern, welche unmittelbar vor den Thoren der grossen Stadt Paris liegen. Und diese Felder sollen bebaut werden! — Wenn man sie doch unbebaut liesse, dann würde man wenigstens nicht Gefahr laufen, die Krankheitskeime nach Paris zurückzubringen.“ Trotzdem dehnen sich die Rieselfelder längs der Seine immer weiter aus. Pasteur's Ansicht ruht, wie Pettenkofer bemerkt (vgl. S. 268) „nur auf theoretisch-bakteriologischen Erwägungen und Möglichkeiten, nicht aber auf epidemiologischen Thatsachen, welche seiner Ansicht ja geradezu widersprechen, denn der Gesundheitszustand der Tausende von Arbeitern auf den Rieselfeldern ist nicht nur in Gennevilliers, sondern auch in Berlin, Danzig und Breslau solchen Befürchtungen gegenüber ein unverschämt guter, und diese Befürchtungen vor den Rieselfeldern sind thatsächlich grundlos.“

Man darf hierbei nicht übersehen, dass das Wasser die Sandfilter stündlich in 100 bis 150 mm, täglich also 2400 mm bis 3600 mm hoher Schicht durchfliesst, während die tägliche Rieselhöhe nur 3 bis 5 mm beträgt (S. 122). Welchen gewaltigen Einfluss aber die Filtrirgeschwindigkeit hat, zeigte Piefke (S. 250). Eine erhebliche Verunreinigung des Bodens durch vernünftig betriebene Rieselfelder oder der Flüsse durch das Drainwasser (S. 73) ist daher nicht zu befürchten[15]). (Vgl. S. 34.)

Von Seiten der Landwirthschaft wird den Rieselfeldern die unvollständige Ausnutzung der in städtischem Abwasser enthaltenen Düngstoffe (vgl. S. 60 und 124) vorgeworfen.

Bei einer sehr guten Ernte werden durch die auf den Riesel-

---

13) Ann. d'hygiène publ. 1890.

14) Münchener neueste Nachrichten 1890, 2.

15) Vgl. F. Fischer: Die menschlichen Abfallstoffe S. 172.

feldern angebauten Culturpflanzen nach E. Heiden[16]) dem Boden für 1 ha in runder Summe entzogen:

	Stickstoff k	Phosphorsäure k	Kali k	Kalk k	Magnesia k	Schwefelsäure k	Chlor k
Italien. Raygras	326	124	344	86	26	46	90
Runkelrüben	244	117	486	96	91	51	202
Möhren	140	70	201	89	29	32	140
Sommerraps	38	27	47	47	12	8	9
Winterraps	86	62	92	91	27	14	19

Darnach würde das Abwasser von etwa 60 Personen genügen, um den Stickstoffbedarf von 1 ha zu decken, während oft die 4fache Menge zugeführt wird. — Die Vertreter der Landwirthschaft, welche die Rieselfelder bekämpfen, übersehen ganz, dass der Hauptzweck der Rieselfelder die Unschädlichmachung der Kanalwässer ist, dass ferner die Rieselfelder einen erheblich grösseren Theil der düngenden Bestandtheile des Kanalwassers ausnutzen, als durch irgend ein sog. Abfuhrsystem (S. 60) erzielt werden kann. Bei allen Fällungsverfahren geht ja der Stickstoff fast völlig verloren. Dass die Ausnutzung der Düngstoffe im Industrieabwasser durch Berieselung grösserer Flächen durchaus befriedigend ist, zeigen die Untersuchungen von Märcker (S. 145), Leplay (S. 130), Schreib (S. 159) und Schultze (S. 192). Die Berieselung ist das einzige Verfahren, welches unter geeigneten Umständen nicht nur die Kosten deckt, sondern sogar einen Überschuss liefert (S. 161 und 192).

16) E. Heiden: Die menschlichen Excremente (Hannover 1882) S. 39.

Sachregister.

Buchdruckerei von Gustav Schade (Otto Francke) Berlin N.

GPSR Compliance

The European Union's (EU) General Product Safety Regulation (GPSR) is a set of rules that requires consumer products to be safe and our obligations to ensure this.

If you have any concerns about our products, you can contact us on ProductSafety@springernature.com

In case Publisher is established outside the EU, the EU authorized representative is:

Springer Nature Customer Service Center GmbH
Europaplatz 3
69115 Heidelberg, Germany

Batch number: 10682411

Printed by Printforce, the Netherlands